教育部哲学社会科学研究后期资助项目：

交流手势认知研究（20JHQ091）

交流手势认知

Communicative gesture cognition

◎张恒超/著

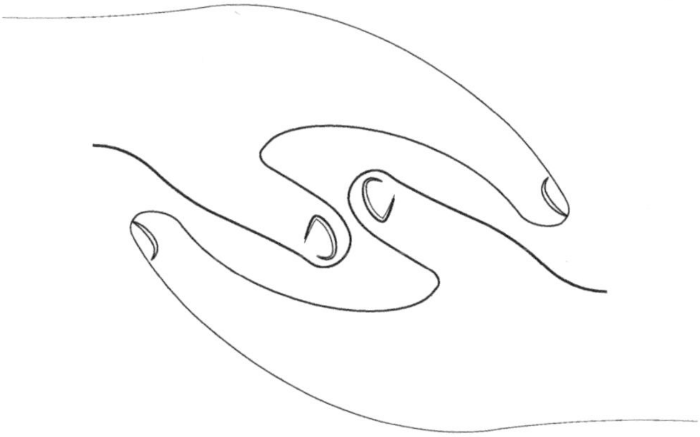

光明日报出版社

图书在版编目（CIP）数据

交流手势认知 / 张恒超著. -- 北京 : 光明日报出版社, 2022.5

ISBN 978-7-5194-6552-0

Ⅰ. ①交… Ⅱ. ①张… Ⅲ. ①认知心理学 Ⅳ. ①B842.1

中国版本图书馆 CIP 数据核字（2022）第063570号

交流手势认知

JIAOLIU SHOUSHI RENZHI

著　　者: 张恒超

责任编辑: 郭思齐　　　　责任校对: 蔡晓亮

封面设计: 小宝工作室　　责任印制: 曹　净

出版发行: 光明日报出版社

地　　址: 北京市西城区永安路 106 号，100050

电　　话: 010-63169890（咨询），010-63131930（邮购）

传　　真: 010-63131930

网　　址: http: //book.gmw.cn

E - mail: gmrbcbs@gmw.cn

法律顾问: 北京市兰台律师事务所龚柳方律师

印　　刷: 北京建宏印刷有限公司

装　　订: 北京建宏印刷有限公司

本书如有破损、缺页、装订错误，请与本社联系调换，电话: 010-63131930

开　　本: 170mm × 240mm

字　　数: 453 千字　　　　印　　张: 24.5

版　　次: 2022年5月第1版　　印　　次: 2022年5月第1次印刷

书　　号: ISBN 978-7-5194-6552-0

定　　价: 98.00元

前　言

“交流手势认知”是“交流认知”领域的一个重要的方面。在相关科研领域中“交流手势认知”的探查既相对独立，又根植于交流认知研究的大背景。因此，在该主题的研究和阐述过程中，我始终考虑到当前焦点和背景之间的关联性，同时，考虑到应该摒弃学科研究间、不同理论间的某些差异，而将研究重点立足于不同研究背景下的共性。因此，面对相对纷杂的研究结果和结论，期望通过研究分析实现初步的交流手势认知框架的构建和解释。

以往在“交流认知”研究领域中，探讨的一个重要方面是“交流媒介”，诚然，交流互动中语言是核心媒介，交流语言互动认知过程更多表现为一个意识性和策略性的过程，其以显性和听觉的方式向交流同伴传递信息、观点、意图和期望。但是交流认知过程是一个多模态的混合过程，交流互动中信息的传递和沟通不仅通过语言媒介，还通过非语言媒介，如面部表情、身体姿势以及手势动作等。以往研究领域中，作为非语言媒介的手势之所以尤其受研究者的关注，重要的原因之一是其相对独立于身体互动的其他方面，而且手势表达相对于面部表情和躯体表情而言，更为灵活多样和丰富。手势和其他的非语言媒介相比较不仅可以更为积极地配合语言交流互动过程，而且在某种程度和情境下可以相对独立地传达特定的交流信息。

不同学科领域对交流手势的探讨，主要表现在两个方面：一是将其作为一个独立的研究对象来分析和解释，二是将其作为交流认知的一个方面来分析和解释。基于此，本书在研究过程中充分考虑到了这些研究文献的特点，并做了认真的比对和细致的分析，进而不断形成和梳理出了交流手势认知的结构框架。交流手势认知根植于交流互动性，人际互动是手势信息交流的前提，但是交流手势并不是像“手语”一样的语言，因此交流手势认知特征和理论的解释、归纳是置身于交流认知的大背景之中的，却执行了特有的人际互动功能，进而对交流手势和语言在人际互动中关系的探讨和阐述就具有了重要的研究意义，这尤其表现于陌生知识的学习领域中。在对交流手势信息传递和沟通特征分析之外，不应忽视的是交流手势对情绪情感和态度等的表达特征；在对交流手势认知特征共性的研究中，还应关注手势交流的个体差异，作为部分表情，其与交流表情系统间的关系，以及与其他部分表情之间的关系。交流手势认知理论分析、归纳和阐述的最终目的，不仅在于不断接近和洞察真理，还在于以基础理论探讨为基础，接受现实交流人际互动的检验并服务于现实交流实践。当前，科技手段创新发展的速度是飞快的，人际交流的方式和观念也随之不断更新，因此对现实不同交流情境和方式下手势交流特征和作用的研究，现实意义深远。尽管当前关于网络和虚拟交流等多元化人际互动中手势认知及作用的探讨还比较粗浅，但应该作为本书中的一个重要方面。

在本研究成果成书之际，我个人的主观收获可能远超出书籍内容本身。实际上，交流认知领域是极为广博的，涉及的社会认知现象也相对复杂，交流认知的典型特征是社会性，因此，对于交流认知的不同方面的探讨，如手势认知，不应离开社会认知这一坚实的基石。在该领域的多年研究中，不论是从以往文献的研究方面，还是从自身的实证研究方面而言，我都切实感受到了该领域的广阔，这种广阔的研究领域表现为广泛的研究课题、研究思路和研究方法。所以，我也意识到现实中交流无处不在，科学研究领域中的关注点也是纷纭杂乱，这就迫切需要更多的研究工作来不断梳理、归类、分析和归纳这些成果和结论，这对于未来交流认知领域中多层次知识体系的不断建立尤为重要。

同时，在对包括交流手势认知在内的交流认知的研究过程中，我也深刻感受到两个矛盾性的方面。一方面，从交流社会认知的大背景出发，交流社会认知的现实性、应用性可能一定程度上要超出其基础理论性，但是任何一个科研领域中知识的不断进展，都需要重视基础理论探讨，没有了基础理论的大量研究工作和专业知识的不断积累，一味追求现实应用，无疑会成为空中楼阁。因此，未来交流手势认知的基础理论研究工作仍然是科研努力的重要方向。另一方面，社会认知的研究领域普遍存在实证探讨的内部效度和外部效度的争论问题。我对该问题一直持有一个折中的态度和研究理念，实验性实证研究对于交流手势认知研究必不可少，尽管在严格实验控制和操纵情境下对于内部效度的追求必然一定程度上损失掉外部效度，但这毕竟是我们研究工作者不断接近科学真理的重要方法。我们完全可以在此基础上不断从实验室研究中逐步延伸到现实社会交流情境的研究中，这有助于不断建立起实验室研究和现实研究之间的联系性。

本书的完成仅代表自己研究工作一个阶段的完成和总结，也意味着对更多与交流手势认知相关问题的发现和揭示。科研工作是连续而无停滞的，借助本书的写作和总结，希望能够引起越来越多不同学科背景研究者们的关注和兴趣，希望更多的研究者加入交流手势认知和交流认知的研究领域中。我相信这是一个有意义、有前景和有应用性的科学研究领域，我也将更为执着地在探索的道路上不断走下去……

作者

2021年12月

目 录

第1章

绪 言

老师："你为什么不使用这个例子来解释这种现象呢？"（同时用手指指着黑板中间的文字）

学生："我认为这不是一个恰当的例子，至少不是一个很好的例子。"（同时摆摆手，并摇摇头）

这似乎是一个很平常的日常语言交流的实例，其实，只有人类才具有这种语言交流的能力。通过使用一系列的声音（语音、语义），按特定的顺序（语法规则）串联起来；同时，根据语言交流的内容和情景特征，配合肢体上的各种模拟表达过程，这样，学生和老师就能够互相表达他们准确而真实的想法。当然，这类交流现象和活动可以出现在日常的各种人际交流场合。

这一看似简单的过程揭示了人类即时人际交流的两个基本方面：

首先，交流的主要媒介是语言或交流信息，沟通的主要方式是言语互动，因为它能够直接而明确地表达各种思想和观点。

其次，交流中，语言不是唯一的媒介，非语言媒介，如交流对象的共同可视性、表情（面部、手部、躯体等的变化性），也参与其中。并且这些众多交流媒介的发生和表达方式不是简单地随机排列起来的，它们是系统地按某种交流习惯方式默契发生、彼此配合的，并围绕着交流目的不断展开。

第1节 交流人际互动性

交流（Communication）界定了日常人们在人际互动中的方式与功能，即围绕特定的交流目的和问题，人们做出针对性的信息、观点沟通和反馈，实现交流对象的描述、辨别、归类和定义，从而依据交流要求进行特定的操作和处置。[①]交流的典型特点表现于：语言媒介核心性、同伴特定性、目的共同性、人际互动性以及集体奖赏和个人责任共存性。[②] Krauss和Weinheimer（1964）将交流活动中的双方分为语言指导者（Director）和任务操作者（Matcher），语言指导者有责任将拥有的信息传递给同伴，任务操作者有责任解码交流信息并以此为参照，做出符合交流双方共同意图的行为操作。[③]

人类交流系统，如语言，是通过社会学习得来的。人们有一系列的社会学习策略，从个体层面的策略到更复杂的个体间的策略。社会学习研究倾向于关注观察学习（个体层面的策略），如个体观察榜样行为而学习。为了成功进行学习，个体必须通过观点采择过程来推断榜样的意图。虽然个体层面的策略对简单的社会学习形式可能是足够的，但个体间的策略对更复杂的社会学习是尤为重要的。社会协调学习是一种个体间的策略，而不是个体层面的策略，因为社会协调学习是在个体彼此间协调和整合他们的观点时产生的，即依靠人与人之间的交流互动性。

一、交流互动性引导共享性的建立

交流互动性对于交流者建立意义映射的交流共享性具有重要意义。例如，当交流者缺少表达某个对象的语言标签时，他们倾向于使用具体化的非语言信号。然而，交流系统中具体化非语言信号的使用通常具有即时性；如果特定群体中的交流者均广泛使用了这类具体化的非语言信号，其对于交流认知的特定表达也可能逐渐趋向抽象化。可以认为交流信号的建立、使用和发展，体现了从具体化到抽象化认知加工的一个连续变化过程；一端是具体化，一端是抽象化，而这一过程中，社会互动性是其内在的推动力。社会互动性是一个重要的交流媒介建立和使用的机制，推动交流信号的不断演变——从具体化信号演变为更抽象的信号。

当前的交流认知理论认为，社会互动性起着重要的作用，积极参与语言交流过程，确保了交流双方共同交流意图的达成，或共同交流基础的建立。[④]特定交流情境下，交流者间共同交流基础的建立不是一个模式化的过程，交流者试图找

---

① 张恒超.参照性交流中的“听者设计”[J].心理发展与教育，2013，29（5）：552-560.

② 张恒超.交流语言认知特征[J].心理科学进展，2018，26（2）：270-282.

③ Krouss RM, Weinheimer S. *Changes in reference phrases as a function of frequency of usage in social interaction: A preliminary study* [J]. Psychonomic Science, 1964, 1: 113-114.

④ 张恒超.交流语言认知理论[J].心理科学进展，2018, 26（6）:1019-1030.

到彼此间的交流共性，这将促使他们协调或校准彼此的认知和行为。例如，如果B接受了A对对象的语言描述，则他们可以共同采用该语言描述，这表明他们对该表述共同理解、共同认可和共同期望；否则，他们可以进一步搜索出针对特定对象的备选语言描述方案，直到建立彼此能够共同接受和理解的语言描述为止。相反，如果一个交流者不理解A的描述，而又不做出积极的互动和回应，那么交流共享性的建立就失败了，其没有机会与A协商出一个可共同接受的替代性交流方案。交流互动性对于交流信号的使用和交流认知共享性的建立至为重要，以往的实验研究在控制性的实验条件下探查了人类交流系统的创建和发展特征，当要求人们必须放弃使用现有的语言信号进行交流时，典型地观察到人们以一种新颖的方式完成彼此间的交流互动过程，例如，通过绘画或手势。相关研究在探讨交流系统是如何在人们之间产生和发展时，关注的焦点是人际互动特征及其具体过程。

交流互动过程对于共享性交流信号的建立是重要的。Garrod、Fay、Lee、Oberlander和MacLeod（2007）的研究中，交流互动中被试者试图通过绘制共享性的白板图示来传达一组重复性的交流信息，实验过程中不允许被试者使用现在的交流手段和媒介。研究者在观察中清晰地发现，通过交流互动，被试者可以在实验过程中不断着手创建一个新的交流系统，当被试者和交流互动同伴一起完成实验中的游戏任务时，出现了三种交流结果：他们的交流成功性随着他们不断反复传达相同的交流意图而得到改善；他们使用的交流信号不断从复杂的具体化信号演变为更简单、更具表征性的抽象信号；在重复性的交流互动过程中，交流者越来越倾向于使用相同的交流信号来传达相同的含义，即交流者彼此之间出现交流行为的校准；交流行为校准以交流认知校准为基础。①这种交流互动模式，创造了一个有效的共享性的交流信号系统，并展现了不断发展变化的过程。截至目前，该结果已经得到广泛的实验证实和支持。

操纵与交流同伴互动机会的实验表明，社会交流互动和认知协调过程对于交流的成功和信号的表征化是至关重要的。上述Garrod等（2007）的实验中还要求一组非互动的个体指出名义上同伴产生的每个交流信号的含义，并与参与社会互动协调过程的交流者相比较，结果显示非互动个体对名义上交流同伴产生的交

① Garrod S, Fay N, Lee J, Oberlander J, MacLeod T. *Foundations of representation: Where might graphical symbol systems come from?* [J]. Cognitive Science, 2007, 31(6): 961-987.

流信号识别的准确率较低，表明社会互动过程对交流的成功性具有重要意义。此外，在非互动个体中，信号的理解水平较低，信号简化和抽象化所需要的时间过程也相对更长，出现得也更晚；而互动交流者在相对较早的交流任务时期就开始产生更简单和抽象的交流信号。这表明，在重复性的交流互动中，交流信号逐渐变得更加抽象和具有表征性，同时其意义也变得不太容易被直观理解。而且值得注意的是，在交流互动任务结束后，当真实互动交流者再次使用相同的交流信号进行交流时，其被特定交流同伴识别的可能性显著高于随机水平，这也表明特定的交流信号并没有成为绝对抽象化的信号，但相对于最初的具体化信号而言，后来的信号已经变得更具有抽象的表征性，或更少的具体化特征。此外，当交流互动同伴间的即时反馈不可实现时，被试者的交流信号在重复使用中倾向于变得更加复杂，而不是更简单和更具抽象意义；显然，即时反馈的取消意味着交流者彼此之间互动水平的降低，这使得交流对象的解释、交流意图的沟通，以及共同交流目的的实现过程均变得更为困难，因此交流认知加工的努力程度相应增加，并直接表现于交流信号使用复杂性的增加。

二、交流互动性是交流媒介使用的基础

社会人际互动的认知协调过程促进了交际的成功，也决定了交流媒介的使用特征，然而这受到社会人际交流具体条件的影响。尽管当前探讨的重点并不在于绝对界定和厘清社会互动认知协调过程的益处是源于同时包含了多种交流信号的发生和理解过程，还是源于其为交流共同基础的建立提供了机会和可能，但是从交流互动情境和非互动情境之间的比较差异来看，交流互动情境下包含了交流信号的产生和理解两个过程，而非互动情境中只出现了交流信号的产生过程（如上述Garrod等的研究）或理解过程①，两个过程无法实现同时存在和彼此沟通，这进而影响到交流媒介使用的灵活性和有效性。另一个可能的解释是，与真实互动的交流者相比，在非互动情境下，由于人们不需要和同伴互动，所以他们不容易受到名义上交流同伴的注意。简言之，交流媒介的使用和理解过程是以交流人际互动性为基础的，失去这一基础交流媒介将不存在使用的可能性，也无法真正实现其人际沟通的作用。

① Schober MF, Clark HH. *Understanding by addressees and overhearers* [J]. Cognitive Psychology, 1989, 21(2): 211-232.

交流互动性影响交流方式的选择和交流媒介的运用，以使得交流共享性认知的建立和发展遵循最小努力性原则。实际上，在缺乏直接社会交流互动过程的情形下，交流者间的行为校准也将受到影响，这出现在相关的语言参照性交流的研究之中。具体而言，交流者在校准选择的词汇和句法的同时，也校准了彼此间的手势表达等非语言交流过程。表明真实交流互动过程中对交流行为校准的认知偏好可能足以创建一个共享性的信号—意义映射清单。在这种情况下，社会互动协调过程对交流者彼此间的参照性校准过程至关重要。

社会交流互动性对创建共享性交流信号是重要的，人际互动对交流系统的有效性、高效性和共享性的发展是重要的。在人际互动情境下，交流的成功率更高，交流媒介的使用变得更简单、更综合和更具表征性，而交流者也在人际互动中倾向于越来越多地使用相同的信号来传达相同的意思，这些都支持和展现了交流功能性特征是交流者之间认知和行为共享性的表现。进一步而言，交流互动性允许交流者个人水平的认知在共享性交流媒介的创建和使用中发挥作用，当与同伴直接交流互动时，保持交流媒介的表达惯例，能够促进交流成功性的增加，交流媒介的抽象性水平也不断提高了，交流媒介使用中的校准水平也更高。归纳而言，交流认知理论和实证研究解释并验证了交流互动中交流者之间的彼此观察和参照，以及交流媒介表达的简单化，体现了交流者认知努力的节省性，这种交流认知偏好性引导语言和非语言媒介的进化发展和使用。

社会互动对共享性交流媒介的建立和使用是重要的，社会互动性典型表现在影响到交流者间的行为校准和反馈。交流互动中交流者彼此间的行为校准和反馈，对共享性交流媒介的建立和保持使用具有明显的贡献性：行为校准主要驱动交流的成功性，反馈主要推动了交流媒介使用和表达简化、抽象化效率的提高。两者的互补性过程共同推动了共享性交流媒介的建立和发展。实际上，交流互动过程中交流者先是建立针对复杂且具体化信号的共享性，之后，社会互动性不断驱动交流信号的校准和简化，从而产生有效和高效的共享性交流媒介表达过程。

针对交流互动性对语言媒介使用过程的影响性，Smith 和 Wonnacott（2010）关注了交流过程的代际传递对消除人工语言中不可预测变异的影响。实验发现，随着语言在人际交流传输链上从一个人传递给另一个人，它变得越来越规则化，这表明在重复性的语言传输过程中，通过单向垂直传输，交流者对规则性语言的偏好被放大或加强；并且，不可预测的语言变化因重复性交流互动而被消除，交流者对于交流媒介的规则性偏好进一步被社会互动过程放大。[①]交流互动中的认知节省性偏好和社会互动性相互作用关系之间的一个关键收益是时间效应：当交流者认知节省性偏好通过社会互动被放大时，有助于交流媒介更迅速地对交流环境的变化做出反应。

在社会互动的情境下，交流者的简单化认知偏好或认知节省偏好将驱动交流媒介表征的抽象化和简单化，交流者彼此之间的校准偏好推动了交流信号间的共享性，逐渐演变为交流者间意图、期望和观点的彼此映射。然而，如果交流者任意打破交流媒介的使用和表达惯例，交流者简单化认知偏好对交流媒介表征不断抽象化的影响效应将随之消失。诚然，当交流者可以直接与他们的同伴互动时，简单化（认知努力节省性）认知偏好被放大了，从而在交流成功性、信号表征过程和表达行为校准方面产生了更有力的改善。这里应该始终明确一点，交流互动性是交流媒介共享性的基础和前提，交流者简单化认知偏好的表现是有条件地出现于交流互动情境中的，受交流情境中具体人际互动特征的影响。

有研究尝试围绕交流互动性是交流媒介共享性的基础和前提这一假设，将实验探讨扩大到更大规模的人群中，该结论也得到了进一步的实验支持；[②]还有研究基于计算机模拟，证实了相同的社会互动学习机制存在于更大的交流群体中，驱动语言参照惯例的形成和演变，语言参照惯例的形成、相对稳定保持以及不断简化抽象化的完善过程，实际上集中反映了交流媒介系统的交流认知计划过程特征。[③] Fay、Garrod、Roberts和Swoboda（2010）考察了八人交流互动中共享性信号系统的演变过程，被试者首先成对地交流互动，几场交流游戏后他们交换交流合作的同伴，继续完成任务，直到他们与其他所有成员均交流互动结束。[④]研究发现最初交流任务中出现的各种各样复杂的媒介表达方式，被交流者用来传达各自不同的交流含义；跨同伴互动交流提高了交流的成功性，初始交流信号的变化性、多样性和差异性特征将逐渐消失，被试者最终在统一的信号—意义映射上校

① Smith K, Wonnacott E. *Eliminating unpredictable variation through iterated learning* [J]. Cognition, 2010, 116(3): 444-449.

② Centola D, Baronchelli A. *The spontaneous emergence of conventions: An experimental study of cultural evolution* [J]. Proceedings of the National Academy of Sciences, 2015, 112: 1989-1994.

③ Barr D J. *Establishing conventional communication systems: Is common knowledge necessary?* [J] Cognitive Science, 2004, 28(6): 937-962.

④ Fay N, Garrod S, Roberts L, Swoboda N. *The interactive evolution of human communication systems* [J]. Cognitive Science, 2010, 34(3): 351-386.

准了语言和非语言表达行为；此外，用于传达交流信息的信号不仅变得越来越简化和抽象化，并且重复性地在交流者之间出现和使用。这证实了社会互动性提高了交流成功性、行为校准和交流媒介的抽象性。

当增加交流互动中的人数规模时，也增加了传达同一个意义时媒介的多样性，相应增加了不同交流媒介之间的竞争性。Tamariz、Ellison、Barr和Fay（2014）分析了交流者在互动中使用的不同交流媒介信号的变化特征，发现最好的交流媒介体现了“自我中心偏好”和“内容偏好”的结合；当交流者遇到一个新的信号—意义映射情境时，他们倾向于重用或借用以前使用的交流媒介信号（自我中心偏好）来指称和映射交流对象，除非该过程受到内容偏好的影响。[①]在一个较大的交流人群中，这种自我中心偏好将促使交流者采用最详尽的语言表达和最丰富的非语言表达，与仅仅两人互动交流比较，大群体交流导致出现一系列更为复杂的信号—意义的映射，但更大的群体也可以增加交流媒介的易获得性，进而提高了选择空间，可以更为自然和真实地展现现实文化和社会背景下交流媒介信号建立和演变的具体过程。诚然，不论交流互动中各媒介之间的具体关系如何，交流互动性是促进各媒介彼此间默契沟通和配合的重要人际基础。

归纳而言，交流互动性促成了有效和高效共享性交流媒介的使用，重要的是，通过社会互动可以增加交流者彼此间认知协调的促进过程。实际上可以看到，交流者个人认知偏好的表达（简单化或认知节省性）在交流互动情境中是有条件的，社会互动性会放大个人偏好效应，而其中行为校准和即时同伴反馈起了重要的作用。行为校准主要推动交流成功性的不断改善和提高，即时同伴反馈主要驱动交流信号的抽象化和简单化过程的效率，即交流认知共享性的建立。

第2节 交流手势和手语

对我们人类而言，交流和使用语言的能力不仅表现于声音形态的媒介上，也表现于视觉形态的媒介上，比如手势和手语表达。本节重点说明和阐释手语和手势的关系特点。手语，指聋哑人使用的语言。手语沟通是通过系统的、习俗化的手、面部和身体的移动来进行的语言表达。手语表达中尽管没有声音语言，却产

① Tamariz M, Ellison T M, Barr D J, Fay N. *Cultural selection drives the evolution of human communication systems* [J]. Proceedings of the Royal Society B: Biological Sciences, 2014, 281(1788): 1-6.

生了严谨的语义，暂时性地形成了言语交流过程。手势和手语貌似相似，但实际上存在显著的不同特征，视觉形态上的手势交流可以通过习俗化或惯例化的使用演化进程，转变为具有自然语法规则的手语。这种变化过程有助于我们更为深入地理解视觉形态的手势交流对于语言交流的影响特征。手语和手势之间的关系给我们提供了一个人类多重水平表达能力的平台，这是一个系统化、层次化的交流体系。

一、交流手势和手语的关系

手语是一种语言，是一个连贯、系统的、面对面互动的交流体系，和声音语言一样表达了人们的思想内容，在交流中实现人际互动和信息传递；手语和声音语言一样，语言交流过程是一种多模式、多层次的信息沟通过程。两者之间的不同在于声音语言和视觉语言形式上的差异，但很显然，声音语言和手势应该是处于一个统一的语言框架之内的。

而手语和手势的共同点在于两者都具有视觉形态，但是手势不是一种语言，仅仅是一种视觉信息沟通的方式。目前，研究领域中最有争议和最受关注的两个问题：一是手势（伴随或不伴随言语过程）多大程度上类似于语言符号；二是从手势到手语的习俗化演化过程是怎样发生的。

关于手语的语义性研究开始于半个世纪之前，尽管手语在形式上一定程度上类似于手势，但手语远不止一系列手势的简单组合和表达。手语是一种展现了各种水平（语音的、语言符号或形态的、语法的）语言结构并全面发展而成的自然语言，手语的发生过程被证实具有和口语类似的神经基础。在以往的研究领域中，一方面较一致地认为手语和手势间在语义表达、符号性质、习俗化特征方面是不同的；另一方面认为在语言结构和语言认知加工过程的特征上，视觉形态的手语和声音语言间是相似的。

关于手语和手势关系的探讨涉及语言信息的理解方面，由于两者都具有视觉形态特征，因而手语者和手势表达者在通过手部运动交流时具有某些相似性，这涉及手语和手势在交流功能和形态上的异同。手语和手势之间，由于均具有手动作的发生特征，使得两者在视觉动机，对象、事件和空间关系的表达方面，从形式到意义上都显示出高度的相似性。两者在这些类型表征方面具有的相似性，对于一些交流社会认知理论问题的探讨具有重要的价值，如两者拥有共同的概念系统和心理表征；在语言认知加工过程中，均表现出感知运动系统的参与；两者均体现了语言进化中形象性角色的发展特点。

怎样具体看待手势与手语（视觉符号语言）相似还是不相似呢？手势和手语使用了相同的形式，即在视觉空间里使用手，并且彼此共享视觉呈现的方法和途径，甚至视觉形式表达的某些功能，包括对对象、动作以及二者之间关系的表达，当然现实表达中人们可能采用单一形式，也可能采用更复杂的多形式交流方式的组合建构。然而，这些都不能否认手语和手势间在许多重要方面明显是不同的，在手语交流中视觉信号是单一甚至唯一的交流方式或途径，并且这些视觉信号本身就是复杂语法结构中的一部分，对手语认知特征的洞察有助于理解不同交流背景下语言认知加工中视觉特征的作用；而交流中手势表达的发生，通常是伴随着语言交流过程同时发生的，也就是说手势一般不表现为一个单一的交流方式。简单地理解可以认为，手语和手势在本质上是不同的，体现在语言和非语言间的界限方面，但是手语和手势又拥有一定的共同认知基础，可见，两者间的差异不仅表现于具体的视觉形态差异，更重要的是表现于交流认知的差异方面。

McNeil（1985）提出手语和交流手势的对比可以使手势和语言在交流表达过程中的相互作用清楚地显示出来。[①]在口语交流中，手势和语言语义形成了一个紧凑的整体，由于彼此在不同的通道产生，因此它们仍然能清楚地相互分开。手语仅通过手势表达语义，也具有了与口语语言相似的特征，但是手语的视觉表达对于各种交流元素的共同发生具有重要的作用：一方面，手语者用手势传达语言信息；另一方面，许多手语被认为同时表达了语言和手势的联合义。

然而，手语与手势的具体比较问题，至今还是颇有争议的。Kendon（2008）就告诫不要轻而易举地就对“手势”的本质特征下结论，而且强调不要简单探讨口语手势和手语之间的某种关系，更应该注意对两者之间的差异进行分别探查，比如，如果是手势的话，就表明其是一个和口语相联系的系统；是手语的话，则是一个完全独立的视觉语言交流系统。[②]既然承认手语和手势具有共享的视觉认知系统，那么两者又必然具有相似之处，这就需要我们必须在两者视觉表征发生时，关注彼此具有的不同交流认知背景。

许多研究都表现了对手语者和口语者所用手势之间的相似性和不同点的兴

① McNeiil D. *So you think gestures are nonverbal?* [J]. Psychological Review, 1985, 92(3):350-371.

② Kendon A. *Some reflections on the relationship between “gesture” and “sign”* [J]. Gesture, 2008, 8(3): 348-366.

趣。在Quinto-Pozos和Parrill（2015）[①]以及Perniss和Özyürek（2008）[②]的研究中，围绕着两大核心领域，对手语和口语手势进行了比较：事件表征和参照指示特征。Quinto-Pozos和Parrill的研究比较了美国手语和英语口语发生中的手势，发现他们的手语和口语手势所使用的表达观点的方式有很强的相似性，证明了两者在表达观点的方式和表达事件表征方面是一致的。然而，其他研究普遍认可两者在视觉形态表达方面存在显著的不同，Perniss和Özyürek比较了德国人的手语和德国人在口语发声中的手势，对两者的视觉形态特征进行了比较，发现手语者和口语手势者均表现出使用视觉交流情境中某个位置上的交流对象来标记或解释交流情境，然而，两个系统在视觉空间情境表达的特征和类型方面显著不同。这种差异表明了两者具有交流符号特征上的差异：手势者可以依赖语言交流，但手语者必须全部依赖于手的视觉形态特征，其充分利用手的视觉空间功能来表达连贯的语义。结合这些比较特征也发现在手语学习的早期阶段，手语学习者观察教授者使用的手部形式，有助于发现手语是怎样表达语义结构的。对于该问题的进一步深入分析，可以以手语的成人学习者为被试者，比较他们听口语空间描述和观察先天失聪人手语表达的不同特点；不论如何，探查手语中手势表征的特征，有助于了解手语习俗化表达的特点。研究领域中一致认为手语和手势表达中一些相似的方面最容易学习，如方位表达等，手势中几乎不出现的手语动作是最难学习的，像表达不同类型对象的形状，手语学习者典型地表现出以手语和手势间的共享动作表达观点的倾向性。

理解手语视觉形态是怎样表达语言结构的一个比较好的方法是比较手语和沉默手势（没有口语发生的手势）。手势可以分为与口语相关的手势和沉默的手势，交流手势认知的研究中将二者区分开来很重要，因为它们表示了极其不同的使用环境以及蕴含的某些联系。口语手势是说话时天生的伴随物，是被说者在说话时不知不觉加以使用的手势。沉默的手势脱离了口语表达的支配及影响，所以其表达模式与口语手势不同。没有口语时的手势呈现出类似于手语的结构，例如，表达事件成分的发生次序。

---

① Quinto-Pozos D, Parrill F. *Signers and co-speech gesturers adopt similar strategies for portraying viewpoint in narratives* [J]. Topics in Cognitive Science, 2015, 7(1): 12-35.

② Perniss P M, Özyürek A, Quer J. *Representations of action, motion and location in sign space: A comparison of German (DGS) and Turkish (TID) Sign Language narratives* [J]. International Studies on Sign Language and the Communication of the Deaf, 2008, 51:353-379.

沉默手势的研究有助于理解当视觉形态表达成为说者仅有的表达方法时，为了传达交流信息，说者使用的视觉策略。这种情形下，沉默手势的使用一定程度上近似于手语的表达特点。Padden、Meir、Hwang、Lepic、Seegers和Sampson（2013）[①]以及Brentari、Renzo、Keane和Volterra（2015）[②]的两项研究比较了不同文化和同一文化说者的沉默手势，分别与手语者的手势表达进行了比较分析。

Padden等（2013）描述了美语手语者表达人造工具的两个策略：一是操作策略——用手举或抓一个物体；一个是方法策略——用手表达对象形状或维度。当要求非手语者仅用手势表达时，其也使用了相同的两个策略。此外，他们发现两种被试者在表达图片中或视频中的对象时，均交替使用了两种策略，证实了在区分和表达目标对象时，两类被试者具有共同的认知基础。然而，手语者策略表达的水平比沉默手势者更系统化，这表明“模式化的视觉形态”服务于语法目的，手语手势更为语法化和语义化，并基于此区别出不同的词性等。

Brentari等（2015）研究了美语手语者和意大利手语者中的成人和儿童以及相应国家的手势者，探查静态事件和动态事件描述的手形特点。结果与Padden等（2013）的发现相似，证实了手语和手势表达中共享的认知基础有助于这些相似手势动作的习俗化和固定化。研究者们还发现了文化的影响作用：印度手势者相比于美国手势者，手形的区分更加详细，表明丰富的文化使得印度手势者对手势的形式含义具有更强的敏感性，意大利手语者与美语手语者之间的表达差异可以通过语言语义表达差异来解释。

二、交流手势向手语的习俗演化

了解群体使用中手语的出现过程，以及世界上不同地方手语类型的划分特点，有助于解释手语的习俗化形成过程的特征。具体来讲，这些分析和比较可以使视觉形态中语义结构的习俗化从非语义手势中清楚地区分出来，差异性就是手势成为手语的基础。探索从手势到手语的演化过程，需要考虑包括暴露的时间、有关习俗化进程的因素，以及用视觉形态作为交流的主要模式所花费的时间，还有交流群体数量、类型的影响（如使用群体的大小、聋—聋与聋—非聋的不同作

① Padden C A, Meir I, Hwang S O, Lepic R, Seegers S, Sampson T. *Patterned iconicity in sign language lexicons* [J]. Gesture, 2013, 13(3): 287-308.

② Brentari D, Renzo A D, Keane J, Volterra V. *Cognitive, cultural, and linguistic sources of a handshape distinction expressing agentivity* [J]. Topics in Cognitive Science, 2015, 7(1): 95-123.

用过程）等。此外，手语在使用者中的代际传递，使得手语的习俗化实现从上一代传到下一代，这是手语出现和延续的重要因素。

关于手势到手语的发展过程，从习俗化的角度比较手语与手势，以及探究习俗化的程度，可以对手势词汇化及语法化的进程有更深层的揭示。Siegal（2005）给出了一个从手势到手语习俗化过程的一般性解释。[①]文章阐述了沉默手势者会根据当下任务要求创造特定的手势；手语者创造手势后会终身使用；手语学习者会从其他手语者身上学习手语的表达特征。Siegal尤其指出手势逐渐在使用中最终形成手语，在这一过程中使用者的群体至关重要，最终手语得以在特定的群体中稳定下来，进而代代相传。

研究手语和手势之间的相似点和不同点，可以呈现出人类交流中的多重表征能力，从交流手势到手语，再到习俗化手语交流体系的形成，是人类多重表征系统的不断展现。在不同的交流体系中，不管何种交流通道是主要的或是次要的，我们人类的语言能力本质上是多模式的，在不同的符号和水平上传递交流信息。

总之，为了交流沟通，口语者的手势动作和手语者视觉形态的语言表达向我们展现了人类多重水平交流方式和系统之间的相互作用，大量研究已经证明了在视觉领域表达信息时，手势（伴随或不伴随口语）和手语表现出了很大的相似性，这可能是由于手势和手语间共享了某种视觉认知过程，包括时间的、空间的、运动的等。但是，我们又必须承认手语和手势之间的差别，交流中手语是唯一的视觉形态交流方式，承载了交流的全部认知负荷；而手势在交流中仅仅是口语交流复合系统中的一个部分。现实中，不同地域建立的手语、不同口语语言背景下建立的手语、不同民族的手语等均具有一定的差异性。

当前，手势和手语的认知研究尚处于早期阶段，我们需要更多关于手语和伴随口语手势的相关研究来更好地解释在多重交流模式的形式之下，人类交流社会认知能力的基本特点和多样化特征。

---

① Siegal M. *The resilience of language: What gesture creation in deaf children can tell us about how all children learn language* [J]. The British Journal of Developmental Psychology, 2005, 23: 154-155.

第3节 交流手势研究中的视频记录技术

一、视频记录促进交流手势研究的便利性

在社会交流认知研究领域中，视频记录技术有助于保存和发现可能会被忽视的社会心理现象。手势是人们在交流中语言表达或思考问题困难时自然产生的手部动作，有时也可能伴随着一系列与之相关联的身体动作。尽管它们在交流互动过程中无处不在，但是说者并不总是知道他们在做手势，听者也不总是知道他们在观察手势。视频记录技术可以帮助研究人员捕捉、量化和更好地理解这些瞬时的手部表达运动，从而促进手势研究领域内不同观点的探讨和解释。

实际上在交流认知的研究工作中，如果手势不是研究者关注的焦点，那么它很容易被忽略，但是它有可能已经潜在地影响了产生手势的人以及观察手势的人的认知加工过程，也实际上客观改变了实验情境中或真实社会人际互动中的交流语境。在交流认知心理学研究中使用视频技术捕捉手势具有一定的便利性，也存在一定的难度，但是视频记录技术的使用为进一步洞察交流手势认知过程、交流语言认知过程，以及语言和非语言信息之间的相互作用过程等特征，提供了一种可行的研究方式，视频记录技术不仅捕捉还可以很好地保存这些交流互动中的丰富信息，为不断地深入探讨和解释提供了机会和可能。

行为科学研究中的视频记录技术可以提供手势研究过程中不可缺少的信息，而这些信息是任何其他方法都无法轻易捕捉到的。手势是人们语言交流过程中用手产生的自发动作，手势具有向说者的信息中添加空间或意象内容的能力，因此，手势使说者比单独使用语言时更为有效地表达更多的信息。例如，人们可以说“她跑上楼梯”，同时用手表示向上的螺旋运动路径。在这个例子中，口语本身并不能告诉我们说者所指楼梯的类型或特征，这些信息只包含在说者的手势表达过程中。有趣的是，大多数说者并不清楚他们做出的手势动作，部分原因是自发的手势与日常语言交流互动过程协调和契合得很好。也许更令人惊讶的是，大多数听者在看到说者产生的手势时并没有明确地意识到手势，尽管听者能够并且确实使用手势中包含的信息来引导自己的认知理解过程。不难发现，在社会交际语境下的认知心理研究过程中，手势及其对整个交流认知的影响很容易被忽视。

基于此，视频记录技术的使用可以帮助研究人员捕捉、量化和更好地分析了解手势。手势可以揭示说者的非语言信息或无意中表达出来的想法，手势影响交

流者的语言认知过程，这种交流现象对社会人际互动认知过程的研究具有重要的意义，视频录像便于保存最佳的交流互动实践和手势，并方便交流者在事后做出进一步的编码和解释。总之，手势对几乎所有的交流认知现象都存在普遍性的影响，视频记录技术作为一种探索这种影响性的方法是尤为重要的。

二、视频记录在交流手势研究中的独特优势

（一）手势反映了交流者语言之外的非陈述性想法

手势可以被归类为非言语行为，因此可能具有揭示外显语言交流中缺失的隐含性思想的能力。社会心理学领域长期以来对非语言行为很感兴趣，并且已经表明，诸如目光接触、面部表情、眨眼和身体姿势等行为能够揭示一个人不说话时的态度和信仰。例如，白人被试者可能会说他们在明确的问卷调查中没有表现出种族偏见，但是当他们与黑人同伴交流互动时，可能会显示出隐含的非语言表达不适的迹象，比如有限的目光接触、以更远的距离展示身体动作，以及一般性的“不友好的非语言表现”[①]。许多非语言行为可以揭示隐含的情绪情感，但是因为手势可以表达思想，所以手势也可以反映特定的内隐知识、思维模式或认知加工过程。

为了更好地理解视频记录技术的研究作用和价值，在此可以看一个经典性的研究内容，即儿童解释皮亚杰守恒任务的问题解决思路。皮亚杰开发这个实验任务的目的是探索儿童对数量守恒性的理解：即使物品在视觉空间中被重新排列，但是物品的数量不会改变。在这个经典性的任务中，实验者向儿童展示了两行硬币，每行包含6个硬币。当两行硬币一一对齐时，两行的长度相同，儿童可以确认各行均具有相同数量的硬币。然而，如果将一行硬币在儿童的面前散开，儿童会说这一行中包含的硬币数量更多。皮亚杰将这些儿童称为“不守恒者”，并将他们归类为处于一个尚待发展的认知阶段。为了记录儿童对这一任务的回答和描述，皮亚杰把儿童的语言解释写了下来，作为守恒任务理解过程中儿童认知加工特征的实验证据。然而，皮亚杰只写下并报告了儿童口头语言解释的过程，并呈现于自己的研究文献中，但是这种观察和记录的方法对于研究发现的传播具有很大的局限性。

---

① Dovidio J F, Kawakami K, Gaertner S L. *Implicit and explicit prejudice and interracial interaction* [J]. Journal of Personality and Social Psychology, 2002, 82(1): 62-68.

1986年，Church和Goldin-Meadow使用了视频录像技术，记录儿童在实验过程中的行为表现，并以此为分析基础解释儿童对皮亚杰守恒问题的理解及其交流认知特征。他们不仅发现几乎所有的儿童在解释对这项任务的理解过程时都会做出手势，还注意到每个儿童所做手势的方式是不同的。有些儿童的手势与他们语言解释过程中所说的内容相匹配，而有些儿童的手势与他们语言所说的内容并不相同。例如，一个手势和语言匹配的儿童错误性地解释了实验问题，语言指出更长的一行包含了更多的硬币，“因为你把它们摊开了”，同时在长行硬币上产生了摊开的手势表达。相比之下，另一个手势和语言不匹配的儿童也错误性地解释了实验问题，语言指出较长的一行中包含了更多的硬币，“因为你移动了它们”，但是这个儿童使用的手势是在两行中对应的硬币之间来回指点，他的手势意在表达两行硬币之间的一一对应关系。[①]重要的是，Church和Goldin-Meadow发现，与那些语言和手势产生相同信息的儿童相比，语言和手势产生不同信息的儿童随后更有可能从守恒任务的指导中受益。这一发现首次表明，儿童的手势可以作为儿童“学习准备性”的指示器。这一由视频录像技术提供的观察结果，挑战了皮亚杰最初把所有非守恒者归类为处于同一种发展阶段的观点，并推动了一个新的研究领域，即研究手势怎样表达交流者的非陈述性知识。

手势信息可以预测或提示出学习的准备程度，这种现象现在已经在跨越多个年龄段和学习领域的学习者身上观察到。例如，在词汇急剧增长的刚学会走路的儿童中，或者当儿童正处在从单个词发音向两个单词发音过渡的时期，都出现了手势和语言联合表达的情形。这还出现在儿童数字意义的学习过程中，比如在数学等价问题的学习过程中，甚至在有机化学的结构推理中。在上述的每一个例子中，口语都不能传达学习者知道的完整内容，因此，观察人们说话的同时，观察其使用手势做了什么，似乎比只听讲话更能准确地推断和理解其头脑中的想法。

手势不仅可以作为一个人学习准备性状态的提示性线索或信号，还可以反映一个人学习和加工知识的方式。例如，Cook和Tanenhaus（2009）在研究中操纵了成年人解决河内塔问题的方式，其中一个人必须把一堆圆盘从一个柱子上移动到另一个柱子上，同时遵循一定的移动限制规则。[②]一组被试者使用真实的实物

① Church B R, Goldin-Meadow S. *The mismatch between gesture and speech as an index of transitional knowledge* [J]. Cognition, 1986, 23(1): 43-71.

② Cook S W, Tanenhaus M K. *Embodied communication: Speakers' gestures affect listeners' actions* [J]. Cognition, 2009, 113(1): 98-104.

对象来解决任务；另一组被试者使用鼠标单击和拖动来移动圆盘图标，以在计算机上完成操作任务。然后，要求他们解释解决问题的思路和方案，实验中对两组被试者的实验过程进行录像。研究者发现，尽管这两组被试者的语言解释是相似的，但任务中的手势显著不同。用真实圆盘实物解决问题的被试者使用了更弯曲（幅度更大）的手势，反映了他们必须真实地将一个有重量的圆盘从一个柱子上抬下来移动到另一个柱子上的认知表征事实。相比之下，在计算机上完成任务的被试者会做出更平滑的手势动作，这反映了这样一个事实：在计算机上，人们可以简单地将圆盘图标从一个柱子拖到另一个柱子上，而不用将它真实地“举起”再“放下”。尽管被试者并不认为他们的手势方式在语言表达中起了重要作用，但是这些信息仍然通过他们的手势表现出来了。

手势提供了一个观察交流者想法的额外窗口，即使被观察者没有大声说话时也是如此，即人们在沉默性思考过程中也会产生手势，这些手势可以为他们提供自己想法之外的某些补充性信息。例如，专业舞者在练习时会使用手势“标记”他们的动作，产生最小化或压缩版本的动作步骤。当人们面对一个陌生区域的视觉地图并进行编码时，也会为自己做出某些特定的手势；在心理旋转任务的思考过程中也是如此，甚至也表现于通过心算完成多个数字的加法过程中。总之，手势为我们理解交流者当前和未来的想法提供了一个窗口，通过收集人们在特定任务交流过程中非言语行为的视频数据，我们可以对他们潜在的认知过程有更深入的了解。

（二）手势表达影响交流情境的理解

当前明确的一点是，手势可以反映出说者心中知道什么，但是交流者对于手势的信息表达过程却可能是不敏感的，但这不能够否认和忽略交流者客观上通过使用手势进而影响了对交流语境的认知加工过程。这个问题不仅对于理解交流者的手势如何影响其他交流同伴，而且对于理解交流者手势如何无意识地影响了实验者都是至关重要的。如前所述，交流手势一个令人感兴趣的方面是，尽管在所有的交流情境中手势都客观发生了，并被交流者自然而大量地使用，但是人们并不总是明确地意识到产生或观察到了手势。显然不知何故，这些被“视而不见”的手势最终会对交流语境认知产生影响，从而改变交流者的思想、行为和交流互动过程的具体特征。

在社会现实生活交流中，来自父母、老师或权威人物的手势会影响儿童听者加工信息的方式、回应语言指示的方式，以及根据语言指令学习的方式。更为特殊的交流情形下，即使交流互动中仅存在手势也能改变交流同伴的反应，例如，婴儿更倾向对手势表达产生行为反应。相比对单一口语指导的理解而言，稍大一点的儿童更可能从伴随手势的语言指导中受益。交流互动中说者手势的存在也将导致听者自己做出更多的手势，以示对说者的回应，如果儿童的父母与之语言交流时使用了手势，那么他们也更有可能做出手势回应和表达。与此相关，在课堂教学的交流互动中，擅长手势表达的教师更容易从学生那里得到更多的手势回应，这反过来又可以预测学生在该课堂上的学习表现和学习程度。

手势还可以以非常具体的方式改变听者的反应，因为听者对手部动作的标志性或代表性内容相对敏感。例如，作为事件的目击者接受采访的儿童可能将采访者手势中编码的特定信息纳入他们的目击者证词的陈述中，即使这种手势具有误导性，并且不符合他们实际目击的事件特征。[①]比如，如果采访者问儿童一个开放式的问题“他还穿着什么”，同时做出提供虚假信息的手势（例如，戴帽子的手势），儿童可能错误性地报告了手势中的信息（例如，“他戴着帽子”），就像他们在错误语言信息引导下（例如，“他戴帽子了吗？”）错误性地报告信息是一样的。

成年人也对手势中传达的内容敏感。例如，在前面提到的河内塔任务实验研究中，实际任务的执行方式不仅影响被试者手势的性质，而且这些手势反过来影响听者随后解决问题的方式。如果说者先前通过现场操作实体对象解决了实验问题，在随后的语言解释过程中会做出大幅度的手势互动，当要求其结合计算机实验情境，解释自己解决问题的方案时，其更倾向同时做出更大幅度的手势动作（尽管在计算机上操作完成任务并不需要实际力量和接触）；同样，听者看到说者语言表达中的手势幅度越大，在电脑上操作时手势移动的幅度相应就越大。这些研究发现清楚地表明，交流者能够并且确实以一种深深影响他们思考和判断的方式加工了交流互动中的手势。

在教育情境中，对手势的敏感性也允许教师和教育者洞察儿童的认知状态，然后调整他们的教学方式以适应儿童的认知需要。例如，在一项研究中，教师个别指导儿童解决一道难题，这些教师完全没有接受过手势编码训练，他们自发地给那些在语言和手势中产生不同但互补的“错误匹配”策略的儿童提供了更丰富

① Broaders S C, Goldin-Meadow S. *Truth is at hand: How gesture adds information during investigative interviews* [J]. Psychological Science: A Journal of the American Psychological Society/APS, 2010, 21(5): 623-628.

和更多样的指导，这显著超过了对语言和手势共同表达“正确匹配”策略儿童的具体指导。①研究中的所有教师都是有经验的，因此可能比新手教师更敏感于关注儿童手势的表达过程。然而，更多的研究进一步证实，一般成人在交流互动中也会如此。例如，在另一项研究中，成年人观看了儿童解释他们解决数学问题方法的视频，然后要求他们评估和解释儿童对数学问题的理解特征。三分之二的成年人从来没有明确注意到或提到过儿童的手势，但他们同样可以根据使用手势表达的不同信息，来评估儿童对数学问题的理解程度，而三分之一的成年人明确提到了手势表达的一些特征。②这表明，即使听者没有明确意识到自己在观察手势，他们也能够并且确实把它纳入自己对儿童交流认知的理解过程中。此外，还有研究证据显示，允许年轻学生在解决问题时向自己或向交流同伴做手势时，可以帮助他们在困难的问题上取得更好的成绩。

综上所述，可以明确，使用视频技术记录和分析交流手势认知加工中的心理现象具有重要的意义。也就是说，很明显看到手势的人会受到手势的影响，即使他们没有明确意识到自己看到这些手势，因此，任何正在收集视频数据的研究者都应该特别考虑，手势不仅对研究中的其他交流同伴，对主试者本身也具有潜在的影响。

虽然上述研究大多集中在手势在学习和问题解决情境中的作用上，但是这类研究工作的含义和启示性远远超出了课堂交流互动的具体情境。事实上，这里所借鉴的师生交流对于任何具有知识差异的社会性交流互动都具有启示性。比如，在领导试图向下属听者传达新信息的任何情况下，他都应该潜在地意识到手势如何能够辅助澄清信息、强调重点，并揭示他自己的隐含想法和思想。了解手势的这种强大的人际互动影响效应，有助于帮助我们理解现实和研究工作中多种交流情形下的相似效应，这也使得我们有理由相信视频记录技术是未来研究手势的一个富有成果的手段。

（三）借助视频技术可以实现手势的具体编码

当前阐述的主旨是强调使用视频记录技术捕捉和研究交流互动情境中手势交流认知的重要性，因为在标准的交流认知实验研究中，手势常常被忽视。更具体

---

① Goldin-Meadow S, Singer M A. *From children's hands to adults' ears: Gesture's role in the learning process* [J]. Developmental Psychology, 2003, 39(3): 509-520.

② Alibali M W, Flevares L M, Goldin-Meadow S. *Assessing knowledge conveyed in gesture: Do teachers have the upper hand?* [J]. Journal of Educational Psychology, 1997, 89(1): 183-193.

地说，交流人际互动过程中手势对被试者的思维过程和对任何交流同伴的思维过程都将产生重要的影响，这涉及了交流者自身、交流同伴，以及监督实验研究过程的实验者、编码者或其他的现场工作者等。

在此可以简单举一个学生解决问题中使用手势的例子，相似的一般性原则可以应用于许多其他的交流背景和交流研究领域。比如，儿童解释数学等价问题的解决方案：9+4+6= __ +6。在这个特定的问题情境下，儿童没有完全理解如何正确地解决问题，其在空白处写了“9”作为他的答案。然而，研究者能够对他的手势特征进行编码，从而推断出他对问题的隐含性理解。这如同其他情境下的手势编码工作一样，研究者首先可以仔细观看视频并对儿童正在使用的手（左手或右手）、手形（全掌或手指）、手势动作（点或挥动等），以及每个不同手势运动中手势指示内容或对象的具体信息（指示答案或表达相加）进行转录编码。然后，研究者可以把这些“手势短语”拼凑起来，推断出儿童手势中表达的具体概念。这些概念可能出现在交流语言中，也可能不在语言中出现，如指示性的手指点击、整个手掌挥动、手势变化（从右手切换到左手），或手势表达中的长时间停顿等。

对手势的编码和分类，目标是理解一系列手势的具体含义，也可以提出关于手势形式本身的实验性问题——通过在视频中记录特定手势的空间坐标，对特定手势的速度和轨迹进行编码。Hilliard和Cook（2016）详细阐述了连续性手势的编码方式。[①]基本上，连续性手势编码包括对视频进行采样（他们建议每秒10帧）以创建一组图像；然后，主试者可以使用诸如ELAN的系统来单击每个帧中的手（或手的一部分，例如手指的尖端），以创建跨时间的一组*x–y*坐标。然后，将这些空间坐标的数据转换为运动信息（例如，速度、轨迹等）。该方法可以很好地应用于前面所述的交流示例中。除了可以对手势进行编码，研究者还可以对交流者（例如，横扫运动到指向运动）的转变速度进行编码。手势速度不仅可以作为手动流畅性或灵活性的指标，而且可以作为认知过程流畅性的指标。运动捕捉技术与视频记录技术结合使用时，可以提供大量的这类数据。视频记录技术对手势研究的便利性和可能性是无穷无尽的，但是该领域还处于初步探索阶段，需要做很多的研究工作来理解从手势的连续特征编码中收集的信息类型。

---

① Hilliard C, Cook S W. *A technique for continuous measurement of body movement from video* [J]. Behavior Research Methods, 2017, 49(1): 1-12.

（四）使用视频技术研究手势的建议

使用视频记录技术研究手势时，也会出现一些方法学方面的挑战，影响并提供了一些将基于手势的结果和结论引入科学论文中的建议。首先，重要的是视频设备的放置位置可以影响研究中手势的记录过程。在实验研究中，研究者必须预见适当的录制角度，并在安置的同时预测被试者可能产生的手势类型和范围。例如，在前面介绍的研究案例中，录像机被放置用于捕捉解决数学问题时任何可能涉及该问题的潜在手势表达过程。这个录像机的角度必须针对不同的儿童进行适应性的调整——高个子儿童可能会妨碍录像机的视野，这会导致研究人员错过必要的手势互动信息，而矮个子儿童的手势可能根本无法在视频中捕捉到。此外，如果研究者想检查儿童做手势时的面部表情，就必须添加第二台录像机来捕捉这个内容。任何小的或细微手势的遗漏，都会影响对交流者手势策略的理解和解释，或者造成连续数据编码中的一个严重性缺口。研究手势交流互动特征的研究者，应安排被试者处于实验中的特定位置上，或者需要在实验中调整录像机以处于最佳的记录角度，尽管如此，还是有可能出现一些非预期的影响实验结果的因素。

然而，在控制性实验环境中捕捉和录制手势过程带来的挑战，与在自然或非实验设计性环境中研究手势时出现的问题相比，困难性还是相对更低的。自然交流情境下的研究要求受过训练的研究助理用手持摄像机跟踪不同生活和工作情境中的被试者，在特定的交流互动期间捕捉他们的行为、语言和社会互动中的情境信息。尽管这类研究提供了丰富的自然性交流语言和手势数据，并且由此产生的实验结果在外部效度上是相对更好的，但是对于人力、时间、物力等的要求更高，比如由于儿童是研究的主要对象，录像机并没有捕捉父母与其互动中的一些具体特征，客观上确实限制了主试者从父母那里捕获丰富的手势信息。在自然环境中处理这个问题可能需要同时使用和协调多台录像机，这可能会令被试者感到困惑和拘束，进而影响其交流互动中的真实表现。

一旦解决了收集手势数据的困难，研究人员接下来需要考虑如何编码和量化数据，该工作相对是繁重而复杂的。根据交流互动任务和具体情境的不同，在单个被试者身上可能存在从几分钟到几个小时的录像数据。为了从录像中捕获精细的数据细节，研究人员需要不断地重现、倒放、减速或快进，以观察不同实验阶段的特征和特定内容。然而，数据的丰富性也可能为研究工作带来严峻的挑战，尤其是在试图捕捉或转录非语言行为（如手势）时。如前所述，连续视频可以提供运动变化性的数据，但如果需要分类并对手势数据进行编码时，难度是较大的，实际上当前我们并没有标准化的手势字典来对各类交流认知实验中的多样化手势做出参照性的解读。

开发手势的编码系统必须由特定的实验问题驱动，这与任何实验的独立变量必须从无限多个可能变量中选择和概括出来非常相似。因此，当前在手势的视频研究过程中某种程度的主观性是固有的，也是必须承认的。例如，一个对婴儿何时开始产生指示性指点手势感兴趣的研究人员，如果试图在观察过程中量化并捕捉婴儿做出的每个手动动作是不明智和不现实的。相反，研究人员必须决定什么手势是“重要的”，并写出一套清晰、简洁的指导方针，甚至可能编制出多套手势编码手册。在这种情况下，多个编码手册之间的可靠性和有效性是至关重要的，并且每个编码手册所依据的推理性解释应该是清晰的，或者对于第三方来说很容易解释。一些实验性的问题可能需要研究者尝试量化个体的手势类型（例如，在生命的前三年中，指示性指点手势、具体化表征手势或惯例手势的发生率是多少）；其他一些问题可能与手势和语言的关系有关（手势是否传递了与语言相匹配或不匹配的信息），或者涉及手势与外部客体的关系（地质学专家如何用手势解释大陆漂移问题）。这些问题中的每一个都需要考虑不同层次的手势分析，这意味着相同的手势运动，可能在不同交流情境中被编码和分析的方式有显著不同。

鉴于手势与口语的密切关系，考虑应该在语言交流的背景下对手势进行编码，还是应该在无声交流的情况下编码，这一点尤为重要。因为如前所述，手势的存在影响听者对问题的解释。如果研究者的问题集中在语言和手势是否传达相同或不同的信息上，那么对一个因素进行编码时将受到另一因素的影响。例如，当研究者对儿童对数学问题的解释进行编码，以确定手势是否显示出与语言不同的信息时，研究者通常以忽略语言的方式来编码手势，然后在不看视频的情况下编码语言。该过程允许研究者为每个模式提供独立于另一个模式的代码，并且尽可能纯净地比较两个代码是否匹配。

当然，有些情况下，当我们同时看手势表达时，语言交流才显得有意义。在这些情况下，重要的是要明确，没有语言的手势编码只能在实验任务中完成，而前提是研究者已经非常了解任务引发的手势特征是怎样的。例如，在研究者能够确定一个儿童做手势时使用哪种数学问题解决策略之前，必须花费大量的时间来开发一个儿童在这个任务中通常产生手势的分类。然后，研究者可以开发一个手势交流系统用于编码，表达这些手势通常传达的意义。通过这样做，研究者可以建立一组儿童在交流中就这一任务产生的问题解决的语言策略和手势表达策略；然后才能够确定哪些手势经常伴随口语策略发生，并且表达相同或不同的信息，即开发一个针对同一任务的语言和手势的并行编码系统。诚然，研究的最终结果是建立了一个手势词典（手势形式、表达意义之间的配对），接下来，研究者就可以基于该任务背景，在未来研究中使用该手势词典对语言之外的手势进行编码。对于研究的每种具体交流任务和现象，研究者都需要开发一种新的手势编码系统，诚然，具有与特定交流任务或交流内容相关的专业知识对于研究者来说往往是至关重要的。例如，为了研究地质学专家产生的手势，研究者需要首先理解并开发一个专家用语言表达地质概念的编码系统，然后将专家的手势与这些语言代码进行特定的关联。基于上述，在收集、编码和分析交流手势数据之后，仍然存在如何在研究中对手势表达做出结果性分析和结论归纳的问题。

尽管使用视频记录技术研究手势交流的认知特征仍然面临许多的困难和挑战，但是很明显，视频记录技术的使用为手势数据的收集和研究提供了丰富的机会和潜在的可能。即使手势不是研究者的唯一研究焦点，视频数据也总是方便于重复性访问和分析，也方便于探索手势或其他非言语行为是如何与语言交流过程相互作用的。在Goldin-Meadow、Cook和Mitchell（2009）的研究中，研究人员教儿童一组特定的手势动作，具体指导他们在数学学习中使用手势策略。[①]重要的是，研究者从未告诉儿童这些手势动作的含义。然而随后研究者发现，当被明确告知使用手势动作时，儿童会把他们所产生的动作、手势信息整合到他们的口头语言解释中，并且表现出比没有被要求产生手势动作的儿童学到的知识更多。六年后，为了寻找进一步解释这一现象的相关线索和证据，研究者重新分析原始视频，根据现在的研究进展和数据分析技术对这些手势进行了重新编码，以进一步探讨儿童交流手势的认知过程特征，显然，视频记录技术的使用，也使得重新查阅先前视频中的语料库成为可能。总之，这些研究过程有助于不断丰富我们对交流手势认知特征的理解。

总之，尽管在实验研究中视频记录技术的使用确实存在一些困难和挑战，但是它允许我们研究一些短暂的、容易遗漏的，然而重要的手势互动现象。手势研

① Goldin-Meadow S, Cook S W, Mitchell Z A. *Gesturing gives children new ideas about math* [J]. Psychological Science, 2009, 20(3): 267-272.

究从根本上改变了心理学研究者对交流互动情境中语言、学习和推理等认知过程的看法，其中视频记录技术应该被考虑进一步推广运用，记录的视频在某种意义上允许我们“冻结”时间。随着科学理论的发展，我们可以重新审视旧的研究观念，得出原本不可能的新颖的见解和观点。

第2章

交流手势认知特征

假设我们正在房间中谈论家具的布局，你可能使用两只手摆出特定的姿势，一个手势表示沙发，一个手势表示椅子，手势的移动说明物品摆放的位置和角度。

同样，现实中如果你要告诉别人足球是怎样滚落到山下的，你会一边解释，一边用圆形的手势和连续的动作描摹当时的情境。

让一个儿童用语言解释杯子的高度时，他可能也会使用手势直观展示出杯子的宽度。

当你将要陪伴孩子外出活动时，你提醒他“穿好你的外衣”，但是你的手却不自觉做出了“戴上帽子”的动作。

……

现实中这样的真实交流情境和手势表达情形比比皆是，人们在日常交流过程中会频繁地使用手势，手势在任何时间段的交流和思考中均扮演了重要的角色，对于交流中手势特征的探讨不仅为洞察交流者的认知提供了一扇窗，也有助于指导现实交流情境中的手势使用，如教育教学过程中教师手势和学生手势的使用特征。社会交流互动中手势使用的恰当性和现实交流意义典型表现在手势对交流语言认知的促进作用、手势具体的交流性特征、个体手势使用的差异性、伴随语言发生的手势交流的无意识性等。[①]本章将重点围绕这些问题做出分析和阐述，这些交流手势问题体现的是交流人际互动情境中手势的一般性、普遍性认知特征。

① 张恒超．交流手势的认知特征［J］．心理科学进展，2018，26（5）：796-809.

第1节　交流手势的一般特征

一、交流手势促进认知理解和记忆

人们用自己的整个身体以语言和非语言的方式向他人和自我进行表达。手势是最常见的非口语交流方式之一，人们每天都在各种语境中使用手势，手势有助于认知理解和记忆。比如，手势对于学习描述空间模型是有益的，在这种情境下使用手势是自然和直观的，因为手势本身就是一种视觉空间表达形式，手势可以描摹和具体展现空间关系。

作为身体最具有功能性的部分，不同文化背景下的人们都使用手势完成各种交流活动。即使是那些天生的盲人也会通过大量手势互动来表达思想。这是因为手势是一种重要的认知表征形式，现在我们已经初步观察到手势在数学学习、第二语言学习、问题解决和空间认知等各个领域中均表现出促进认知理解和记忆过程的作用。以往探讨手势对交流认知活动积极影响的研究，主要集中于手势如何促进交流信息的传递和检索过程，例如在教育教学情境中的教学交流互动和交流合作学习等。

交流人际互动过程中，伴随语言的手势互动过程可能是我们每天都能看到的最常见的手势。这种手势在各种交流情境下都发挥着重要的认知协调作用。虽然语言是交流中最为显著的媒介，但伴随语言共现的手势交流对说者的认知表达和听者的认知理解都有促进作用，这对于交流沟通的效率和效果至为重要。手势有助于使交流者在特定交流互动中采用心理图像的方式进行思考；手势有助于交流者检索与空间和运动有关的概念词汇。当人们借助记忆检索信息并描述视觉对象时，以及当对象难以用语言描述时，他们会做出更多的手势。当禁止使用手势参与交流互动时，交流者的语言认知加工程度将会随之增强，语言认知加工的难度将增加，认知资源的损耗也相对更大。这均表明在交流互动过程中手势有助于语言的形成和表达，可以帮助人们组织口头传递的空间信息等，尤其是当交流对象的视觉空间特征难以通过语言准确表述时，人们倾向于做出更多的手势互动，简言之，语言信息和手势中的非语言信息交织在一起形成了完整的交流思想。

认知神经科学的证据证实，手势和语言在交流认知的理解过程中相互作用，Dick、Goldin-Meadow、Hasson、Skipper和Small（2009）使用功能性磁共振成像技术来检验，伴随语言发生的手势交流是如何激活人脑中特定区域的。①实验中被试者观看了三个视频故事，其中一个伴随语言发生，且具有很好的匹配性的手势表达，一个语言表达中伴随着不相关的手势，一个只有语言而没有手势互动。研究结果发现，当手势在语义上与语言表达无关时，听者右额下回表现出更强烈的反应，这表明听者试图从手势中找到与语言表达相关联的意义。

手势表达可以促进数学问题的解决，手势的表达者可以是教师，也可以是学生，这使得手势在数学教学中很有价值。如果儿童在学习过程中做出了手势，他们记忆知识的过程将变得更容易；与那些只接受语言教学的儿童相比，如果教师使用手势辅助教学，并鼓励儿童在解决数学等价问题时使用手势表达策略，那么使用手势的儿童将获得更高的成绩。在相关领域的实验研究中，研究者们普遍发现了一致性的结论，即在数学问题任务中，当要求儿童使用手势辅助完成时，结果显示出采用手势的儿童任务完成效果明显优于未明确被要求使用手势的对照组，这是因为手势辅助在信息的视觉输入上增加了一层意义，从而直接促进了学习认知。Cook、Friedman、Duggan、Cui和Popescu（2017）开发了一种动画教学方式，以取代数学等价问题教学中真正的教师，研究者在实验中控制了虚拟教师的面部表情和身体动作，使手势成为区分实验组和控制组的唯一因素，结果发现手势组的儿童比那些看不到手势的儿童学习到的知识更多，解决问题需要的时间也更少。②

交流中由于手势体现为交流者视觉空间中的一种动作表达，使其更有利于空间问题的解决。Chu和Kita（2011）研究发现思考过程中使用手势可以提高空间可视化任务的执行效果，实验要求被试者完成心理旋转任务和折纸任务，自发使用手势的被试者任务完成效果明显优于未做手势的被试者。③ Ehrlich、Levine和Goldin-Meadow（2006）比较了空间转换任务中5岁男孩和女孩在空间技能方面的性别差异，经过短暂的训练，男孩和女孩的表现都有所提高。在测试前和测试后，男孩表现出明显更好的空间技能；值得关注的一点是，当被试者解释问题解

① Dick A S, Goldin-Meadow S, Hasson U, Skipper J I, Small S L. *Co-speech gestures influence neural activity in brain regions associated with processing semantic information* [J]. Human Brain Mapping, 2009, 30(11): 3509-3526.

② Cook S W, Friedman H S, Duggan K A, Cui J, Popescu V. *Hand gesture and mathematics learning: lessons from an Avatar* [J]. Cognitive Science, 2017, 41(2): 518-535.

③ Chu M, Kita S. *The nature of gestures' beneficial role in spatial problem solving* [J]. Journal of Experimental Psychology: General, 2011, 140(1): 102-116.

决的策略时，发现使用更多手势辅以表达的儿童，其在空间转换任务中的表现也更好。①然而，由于缺乏对其他因素的控制，这项研究无法提供确凿的证据表明手势是影响空间推理能力优势的唯一或主要原因。

手势表达对于认知推理过程的促进作用也是明显的，不仅表现于直观的空间推理任务中，还表现于抽象的道德推理任务中；手势表达的这种影响性可以同时作用于说者和听者双方。Sassenberg、Foth、Wartenburger和van der Meer（2011）通过几何类比任务讨论了手势生成与推理技能之间的关系，实验中采用流体智力和晶体智力作为推理能力的指标，根据两次智力测验的前测成绩，将被试者分为四个实验条件，要求他们在几何类比任务中解释自己的策略，并且对他们的手势进行编码，结果表明，手势的产生与流体智力呈正相关。②Beaudoin-Ryan和Goldin-Meadow（2014）研究了手势如何促进道德推理问题的学习和认知发展，实验要求小学生学习通过手势表达来解决道德困境问题，并记录其解决问题的思路，结果发现那些在指导下做手势或自发做出手势的学生，比那些在解释解决方案时未使用手势的学生学习的效果更好，表达问题的解决思路也更多、更丰富，因此手势表达也可以增强抽象性的道德推理能力。③

早期的研究已经广泛发现和澄清过，在语言交流中与之兼容的手势可以加强交流者的认知理解和记忆过程，但是观看和语言不匹配的手势会产生相反的效果。更进一步而言，虽然手势的交流价值已被广泛接受，但到目前为止，我们仍然不清楚其他身体部位的动作是如何也同时参与交流互动的，其与手势之间的关系是如何的；这不是当前探讨的重点，但这是当前交流手势认知研究领域中相对忽视的一个方面，在未来研究中将是一个不可回避的问题。

概言之，交流手势促进认知理解和记忆，不仅体现在对交流者同伴的影响方面，也体现在对自己认知过程的影响方面。

二、交流手势减轻人际互动中的认知负荷

交流手势有助于促进社会人际互动。当与他人交流互动时，语言不是我们认

---

① Ehrlich S B, Levine S C, Goldin-Meadow S. *The importance of gesture in children's spatial Reasoning* [J]. Developmental Psychology, 2006, 42(6): 1259-1268.

② Sassenberg U, Foth M, Wartenburger I, Van der Meer E. *Show your hands—Are you really clever? Reasoning, gesture production, and intelligence* [J]. Linguistics, 2011, 49(1): 105-134.

③ Beaudoin-Ryan L, Goldin-Meadow S. *Teaching moral reasoning through gesture* [J]. Developmental Science, 2014, 17(6): 984-990.

知的唯一载体，我们还使用手势和面部表情等来传递空间信息、情感和其他非语言内容。试想一下，通过电话或短信交流时，很容易产生交流意图表达中的误解，面对面观察他人的手势成为语言交流互动的重要补充方式。Goldin-Meadow、Wein和Chang（1992）招募了未经培训的成年人来评估儿童的推理能力，实验中要求成人观看儿童解释他们对某些现象（如光的折射）做出判断的视频短片，然后要求成人被试者评估儿童的推理能力和知识水平；当儿童的语言和手势不匹配时，成人在评估中表现出不确定性，而当语言和手势传达相同含义时评估更为确定，表明成人自发地观察并加工了儿童的手势，并以此来理解和评估其能力水平。①在更常见的社会人际互动情况下，我们是否会通过他人的手势自然地解释他们的意图呢？通过控制眼睛注视特征和要求做出手势表达的实验，研究者发现交流互动中即使没有语言，直接注视或要求使用手势交流也会影响另一个人的认知和行为反应。②来自认知神经研究的证据也表明，手势和身体方位的感知激活了大脑中的感知运动、移情等区域，这对于交流互动中交流者彼此之间认知共享性的建立具有重要的作用。③

交流手势在促进社会人际互动的背后，体现了对交流者交流认知负担的减轻。研究者对数学、第二语言学习和空间问题解决等教学过程进行了广泛的研究。这些研究提供了大量的实证证据，表明手势在思考、说话和解决问题时可以帮助理解和促进记忆，人们从手势互动中受益。关于手势如何促进认知理解和记忆过程的一个假设是手势可以减轻交流者的工作记忆负担。在解决数学问题的同时完成记忆任务的研究中，Goldin-Meadow、Nusbaum、Kelly和Wagner（2001）发现，在手势的帮助下，儿童和成人在记住一长串单词或字母方面都有更好的表现，在长词单任务中有显著差异，但在短词单任务中没有显著差异，因为短词单任务中出现了上限效应，尤其是成人被试者，其在没有手势参与的情形下成绩已经表现得很高了。④十多年后，研究者又完成了一项后续研究，在三个实验条件下，要求被试者在解释数学问题的解题思路时使用有意义的手势、无意义的手

---

① Goldin-Meadow S, Wein D, Chang C. *Assessing knowledge through gesture: Using children's hands to read their minds* [J]. Cognition and Instruction, 1992, 9(3): 201-219.

② Innocenti A, De Stefani E, Bernardi N F, Campione G C, Gentilucci M. *Gaze direction and request gesture in social interactions* [J]. Plos One, 2012, 7(5): e36390.

③ Nagels A, Kircher T, Steines M, Straube B. *Feeling addressed! The role of body orientation and co-speech gesture in social communication* [J]. Human Brain Mapping, 2015, 36(5): 1925-1936.

④ Goldin-Meadow S, Nusbaum H, Kelly S D, Wagner S. *Explaining math: Gesturing lightens the load* [J]. Psychological Science, 2001, 12(6): 516-522.

势，以及不做任何手势，一份字母表被用作记忆测试，和之前的研究一样，结果表明在记忆测试中，做有意义手势的被试者表现得明显更好。[①]在Tellier（2005）的第二语言学习研究中，在单词记忆测试中，复述单词时做手势的学生比不做手势的学生取得了更高的分数。[②]与上述提到的语言信息输入不同，手势直接促进了空间问题的解决。在心理旋转任务中，当问题变得困难时，被试者可以直接从手势描摹中获益。手势将心理表征外化，有助于减轻空间工作记忆的压力，促进空间转换的内部计算。Tversky和Kessell（2014）在研究中发现，当交流互动中解码语言信息时，手势可以帮助人们消除无关信息，从而减轻认知负担。[③]

关于手势如何减轻工作记忆负担的问题，概括而言有三个假设。第一，手势有助于以更直观的方式传递词汇信息，从而提高认知能力。手势传达的视觉空间表征作为第二种交流互动的形式编码了和语言相同的信息，并使抽象概念具体化和可感知。伴随语言共现的手势通过将认知压力引导到另一种信息表征中，进而减轻了交流者的工作记忆负担。第二，与被视为分散注意力的无意义手势不同，有意义的手势有助于交流者集中注意力。在这种情形下，手势既是思想的产物，也是心理表征的输入。第三，认知神经科学的证据已经证实，语言输入和手势视觉输入被同时加工，并存储在人类大脑的不同区域。因此，归纳而言，手势可能有助于将认知负荷从口语表征中转移到视觉空间表征中，从而释放了工作记忆中的部分资源，因此更好地为记忆任务中的口语信息服务。

第2节 手势交流和语言交流的关系

交流是以语言为核心媒介的社会人际互动过程，交流过程体现了交流者之间认知和行为“冲突—协调”的相互作用特征。交流认知是一种基于交流者心理状态和共享知识的推理过程，特定情境下的交流认知反映了从脑加工到社会人际互动、语言使用等的一系列复杂过程。尽管交流媒介中语言具有显著代表性，但并不是唯一媒介，交流互动认知的复杂性也表现非语言媒介的互动性和交流性，以及与语言媒介之间的相互关系。因而，人类的交流不仅表现于听觉形态也表现于

① Cook S W, Yip T K, Goldin-Meadow S. *Gestures, but not meaningless movements, lighten working memory load when explaining math* [J]. Language and Cognitive Processes, 2012, 27(4): 594-610.

② Tellier M *How do teacher's gestures help young children in second language acquisition?* [J]. International Society of Gesture Studies, 2005, 3: 1-9.

③ Tversky B, Kessell A. *Thinking in action* [J]. Pragmatics & Cognition, 2014, 22(2): 206-223.

视觉形态，典型的如手势交流，手势和语言的形式虽然不同，但是彼此在时间和语义上互相伴随和映射，共同表达相关的交流信息。伴随语言发生的手势是交流中的一种视觉形态，其与语言的声音形态在交流信息互动过程中形成了一个紧凑的整体，然而，其又不同于聋哑人使用的手语。手语是一种展现各水平语言结构并全面发展的自然语言，通过系统化和习俗化的手部、面部、身体的移动进行语言表达，产生了严谨的语义，形成了完整的言语过程，手语的发生过程具有和口语类似的神经基础。

现实生活中，当人们交谈时通常会做出一些手势，即便是电话交流方式下，人们也习惯性地使用手势，尽管另一端的对方根本看不到；同样，交流中的信息接收者不会漠视互动中的手势信息，当语言和手势信息不协调时，人们将表现出疑惑不解而需要对方进一步澄清，甚至手势会像语言一样主导认知理解。比如，先天性盲人从未见过任何手势动作，在交流中仍然频繁使用手势交流；当询问“还有什么适合男人穿戴”时，同时“移动双手仿佛戴上帽子”，回答者将自觉关注“帽子”而非其他衣饰。

手势表达普遍存在于不同时空条件下的语言交流中，既可以表达语言未清楚表达或没有表达的思想和观点，又可以增进交流意图、期望的理解，有助于交流公共认知基础的形成，这使得手势成为语言交流之外，展现交流者思想的一扇窗户。交流语义协调观点认为手势克服了语言交流的困难，不仅表现为手势和语言的相伴发生，有时手势先于语言发生，激发语言理解的准备性，这尤其出现在模糊或过渡性知识的语言交流中。总之，手势和语言对于相关信息的共同表达，促进了语言发生的认知加工过程，同时，有助于语义的理解、整合和记忆。

一、手势交流和语言发生的关系

交流中手势使用对语言生成过程的影响性，归纳而言，表现在两方面：一是手势和语言表达的联合性，即手势表达和语言沟通特征的一致性、共同性；二是手势和语言表达的互补性，即手势表达弥补语言交流的不足或缺乏。Graziano和Gullberg（2013）在实验中招募了儿童被试者、母语成人被试者、第二语言成人被试者，实验过程中被试者先听配有图片的故事，之后向同伴转述，结果显示：从手势使用的绝对量来看，当交流者语言流畅交流时，手势数量更多，从手势表达自然性来看，语言流畅时手势连贯，语言不流畅时手势表达中的停顿更多，而且在不流畅的语言交流过程中，手势几乎都不是完整性的表达，这两个特征跨被试组表现出一致性；但是，在第二语言成人被试者的交流中发现，不流畅语言表述时手势动作显著增多，即在语言交流困难时手势表达的努力程度显著增加。①可以说，一方面，从交流相关性上，手势是语言交流的辅助手段，表达特征上两者是相似的；另一方面，手势又是语言表意的一种补偿手段，相比于语言交流对词汇和语法的依赖，手势交流更多地借助了视觉和模仿性想象，其表意方式更为直观而且是全方位的。

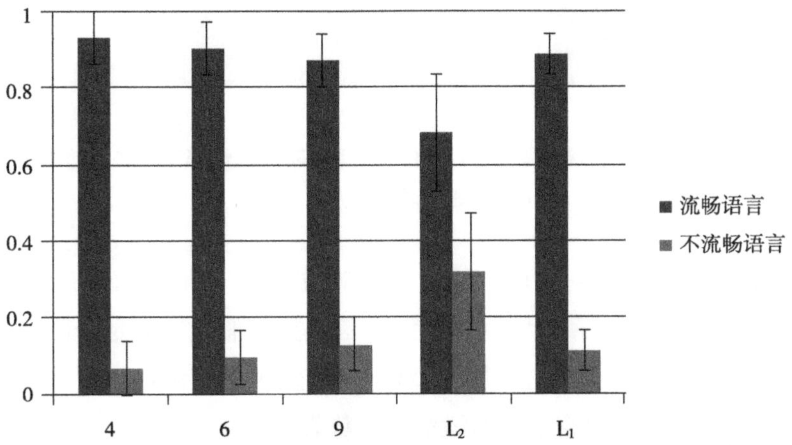

图2.1 Graziano等（2013）研究中“伴随流畅或不流畅语言的手势”

注：4/6/9为儿童组，L_2和L_1为第二/第一语言成人组。

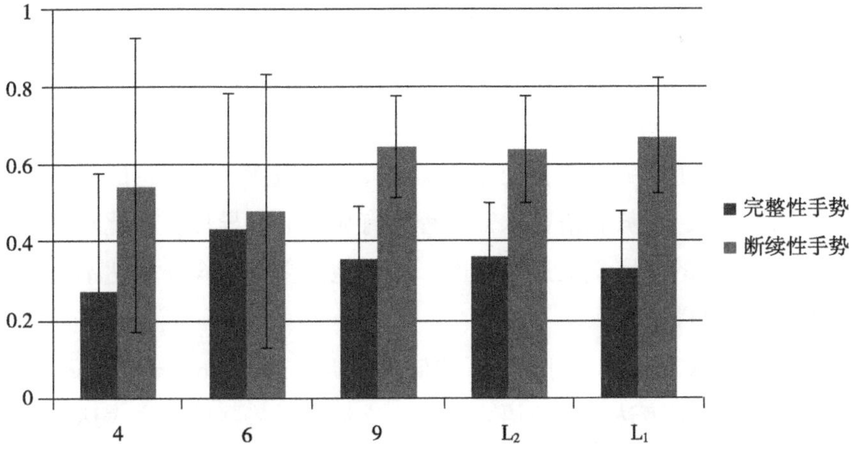

图2.2 Graziano等（2013）研究中“语言不流畅情形下手势的发生特征”

注：4/6/9为儿童组，L_2和L_1为第二/第一语言成人组。

---

① Graziano M, Gullberg M. *Gesture production and speech fluency in competent speakers and language learners* [C]. Tilburg Uhiversity: Tilburg Gesture Research Meeting (TiGeR), 2013.

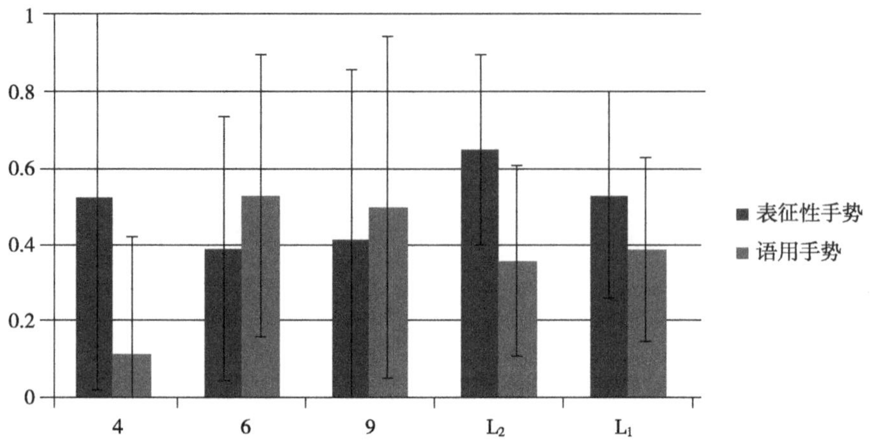

图2.3　Graziano等（2013）研究中“语言不流畅情形下手势的功能”

注：4/6/9为儿童组，L_2和L_1为第二/第一语言成人组。

围绕着手势和语言表达间的关系，研究者提出了不同的解释理论：“增长点理论”立足于手势和语言表达的共同性，“信息捆绑假说”立足于两者间的互补性；“词汇性手势生成模型”强调手势对于语言发生的激活性，而“模拟行为的手势框架理论”则强调语言发生时激活了手势表达。

交流手势的“增长点理论（The Growth Point Theory）”认为交流中手势和语言是一个单一的集成系统，彼此通过“视—空”和语音的分层形式组合成交流信息增长点或整体合成结构。该理论倾向关注交流中手势和语言表达的共同性和关联性，多种媒介的共同表达不仅有助于交流意图的明确传递，而且有助于多角度增量解释和澄清交流对象；但是，“增长点理论”过于看重手势表达和语言表达的共同性，则产生了手势是语言交流附属的弊端。诚然，从表达的形式、机制以及意识性等特征上，手势和语言认知过程均有显著的差异性，因此从理论所强调的多媒介对于信息的“增量表达”角度，潜在地接受了多媒介表达不等同于手势和语言简单的重复性表达。

Kita和Özyürek（2003）则提出了“信息捆绑（The Information Packaging）假说”[①]，明确指出手势表达不同于语言沟通，交流中手势帮助语言表达者组织和封装了空间视觉信息，其与线性、顺序发生的语言模式相匹配。该理论强调手势表

① Kita S, Özyürek A. *What does cross-linguistic variation in semantic coordination of speech and gesture reveal? ——Evidence for an interface representation of spatial thinking and speaking* [J]. Journal of Memory and language, 2003, 48(1): 16-32.

达的空间视觉表征不同于语言表征的认知加工，交流语言在描述复杂空间信息方面存在不足，如多种物品的摆放位置和不同的操作处置，此时信息的准确表达需要进行单元性分解和序列性描述，手势在选择和组织视空单元信息上表现出了明显的便利性，可以即时配合和促进语言信息传递。检验信息捆绑假说的简单方式是创设视空操作条件，观察手势表达特征以及对语言交流的促进性，例如，Hostetter、Alibali和Kita（2007）向被试者呈现一些“点”，要求被试者描述点系列的特征，发现当点明显可以连接为几何形状时，语言表述更容易，手势显著变少，反之，语言描述困难，手势量增加。[①]简言之，语言表述过程简单容易时，与之匹配的手势表达也相应简单、减少；反之亦然。

总之，信息捆绑假说对于手势方便于视空信息表达的解释是客观的，但是仅从视空信息角度出发略显狭隘，并且在现实交流中，手势经常可以表达非视空方面的信息，如确定性态度、情绪特点等，进一步而言，即便是在语言流畅交流中手势表达也并没有消失，同时对于交流双方而言又并不显得赘余。另外，在视空交流情境下，手势和语言关系的复杂性还表现在，尽管手势方便于视空信息单元的分解，但是信息的序列性表达或组合仍离不开语言的线性表述，或者说，此时手势表达呈片段性，而语言描述表现出困难性和残缺性，手势对于语言交流的促进性表现于交流者对于不完整和不准确的语言描述做出了完整而准确的解码，手势语言间的这种契合机制是怎样的，也有待于进一步探查和解释。尽管Özyürek、Kita、Allen、Brown、Furman和Ishizuka（2008）进一步指出，交流中手势是由行动发生器计划的，语言是由信息发生器计划的，手势和语言是由不同的系统产生的，当语言概念化和组织交流信息时，两个系统双向沟通和互动，但是仍然不能获得令人满意的解答。[②]值得肯定的一点是，该理论已经摆脱了增长点理论所片面强调的手势和语言表达上的共同性，而重视两者之间在信息表达中的互补性。

如果说“增长点理论”和“信息捆绑假说”是着眼于手势和语言的表意关系方面（交流信息的表达），那么“词汇性手势生成模型”和“模拟行为的手势框架理论”则是着眼于手势和语言发生时的认知沟通特征（两种交流媒介认知加工

---

① Hostetter A B, Alibali M W, Kita, S. *I see it in my hands' eye: Representational gestures reflect conceptual demands* [J]. Language and Cognitive Processes, 2007, 22(3): 313-336.

② Özyürek A, Kita S, Allen S, Brown A, Furman R, Ishizuka T. *Development of cross-linguistic variation in speech and gesture: Motion events in English and Turkish* [J]. Developmental Psychology, 2008, 44(4): 1040-1054.

过程彼此沟通和相互作用的关系）。Krauss、Chen和Gottesman（2000）提出了“词汇性手势生成模型”（The Lexical Gesture Process Model），认为交流中人们的手势使用影响语言词汇的选择和语句的复杂性特点，交流中手势对于语言表达产生激活作用，既易化语言发生过程，也易化了语言信息的理解过程。[①]例如，交流者在表达“球滚下山”的同时，做出了一个圆形的手势，这将促进词语“滚”的激活和理解。在语言表达和理解变得困难时，交流者手势的发生频率相应提高，相反，当禁止手势表达时，交流者语言将变得断续、赘余而不流畅，即语言表达困难复杂时，手势的激活过程也相应困难和复杂，表现出发生频率的提高；当交流中禁止交流者的手势表达时，由于缺少手势的激活，语言相对变得不流畅。这为该理论提供了较充分的实验研究证据。

与此相对应，Hostetter 和Alibali（2010）提出的“模拟行为的手势框架理论（The Gestureas-Simulated-Action Framework）”却认为，在交流过程中，语言的发生自然激活了与之相应的感知状态、行为的心理表征和模拟，使得伴随语言的手势自然产生，交流语言影响手势表达的形式和内容，这是通过影响语言发出者的心理模拟特征而实现的。简言之，语言交流中包含了感知和行为的心理表征和模拟，而手势是心理表征和模拟的自然产物。[②]

综合对照分析可以看出，这两种理论分歧的焦点在于对“交流表征”的争论，语言作为思维的工具和思想沟通的媒介，典型具有抽象性特征，但这不是语言加工的全部特征，语言加工过程存在一定的感知动作心理表征的加工，这样语言加工才不会脱离具体的外界交流情境和事件。因此，从这一意义出发，不论是强调手势对于语言激活和表达易化，还是强调语言自然引发手势动作的发生，共同之处在于认可语言认知加工涉及交流对象、事件等心理表征的联合建构，交流语言的发生和理解是在特定的具体化的情境下实现的，并伴随特定交流目的的最终实现（如执行某种动作），语言认知加工的行为预期性使得语言信息的传递和沟通处于一个可具体化的认知互动过程中，所以，手势的发生是这种可具体化认知互动的一种自觉的外在表现，其最终服务于交流目的的实现和交流行为的准确实施。概括而言，特定交流表征是抽象的又是具体的，交流的目的是实现交流

---

① Krauss R M, Chen Y, Gotfexnum R F. *Lexical gestures and lexical access: a process model* [J]. Language and Gesture, 2000，2：261-283.

② Hostetter A B, Alibali M W. *Language, gesture, action! A test of the Gesture as Simulated Action framework* [J]. Journal of Memory and Language, 2010, 63(2): 245-257.

者公共认知的具体化，交流语言加工过程可能是相对抽象的，但是交流语言的最终功能是具体的，是某种特定操作的成功实现，这是“词汇性手势生成模型”和“模拟行为的手势框架理论”的共通之处，因而，可以说这两种过程在具体的交流情境中可能均存在，而表现上的差异可能与具体交流特征、交流情境等存在关联。

具体化认知理论认为语言认知加工是以感知和运动过程为基础的，特定的交流情境涉及某些具体化的感知和行为的执行，因此，语言将诱导感知运动神经的激活，该过程是相对自动的，在具体交流中即表现出语言和手势的同时发生；但是也有观点认为，这些感知运动区域的激活不单纯受语言的影响，也受交流语境特征的调节，例如，研究发现语言中的动作动词显著激活了运动区域，而非动作动词则表现出混杂的结果，即一定程度上激活了运动区域。因此，感知运动区域的激活是自动关联于语言表达，抑或也关联于交流的具体情境，则有待于未来研究具体辨别，这涉及上述语言和手势关系的理论之争。但是有一点是明确的，在采用*f*MRI的研究中发现，当语言明确表达动作行为信息时，运动区域的激活水平显著高于表达非动作信息的条件。Goldin-Meadow（2015）在儿童解决数学等式问题的情境中，要求被试者使用语言表达策略或语言和手势同时表达的策略，*f*MRI的数据结果显示，使用语言和手势策略的被试者的感觉运动区域激活水平显著更高，并且该条件下的被试者在迁移任务中即便不再使用手势，其感觉运动区域也表现出显著的重复激活。①尽管这些结果尚无法明确说明，手势和语言的表意关系（“增长点理论”和“信息捆绑假说”之争），以及语言和手势的发生关系（“词汇性手势生成模型”和“模拟行为的手势框架理论”之争），但是可以明确证实，语言和手势交流的认知神经过程存在差异性，但在特定交流目的和情境下，彼此之间又相互沟通和关联；未来认知神经研究的关键不仅需要区分彼此的差异，而且需要与两者共同发生时的认知神经过程相比较，这既有助于说明交流中语言和手势的关系，也有助于澄清上述的理论之争。这一过程是相对复杂的，正如Newcombe（2010）研究发现，手势的发生不仅伴随着感觉运动区的显著激活，而且前额叶区域也显著激活，而前额叶与高级思维相关联。②

---

① Goldin-Meadow S. *From action to abstraction: Gesture as a mechanism of change* [J]. Developmental Review, 2015, 38: 167-184.

② Newcombe N S. *Picture this: Increasing math and science learning by improving spatial thinking* [J]. American Educator, 2010, 34(2): 29-43.

二、手势交流和语言理解的关系

交流认知研究逐渐发现手势表达影响同伴的语言理解过程，例如，当说“我的朋友正在戴帽子……”时，手同时做出握着帽檐的动作，同伴潜在地自然理解为那个人戴的是一顶“长舌帽子”。以往研究针对“手势对语言理解影响性”的探讨，从交流任务特点上，可以归纳为以下三类：一是观看剪辑视频，Koppensteiner、Stephan和Jäschke（2016）通过向被试者呈现具有表情比较性的“政客演讲视频”，发现手势等表情因素的丰富性影响交流语言的理解性，具体表现为政见的支持和接受程度①；二是参与交流互动，Cook、Duffy和Fenn（2013）对比了在有无手势参与指导的学习情境下，学习成绩的显著性差异②；三是交流互动情境真实性的比较，Yu、Schermerhorn和Scheutz（2012）对比了“真实交流”和“与等比例人形模型交流”的不同，语言、录像和眼动数据均表明，真人互动交流中交流者对彼此的表情细节更为敏感③。Arnold、Kahn和Pancani（2012）在使用研究者同谋的条件下，也发现同谋的特定手势动作影响被试者的交流认知以及后续的语言表达和理解效率。④各类研究的指标包括：回答与语言交流有关的问题，重申交流语言，通过评估被试者下一交流回合中的语言表达来分析其对同伴语言的理解，评估被试者的行为反应。

首先，从交流互动的功能性方面分析。手势对于语言理解的促进性，表现于手势有助于降低语言信息的模糊性，传达一些语言不便于清楚说明的信息，手势沟通过程体现为一个无意识、非策略性过程，在某种程度上可以降低语言理解的认知负荷，手势可以配合语言互补性地表达某些语言未表达的信息，从而促进交流者对语言信息的完整理解。概括而言，手势对于语言理解的促进性，一方面表现在手势表达和语言表达之间的关联性和配合性，另一方面在于手势表达相对于语言表达的互补性，即当手势表达语言本身的信息时，手势有助于语言的准确理解，当手势表达语言未表达的信息时，可以弥补语言信息的不完整性，同时语言

---

① Koppensteiner M, Stephan P, Jäschke J P M. *Moving speeches: Dominance, trustworthiness and competence in body motion* [J]. Personality and Individual Differences, 2016, 94: 101-106.

② Cook S W, Duffy R G, Fenn K M. *Consolidation and transfer of learning after observing hand gesture* [J]. Child Development, 2013, 84(6): 1863-1871.

③ Yu C, Schermerhorn P, Scheutz M. *Adaptive eye gaze patterns in interactions with human and artificial agents* [J]. Transactions on Interactive Intelligent Systems, 2012, 1(2): 13-43.

④ Arnold J E, Kahn J M, Pancani G C. *Audience design affects acoustic reduction via production facilitation* [J]. Psychonomic Bulletin & Review, 2012, 19(3): 505-512.

交流作为一种社会行为，具有意识性、策略性的特征，即通过深思熟虑的过程驱动，手势表达一定程度上弥补了这一不足。具体而言，手势对于语言理解的促进效果，受到交流内容特点、手势和语言的重叠性、交流者的年龄和身份等因素的综合影响；语言交流过程中，手势对于语言理解的促进作用，最终源于多种共享信息的情境比单一语言信息情境提供了更丰富和更强的认知理解线索，使得交流效果显著更好。

其次，从交流语言理解的认知特征方面分析。手势对于语言理解的促进性，源于语言理解认知过程是抽象符号表征和具体化表征共存的混合认知过程。最初，语言理解的“抽象符号认知理论”假设，交流语言理解认知加工过程涉及一系列解码规则的运用，这些规则操作的对象是抽象的语言符号；之后，“具体化认知理论”假设，交流语言理解认知加工过程涉及经验的重现和重组，这是通过大脑感知运动和情感系统建立起来，所以语言理解过程表征的符号是具体的；当前，交流语言理解的“双编码理论”进一步针对抽象性和具体化的理论之争做了协调性的解释，提供了一种多元化的观点，强调语言理解过程中抽象和具体化符号的共存性，语言理解认知过程不是单一过程，而是混合认知过程。

具体而言，语言认知过程不能单纯作为一组自由浮动的抽象符号和规则而存在；这些符号需要与感知动作、具体经验和情感等联系在一起，这是手势表达促进语言理解的前提。交流中语言符号表征的理解依靠概念联合加工和相应意义的激活，激活过程导致语言理解认知实现从抽象符号向具体化表征的转变。Mahon和Caramazza（2008）指出该过程主要依赖于大脑中枢的感觉运动区。[①]交流中手势为语言理解认知过程中多种心理表征的联合建构提供了一种机会和便利性支持，如在预测、推理、问题解决以及决策等交流互动过程中，手势和语言的伴随呈现，有助于交流者彼此之间将抽象的思维过程具体化表征出来。比如理解一个简单的语句“把牛肉反复油煎后夹在面包中间”，概念的联合加工即时实现（红色的鲜牛肉、油、煎锅、面包等），当同时观察到语言发出者两手反复翻转的动作时，这有助于激活和易化人们对于烹饪过程的具体化理解。诚然，手势对语言理解过程的促进，不能否认语言抽象性特征的典型性，语言理解过程从抽象到具体化的转化，也不可能仅依赖于手势具体化或感知动作的片段表达；手势促进语

① Mahon B Z, Caramazza A. *A critical look at the embodied cognition hypothesis and a new proposal for grounding conceptual content* [J]. Journal of Physiology-Paris, 2008, 102: 59-70.

言理解的关键在于视觉、听觉、触觉等多模式的综合表征，甚至包括特殊感受和情感的传递，使得语言解码过程联系交流情境中的特定主体、对象和事件，并有助于指向于记忆系统中的特定相关知识经验。可以说，手势对语言理解的促进基于客观世界中交流对象的多种共现模式。交流语言理解过程和个人私语认知过程不同，在现实交流语言理解过程中，人们产生大量的心理表征，这形成了一个交流的环境，超出了对简单词汇的理解水平，尽管语言中的动词词汇等在一定程度上也可以引发感知运动区的激活，但是这种孤立的激活过程形象性相对减弱且具有跨越不同交流情境的一般抽象性，而交流情境中的手势等因素的共现使得人们集中关注特定交流细节的表征，这些表征可以伴随语言实践过程的发生和信息的纵向展开，而不断输入和即时更新，具体化表征激活的程度决定于语境的具体特点。研究者们指出手势表达和其对于语言理解的必要性，决定于语言交流的情境特征，与交流者对于手势感知运动角色、语言理解的抽象性和具体性表征特点的某种潜在预测相联系。

三、手势和语言共现的生物力学观点

接下来，结合交流手势研究的最新进展，阐述一个新的理论解释观点，即将手势—语言韵律的联系作为伴随语言共现手势系统发生的可能更原始的基础。

人类有一个普遍的习惯，就是在说话时用上肢进行交流表达。主流理论认为，伴随语言共现手势的出现是因为它们在视觉上丰富了言语交流过程。与这种纯视觉观点相悖的观点是，说者不一定会为了丰富语言信息的视觉效果而使用手势，当交流者通过电话交流，而看不见彼此时，也会在交流中做出手势。而且有研究者认为，不论儿童还是成人，如果其从出生时就是先天性失明，在交流互动中产生的手势与正常人交流中使用的手势在特征上没有显著差异。

正如哲学、社会学和心理学等领域中的研究者们所思考和阐述的：人类彼此间是如何在这个交流信号，这个手势，这个肢体动作，这个方向上达成沟通一致性的呢？他们肯定没有开会讨论，不然怎么解释现实交流中共享性信号是如何演变形成和发展的。交流意义是在交流动态中实现的，也就是说，从表面上看交流意义体现在交流者的运动和动作之中。

或许，手势不应被仅仅视为一种通过视觉渠道传递信息的交流工具。事实上，伴随语言共现手势的另一个重要方面是，无论它描摹或表达什么，都与口语韵律节奏存在着密切的协调性。具体而言，手势表达中的显著性特征（例如，动作突然加速或减速）往往与语音韵律中的重读在发生时间上是一致的。鉴于手势—韵律这种关联的典型性特征，有研究者让被试者学习网络新语音声学，通过关联手势和语音特征形成深度神经网络训练，并在被试者身上成功地产生了看起来非常自然的手势表达。[①]这说明韵律声学信息与手势运动信息之间存在着非常密切的关系。这类研究结果与另一个显著的研究发现相吻合，即语言交流中当说者看不见同伴时，也倾向于随着语言交流的节奏而同步使用肢体动作，比如简单的肢体节奏性的摆动，但自己并没有意识到。这种交流中手势和语言韵律之间的社会共振效应表明，语音声学可以作为一种媒介，通过这一媒介，身体动作表达可以与交流节奏同步。

声音的声学调节及其与手部运动的同步，可以直接从身体中直观显现出来，这进一步支持了手势和韵律之间的联系性。比如，研究发现上肢运动通过下声道的生物机制进而影响发声表达过程。周围上肢的运动在发声的声学特征上留下印记，是因为上肢运动在躯干周围诱发了一组更广泛的肌肉运动，这也影响与呼吸相关的肌肉，进而影响语言发声的具体特征。这表明人类语言中的声音更复杂，它携带了肌肉骨骼系统（如手势）的运动信息。实际上，手势—韵律关联性的某些方面，可以简单地表现为手势—语音的同步特征，有时可以直接从生物力学中表现出来。

正如上述提及的，跨不同学科领域的研究者们所一致强调的，任何成功的语言起源进化角度的解释，都必然要求语言从一系列更基本的具体化能力中实现理论化，从中可以产生新的收获。在这方面，采用逆向研究思路来探讨人类是如何产生类似的语言表征能力的，是一个相对难度更大的研究理念，这种理念受到了部分研究者的关注和采纳，但是研究的结论和产生的理论解释，各研究之间几乎没有一致性。此处认为，语言的多模态起源理论（Theories of Multimodal Origins of Language），在这方面可能会产生有价值的解释，可以更具包容性地解释手势交流的认知特征。

关注手势和韵律之间可能更为基本的联系，手势是如何具体与语言韵律相关联的，以及人类的身体如何影响声音的特征，对社会交流互动的研究具有重要的意义。众所周知，非人类物种在野外也时常利用发声时的身体动作来传递信息，

---

① Ginosar S, Bar A, Kohavi G, Chan, C, Owens A, Malik J. *Learning individual styles of conversational gesture* [R]. Proceedings of the IEEE Conference on Computer Vision and Pattern Recognition, 2019: 3497-3506.

例如，动物体型特点传递的信息，与动物发声的声学质量存在联系性。此外，手势表达和言语过程中生物力学间的吻合，符合普遍的生物学原理，这一同步过程可以使能量消耗最小化。例如，手动推动轮椅将使得呼吸和手动运动周期形成同步性。类似地，蝙蝠利用了飞行过程中产生的拍打翅膀的力量，这种肌肉骨骼张力驱动飞行的同时也驱动回声发音。当前的探讨更倾向于认为，有更多的生物力学原理可能与伴随语言共现手势的出现相关。

当前观点的一个重要的理论支撑是，从生物力学中产生的手势，是其具有表征性认知能力的先决条件——该过程仅仅取决于是否有一个身体。截至目前，手势优先理论（Gesture-First-Theory）和手势—言语合一理论（Gesture-Speech-Together Theory），尽管在交流中手势表达发生的先后问题上存在分歧，但都同意手势是由表征性心理过程驱动的。有研究在非人类灵长类动物中，探查了萌芽状态下的手动表现能力，并关注和讨论了这些能力是否真的是人类手势表达的前兆。不论如何，本书认为，一个有关手势发生的生物力学理论，有望在理论推动过程中更顺利地被探讨和发展，因为它建立在更为宽容的认知解释的基础之上，不需要任何全新的认知理论来解释手势最初是如何出现的。

第3节 手势相对独立的交流特征

在交流过程中，手势不是语言表达时的附带现象，手势一定程度上具有独立的交流性。Kelly和Church（1998）采用了儿童讲解皮亚杰守恒任务的视频片段，要求儿童被试者对语言表达的推理过程做肯否判断，在一个视频短片中，语言中提及容器的高度，但手势表达的是容器的宽度，被试者观看后一致认为讲解者在同时解释容器的高度和宽度，该结果证实听者将说者手势独自传达的信息合并进入语言信息之中，即说者同时使用语言和手势交流媒介表达信息，而听者也同时根据语言和手势信息来理解说者的完整交流意图①，该结论进一步得到Ping和Goldin-Meadow（2008）儿童交流实验研究结果的支持②。

① Kelly S D, Church R B. *A comparison between children's and adults' ability to detect conceptual information conveyed through representational gestures* [J]. Child Development, 1998, 69(1): 85-93.

② Ping R M, Goldin-Meadow S. *Hands in the air: using ungrounded iconic gestures to teach children conservation of quantity* [J]. Developmental Psychology, 2008, 44(5): 1277-1287.

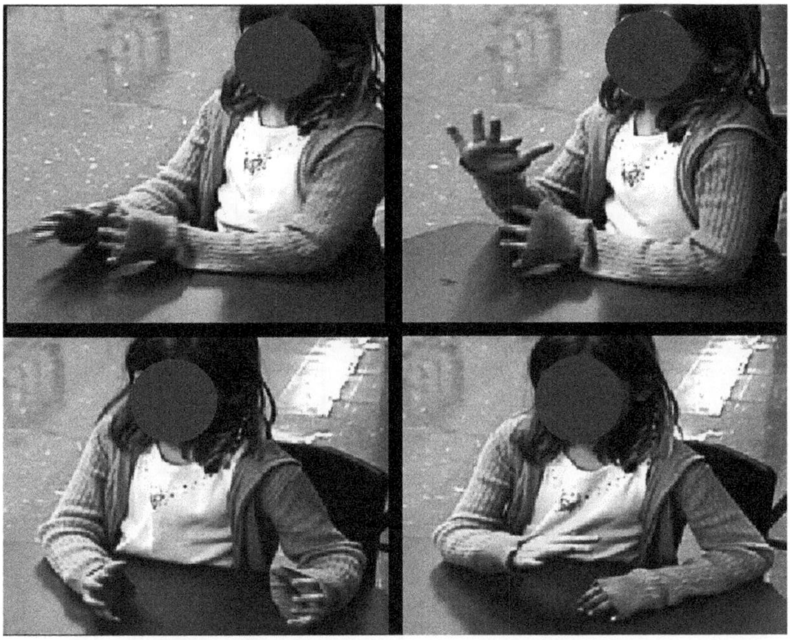

图2.4 Ping等（2008）研究中的手势交流

归纳而言，手势独立的交流特征，表现于三个方面：一是在双方彼此可见的交流情境中，交流者的手势更多，反之，手势显著更少；二是当要求语言表达者向不同的听者重复相同的交流信息时，其手势表达的频繁性并没有下降，手势表达表现出服务于信息交流；三是语言交流中手势经常表达一些语言不包含的信息。这些研究结果和交流现象反映出交流语言和手势之间在信息沟通过程中的“不匹配性”特点。

一、手势和语言的“不匹配性”反映了交流信息的变化性

手势和语言不匹配的现象是有趣且有意义的，因为这有助于了解语言明确表达信息的“言外之意”。但是手势自身不是语言，手势视觉信号离不开复杂语法结构，使得口语交流中手势和语义彼此形成了一个紧凑的信息整体；两者之间表达方式的明显差别使手势不仅可以传达与语言信息相关的联合义，也可以传达语言之外的模糊义，如不确定性推测、直觉等，手势对可能性交流信息或交流信息变化性的表达反映了认知理解的不断深入和变化性。

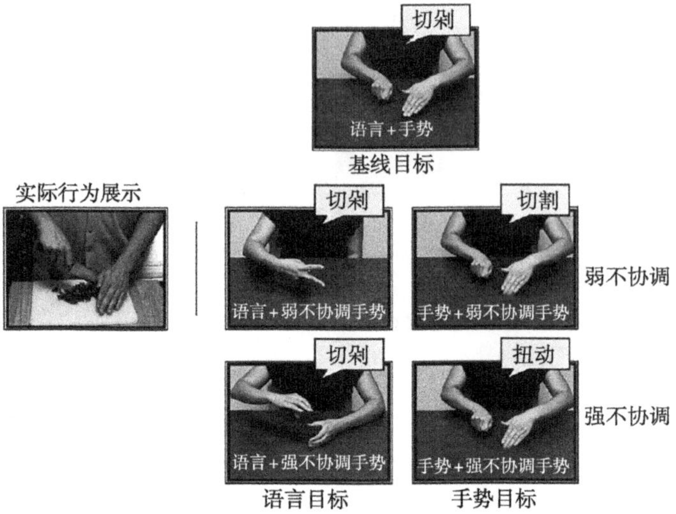

图2.5　Kelly等（2010）的交流实验情境[1]

手势揭示的交流信息变化性，可以更丰富深刻地展现交流者独到的思维过程。如上文所提到的，儿童不能理解液体质量守恒的概念时，相信当把水从高的、细的容器中倒入短的、粗的容器里，水的总量变化了；当要求解释时，儿童可能会说“这个容器比另一个容器高”，但与此同时也通过一个C形手势来揭示了容器的粗细差异性，换言之，儿童在语言上强调了容器的一个维度（高度），但是手势清楚地表达了他正在开始模糊思索的第二个维度（宽度），传达了不同于语言的变化性信息。Novack和Goldin-Meadow（2015）指出，交流者通过使用手势传达了其思维中所理解的超出交流语言信息范畴的不同信息，这些信息通常是不稳定的、压缩式的和隐含性的，但是这些信息在明确的语言信息背景下可以被交流双方即时、准确地捕捉到。[2]然而，鉴于手势不受口语惯例和规则限制的特点，交流者可以通过手势灵活表达出不同于语言的新信息或新假设，这种信息的变化性是交流者知识理解过程中过渡状态的一种直观形象的表达，也是接下来可能准备明确进入语言内容中的相关信息，因此，对于交流者而言，手势表达出的变化性信息是一种标记，标示出交流者正处于交流推理中的某种重要思维过程中。

反观该问题，如果手势对于交流信息变化性的表达是交流认知过渡性的一种

---

① Kelly S D, Özyürek A, Maris E. *Two sides of the same coin: Speech a nd gesture mutually interact to enhance comprehension* [J]. Psychological Science, 2010, 21(2): 260-267.

② Novack M, Goldin-Meadow S. *Learning from gesture: how our hands change our minds* [J]. Educational Psychology Review, 2015, 27(3): 405-412.

表现，而且这种过渡性倾向于成为语言认知深入发展的一种准备状态，那么，交流过程中有意识控制或指导被试者交流手势的运用，是否可以对于语言交流过程产生促进作用呢？或者说，鼓励交流者使用手势是否可以促使那些隐含的观点浮现出来呢？ Broaders、Cook、Mitchell和Goldin-Meadow（2007）的实验要求儿童解释他们不正确的数学问题解题思路，然后要求解决一组相似的数学问题；鼓励一半儿童边解释思路，边使用手势。结果发现，被要求使用手势的儿童采用了一些新的解题策略，但是这些策略只能在手势中观察到；未被鼓励使用手势的儿童没有在手势和语言表达中出现这些新策略；重要的一点是，使用手势增加独特新策略的儿童在相似数学问题中表现出更高的解题水平。[①]Beaudoin-Ryan和Goldin-Meadow（2014）在研究中使用了道德推理问题，与未被鼓励使用手势的儿童相比，被鼓励使用手势的儿童在道德困境解释过程中，通过手势表达出了不同的复合观点，反映其对于多重因素具有更好的理解性，而且，任务结束后，当向被试者再次提及类似道德问题时，其语言中的观点数量显著增加，观点的综合性更强，尽管此时其不再高频率使用手势[②]。总之，不论是在适合于空间表征的知识领域（如数学问题），还是在非适合于空间表征的问题情境（如道德问题），手势均表现出有助于激活内隐而正确的观念，从而为进一步语言交流做了充分的准备和过渡；这也表明交流中手势的作用价值不是仅仅简单地体现为对交流者注意的指引，手势的操作性行为可以将交流者的注意指引于问题对象的细节上，进而影响问题的抽象概括，促进更深层次交流的发生发展。简言之，手势和语言之间的不匹配性是交流者交流信息变化的良好指标，代表了交流互动认知的一种过渡状态。

可见，手势不是随意的挥手动作，而是交流媒介和桥梁，是抽象思想沟通和发展的一个有力工具。其一方面表达了交流者对于交流情境、任务和问题的观念，另一方面改变了交流者的思想；手势促进交流思想的传达，并促进观点的萌生和发展，事实上，手势是一种特殊的直观动作，在特定交流情境下能使特定的动作元素突出，这些直观性元素进而促进抽象性思维的沟通和发展。有研究者也指出，手势的这一交流特征在现实中有时可能对交流产生不良的影响和作用，Broaders和Goldin-Meadow（2010）在研究中模拟了目击者证人的询问过程，与

---

① Broaders S C, Cook S W, Mitchell Z, Goldin-Meadow S. *Making children gesture brings out implicit knowledge and leads to learning* [J]. Journal of Experimental Psychology General, 2007, 136(4): 539-550.

② Beaudoin-Ryan L, Goldin-Meadow S. *Teaching moral reasoning through gesture* [J]. Developmental Science, 2014, 17(6): 984-990.

一般交流情境比较，该情境的敏感性相对更高，研究者控制“讯问者”的语言内容不具有暗示性（因为暗示性问题可能鼓励“目击证人”报告出不真实和不正确的现场细节），但是“语言讯问”中使用了一些具有信息性的手势，比如，当问被试者“他穿的什么衣服？”时，同时做了一个“戴帽子的手势动作”，结果发现手势将原本开放性的交流问题变成了目标性问题，被试者显著表现出使用“帽子”回答了该问题，“讯问者”的手势提示并误导了“目击证人”；同时，研究者也发现，“目击证人”交流期间也自发地产生了一些手势动作，但有趣的是，这些手势通常传达的是其交流语言中未传达的有关事件的真实信息，相反，在“讯问情境下”讯问者经常忽视被试者的这些重要手势信息。①

二、手势和语言的“不匹配性”导致交流认知的改变

手势和语言的“不匹配性”不仅反映而且引发了交流者交流认知的改变，具体而言：

首先，手势可能表现为交流者对于交流问题对象的隐性知识，当交流者同时表达这种隐性知识和其他明确知识时，这些想法的激活可能会破坏他们原有的认知状态，从而更容易接受交流情境中的多元信息（语言和非语言的情境信息），导致解决问题策略的改变。Brooks和Goldin-Meadow（2015）指出，手势不仅仅反映交流者拥有的初始想法，还有助于交流者发展和表达新想法，换句话说，交流者产生手势过程带来的认知变化过程多种多样，人们能通过简单的手势为认知的新发展奠定基础。②交流中手势和语言两种形态的媒介可以加强交流者的问题表征，这反过来有助于交流者进一步利用手势的沟通优势；然而，两种形式的交流媒介并不是简单的形式并列，而是并列使用了两种不同类型的问题表征形式（语言的明确抽象表达和手势的形象模仿）。

相关领域的研究者们认为，在多数语言交流情况下，交流者都会自觉使用双手来互动，其实人们在认知中很难将两种表征形式做出明确的区分。从这一意义出发，手势和语言的“不匹配性”与交流认知、交流效率效果直接相关，两种“不匹配”交流表征形式的并置，让手势成为一种有力的认知工具，因为手势的

① Broaders S C, Goldin-Meadow S. *Truth is at hand: how gesture adds information during investigative interviews* [J]. Psychological Science, 2010, 21(5): 623-628.

② Brooks N, Goldin-Meadow S. *Moving to learn: how guiding the hands can set the stage for learning* [J]. Cognitive Science A Multidisciplinary Journal, 2015, 40(7): 1831-1849.

影响在于能添加第二个表征形式到交流者的认知技能中去，而不仅是一个动作形态；进而，这为后续的研究工作留下了开放性的思考，“不匹配”是交流认知敏感性和过渡性的良好指标，手势将“动作性表征”引入交流心理表征中，反映了其交流认知的一种倾向性，这可能是交流者在语言沟通之外向另一种意义上的认知索引转移的标志。

其次，手势可以帮助交流者管理交流认知努力，手势有助于降低交流者的认知努力，节省的认知努力可能投入交流问题的其他方面，从而促进交流认知的深入发展。Goldin-Meadow、Nusbaum、Kelly和Wagner（2001）发现，当要求被试者解释自己系列数学问题的解题思路，并同时记住一些无关联的刺激项目时，使用手势的被试者比不使用手势的被试者回忆的内容显著更多。[①] Novack、Congdon、Hemani-Lopez和Goldin-Meadow（2014）通过数学等式问题研究发现，手势组被试者能做到知识理解的一般化或概括化，能迁移性地解决问题，因此研究者强调手势对于认知节省性的影响源于手势本身是一种身体动作，实现了身体动作对抽象思维过程的表现。[②]

关于手势表达的认知机制特征的探讨，行为数据的解释相对间接而模糊，辅以脑成像技术的研究可以提供一种相对更为直观的理解。Goldin-Meadow（2015）要求儿童被试者在解决数学等式问题过程中做出语言表达，如“我想要一边等于另一边”（等价策略），一组被试者仅通过语言表达，另一组被试者在语言表达的同时，产生传达相同信息的手势（如，在等式的左边挥动手，然后在等式的右边做同样的手势），之后将两组中学会解决问题的被试者筛选出来，并提供迁移任务，该任务不需要任何被试者采用手势表达思维过程，结果fMRI的数据结果显示，手势组被试者感觉运动区域被显著重复激活，表明手势促进认知的机制涉及与问题情境相关的感觉运动表征，并且这些表征在之后不用手势解决相似任务的过程中，也可以被重复激活。[③]Newcombe（2010）在fMRI观察中发现使用手势的被试者不仅感觉运动区被显著激活，而且前额叶区域也被显著激活，前额叶与高级思维相关联，但是，无关动作不会激活被试者的前额叶区域，因此手势对于交

① Goldin-Meadow S, Nusbaum H, Kelly S D, Wagner S. *Explaining math: gesturing lightens the load* [J]. Psychological Science, 2001, 12(6): 516-522.

② Novack M A, Congdon E L, Hemanilopez N, Goldin-Meadow S. *From action to abstraction: using the hands to learn math* [J]. Psychological Science, 2014, 25(4): 903-910.

③ Goldin-Meadow S. *From action to abstraction: Gesture as a mechanism of change* [J]. Developmental Review, 2015, 38: 167-184.

流认知的影响性不同于一般性的肢体动作[①]。

归纳而言，手势交流对于认知的促进作用，以及认知节省性特征，可能源于手势表达的具体化、直观性能够促进认知的一般化过程：手势不仅能使交流者集中注意于知识的具体细节，还能使交流者集中注意于知识的迁移过程。

最后，手势可以使交流者注意问题表征中的感知或操作性信息，而交流问题解决过程中这些信息更容易被利用。Alibali和Kita（2010）在研究中要求儿童被试者解决一系列皮亚杰守恒问题，结果发现实验任务中允许使用手势的儿童比不允许使用手势的儿童表达了更多的对象感知状态信息[②]；之后的另一项研究中，Alibali、Spencer、Knox和Kita（2011）发现，要求成人被试者预测“如果第一个齿轮被转动到一个特定方向，齿轮组中的某一个齿轮将会怎样运动”，允许使用手势的被试者显著使用感知操作策略（表象和模拟各个齿轮的运动）来解决问题，几乎不使用抽象策略（基于齿轮的总数是偶数或奇数来推算某个齿轮的运动）。[③]

尽管手势关联于语言系统，不是一个完全独立的视觉交流系统，但手势是一种表征性的行为，不同于针对对象的操作行为，操作行为体现的是执行功能而非表征功能，这种差别决定了手势对交流认知独特的作用特征。在现实交流过程中，人们产生大量的心理表征，形成了一个交流的认知环境，这不是简单地仅通过词汇水平来表达的，认知环境是调节抽象表征和具体表征相对影响作用的一个主要潜在因素。尽管当前研究对于交流表征类型的激活机制没有定论，但是有一点是明确的，手势表达集中关注于交流对象的具体化细节表征，这些细节通常无法从语句中获取，或者说，语言认知表征可以是具体化的，但不可能是过度详细的；同时，手势交流的易于利用性还在于交流语境一般不会约束交流认知始终激活某特定表征，即交流具有动态性和发展性，手势的直观表达使得表征理解的轮替和分割变得形象可视。可见，有关交流抽象性和具体性表征之间的交互作用的问题不能脱离交流语境孤立地回答。

总之，手势和语言的“不匹配性”导致交流认知的改变，涉及不同的过程和机制。例如，在紧急情境中手势可以连接急于表达的断续的抽象概念，手势可以

① Newcombe N S. *Picture this: Increasing math and science learning by improving spatial thinking* [J]. American Educator, 2010, 34(2): 29-43.

② Alibali M W, Kita S. *Gesture highlights perceptually present information for speakers* [J]. Gesture, 2010, 10(10): 3-28.

③ Alibali M W, Spencer R C, Knox L, Kita S. *Spontaneous gestures influence strategy choices in problem solving* [J]. Psychological Science, 2011, 22(9): 1138-1144.

降低认知负荷，因为手势是身体的一个动作，它对交流认知的影响至少部分源于感知运动系统的认知资源，手势可以增强口语交流的表达性等。在具体交流过程中，手势的具体化表征和语言的抽象表征都很活跃，两者之间的复杂关系，一方面是在一个立体网络结构中交互作用和制约，另一方面交流互动中存在从抽象表征到具体表征的不断转换，这些决定了两者之间的某种“不匹配性”特征。

归纳以上，手势交流不同于语言交流，不具有完全的独立交流性和表意的完整性。同时，手势在交流中具有和语言不同的交流认知作用和特征。一方面，手势和语言以一种协调方式共同表达交流信息，手势表现出对于交流认知的增强作用，换言之，交流手势的发生部分源于说者增强交流的期望性。另一方面，手势不是语言交流的附属，其一定程度上具有相对独立的交流特征，即手势具有一定相对独立的认知过程和表达性；有研究者称其为“手势的自我认知导向功能”，交流中的手势互动是以肢体动作方式展现已存在的心理表征，该表征不同于语言心理表征，但与语言和思维中正在加工的心理表征密切关联。总之，交流手势的认知特征与语言认知相关，但又不局限于语言信息表达范畴；手势不仅可以表达与语言和思维推理有关的时空运动信息，也可以通过隐喻性方式表达某些抽象性交流信息，并启迪语言的外显性交流。

以往的研究主要是在一般文化背景下探讨交流手势的认知特征，但有研究者较早就指出文化背景或群体身份特征，如国籍、母语、民族、团体等，可以引导交流知识的推理过程，文化提供了针对交流者心理状态的有价值的参考性信息，其影响性具体表现于交流互动调整过程。Quinto-Pozos和Parrill（2015）研究发现英语交流者手势表达方式具有相似性[①]；Perniss和Özyürek（2008）发现德国人和土耳其人的手势表达方式显著不同，认为这根源于手势交流依赖于语言交流，人们无法单一利用手势的视觉空间特征来表达完整连贯的交流信息[②]。Brentari、Renzo、Keane和Volterra（2015）也发现美国和意大利交流者在使用手势表达静态对象和动态事件中均存在差异性，并且两国被试者手势表达的差异一定程度上

① Quinto-Pozos D, Parrill F. *Signers and co-speech gesturers adopt similar strategies for portraying viewpoint in narratives* [J]. Topics in Cognitive Science, 2015, 7(1): 12-35.

② Perniss P M, Özyürek A, Quer J. *Representations of action, motion and location in sign space: A comparison of German (DGS) and Turkish (TID) Sign Language narratives* [J]. International Studies on Sign Language and the Communication of the Deaf, 2008, 51: 353-379.

和语言表达差异相一致，文化背景影响交流者手势表达的习俗化特征。[①] Perniss、Özyürek和Morgan（2015）认为文化背景影响交流者的交流认知基础，比如，和美国人相比，印度人手势表达中手形的区分更加详细，表明丰富的文化使得印度人对手势的形式特征和含义具有更高的敏感性。[②]尽管文化对交流手势的具体影响过程仍然不清楚，但是文化的影响性可能部分地通过基于文化和社会身份的记忆过程来实现。

第4节　手势交流在教育情境中的特征

当前，关于手势对教学和学习过程的影响，逐渐受到研究者的关注，这也是现实手势交流在教育情境中的表现，手势交流在教育情境中的表现也具有一定的独特性，教育情境下特定的手势表达会和先前的知识经验产生交互影响，有时手势是有效的，有时可能是无效的，甚至可能阻碍学习，并且手势的交流作用和特征可能随年龄而变化。就教育角色而言，手势表达的主体可以是教师，也可以是学生，对于教师其是教学工具，对于学生其是学习工具。手势的方便灵活性特点，具有促进教学和学习的潜力。

一、教师手势交流的认知特征

从教师讲授的角度而言，教师的手势表达可以捕捉和引导学生的注意，并充分澄清语言讲解中的信息。

一方面，如前所述，手势表达的独特认知特征不仅能辅助教师的语言表达，而且能促进学生的语言理解，同时潜在表现语言讲解的丰富性深层内涵。例如，教师使用手势来模拟形状的对称，可以帮助学前儿童学习双边对称的概念，这种效用产生于手势实现了对抽象语言的形象展现。有时甚至在教学对象未直观呈现的条件下，手势表达依然可以促进学习过程，Ping和Golding-Meadow（2010）给5~7岁的儿童讲授皮亚杰的守恒问题，实验条件分有手势表达和没有手势表达两种条件，手势条件下教师会使用手势模拟表现两个杯子的相对宽度和高度，结果

① Brentari D, Renzo A D, Keane J, Volterra V. *Cognitive, cultural, and linguistic sources of a handshape distinction expressing agentivity* [J]. Topics in Cognitive Science, 2015, 7(1): 95-123.

② Perniss P, Özyürek A, Morgan G. *The influence of the visual modality on language structure and conventionalization: Insights from sign language and gesture* [J]. Topics in Cognitive Science, 2015, 7: 2-11.

发现，在目标存在和目标缺失情境下，手势条件被试者的学习效果均显著高于无手势条件被试者，证实手势不仅可以引导和集中学习者的注意力，而且能够向学习者传达特定的学习观点。①

另一方面，教师在教学中使用手势可以向学生提供多种解决问题的策略和方法。Singer和Goldin-Meadow（2005）研究发现教师在讲授中同时使用两种交流策略（“语言+手势”）时，学生数学课程的学习效果显著优于“语言→语言”策略（语言表达的两种策略是序列发生的），因此指出手势交流的作用至少部分源于其与语言的同时发生性。② Congdon、Novack、Brooks、Hemani-Lopez和Goldin-Meadow（2017）的研究进一步发现，在手势表达和语言表达的关系上，手势和语言同时发生条件（“语言+手势”）下学习者对于学习内容的归纳概括和记忆保持效果，均显著优于手势和语言序列发生条件（“语言→手势”），手势和语言序列发生条件（“语言→手势”）、语言和语言序列条件（“语言→语言”）间无显著差异，证实手势和语言同时发生时（“语言+手势”）对学习的促进作用高于手势和语言序列发生条件（“语言→手势”）。③

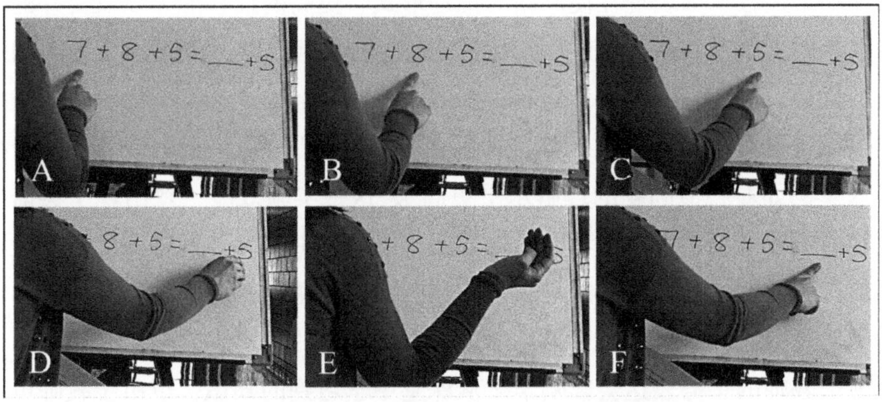

图2.6　Congdon等（2017）的交流实验情境

① Ping R, Goldin-Meadow S. *Gesturing saves cognitive resources when talking about nonpresent objects* [J]. Cognitive Science, 2010, 34(4): 602-619.

② Singer M A, Goldin-Meadow S. *Children learn when their teacher's gestures and speech differ* [J]. Psychological Science, 2005, 16(2): 85-89.

③ Congdon E L, Novack M A, Brooks N, Hemani-Lopez N, O'Keefe L, Goldin-Meadow S. *Better together: Simultaneous presentation of speech and gesture in math instruction supports generalization and retention* [J]. Learning and Instruction, 2017, 1: 1-10.

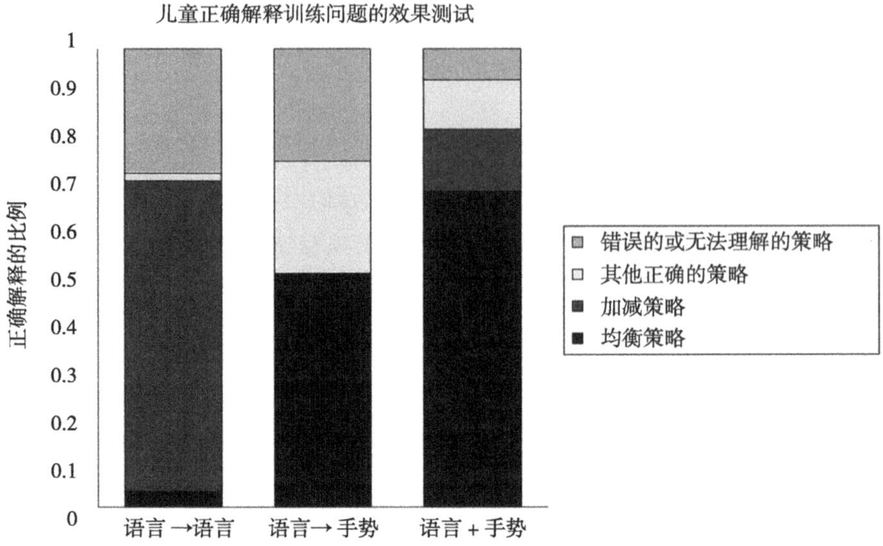

图2.7 Congdon等（2017）研究中三种交流条件间的比较

教学交流互动中教师使用手势来表达教学内容，可以推动学生更深层次地学习认知加工过程（如表现在使用新的推理形式、更高的迁移能力以及更好的知识记忆效果等方面），这相比于不使用手势表达的课堂教学，表现出了更大的知识传授的优势。例如，Church、Ayman-Nolley和Mahootian（2004）的研究中安排了一年级学生学习皮亚杰守恒任务，学生在“手势+语言”讲授的课堂中学习得更为深入（例如对相似问题的理解水平更高），这一实验效应一致出现于英语母语学生和西班牙母语学生被试者中（均采用英语语言讲解）。[①]教师课堂讲授过程中的手势沟通过程，能对学生的学习认知和行为产生重大影响，教师在较难内容的教学中使用手势表达，有助于易化学生对学习内容的理解。

由于教师的手势表达会影响学生从课堂中学习到的知识，也由于教师可以根据自己的想法改变他们的手势交流方式，因此教学中教师有意识地使用手势是有益的，有意识地使用手势体现了以多样化的交流互动方式来有计划性、有目的性地强化讲授的知识内容。Stieff和Raje（2010）强调，在现实课堂教学环境中，当教师不能使用别的教学辅助手段时，手势交流就显得尤为重要和有用，手势可以

① Church R B, Ayman-Nolley S, Mahootian S. *The role of gesture in bilingual education: Does gesture enhance learning?* [J]. International Journal of Bilingual Education and Bilingualism, 2004, 7(4): 303-319.

表达那些语言讲解中具有难度和挑战性的观点与问题。[①]另外，教师手势的使用也会促进教学过程中学生手势表达的增加，即教师乐于在课堂上使用手势交流信息，学生也更倾向通过使用手势帮助自己理解信息，从而使自己从课堂学习中受益更多。简言之，教学过程中教师手势的使用不仅提高了课堂教学的讲授质量，而且营造出了使用手势的独特课堂文化和教学风格，这对于教与学的双方均是有益的。

二、学生手势交流的认知特征

从学生学习的角度而言，手势交流有助于促进学生的学习认知过程和水平。教师通过提问学生，并鼓励学生解释时使用手势，可以为学生的手势表达提供机会。

一方面，学生的手势往往可以显示他们未表达于语言中的思维信息，同时向教师传达了自身学习认知状态的重要线索。此时，教师需要留意学生手势传达的信息，据此改变向学生讲授知识的方式，如果教师只留意学生的语言信息，将错过学生手势传达的独特见解和知识，因此这一手势交流过程有助于使教学过程更好地贴近学生的认知实际。如前所述，手势和语言之间的不匹配性是一个较为可靠的学习准备性指标，教学交流互动的情境中，使用不同于语言信息但又关联语言信息的手势并不罕见。有意义的是，手势和语言表达的不匹配性是预测学习者从学习任务中获益的一个良好指标，第一个原因在于，手势和语言表达的不匹配性导致学习者偶尔成功解决问题，这是学习过渡状态的一种表现；第二个原因在于，学习者是为了通过不匹配的手势来辅助语言，回应教学交流互动情境中的特定问题对象。

Goldin-Meadow和Singer（2003）的研究显示，在解释如何解决数学等式问题时，如果教师指导的学生是手势表达和语言不匹配的学习者，教师也自然会产生手势和语言不匹配的讲授方式，但是，教师的不匹配性和学生的不匹配性存在两点差异：一是教师通过手势和语言传达的解题策略都是正确的；二是教师在他们不匹配的手势中所表达的策略经常出现于高水平学习者的语言策略中，即该策略既适合于手势表达也适合于语言表达。与此相反，学生手势和语言表达的策略都

---

① Stieff M, Raje S. *Expert algorithmic and imagistic problem solving strategies in advanced chemistry* [J]. Spatial Cognition & Computation, 2010, 10(1): 53-81.

不是完全正确的，并且，学生不匹配的手势表达的策略因其不是完全正确或恰当的，而不出现于语言解释中。[①]

不论如何，学习者手势和语言的不匹配性表明，其能同时注意学习任务和对象的更多相关性信息，这些相关知识使得不匹配学习者处于一个有利的、准备性的学习状态。同时，也可以看出，学生和教师在互动中彼此出现的手势和语言不匹配现象存在本质差异，教师作为学科“专家”，其交流互动中的不匹配性反映了他们在回应和指导学生时的沟通调节能力，其目的是回应学生的认知需求和对知识的掌握，相反，学生教学互动中出现的手势和语言不匹配现象，反映的是他们为学习而做出的认知准备性特征，这种准备性是进一步学习和发展认知的一种推动力。

另一方面，学生手势行为本身可以促进自身的学习认知和行为，教师应鼓励学生自己主动产生手势和表达思想。手势是其隐性知识的重要表现，这种隐性知识的表达可以改变自身的认知输入和加工过程，进而改变原有的知识状态，即手势表达可能成为学生知识进一步发展的“脚手架或支架”，鼓励学生的手势表达在激活其隐性知识的同时，也使其更易于接受教师的课堂讲授。Cook和Goldin-Meadow（2006）发现，学生会在数学课上模仿他们教师授课时的手势动作，反过来，手势的恰当表达表明他们成功掌握了相应的数学问题类型，教师的手势可以促进学生的手势表达，反过来又促进了学生学习认知和行为的改变。[②]

手势促进学习认知中的“新想法”可能源于两个方面：一是学习者可以从他们产生的手势中提取问题意义，这也是学习者对他们特定教学互动情境下的重要手势感到敏感的原因之一。二是学习者因为做了手势或移动了他们的双手，而自觉促进了学习认知和理解，如前阐述，手势不仅反映了学习者学习的准备性状态，也能促进学习过程，手势对认知变化的影响源于身体动作本身，其将动作表征引入人们的问题认知表征中，一定程度上兼顾了问题抽象性和表达性的特征，进而成为推动学习认知的有力工具。

为了进一步分析学习者自己的手势可能对学习认知产生的影响，需要在实验研究中对手势做出特定的控制，Broaders、Cook、Mitchell和Goldin-Meadow（2007）

① Goldin-Meadow S, Singer M A. *From children's hands to adults' ears: gesture's role in the learning process* [J]. Developmental Psychology, 2003, 39(3): 509-520.

② Cook S W, Goldin-Meadow S. *The role of gesture in learning: do children use their hands to change their minds*? [J]. Journal of Cognition and Development, 2006, 7(2): 211-232.

在研究中告诉儿童被试者，当解释他们对数学等式问题的解题方案时移动他们的双手，结果发现，与没有被告知使用手势的儿童被试者相比较，被告知的儿童通过使用手势产生了更多新的、正确的想法。有趣的是，被告知的儿童在手势上产生这些新的和正确想法的同时，继续用错误性的语言解释了问题解决策略，然而，之后当再提供类似问题时，与没有被告知使用手势的儿童相比较，这些做手势的儿童更好地解决了问题。[①]因此，手势信息尽管未被语言明确而正确地表达，却能启发学习者的学习思维过程，进而引导和促进了学习认知过程和水平。后续的研究中，Cook、Mitchell和Goldin-Meadow（2008）进一步发现，通过告诉儿童如何移动双手来学习新问题能够提高他们的认知技能，而且根据指导移动双手的儿童对最近学习知识的保持效果显著更好，即手势指导增强了新知识的记忆。[②]可见，手势表达的指导帮助学习者集中注意力于问题对象的关键特征上，有助于学习者提取解决问题的关键信息。

综合来看，人们语言交流时会使用手势，手势在任何时间段的交流中均扮演了重要的角色，诚然，手势反映了交流者的思想，且经常是那些没有被语言明确表达出来的思想，因此手势成为了解交流者认知和思想的一扇窗。手势不仅是表达者自我认知表现和发现的过程，也帮助交流同伴更好地理解交流意图和期望；在交流的各种媒介中，手势提供了语言建构和沟通的前提，是语言创造过程的可靠性基石之一，由于手势和语言交流的相辅相成性和相伴发生性，使其成为交流认知研究的一个重要方面。未来研究需要进一步探讨以下几个方面的问题：

首先，从手势和语言交流的关系看，语言交流中的手势互动不仅帮助语言发出者表达思想和期望，而且有助于语言理解者做出正确的交流认知推理和互动反馈，并且手势提供了可用于语言构造的信息组块，因此，未来研究需要进一步思考手势对于语言交流互动或交际功能的履行机制和程度等特点，比如，语言互动能力较低的儿童和成年人、专家和新手在交流中手势表达特征差异，以及利用手势为语言交流提供信息组块过程的差异性。

其次，从手势相对独立的交流特征来看，手势是通过片段式动作的分割和组合来传递针对性的信息或对象的关键特征，因此，未来研究应关注语言交流过程

① Broaders S C, Cook S W, Mitchell Z, Goldinmeadow S. *Making children gesture brings out implicit knowledge and leads to learning* [J]. Journal of Experimental Psychology General, 2007, 136(4): 539-550.

② Cook S W, Mitchell Z, Goldin-Meadow S. *Gesturing makes learning last* [J]. Cognition, 2008, 106(2): 1047-1058.

中的手势交流优势特征，这是手势交流启蒙新思想和改变交流认知的关键切入点，但是手势表达的这种特有认知机制和影响因素均尚不清楚。

再次，从教育情境中的手势交流特征来看，手势对于知识的讲授和学习具有重要的现实意义，但是，课堂教学中教师相同的手势，是否对于所有层次和不同特征的学生具有同等的意义和作用，比如，不同发展阶段学生的语言能力是不同的，而同阶段学生之间也具有众多的学习认知差异。同样，手势表达是否受学习科目和任务的不同影响，如上所述，以往研究更多采用了空间任务或数学问题情境等，这些交流情境相对较适合于手势的表达和互动。另外，未来对于教学互动中教师和学生手势交流互动高效性认知机制的探讨，将有重要的现实借鉴和指导价值，甚至进一步影响对教学认知心理、传统教学方法和经验的深入理解，以及是否可以探索建立教师有效使用手势进行教学表达的方法或建议。

最后，鉴于手势交流研究的相对复杂性，以往的研究未对手势交流的影响因素做针对性的探讨和归纳，对该领域的深入分析研究将有利于交流手势相关理论的建构和完整解释；进一步将涉及交流手势的一般特征和个体差异问题，比如，交流中有的个体相对更容易产生手势交流；同理，有些现实交流情境（如演讲）更容易出现大量的交流手势；还有像某些特殊儿童（如自闭症儿童）可观察的交流手势显著更少，这是否是其特异性表现抑或语言交流的关联性表现。

综合以上，手势是语言交流过程中的一种重要的非语言媒介，其不仅与语言互动间关系密切，而且具有不同的交流认知特征。本章重点探讨了交流手势的一般特征、手势和语言交流的关系、手势相对独立的交流特征、教育情境中的手势交流。首先，交流手势可以促进交流者的认知理解和记忆过程，并且减轻了人际互动中的认知负荷；其次，手势和语言的共同表达促进了语言的发生和语言的理解、整合和记忆；再次，手势在一定程度上具有独立的交流性，手势和语言的“不匹配性”反映了交流信息的变化和交流认知的改变；最后，教育情境中教师的手势表达可以引导学生的注意并澄清语言信息，学生的手势交流有助于促进学习认知过程。

交流认知领域中，手势交流的探讨不仅是理论上的，而且更具有现实研究意义，不同文化个体在交流中都会使用手势，手势因无处不在而为口语交流增加了想象空间，并且手势不必像口语那样以语法规则为基础线性发生，当语言传达信息困难时，手势观点表达的潜力更为凸显，总之，双手在人际互动沟通中扮演了重要角色。尽管手势不是人际交流互动中的核心和显著性的媒介，但是手势交流为人与人间的信息沟通和理解提供了一种不同于语言媒介的方式，其独特的外在模拟表达特征，不仅直观形象，而且有助于交流认知的节省性。从手势和语言交流的关系来看，手势虽然不具有完整连贯的交流特征，但是交流中手势的发生过程始终伴随并影响着语言的发生和理解过程；从手势相对独立的交流特征来看，鉴于手势不具有语言媒介完整和连贯交流信息的典型特征，这种交流性是“相对独立的”；从教育情境中的手势交流来看，这是以往研究探讨交流手势认知特征的主要领域，也是“手势和语言交流的关系、手势相对独立的交流特征”在教育情境中的应用体现。

第3章

交流手势认知理论

手势是交流互动中一种重要的非语言媒介，手势不仅可以辅助语言交流，而且具有独立的交流性；作为和语言共同发生的非语言媒介，手势交流有助于降低交流认知负荷。本章重点归纳和总结了基于手势和语言关系的交流手势理论、交流手势激活理论、交流手势的认知节省理论。

交流中手势和语言总是相伴发生的，在共同的交流目的下，彼此之间不断实现信息的沟通和互换，形成一个统一的信息互动系统。交流手势的增长点理论和信息封装假说，立足于交流互动中手势和语言信息之间的沟通关系做了分析探讨。同时，手势和语言作为人类交流系统中的两种信息表现形态——视觉形态和听觉形态，在即时人际互动中，彼此间的信息随交流进程的发展而不断映射，词汇性手势生成模型或词汇检索假说解释了手势对语言抽象性表征的激活过程和特征，而图像激活假说和模拟行为的手势框架理论阐述了手势对于具体化感知心理表征的激活和描摹。另外，交流手势的认知负荷降低假说关注了手势和语言交流过程中，手势对语言认知加工中资源节省性的影响。①

第1节　基于手势和语言表达关系的交流手势理论

交流是以口头语言为典型媒介，辅以多种非语言媒介和线索（如手势、面部、注视、对象可视性等）的人际互动方式，以共同目的性、合作性、集体性奖赏，集体和个人责任共存性等为主要特征；交流互动回合中，交流者彼此轮流担任说者和听者的角色，随着交流进程的不断发展，实现认知和行为的“冲突—协调”转换过程，进而实现共同的交流目的。

① 张恒超. 交流手势认知理论［J］. 心理科学进展，2019，27（3）：499-507.

交流情境中众多的非语言因素中，手势的交流性尤其受到研究者们的关注，在各文化背景的语言交流中手势均会频繁出现，甚至对于从未见过任何手势表达的盲人，交流中也常使用手势，手势成为语言交流不可分割的一部分。手势可以为口语交流增加想象空间，因为手势不像口头语言那样以语法规则为基础线性发生，尤其在语言难以传达交流信息时，手势将表现出交流意图表达的潜力；不论手势表达交流的表面义还是隐含义，均具有交流参照性（例如，当表达心或爱时，双手合并形成心形）；手势对交流者来说具有许多现实交流功能，包括重复强调、明示语言含义等，甚至预先表达交流计划。概言之，手势是交流参与者实现共享性交流认知的重要手段，尤其是代表性、典型文化性的手势，以及便于直观表达的模仿性手势；尽管手势和语言表达形式不同，但是彼此在时间上和语义上互相伴随，相辅相成地表达关联性的交流信息，手势传达的意义是全方位的，依靠视觉和模仿性想象，而语言传达的意思依靠词汇和语法规则。

交流中手势和语言总是相伴发生，在共同的交流目的下，彼此间相互作用和沟通，形成了统一的信息交换系统。交流手势的增长点理论和信息封装假说，分别从交流互动中手势和语言信息沟通的关系上，解释了手势的交流认知特征。

一、交流手势的“增长点理论”

交流手势的“增长点理论（The Growth Point Theory）”，认为手势和语言构成了交流中的集成系统，手势的“视—空”表现形式和语音、语义、语法的线性规则表达形式，在交流认知的不同层面上组建交流信息增长点或整体合成结构，促进交流信息内容的不断发展和丰富。所谓的增长点是对交流认知中多线索合成信息不断递增发展的形象解释，该理论重视手势和语言信息的合成性、共同性，表达方式和过程的分层性、联合性。

Graziano和Gullberg（2013）研究中探讨了交流手势和语言互动的关联性，实验材料为卡通图片故事，研究中共招募了三种类型的被试者：三个年龄组的儿童被试者（4~5岁、6~7岁、8~10岁），本国语成年被试者，第二语言成年被试者。儿童组被试者先听故事录音，之后向成年人复述（成年人是其亲人或老师），儿童讲述期间，成人持有对应的卡通图片故事材料，不打断儿童的讲述，但可以提供反馈。本国语成年被试者使用相同的材料，随机两两配对，其中一人先看卡片故事，再向另一人讲述。第二语言成年被试者（学习第二语言法语4年）向法语母语听者讲述故事。结果显示，不同被试者尽管语言表达能力不同，但是一致的特点是语言表述流畅，手势相应更多，流畅和不流畅表述条件下手势数量差异显著。而从流畅和不流畅语言表述的对比看，流畅语言表述时的手势主要是完整性手势，而不流畅语言表述伴生的手势主要是不完整性手势。①这证实：语言流畅交流中手势也连贯完整，不流畅语言交流中，手势表现出断续不连贯特点；不同被试者条件下的不流畅语言交流过程中，手势几乎都没有完整性的表达；当语言交流停止时，手势也相应停止，因此手势和语言是一个集成交流系统，作为两种不同的交流媒介，彼此关联地表达共同的交流内容。

从交流互动性特征来看，增长点理论所强调的手势和语言之间的表达关联性和共同性，可以从手势对于语言理解促进性方面的实验结果中得到支持，即手势和语言的共同发生特征有助于促进听者对于语言信息的理解，Hostetter（2011）进一步指出，手势对于交流语言理解的影响效果，受交流对象和任务特点、手势和语言之间的重叠特征等方面的综合性影响。②但是，有一点是明确的，手势对于语言交流的促进性影响，最终决定于交流互动过程中交流参与者彼此之间共享多种线索，比单一交流媒介（语言）提供的信息更为丰富，传达的交流意图、期望更为确凿，有助于交流互动效率和效果的提高。

可见，交流手势的增长点理论强调交流手势和语言之间的共同表达性，显然，多媒介共同交流有助于交流共享性的建立，并且该理论有助于说明多种线索对于交流信息的增量解释。但是，增长点理论的不足之处在于只着眼于手势和语言媒介间的相似性、关联性，而无法解释手势和语言媒介之间的区别。换言之，手势不应仅仅是关于语言的重复表达，或者说仅仅从属于语言沟通的需要，不论是表达的方式、机制还是意识性等，手势和语言认知加工过程存在显著不同的特点。所以增长点理论对于交流手势认知的解释有其合理性和便利性，但是存在将手势交流简单归为重复性语言交流的倾向性。

二、交流手势的“信息封装假说”

与交流手势的增长点理论不同，Kita和Özyürek（2003）提出了交流手势的信息封装假说（The Information Packaging Hypothesis），认为交流过程中手势和语

① Graziano M, Gullberg M. *Gesture production and speech fluency in competent speakers and language learners* [C]. Tilburg Gesture Research Meeting (TiGeR), Tilburg University, 2013.

② Hostetter A B. *When do gestures communicate? A meta-analysis* [J]. Psychological Bulletin, 2011, 137(2): 297-315.

言是互补的，手势主要组织和封装了交流中的空间视觉信息，以适应交流语言编码过程，其对信息的展现与线性发生的语言模式相匹配。[①]该理论强调两点：一是手势表达的信息是空间视觉表征（比如对穿衣戴帽方式、桌椅摆放位置等的直观描摹），交流语言在描述这些复杂空间信息方面相对不足；二是当语言交流复杂信息时，手势有助于将信息条理分解成适合语言发生的小段信息，比如手势帮助将小段信息组合进入语言从句的编码过程中。手势本身是个人的空间行为，在选择和组织视空信息单元方面具有更大的表达便利性，例如，当语言描述房间布局时，说者可能使用两只手分别代表沙发和椅子，直观描摹它们在房间摆放的确切位置和相对方向关系，语言相应指示“沙发和椅子这样面对面摆放”，手势信息和语言信息互补性“封装”并综合表达。

交流过程中手势易化语言表达并丰富补充语言信息的观点，在以往的研究中得到证实。和交流手势的增长点理论不同，交流手势信息封装假说认为交流手势不是语言交流的附属，Kelly和Church（1998）[②]以及Ping和Goldin-Meadow（2008）[③]的两项研究中要求儿童被试者观看儿童讲解皮亚杰守恒任务的视频片段，之后被试者对语言信息做出判断，比如一个视频中，解说语言只表达了容器的高度，同时手势描摹展现了容器的宽度，被试者一致性认为讲解者表达的是容器的高度和宽度，结果表明：讲解者通过手势将语言信息一起“封装”编码，听者也是将手势和语言信息合并解码。Hostetter、Alibali和Kita（2007）在研究中使用了点子图作为实验材料，任务为点子图描述任务。[④]实验中说者向听者描述的条件分两种：一种条件下，只呈现点子说者对其描述（困难描述条件，说者自己决定是什么形状）；另一种条件下，呈现的点子被线连接成几何图形（容易描述条件）。结果发现，当点子已经明显连接为几何形状时，语言描述更容易，说者手势显著更少；反之，当点子图无任何提示时，语言描述困难，说者手势数量显著增加，以辅助语言交流过程。

---

① Kita S, Özyürek A. *What does cross-linguistic variation in semantic coordination of speech and gesture reveal? —— Evidence for an interface representation of spatial thinking and speaking* [J]. Journal of Memory and language, 2003, 48(1): 16-32.

② Kelly S D, Church R B. *A comparison between children's and adults' ability to detect conceptual information conveyed through representational gestures* [J]. Child Development, 1998, 69(1): 85-93.

③ Ping R M, Goldin-Meadow S. *Hands in the air: using ungrounded iconic gestures to teach children conservation of quantity* [J]. Developmental Psychology, 2008, 44(5): 1277-1287.

④ Hostetter A B, Alibali M W, Kita S. *I see it in my hands' eye: Representational gestures reflect conceptual demands* [J]. Language and Cognitive Processes, 2007, 22(3): 313-336.

图3.1 Hostetter等（2007）实验中的点子图交流材料

Trofatter、Kontra、Beilock和Goldin-Meadow（2015）指出手势和语言交流的互补性有助于表达某些言外之意，实现听者对交流信息的完整理解。[①] Koppensteiner、Stephan和Jäschke（2016）在研究中使用政客演讲视频作为实验材料，实验控制视频人物的交流手势，从听者理解性的角度也证实，手势交流影响交流语言中对于抽象观点的理解性和支持性。[②] Cook、Duffy和Fenn（2013）在学习情境下也发现，知识的语言讲解中有无手势指导显著影响学习成绩。[③]手势交流对于语言的互补性缘于语言认知过程同时具有抽象性和具体性表征特征，交流语言认知加工过程不仅涉及抽象语言规则的解码过程，即语言加工中的抽象符号性，还涉及感知经验的重现。交流语言认知过程的混合性是手势和语言交流互补性的前提。另外，语言交流的社会性决定了语言认知过程的意识性、策略性特征，即语言认知加工是通过深思熟虑过程实现的；与此相对应，语言交流中手势的发生发展体现为无意识性过程，因此，手势的互补性不仅表现在交流意图的沟通，还表现在降低语言认知加工的认知负荷。Alibali、Kita和Young（2000）还指出手势的认知影响性不仅表现在和语言的共同发生过程中，还有助于促进交流语言信息的储存和提取[④]。

归纳而言，交流认知是一个综合性、复合性和动态发展性认知过程，因此，

① Trofatter C, Kontra C, Beilock S, Goldin-Meadow S. *Gesturing has a larger impact on problem-solving than action, even when action is accompanied by words* [J]. Language, Cognition and Neuroscience, 2015, 30(3):251-260.

② Koppensteiner M, Stephan P, Jäschke, J P M. *Moving speeches: Dominance, trustworthiness and competence in body motion* [J]. Personality and Individual Differences, 2016, 94: 101-106.

③ Cook S W, Duffy R G, Fenn K M. *Consolidation and transfer of learning after observing hand gesture* [J]. Child Development, 2013, 84(6): 1863-1871.

④ Alibali M W, Kita S, Young A J. *Gesture and the process of speech production: We think, therefore, we gesture* [J]. Language and Cognitive Processes, 2000, 15: 593-613.

交流的共同目的性、人际互动性决定了手势和语言共同发生过程的关联性和共同性；同时，手势和语言认知表征特征的差异性决定了两者在信息沟通中的互补性。可以说，在特定交流过程中，增长点理论所关注的手势和语言之间的共同性、联合性和集成性，以及信息封装假说所强调的手势和语言的互补性，客观上都是存在的。进一步还应该注意到，手势和语言在交流中的作用关系不是孤立存在的。一方面，手势不仅可以表意，现实情境下还可以表达态度、情感等多种信息；另一方面，现实交流中还存在大量的情境因素，比如交流者之间的物理距离、交流对象的共同可视性、交流者的现实社会身份、交流文化习惯等。未来研究应进一步拓展研究思路，基于交流认知的社会性和现实多样性，应在实验控制严格性和自然性之间做到适当的平衡，在相对更为宽松和自然的实验情境下探查交流手势的认知特征，这有助于消除不同理论观点之间的隔阂和分歧。

第2节　交流手势激活理论

手势和语言是人类交流在视觉形态和听觉形态上的两种表现形式，两者表达形式尽管不同，但是在共同的交流背景和目的下，手势和语言之间互相伴随发生并随着交流时间进程而彼此映射，有研究者关注了这一映射过程中手势的激活作用，词汇性手势生成模型或词汇检索假说侧重强调手势对语言抽象性表征的激活，表现为促进语言的发生过程；图像激活假说和模拟行为的手势框架理论侧重强调手势对于具体化感知心理表征的激活和描摹。

一、词汇性手势生成模型或词汇检索假说

Krauss、Chen和Gottesman（2000）的词汇性手势生成模型（The Lexical Gesture Process Model）或词汇检索假说（The Lexical Retrieval Hypothesis）认为手势影响交流语言词汇的选择和表达的难易，交流手势对于语言认知加工起着激活作用，同时表现在对语言发生过程和理解过程的易化作用，即手势有助于促进交流者内心词汇的激活，尤其是空间语义表征的激活，从而方便词汇的提取和理解。①例如，当说者准备表达“球滚下山”时，会做出一个圆形的手势，并交替旋转双

① Krauss R M, Chen Y, Gotfexnum R F. *Lexical gestures and lexical access: a process model* [J]. Language and Gesture, 2000, 2: 261-283.

手，这有助于促进“滚”这一表征的激活，说者更容易表达，听者也更容易理解。以往研究发现，交流过程中如果禁止被试者使用手势，说者语言显著不流畅，断续更多；当交流者语言表达困难时，手势表达的频次相应增多。

手势广泛出现于各种时空条件下的交流过程中，如上所述，其可以关联性表达（澄清界定、强调、直观展现等）语言信息，还可以互补性表达语言未尽之意；然而，手势互动的根本目的仍然是增进共同理解性和默契性，以及促进交流的高效性，表现之一就是手势有时先于语言，尤其在模糊语言交流情形下，手势起了激发语言发生和理解的作用。

Beaudoin-Ryan和Goldin-Meadow（2014）在实验中对比设立了允许手势组和禁止手势组，实验任务要求儿童被试者解释抽象的道德推理问题，结果发现，在语言解释过程中，被允许使用手势的儿童表达了更多的复合性观点，而被禁止使用手势的儿童观点单一和片面；任务完成后，研究者再次向被试者问及类似的道德推理问题，发现允许手势组儿童语言中的观点数量显著更多、更综合化。[①]该实验的一个不同之处在于没有采用易于手势表达的空间表征问题（如家具摆放、容器形状等），而是采用了抽象问题交流情境，相对更好地区分和观察了简单的手势描摹和对语言发生过程的激活。Broaders和Goldin-Meadow（2010）的研究则通过控制听者的手势特征，观察听者手势对于说者语言的激活作用，实验情境中被试者模拟担任目击证人，结果也发现，当被试者被问及现场的细节问题时，如果讯问者使用了相应的手势，将有助于激活促进被试者的语言报告过程，比如，当问到“他穿戴了什么”时，讯问者自然做出“戴帽子”手势，被试者显著倾向于使用“帽子”回答问题。但是，研究结果中出现了一个令人感兴趣的例外：在讯问过程中，目击证人被试者语言交流中自发产生了大量的手势动作，但是讯问者却忽视了这些手势交流的信息。[②]这也为未来研究带来新的启示：某些相对敏感和特殊的实验情境是否会影响手势和语言交流之间的关系特征。Arnold、Kahn和Pancani（2012）的实验采用了参照性交流范式，创设了物品交流选择和匹配任务，交流中听者为研究者同谋，实验中被试说者负责语言指导听者，在一个标有6个颜色点的木板上选择并放置物体，交流者面对面站立，听者身后设有一个

① Beaudoin-Ryan L, Goldin-Meadow S. *Teaching moral reasoning through gesture* [J]. Developmental Science, 2014, 17(6): 984-990.

② Broaders S C, Goldin-Meadow S. *Truth is at hand: how gesture adds information during investigative interviews* [J]. Psychological Science, 2010, 21(5): 623-628.

电脑屏幕，依次呈现任务中需要选择和摆放的靶对象，双方中间桌子上放置了操作区。实验中要求被试者只能以语言进行指导，不能使用手直接指示或接触物品。实验条件区分了“期望条件”和“等待条件”，前者是交流中在被试者语言指导之前，实验者同谋听者就预先用手选择出了靶对象并做好摆放的准备，后者是当被试者语言指导结束后，同谋听者才按照指令选择出靶对象。结果发现：同谋手势影响被试说者交流语言的发生。具体表现为：语速更快、词汇发音更短、语音弱化且变化性小，从不同的角度证实听者手势激活说者的语言生成过程。①

二、图像激活假说和模拟行为的手势框架理论

（一）手势是对具体化感知表征的激活和模拟

越来越多的研究者强调身体在认知过程中的关键作用。尽管具体化认知（具身认知）框架（The Embodied-Cognition Framework）也受到一定的研究质疑，但它提供了许多领域中认知和行为的描述，包括语言、数学推理和音乐感知。具体化认知（具身认知）在这些领域中体现的一个证据是人们用身体描述他们的思维；也就是说，当人们描述他们的数学思维或音乐感知时，他们用手和手臂描述他们想要表达的想法。这表明手势自然地反映了思想。事实上，几十年的研究表明，手势与语言、思维过程错综复杂地联系在一起。

图像激活假说（The Image Activation Hypothesis）认为，手势表达和描摹出与交流有关的视觉空间图像；同时，手势图像性表征的保持有助于语言发生过程更好地传达信息。与此对应，模拟行为的手势框架理论（The Gestureas-Simulated-Action Framework）认为，当说者产生语言时，自然激活与之相应的感知状态和行为的心理表征与模拟，手势随之发生。综合而言，两个理论均强调手势对于具体化感知表征的激活和模拟，该过程伴随着语言交流自然发生，并对语言认知过程产生促进作用。

手势对交流认知的促进过程在很大程度上缘于手势表达的动作化、直观性和具体化特征，有助于引导交流者集中注意于交流问题表征中的感知操作信息，相对于语言的抽象性符号表达过程，有助于易化交流情境的理解和推理过程。Alibali、Spencer、Knox和Kita（2011）的实验任务是预测齿轮组中某个特定齿轮

① Arnold J E, Kahn JM, Pancani G C. *Audience design affects acoustic reduction via production facilitation* [J]. *Psychonomic* Bulletin & Review, 2012, 19(3): 505-512.

的运动方式，比如，“如果齿轮组中的第一个齿轮转动到一个特定方向，那么某一特定齿轮随之将会怎样运动”，一组被试者在语言解释时允许使用手势，另一组不允许，结果发现，手势组被试者通过使用手势动作模拟齿轮的运动规律，显著使用感知操作策略推理齿轮的运动方式，语言中几乎没有出现抽象策略的描述（通过计算齿轮组中齿轮的奇偶特征来推算特定齿轮的运动方式）；禁止手势组则反之。[①]Goldin-Meadow（2015）使用数学等式问题情境，要求儿童在解决等式过程中将思维过程以语言外显表达，譬如，“我想让左边等于右边”（等价策略），被试者分两组，一组只能使用语言，另一组在使用语言的同时，鼓励手势模拟，譬如，“在等式的左边挥动手，然后在等式的右边也做挥手动作”，学习任务结束后，将两组中掌握等式问题的被试者选择出来，再完成迁移任务，但迁移任务中不要求使用手势表达解题过程。fMRI的数据结果显示，手势组儿童迁移任务中感觉运动区域被显著激活，表明学习任务中手势表达促进感觉运动表征的激活，尽管迁移任务中不再使用手势，但是感觉运动表征仍然被重复激活。[②]尽管语言交流过程中，交流者会自觉产生手势动作，但是实际上人们并未对语言表征和手势表征有意识做出明确区分，交流中对于两种表征的时刻监控也不符合认知节省性原则。从这一意义出发，手势所激活的图像性表征和语言的抽象性表征之间的配合特征一定程度上影响了交流的效率效果，两种不同交流表征形式的并置，使得手势成为一种有力的交流工具，不仅可以将语言信息具体化、形象化，而且可能对交流语言认知过程起某种索引作用。

对照以上两种理论，不论是手势对语言抽象性表征的激活和促进，还是手势对于感知运动心理表征的激活和描摹，均反映了交流手势认知互动过程的多样性、复杂性，这两个过程是相辅相成、不可分割的，即手势对感知运动表征的激活是进一步激活和易化语言表达的前提。在交流互动过程中，语言不单纯是一组抽象的符号和规则，这些符号仍然需要与感知动作、情感等相联系，这是手势直观性、具体化表征激活、促进语言抽象性加工，以及和语言表达相辅相成过程的重要基础，手势激活过程导致交流认知从抽象性表征向具体化表征转变。换言之，交流手势的激活作用为交流认知中多种心理表征的联合提供了一种机会，比

① Alibali M W, Spencer R C, Knox L, Kita S. *Spontaneous gestures influence strategy choices in problem solving* [J]. Psychological Science, 2011, 22(9): 1138-1144.

② Goldin-Meadow S. *From action to abstraction: Gesture as a mechanism of change* [J]. Developmental Review, 2015, 38: 167-184.

如，当语言表达“把牛肉反复油煎后，夹在面包中间”，语言概念简单的抽象联合是“牛肉+油+煎锅+面包”，但是伴随性的手势动作，如“两手反复翻转+合上夹住”，同时激活了人们感知运动表征和相关经验，也激活和易化了语言讲解的流畅性、便利性和理解性。诚然，手势交流激活作用的关键在于充分调动了视觉、动觉等综合性表征，甚至可能包括特殊情绪情感的同时表达，有助于指向和联系交流者记忆中的相关经历和经验。正如Louwerse（2011）所指出的，手势对交流认知的影响源于对客观世界中交流对象多种模式的共现。①

（二）模拟行为的手势框架理论：手势是对语言交流中运动和知觉状态的模拟

模拟行为的手势框架理论，从理论上解释了手势是如何从一个具体化认知系统中产生的。通过对语言、心理意象、行为、知觉之间关系的研究，该理论提出手势反映了人们在思考和语言交流时对行为和感知状态的自动心理模拟。该理论自提出以来一直具有影响力。它已被应用于解释一系列关于手势的交流问题，并启发解释了其他具体化行为的心理模拟过程。此外，模拟行为的手势框架理论提出了一个核心概念，即手势反映了对具体化感知运动表征的模拟，已被在广泛的任务和领域中证实。

模拟行为的手势框架理论将手势发生置于一个更大的具体化认知系统中。简单地说，说者做出手势是因为他们按照自己的想法来模拟动作和感知状态，而这些模拟涉及运动计划，运动计划是手势的组成部分。理论专门解释交流语言发生过程中共现手势的发生，实际上其基本原则也适用于没有语言时出现的手势，即“伴随思维共现的手势（Co-Thought Gestures）”。

“模拟”一词已在认知科学和神经科学领域中被广泛地采纳和使用。模拟对意识表征和内部认知的表现作用当前尚存在争议。当我们使用模拟这个术语时，我们并没有对这些问题采取特定的立场；我们使用模拟这一术语的目的只是指，在没有外部刺激输入的情况下而激活了运动和感知系统。我们假设模拟是具有预测性的，因为它们激活了与特定行为发生相对应的感官体验，但这个框架理论并不强调模拟的意识性，也不强调模拟过程在神经过程上是否与心理图像加工的神

① Louwerse MM. *Symbol interdependency in symbolic and embodied cognition* [J]. Topics in Cognitive Science, 2011, 3(2): 273-302.

经过程相同。

图3.2呈现了模拟行为的手势框架理论的基本架构。根据这一基本架构，该框架理论的运作取决于三个因素：说者对行为和感知状态的心理模拟、言语发生运动系统的激活，以及说者当前手势表达的阈限值水平。这些因素彼此不断地相互作用。

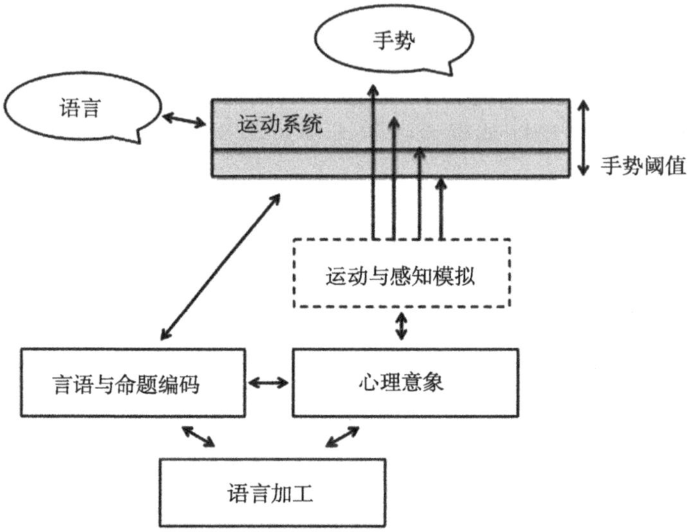

图3.2 模拟行为的手势框架理论的基本架构[①]

首先，如果说者在讲话时没有积极做出动作和感知状态的心理模拟，那么一个手势就不太可能出现。这一原则基于这样一种假设前提：信息可以以表征性、词汇/命题形式，或者以视觉空间形式、意象形式等来表达。模拟行为的手势框架理论认为，涉及视觉空间或运动意象的思维过程需要激活运动系统。正如感知觉和动作在认知中是普遍错综复杂地联系在一起的，当人们激活心理意象时，例如，当思考他们将如何与想象中的物体相互作用时，他们会自动启动运动系统，或者想象自己以特定的行为方式运动，这些模拟包括手势表达的运动计划。相反，当说者依靠记忆中的口头或命题代码表达或思考某个对象时，他们的运动系统将随之被激活，以使用这些代码发出言语，但此时说者不太可能做出手势，因为他们的运动系统没有被激活。

① Hostetter AB, Alibali MW. *Gesture as simulated action: Revisiting the framework* [J]. Psychonomic Bulletin & Review, 2019, 26(3): 721-752.

其次，当一个思想涉及对运动或感知信息的模拟时，就形成了产生手势的运动计划，之后，当人们在交流中表达他们的想法时，他们很可能会做出手势。因此，影响手势产生的第二个因素是同时激活语言发生的运动系统。尽管与思维共现的手势也确实存在，但当言语运动系统被激活时，动作和感知状态模拟过程的共同激活更有可能外在表现于手势表达之中。由于手和嘴是相关联的，无论是从发展关联性的角度还是从神经关联性的角度均是如此。实际上在语言交流互动中，当没有手势运动计划来模拟语言所描述的内容时，手部可能采取拍打手势，或者通过简单、有节奏的手部运动来强调特定的词汇或短语。然而，当从运动和感知模拟中产生了运动计划时，该运动计划将通过外部的手势动作而被激活，并表达出来。因此，同时激活语言发生系统将影响手势发生的可能性。虽然手势可以在没有语言的情况下发生，但当人们伴随着语言而激活运动和感知模拟时，手势发生得更为普遍。这一观点在其他的理论中也得到了证实。

最后，即使一个手势的基本运动计划已经形成，只要有足够的力量激活运动系统以超过说者当前手势表达的阈值，该计划就可以通过外在的手势来实现。根据模拟行为的手势框架理论，手势阈值反映了说者自己对外在手势表达的约束程度。这个阈值的高度或水平取决于个性特征、交流情境因素等。例如，有些人可能有更强烈的信念认为手势是不礼貌的或分散注意力的，因此他们手势表达的阈值更高。对于这些人来说，只有极强的运动计划才会超过该临界值，而产生手势表达。相反，在某些情况下，说者可能认为手势对减轻交流表达的压力或降低自己的认知负荷特别有效，因此他们手势表达的阈值更低。总之，一个人是否会随着一个特定的语言表达过程而产生手势表达，取决于潜在的心理模拟是否能够激活个人的运动系统，以及超过手势表达的阈值。这些机制可以对手势的发生频率、形式和认知损耗做出一些预测。

总之，模拟行为的手势框架理论解释了手势是如何对说话和思考过程中的运动、知觉状态产生具体模拟的。这涉及语言交流中手势表达的频率、手势的形式、抑制手势的认知损耗等问题。模拟行为的手势框架理论认为，当运动系统同时参与语言发生过程时，心理模拟更可能被表达为手势。然而，这一观点并不意味着手势的产生一定需要在语言发生中激活运动系统。相反，该理论认为，当人们在心理模拟动作或感知状态中超过当前手势表达的阈值时，也会产生手势。因此，即使在没有语言表达的情况下，高度激活的心理模拟也可以外化为手势。从模拟行为的手势框架理论的角度来看，伴随思考共现的手势（沉默而无声的手势表达)，也就是说，思考而不是说话时出现的手势，与伴随语言共现的手势具有相同的过程。说者伴随语言共现手势的频率和伴随思考共现手势的频率相关联，尤其是当想象与一个对象进行操作性互动时，这两种手势的频率都会增加。在其他条件相同的情况下，人们在言语时应该比不言语时更有可能做出手势；这是因为语言表达使心理模拟中涉及的运动激活更难被禁止表达为手势。一项研究为这一观点提供了证据，即齿轮运动预测问题的研究，研究包含了两个实验，第一个实验的被试者在解决问题时大声说话，而第二个实验的被试者则默默地解决问题；总的来说，在大声说话解决问题时，90%（38/42）的被试者使用了手势表达，而不大声说话时只有54%（28/52）的被试者使用了手势表达，这和模拟行为的手势框架理论的解释是一致的。①

诚然，任何理论都不是完美的，模拟行为的手势框架理论也存在一定的不足之处，未来需要在此基础上，进一步考虑手势是如何从具体思维过程中产生的。在模拟行为的手势框架理论观点中，伴随思考和伴随语言的手势可以通过相同的基本机制来解释。然而，未来研究还需要直接探查伴随思考的手势和伴随语言的手势在各种任务中发生的可能性、根据手势阈值而进行的调节特征，以及手势发出者对上述手势发生过程的自我感知特征。因为对于交流认知的一个共识是手势受语言的影响，甚至手势在不同的语言背景下的表达也是不同的，其中一些差异与不同语言中语言表达信息的差异性也是一致的。例如，不同语言的人在动作事件描述中手势表达的路径和方式表现出不同的模式，这些差异与不同语言的表达差异相吻合。在一种特定的语言中，手势也会受到特定语法规则的影响。这些证据支持了这样一种观点：在认知加工的过程中，手势表征、表达和语言表征、表达之间存在相互作用的关系。这种观点和模拟行为的手势框架理论的观点是一致的，即手势产生于动作的心理模拟，这可以被解释为语言和手势之间的明确关联性和相互作用。另外，模拟行为的手势框架理论和“手势校准于语言”的观点也是一致的。本书的观点认为：手势和语言都是由思想产生的，这些思想有时根植于对世界的具体化模拟；交流中语言表达的可能性和制约因素，影响着说者的心理模拟过程和特征，以及哪些方面在心理模拟中最为突出；这些心理模拟上的差异既影响说者在语言中表达信息的方式，也影响他们在手势中表达信息的方式。

---

① Alibali M W, Spencer R C, Knox L, Kita S. *Spontaneous gesture influences strategy choices in problem solving* [J]. Psychological Science, 2011, 22: 1138-1144.

因为说者的心理模拟过程是为了交流，模拟中的细节是由语言因素决定的，这进而关联于手势的表达过程。正如一些研究所表明的那样，伴随沉默思考的手势可能较少受到语言因素的影响。

第3节 交流手势的认知节省理论

交流手势的认知负荷降低假说（The Cognitive Load Reduction Hypothesis）认为手势降低了语言认知加工对认知资源的需求；Kita和Özyürek（2003）在此基础上提出了"共同范围模型"（The Interface Model），认为手势是由行动发生器计划组织的，口头语言是通过信息发生器计划组织的，由于手势和语言分属不同的交流认知系统，因此交流过程中两者信息彼此之间互动沟通，既提高了交流效率又降低了认知负荷。①

一、交流手势降低交流认知负荷

归纳而言，交流手势降低交流认知负荷缘于两个方面：

一是手势是身体动作，手势交流根植于感知运动系统的认知资源，手势参与交流使交流者有更为丰富和充足的资源来管理交流认知努力，即降低交流认知负荷，节省的认知努力可以投入交流的其余方面，对于交流认知的深入发展是有益的。Goldin-Meadow、Nusbaum、Kelly和Wagner（2001）在研究中要求被试者解释自己对一系列数学问题的解题思路，并要求同时记住一些无关联的刺激项目，实验条件划分出使用手势组和不使用手势组，结果显示，手势组被试者回忆无关项目的数量显著更多。② Novack、Congdon、Hemani-Lopez和Goldin-Meadow（2014）采用数学等式问题作为实验材料，通过手势组和无手势组学习比较，进一步发现，手势组被试者对数学等式问题的概括水平显著更高，迁移性解决问题的水平显著更高。③

① Kita S, Özyürek A. *What does cross-linguistic variation in semantic coordination of speech and gesture reveal? —— Evidence for an interface representation of spatial thinking and speaking* [J]. Journal of Memory and language, 2003, 48(1): 16-32.

② Goldin-Meadow S, Nusbaum H, Kelly S D, Wagner S M. *Explaining math: Gesturing lightens the load* [J]. Psychological Science, 2001, 12: 516-522.

③ Novack M. A, Congdon E L, Hemanilopez N, Goldin-Meadow S. *From action to abstraction: using the hands to learn math* [J]. Psychological Science, 2014, 25(4): 903-910.

总之，手势交流降低认知负荷或表现出的交流认知节省性，根本上缘于手势动作本身和语言交流的显著不同，手势是以身体动作表达抽象思维过程。尽管交流系统作为一个整体，手势和语言交流方式彼此关联，但是手势是不同于语言的视觉交流系统，是一种直观表征性的动作行为。现实交流情境是复杂的，交流认知中包含了大量不同层次和特征的心理表征，共同组成特定的交流认知环境，因此，交流过程中信息的传递不能一味简单地借助于语言词汇和语法水平的相对抽象性表达，手势交流的参与有助于调节交流认知环境中抽象表征和具体表征的相对灵活表达。虽然到目前为止，研究者们尚没有就手势交流的认知机制形成一个一致而系统的认识和解释，但是可以明确一点，作为非语言交流媒介的一种重要方式，手势交流集中于表现对象的一些具体化的表征细节，而这些信息通常并不总是方便于语言规则的条理性组织和表达。简言之，正是手势认知资源的相对独立性、表征的具体直观性以及手势表达的便利性，使得交流手势的发生降低了交流认知负荷程度。

二是手势交流具有无意识性或内隐性特征。Novack 和 Goldin-Meadow（2015）在研究中指出，交流者手势传达的思维过程信息不是对语言信息的重复表达，其超出了交流语言的信息范畴，手势信息往往表现为隐含性、不断变化性和压缩式的，但是现实交流中交流双方通常可以即时捕捉到并进行明确性解码；交流者的手势时常透露出某些语言之外的新信息，这些新信息尚处于语言表达的“呼之欲出”的状态，接下来可能会明确进入语言交流的信息中。①不同思路和目的的研究从不同的角度均发现，当人们出声思维或解释思维过程时，手势会无意识地表达语言抽象规则之外的视觉空间策略或时空运动表征；手势还可以潜在地启示出语言表达之外的新策略，或不自觉启发了解决问题的隐性知识。因此，手势交流的内隐性特征是交流认知负荷降低和交流认知资源节省的重要影响因素。

可见，手势是以直观的方式在特定交流情境下凸显某些动作元素，如前所述，不论是在空间问题表征，抑或是抽象道德问题表征方面，手势在激活内隐性观点上都表现出独特的优势，这可以说明手势动作在交流互动中不仅仅是对交流者注意的简单指引，具有动作表征性特征的手势表达和日常一般性操作对象的动作行为不同，其目的不是处置和改变对象，而是直观描摹和展现认知过程。从这

① Novack M, Goldin-Meadow S. *Learning from gesture: how our hands change our minds* [J]. Educational Psychology Review, 2015, 27(3): 405-412.

一意义出发，一方面，手势发生机制不同于语言发生机制，另一方面，特定交流中当交流者同时使用手势和语言，表达交流情境中的隐性知识和显性知识时，隐性知识很可能也很容易拓展语言认知的意识性范畴，即隐性知识的激活可能打破原有的明确的知识状态，手势对于多元化信息的促进和发展，不仅降低了交流认知负荷，也促进交流认知整体上向更深入的层次发展。概言之，交流手势降低交流认知负荷的效应缘于多种不同类型的表征形式的并列使用。

二、抑制交流手势的认知代价高昂

交流中手势的发生缘于动作心理模拟过程，动作心理模拟是说话时思考视觉、空间和运动图像的自动伴生品。这些模拟涉及前运动和运动系统的激活，并且这种激活最终被表达为手势。因此，手势是积极心理模拟、意象表达认知过程的自然结果。诚然，人们可以保持较高的手势阈值，从而有效地抑制心理模拟过程被表达为手势，但抑制手势应该存在相关的认知成本或损耗。一些研究使用双任务范式对手势产生所涉及的认知努力特征进行了探查，在这类实验范式中，说者使用或不使用手势语言交流的同时，执行一个与交流无关的任务（例如，操作网格中的数字、字母或特定对象的位置变化）。最后在探查任务中，要求他们尽可能多地回忆与交流无关的任务信息。共同的研究发现是，说者在交流任务中做手势时比他们不做手势时有更多的认知资源用于记忆任务，因此可以记住更多与交流无关的任务信息；一致性的结论是，在说话过程中产生手势可以释放一定的认知资源，然后这些资源可以被用以记住与交流无关的任务中的信息。手势只在有即时交流的时候才表现出减少认知负荷的特征；当手势仅在时间上伴随语言发生，而在表意上和语义不协调时，不具有相同的交流互动效果。

部分研究结果已经明确证实，在特定的交流情境下，产生手势具有认知收益，不产生手势将带来认知损耗，有时甚至两者兼而有之。比如，研究中说者没有得到关于做出手势的明确要求，他们自发地选择在一些试次（trails）中不做手势或做出手势，因为交流者认为手势表达服务于交流的便利性。[①]但是这些自发手势表达的研究结果，倾向于不支持手势抑制带来的认知负荷是意识性过程。在这里可以这样来理解，当一个高度激活的心理模拟过程发生时，抑制手势带来的

① Goldin-Meadow S, Nusbaum H, Kelly S D, Wagner S. *Explaining math: Gesturing lightens the load* [J]. Psychological Science, 2011, 12: 516-522.

相关认知成本或损耗应该是客观存在的；不管是否是有意识地抑制，手势都会出现抑制的认知效应。如上所述，在已经讨论过的已发表的研究文献中，使用双重任务范式的主要解释是，手势的发生减少了认知负荷；而现在关注的是手势的抑制增加了认知负荷，这两方面不能简单地归为一个问题，而是两个问题，表现为实证研究中的两种实验思路和假设。Marstaller和Burianova（2013）的研究特别关注和支持手势抑制导致认知成本的增加，而不是手势产生导致认知收益，具体而言，低工作记忆容量的被试者比高工作记忆容量的被试者手势抑制导致的认知成本更高，因为工作记忆能力较低的人抑制运动反应（手势表达）的能力较弱，相比之下，工作记忆容量高的个体一般来说能够更好地抑制运动反应，因此他们能够更好地抑制手势，而不会产生更大的负面影响。①

实际上，关于手势的发生减少了认知负荷以及抑制手势带来了认知成本或损耗，两者之间似乎并不是对立的。尽管Marstaller和Burianova提供了如上解释，但也有可能的解释是，手势的发生使得认知负荷减少，工作记忆能力强的人在交流口语任务中更可控制自己的认知负荷，因此他们不再会通过手势来得到进一步的帮助，因此，只有工作记忆能力低的人才能从手势表达中受益。的确，Goldin-Meadow、Nusbaum、Kelly和Wagner（2001）发现在说话时工作记忆负荷很低（只能记住两个字母）的成年人，其交流任务不受是否存在手势表达的影响。②然而，应该指出的是，Marstaller和Burianova研究中的被试者在记忆任务上并没有取得满分或极高的分数；即使是工作记忆能力强的人，也只能回忆不到一半的内容，因此很难证明：工作记忆能力强的人不可能得到手势的进一步帮助，因为他们确实有进一步提高的可能性空间。不管怎样，当实验设计中只包含手势表达条件和没有手势表达的条件时，不可能准确知道两个条件之间的差异是缘于手势发生时认知负荷的减少，还是缘于手势被抑制时认知负荷的增加，抑或两种效应的结合。因此，为了厘清这些影响效应，需要实验研究对记忆任务的表现做出基线测量。本节此处认为，如果认知成本与手势抑制有关，那么当禁止说者做出手势时，说者可能会对任务采取不同的认知策略，如果是这样的话，这将可能不涉及运动模拟的认知过程。Alibali、Spencer、Knox和Kita（2011）的研究中，

① Marstaller L, Burianova H. *Individual differences in the gesture effect on working memory* [J]. Pscyhonomic Bulletin & Review, 2013, 20: 496-500.

② Goldin-Meadow S, Nusbaum H, Kelly S D, Wagner S. *Explaining math: Gesturing lightens the load* [J]. Psychological Science, 2001, 12: 516-522.

向被试者提出了齿轮运动问题，在这些问题中，被试者观察齿轮的特征，并预测如果初始齿轮朝特定方向转动，最终相应齿轮的运动状态将如何。[①]与允许使用手势的被试者相比，被禁止使用手势的被试者更倾向于采用一种抽象的认知加工规则（如奇偶计算规则，该规则推算出所有奇数齿轮的转动方向与初始齿轮的转动方向相同）。抑制使用手势似乎阻止了被试者使用基于运动模拟的策略，即按运动顺序来思考每个齿轮的运动方向，而这种策略是允许使用手势被试者的典型认知策略。针对这一结果的可能性解释是，模拟每个齿轮的运动方向对于手势表达是方便的，因此在无法做出手势时被试者倾向于采用一种更抽象、基于非运动模拟的认知加工策略。

即便如此，还是应该注意一点，在上述情况下，当手势被禁止使用时，说者可能难以完全禁止动作模拟的认知过程被表达为手势，所以他们可能会转而通过其他身体动作表达出来。事实上，当人们在动画故事复述任务中被禁止使用手势时，他们更可能用其他身体部位（包括头部、躯干和脚）来表达。Pouw和Hostetter（2016）也发现，在解释河内塔任务时，不被允许做手势的被试者比被允许做手势的被试者，眼动发生的频率更高。[②]对于视觉工作记忆能力较低的被试者来说，这种影响尤其明显，这表明在任务中经历高认知负荷的个体很难抑制他们的运动模拟过程外化为肢体表达。Pouw等认为这是因为视觉工作记忆能力较低的被试者需要借助手势或眼动等提供额外的认知支持，同样可以解释为，他们没有认知资源来抑制自己的运动模拟过程转化为运动计划，进而外化为多样化的肢体表达。当前，面对允许手势表达和抑制手势表达认知效果的解释分歧，通常可以认为，手势发生有认知上的收益，这与抑制手势有认知上的成本或损耗本质上是一致的。事实上，手势使一个人的语言交流任务更容易完成，这是影响说者手势阈值和手势率的一个重要因素。禁止运动模拟被表达为手势应该有明显的认知成本。未来更多的研究需要更细致地考虑将手势产生的益处与手势抑制的代价分离开来，进行明确的比较性探查。还需要比较说者在任务中的手势数量，分析手势频率是否是外部认知负荷的函数，因为说者处于外部负荷下，他们可能没有可用的认知资源用于抑制手势。

---

① Alibali M W, Spencer R C, Knox L, Kita S. *Spontaneous gesture influences strategy choices in problem solving* [J]. Psychological Science, 2011, 22: 1138-1144.

② Pouw W T J L, Hostetter A B. *Gestures as predictive action* [J]. Reti, Saperi, Linguaggi: Italian Journal of Cognitive Sciences, 2016, 5: 57-80.

值得一提的是，当前本节中关于抑制手势产生认知成本的观点，是立足于强调动作和感知状态的心理模拟将自动激发产生手势表达这一前提的。从这一前提出发，又有可能引发新的思考和研究问题，比如，未来似乎可以进一步做出这样理解和预测：说者如果在交流中单纯基于语言或命题表征来产生言语表达，此时没有发生运动的心理模拟过程，也就没有自动激发手势表达的可能，那么实验中却要求说者在言语表达的同时必须产生手势表达，是否就可能需要额外的认知努力来产生这个手势表达过程呢？这也仅是本书作者的一个简单的设想，若要通过具体实验来验证该设想还需要进一步明确一些实验设计上的具体细节。

根据本节中的观点，说者必须对事件形成一个意象性的模拟，才能产生一个手势，而在心理模拟的基础上产生手势表达可能很容易。当然了，现实交流中说者也可能为了交际而故意夸大或调整手势的形式或幅度大小，这种额外的手势是否比不做手势需要更多的认知资源呢？本书暂时持中立态度，这有待于未来研究的进一步思考和探查。

综合以上，人们在说话时自然而然地产生手势，有时甚至在静静思考时也会不自觉地使用手势。虽然交流手势在互动中扮演着重要的角色，但手势不是单纯的动作输出，它以身体动作方式展现了已存在的某种交流心理表征。从以上阐述可见，不论是手势和语言的关系、手势对于语言表征和图像表征的激活，还是手势使用对于交流认知负荷的降低，都表明交流手势不是一种简单的挥手动作，其具有重要的认知导向功能。尽管各交流手势认知理论阐述的着眼点不同，但各理论对于手势认知的解释都是围绕手势的交流性特征展开的。未来研究应进一步思考以下几个方面的问题。

第一，交流手势认知特征的实验研究，需要考虑其他非语言交流线索的影响。交流认知实验研究相对于个体认知研究而言更为复杂，以往研究在以手势为研究变量的同时，并没有对交流情境中的其他因素做出严格的控制或排除，比如以往研究在创设“手势组和非手势组”时，并没有排除“肢体表情、面部表情”等因素的存在和影响性。

第二，交流手势认知的以往探讨，典型立足于对语言交流的辅助性和独立交流性两个方面，实际上现实交流情境下存在更多的交流背景因素，比如以往研究重点关注了手势和语言之间的关系，那么手势和面部表情之间是否存在相互作用关系？远程交流和面对面交流情境下的手势认知特征和功能是否是一样的呢？

第三，交流认知的典型特点是互动性。如上所述，以往研究倾向于在对交流双方做出相对严格实验控制的条件下，探讨手势认知特征，比如，控制说者手势分析听者反应或说者的认知变化性；采用研究者同谋等。对于交流互动性的实验控制一定程度上排除了手势交流的复杂性和灵活性。未来研究应进一步尝试交流实验范式的创新和探索。

第四，交流手势实验研究的现实意义明显，未来研究应进一步尝试探查和解释手势交流的现实特征和功能，比如教育教学情境下教师手势、学生手势的特征和认知心理意义；手势交流对社会人际互动的促进作用；手势交流所表达的情感、情绪特征；交流者个性特征与手势交流特点之间的关系等。

综合以上，以往研究对于交流手势认知特征做了一定的分析探讨，并提出了不同的理论解释，典型的如增长点理论、信息封装假说；词汇性手势生成模型或词汇检索假说、模拟行为的手势框架理论、图像激活假说；共同范围模型、认知负荷降低假说。归纳而言，“增长点理论和信息封装假说”立足于交流过程中手势表达和语言表达间的关系，即两个理论分别关注了相对于语言表达，手势表达认知过程的共同性和互补性；“词汇性手势生成模型或词汇检索假说，以及图像激活假说和模拟行为的手势框架理论”立足于手势的认知激活过程，具体而言，前者强调手势对语言认知加工的激活作用，后者强调手势对具体化感知表征的激活和模拟并促进语言认知过程；“共同范围模型和认知负荷降低假说”立足于交流手势的认知加工机制和无意识性。三者是交流手势认知同一过程的三个方面。

本章中，重点阐述和分析了交流手势认知的相关理论。在比较和探讨之中，我们可以发现各理论均具有一定的合理性和现实指导性，均存在解释或适用性方面的一定局限性。未来的研究中需要进一步考虑实证研究的可证伪性水平。

相关理论认为，手势的产生是基于模拟动作和感知状态的激活水平，以及与手势阈值的当前水平间的动态关系。然而，在实验研究中这两个因素都不能被直接观察到，而且由于两者都被认为是重要的，所以可以解释任何可观察的手势发生或不发生的情形。例如，如果一个说者描述了一个与行动紧密相关的想法但不做手势，那么这个手势的阈值可能在那一刻非常高。如果说者在描述非常抽象的事物时做手势，说者可能在考虑所描述的思想时，进行了空间上的隐喻表征，而这个空间图像唤起了手势表达的运动计划。因此，事实上，对个人手势的一般性观察不能对当前相关理论倡导的观点做出证伪。

然而，我们认为，已有的相关理论在逻辑上应该是可以证伪的，或者在实验中可以得到支持，这就需要在实验中操纵影响手势的特定因素。虽然实验中不可能在任何交流时刻准确知道说者的手势阈值有多高，但可以将说者置于其阈值通常应较低的交流情境中，并观察其产生的手势率。同样，可以比较不同语言交流主题下手势的使用模式，当观察到交流主题与动作更密切相关时，手势使用率通常将更高。例如，手势阈值（随交流情境而变化）和动作模拟激活水平（随交流主题而变化）应该存在相互作用关系。具体来说，当动作模拟被高度激活时，交流情境的重要性应该小于模拟被高度激活的重要性，因为高度激活的模拟甚至可以超过一个非常高的阈值。此外，虽然手势在许多语言交流的情况下可能有认知上的益处，但在存在高度激活动作模拟的情况下，抑制手势的认知成本或损耗将尤其突出；同样，当不存在运动心理模拟，也不存在运动计划时，手势将自然被抑制，因此此时的手势抑制不会带来认知成本，尽管在这种情况下做手势可能仍然会有认知上的收益。

简言之，虽然无法直接观察到在特定交流时刻模拟动作的强度或个人手势阈值有多高，但这些因素在未来实验中可以被操纵和控制，我们鼓励并希望研究者们来积极探讨和检验交流手势的认知理论，并推动理论的不断发展和完善。

针对当前研究领域中交流手势认知理论的探讨，今后需要进一步关注三组核心问题。首先，需要更多的研究来全面了解导致手势形式系统变化的机制，包括大小、位置、表现手法等的变化。其次，需要进一步研究并阐明不同类型的手势（与思考共现的手势和与语言共现的手势；表征性手势和节拍性手势）是如何相互关联的，以及它们背后的认知过程和机制。最后，独立于手势的可靠的心理模拟实验控制措施的使用，将有助于进一步检验相关理论。

总之，很明显，手势是人类行为的一个重要方面，具有反映和影响交流认知过程的潜力。随着对手势的研究在心理学、教育学、社会学、语言学等相关领域的不断增加，手势研究者必须考虑交流手势认知理论应如何通过神经科学和认知心理学的持续讨论来不断丰富和发展。

第4章

交流手势的认知功能

生活中，人们在说话和思考时都会自发地产生大量的手势。本章阐述的重要方面放在描述、说明手势的表征性特点，这些手势可以是与语言相关而发生的，也可以是与思想相关而发生的。相关研究已经表明，这种手势不仅具有社会交际功能，而且具有自我导向的认知功能。

在本章中，重点围绕着概念化手势假说这一理论框架做了探讨，它解释了表征性手势的自我导向功能。根据这一理论框架，具有表征性的手势，通过四种主要方式影响交流者的认知过程：手势激活、操纵、封装和探测交流互动过程中的时空运动表征。手势的这四个功能可以使交流信息系统化，从而集中于少部分可用的信息，这些信息潜在关联于交流任务。概念化手势假说的理论框架提出，手势产生于和实际操作动作相同的系统；然而，手势与实际动作又不同，因为它们可以表达交流的信息。该框架提供了一种新颖、简洁、全面的手势自我导向功能的解释。本章集中分析了该理论怎样解释手势对抽象或隐喻内容的表达，分析了手势的自我导向和交际功能之间的关系。

第1节　交流手势认知功能概述

交流手势是一种表达性行为，其通过手并辅以其他身体动作来实现，这既发生在口语交流中，也存在于手语交流中，交流中说者精心安排并创造了手势的意义。交流中的手势可以伴随语言交流承载特定的指称意义（语义）和语用意义（手势意义与命题内容无关）。虽然参照性手势已经被广泛地关注和研究，但是如何识别和分类具有语用功能的手势仍然没有明确的解释和结论。

参照性手势也称为“表征性”的手势，可以是隐喻性的，也可以是图符性的，其交流认知功能是通过勾勒出概念的轮廓、指示其形状等，以表现、界定和说明这个概念，或者指向特定对象或其位置（指示性手势）。以往交流认知领域中对手势的研究主要集中在这些手势上，尤其是图符性手势以及其指称功能。然而，具有图符性、隐喻性或指示性的手势既可以起指称作用，也可以配合语言交流起语用作用，有时两者兼而有之。概括而言，在语言交流情境中，可以将语用性手势的功能归结为改变对交流话语的解释或评论话语（模态功能），增加与交流同伴的互动（行为功能），强调交流话语的特定信息部分（解析功能及信息推论功能）。

在对具有参照性功能交流手势研究的背景下，研究者们并没有提出明确性的区分手势各种语用功能的解释和观点，实际上，不同研究之间的手势概念术语和分类还存在一定的分歧，甚至冲突性。语言交流互动中手势表达是常见而频繁的，手势可以使交流者在特定的语境中共享信息形式和意义之间的映射关系。因此，为了便于对手势的交流认知功能进行分类，需要一个更清晰、更简单的手势功能特征的解释框架；在此理念下，对交流手势功能特征的探讨，应该辅以考虑交流语言功能的解释框架。

一、口语交流中的会话标记

交流互动中，说者可以使用一些在超话语层次上起作用的方式来调节他们的语言交流过程，将话语信息或情绪情感信息完整联系和表现出来。在言语表达中，这些手段通常被称为话语标记。这些超出传统词汇和短语层面的语用手段，几乎不涉及命题意义的本身，其对话语语义和概念内涵的贡献极小，但有时对于交流者理解说者的语言交流意图是必不可少的。这具体表现为语言交流互动中一些辅助词的运用。

实际上，当前针对这些辅助词分类和定义的讨论仍在进行中，涉及它们的术语也表现得多样化，如语气词、话语标记语、语用标记语、话语颗粒、文本组织者、提示性短语等，这些术语都已被广泛地使用于研究领域之中。对于话语标记的定义没有达成一致意见的一个重要原因是各理论研究方法的不相同。综合而言，归根结底哪些词类应该被视为话语标记语，虽然没有达成一致性解释，但是可以提出一个相对具有包容性的分类：连词、关联词、语气词、副词、感叹词、反馈性信号、呼语、析取词和模糊限制语等。

阻碍话语标记分类的一个因素是话语标记的多功能性特征，其有助于根据语境和依据交流者的信念和知识解释话语的特定意义。话语标记的功能超越了语言表达中语言词句衔接的作用；它们具有重要的连贯性功能，因为它们涉及交流者认知过程和语言之间的相互作用关系，并提供语言内容的表面顺序和组织结构。Redeker(1991)提出了交流语篇连贯性的三个成分：概念性、修辞性和顺序性。[①]前者承载语义内容，后两者承载语用意义。概念性指的是语篇情境中的各种关系：因果关系、结果、时间关系等；修辞性指的是语言的言外之意，如证明或结论；顺序性是指话语的流动性。在进一步的探讨和分析中，研究者们在此基础上又增加了一个语用类别成分，即推理性——标记来自上下文的限制性，并用于证明过程。后来的研究者们对话语标记功能又做了进一步的探讨和进一步的分类解释，并提出了口语交流中话语标记的三个宏观功能：互动功能、元话语功能和模态功能。它们可以共存于一个话语标记中，同一话语标记可以根据交流语言的上下文背景表达不同的互动功能。

首先，互动功能与交流者之间的话语互动有关。当话语标记语被用来管理和引导发言过程以及向交流同伴强调部分话语时，它们可以被交流者用来确认自己对特定信息或观点的接受或对特定表达的反应，包括同意、拒绝、邀请等。虽然当前本节中所探讨的话语标记与系统功能语言学中的术语“人际技能”具有相同或相似的基本功能，但是“互动功能”更能体现话语标记的显著会话性质。

其次，元话语功能是指那些与交流语篇整体流动有关的功能，包括强调话语特定部分的功能，以及那些传统上被认为是衔接的功能，这些功能可以构建和组织信息，以促进信息的接收和传递。元话语功能包括表述和重新表述某些元素的功能，如改变话题、离题、添加评论或重述。可以说，元话语功能侧重交流语篇的结构。

最后，模态功能是那些强调语言单位之间关系的功能。模态功能可以概括为三类：逻辑论证功能，涉及话语命题内容之间的逻辑关系；推理功能，针对说者与同伴之间共享的知识；情态功能，是指语境与说者态度之间的关系。模态功能对语言交流互动中的特定程序性意义进行了编码，能够帮助交流者彼此之间限制性推理特定的语境信息。

---

① Redeker G. *Linguistic markers of discourse structure* [J]. Linguistics, 1991, 29(6): 1139-1172.

二、口语交流中的手势表达

话语标记在语言学研究中相对被忽视的原因之一是它们很难被完整性地归类。在这里本节进一步探讨的是，语言交流互动过程中话语标记的类似情形和功能也发生在手势的交流互动过程中，交流中的手势与话语标记有着共同的语用功能。这些手势大多是但又不仅限于指代性的，也具有隐喻性，而且在交流互动过程中很大程度上被交流者所忽视。当前，大多数的研究倾向于集中在表征性指称手势的研究上。研究者们将其称为“语用”手势、“互动式”手势、“言语组织”手势、“会话”手势，以及“话语管理”手势等。与话语标记一样，当前对于手势的解释也难以统一，虽然有研究者尝试从语用功能的角度出发，对手势类型做出概括，但是难以达成一致性的观点。这与交流互动中手势的表现多样性、丰富性有关，比如交流中有些手势是反复出现的，其在特定的文化中有些表达惯例化的特点，它们将不被视为特定图符性的。这类常见的且在交流中反复出现的手势，典型的如手掌向上张开的手势，其通常已被理解为“已经成为仪式化的工具性手势动作”，其可能成为一个特定社会文化中全面而稳定的惯例化表征方式，此类手势在一定程度上可以从言语互动中相对独立出来。

先前关于交流手势的研究已经提出了针对其功能的尝试性分类。具有代表性的研究者是Kendon。[①]Kendon（2017）首先回顾了语用手势研究的历史，回顾并强调手势分为“重要”和“不重要”两类，后者“表示一种表达互动中的一般关系，并从其应用的时间和方式中得出其重要性”；接着讨论了具有各种语用功能的手势，包括标记话语结构的手势、调整对话节奏的手势等；最后提出将指称性手势与语用性手势分开，并赋予手势四种语用功能。

具有指称功能的手势被定义为“动作表达有助于语言所说内容的指称或命题意义解释”的手势。也就是说，手势表达的是话语的语义，它可以包括说明和指向真实或抽象的实体、想法等。实际上，也就是其他研究者们所认为的手势的本质特征：图符性的、隐喻性的或指示性的。本节中此处所强调的具有语用功能的手势是指那些“与话语意义的特征有关，但不是其指称意义或命题内容的一部分”。这个定义的内涵和外延界定的一个问题是，语用手势也可能是具有指代性的。例如，语言交流中交流者将两只手掌向上打开，这个手势具有指示语言叙述

① Kendon A. *Pragmatic functions of gestures: some observations on the history of their study and their nature* [J]. Gesture, 2017, 16: 157-175.

结束的语用意义；同时，它也可以被认为传达了“我没有其他要说的了”的指称（隐喻）意义。诚然，当手势所有的这些功能结合在一起时，特定的交流意义就产生了，这通常通过考虑特定的交流上下文，仍然可以确定一个相对其他功能更突出的特定功能。

上述Kendon将四种功能归因于语用手势：模态、表达、句法分析，以及附加性的操作功能。一种具有模态功能的手势可以操纵给定的言语话语单位，并表明应该如何解释它，例如一个假设、一个隐含的否定，或者表明交流语篇引用了其他人的。具有表达功能的手势表现了说者言语行为的言外之意。具有句法分析功能的手势帮助构建语篇的结构，包括其韵律或话题的变化。除了指称性和语用性手势外，Kendon还将“互动调节”手势作为一个新的类别，这包括挥手、打招呼、邀请某人做某事、提议、退出、招手、请求或邀请发言等。总之，Kendon希望可以总结一个手势功能的简化性分类，并基于此提出了手势的一系列具体的交流认知功能。

三、交流手势的认知功能特征

尽管手势在交流互动中的丰富性使得研究者们很难就手势的特征解释达成一致，但是可以确定的一点是，手势在交流互动中是多功能的。这意味着，尽管一个手势可能有一个突出的功能，例如表示一个结果，但它也可以强调某个特定的词汇单位或/和指示说话的转换等。在同一个手势中可以出现一个以上的交流认知功能。在此，重点说明一下手势的互动功能、元话语功能和模态功能。

（一）交流手势的互动功能特征

可以简单而概括性地将互动功能定义为交流者如何面对面互动，包括对话语的管理。互动功能的手势对应于交流者发出的各种交流信号，比如，听者可以用点击的手势表示他们在听，扬起手势表达要求解释，或者向上伸出一只手要求保持说话的方向。具体可以将手势的互动功能分解为若干的主要子功能：展现说者的互动责任；表达在倾听信息，要求澄清或表示同意/不同意。

首先，展现说者的互动责任：保持或确认共享的信息正在被传递，以及做出特定的言语行为。在交流语言话轮的保持过程中，说者可以通过添加停顿或填充语等策略，来表示他们希望保持话轮继续进行，例如，哦、嗯、啊等，以及拉长音调。这些也可以表示语言表达不流利，语言或概念表达上存在困难等，它们可能与语言不流利期间暂停和间断的手势同时出现而共同表达。如果说者正在考虑轮换语言表达过程，可能会用手势指向交流同伴。为了控制和保证传递的知识已经被接受，说者可以选择与同伴确认一切都好：You know or isn't it? 这同时可以伴随着一些头部、面部和手势动作的表达。在现实交流中，具体的言语行为，如同意、不同意或拒绝某个想法、询问信息、发出命令或请求某事，通常都伴随着一个可能自然发生的礼貌性控制功能的手势。例如，在教师与学生意见不一致的情况下，通过手掌向上展开的手势可以表示自己的不自信，进而减轻观点分歧的压力。

其次，表达在倾听信息，要求澄清或表示同意/不同意：这些功能通常以轻轻点击的手势来标记。如果交流者想要转换话语，可能需要更实质性的手势，尤其是在嘈杂的环境中。上述的Kendon将与这些功能相关的手势分为互动调节性的、行为性的或操作性的（表示所说内容证据状态的手势）。具体这些手势可以表现引用、寻求一致、标记新信息的传递和管理话轮等。而Wehling（2017）将体现此类功能的手势统一概括为“话语管理”手势，认为这些手势被用于“暗示包容与合作”①。尽管互动手势倾向于与节拍性手势相关，但节拍也可以叠加在指示性或隐喻性手势上。

（二）交流手势的元话语功能特征

交流手势的元话语功能可以体现话语的组织流程，这包括两个子范畴：为语篇提供外部组织，帮助加工和构建语篇过程的功能。如前所述，这也可以通过话语标记来实现，例如，first和after that，标记了语篇中话语的顺序；by the way和but，出现在引入一个话题时；in summary，表示话语的结束；on top of that，集中于某一特定的信息，或者实际上是为了进一步推动或澄清一个话题。手势帮助构建语篇的功能是指那些表明说者正在思考语篇的功能，包括不流畅（也被作为一种保持话轮的策略）和重新表述，尽管这也可以通过话语标记来实现，如that is, and what I mean is，但是也可以通过手势来实现，这些手势用交际动态（如节拍性手势）标记言语过程中的元素，并帮助交流者识别出显著的单元。伴随语言共同发生的交流手势可以通过标记每个新场景的边界，表达出空间对象的特定结构。此外，手势和语言之间的同步性是语篇衔接的主要来源之一。

① Wehling E. *Discourse management gestures* [J]. Gesture, 2017, 16(2): 245-276.

以往交流手势的相关文献通常将这些元话语手势等同于节拍性手势，用于标记韵律或构建话语结构，但节拍性手势也可用于强调对加工话语至关重要的特定言语单位。再如，时间性手势——对时间进行解释的手势，也可以具有元话语功能，即以手势在纵轴上的移动实现对特定事件的时间排序；还有一些隐喻性和重复性的手势也可以观察到元话语功能，特别是在需要标记话语边界或提供澄清或重新表述的情形下。

（三）交流手势的模态功能特征

语言交流的目标之一可能是传达一系列需要逻辑联系或推理的思想。其中许多都是通过语言中的连接词实现的，连接词被认为与命题间有更高层次的句法整合特征，是命题的一部分。这些连接词作为交流认知的手段有三个子功能。第一是逻辑论证功能。这些功能建立起因果关系、附加性、客观性、结果或结论、矛盾、辩解等语义逻辑联系。常见的这类连接词包括on the other hand，because，then，that's why等。第二是推理功能。当说者选择语义性较低的话语时，交流者需要整合共享性知识进一步加工该信息。第三是模态功能。当说者需要表明他们与话语的情感关系时，手势表达调节了话语的自信程度或准确性。例如，说者可以用耸耸肩和双手手掌向上张开的手势来表示不自信，这也可以通过模糊性限制语来实现，如it seems，apparently等。说者当然也可以表达怀疑、惊讶、悲伤和其他的情感状态。

这些具有模态功能的手势直接影响交流者对交流语篇内容的表达和理解，甚至可以补充语言内容，指出需要做出的进一步推理，或者强调逻辑语言联系性或说者的特定观点。在此，举一个模态功能手势表达的例子，简要说明交流手势的功能特征，比如手掌向上张开的手势。这是一个被广泛研究的手势，既有参照性功能，也有语用功能，是一种延伸或半延伸的手掌向上的姿态。这是自然语言交流过程中经常遇到的一种手势，其特征是手掌张开，手指或多或少伸展，手掌朝上。它被认为体现的是一种与知识缺失相关的认知意义（语用）。该手势被认为是一种图符性的手势、一种反复出现的手势和一种互动手势，被研究者们称为翻手、手掌向上张开、张开的手、旋转手掌等。

Givens（2016）详细解释了掌心向上运动的解剖结构以及呈现姿势，并指出这些手势被用于开始话轮、提问、请求帮助和分享个人观点、感受、情绪等，可以表示不确定性、自我呈现和韵律等认知过程。[①]根据Givens的观点，该手势是最古老的手势之一，可以表达一种普遍性的象征（这将使它们成为一种图符），既可以表现不自信，即一种认知性的张开手势，又可以表达展示/给出信息。而且当前这种呈现性手势也被研究者们普遍接受和理解为隐喻性地表示信息的提供或接受。

Müller（2004）认为手掌向上张开的手势和其他重复出现的手势都具有模态和行为表达的功能。[②]Müller认为该类手势的解释取决于手势的形状、手的方向和动作。本节在此处进一步认为，未来研究中提出和阐述更清晰的手势功能框架，将更有助于识别这种反复出现的显著性手势。

本节中，主要先概述了交流手势的认知功能，当前研究领域中尚没有提出一个手势认知功能的完备性的分类方式，而各种理论解释之间的外延边界也是模糊和交叉的。本章对于交流手势认知功能的阐述也并非想过早和过度地归纳出明确的观点，而倾向于立足于以往的学术探讨做出相对客观的呈现和说明，不论是呈现观点之间的一致性解释，还是呈现观点之间的分歧性，都将有助于更为深入地思考和实证探查。

第2节　交流手势的认知功能类型

人们在说话和思考时自发产生手势。手势在交际中起着重要的作用，如语音和手势以一种协调的方式共同表达说者的交流信息。因此，手势产生的部分原因是说者期望增强交流。然而，越来越多的证据表明，手势发生过程也影响手势自身的认知过程和表达性，即手势也有自我导向功能。当前，探讨的目的是给出自我导向功能手势的理论解释。

具身认知理论认为人类的认知过程根植于客观世界中人体的行为。根据这个观点，认知过程植根于感知和行为，不难理解，手势与实际行动密切相关，因为它们是由同一系统产生的，并且手势是一种特殊类型的物理动作，也就是表征性动作。因此，手势在认知过程中涉及一些重要的方面，这里将进行详细的阐述。

① Givens D B. *Reading palm-up signs: Neurosemiotic overview of a common hand gesture* [J]. Semiotica, 2016, 210: 235-250.

② Müller C. *Forms and uses of the Palm Up Open Hand: A case of a gesture family* [J]. The semantics and pragmatics of everyday gestures, 2004, 9: 233-256.

文献广泛一致认为，手势可以分为几个亚类型。关注手势自我导向功能的大多数研究关注了表征性手势。表征性手势通常被定义为描述动作、运动、形状的手势，或表示位置、轨迹的手势。例如，当说者语言表达“我投出了一个球”，她可能同时会用手来做一个投掷动作，或者她说“球碰到墙反弹回来了”，她可能用手指追踪球的轨迹。表征性的手势也可以表达抽象性概念的隐喻。例如，当表达一个特定观点时，说者可能会掌心向上仿佛托举一个杯状物，从而隐喻表达了该特定的观点。McNeiil（1985）将表征性的手势具体分为形象性手势、隐喻性手势、指示性手势。①在当前的阐述中，使用“手势”这个词来概指表征性手势，重点围绕着概念化手势理论假设做出分析。②

一、概念化的手势

手势对发出者自身起了什么作用呢？现有关于手势自我导向功能的假设，集中在手势如何促进语言交流，已经提出了几种截然不同的假说。首先，词汇检索假说（The Lexical Retrieval Hypothesis）认为，说者的手势有助于促进他们内心词汇的激活，从而方便词汇提取。根据这种观点，手势可以激活词汇语义表征中的空间特征，并在此过程中对该词汇进行检索。其次，图像激活假说（The Image Activation Hypothesis）认为，手势表达和描摹出视觉空间图像。由于手势能够防止图像衰减，使得语言发生过程可以更好地传达信息。再次，信息封装假说（The Information Packaging Hypothesis）认为，手势帮助说者封装时空运动信息以适应语言编码。当语言交流复杂信息时，需要将信息分解成语言发生过程适合表达的小段信息。语言发生中一个重要的计划性单元是从句，因此，手势帮助小段信息组合进入从句的编码过程中。最后，认知负荷减少假说（The Cognitive Load Reduction Hypothesis）认为手势降低了语言认知加工对认知资源的需求。所有这些理论的解释范围都仅限于语言发生过程，然而，越来越多的文献表明手势在认知中的作用远不止对语言发生过程认知加工的影响。

有充分的证据表明手势交流不仅涉及口语交流，而且涉及学习和问题解决等。当人们解释自己的问题解决方法或出声思考时，他们经常用手势来强调时空运动表征。手势可以启示新的解决策略，提出了解决问题的隐性知识，并引导持

① McNeiil D, *So you think gestures are nonverbal*? [J]. Psychological Review, 1958, 92(3): 350-371.

② Kita S, Alibali M W, Chu M. *How do gestures influence thinking and speaking? The Gesture-for-conceptualization Hypothesis* [J]. Psychological Review, 2017, 124(3): 245-266.

续性学习过程。一些研究者认为手势可以通过减少学习者的认知负荷来促进学习。人们谈论他们的问题解决过程时（伴随语言的手势），以及当他们不出声解决问题时（伴随思考的手势）都会自发使用手势。和伴随语言的手势一样，这些自我导向的伴随思考的手势可以反映出解决问题的策略，以及提高解决问题的成绩。此外，有证据表明，伴随语言的手势和伴随思考的手势基于相同的认知机制而产生。[①]在这里，本章提出伴随语言的手势和伴随思考的手势都具有相同的自我导向功能。

当前重点阐述一个新的理论框架，即概念化的手势假说（The Gesture-For-Conceptualization Hypothesis），以解释手势在说话和思考中的角色。这个新的解释把手势放在人类认知的中心位置，与只注重手势在语言发生或问题解决中作用的解释不同。该理论提出手势通过四种功能来塑造人们概念化信息的方式，其核心的观点认为：手势依据说话和思维的目的，激活、操纵、封装和探测时空运动表征；手势使交流信息系统化，这一系统化过程体现出以上四种功能。

根据概念化的手势假说，手势影响概念化过程，它以四种方式影响思维内容。首先，人们用手势来激活时空运动表征。在说话或思考过程中，当时空运动表征与其他更抽象的表征均可获得时，手势鼓励人们更多地依赖于时空运动表征形式。其次，人们使用手势操纵时空运动表征。就像人们用行动来操纵物体一样，人们可以使用手势操纵时空运动表征。再次，人们用手势封装时空运动信息，转化为其他认知加工过程中可利用的信息单元。例如，当口头表达复杂的想法时，需要将信息线性化为小的信息块，这样每一个信息块都在一个语言从句中编码，手势有助于促进这一过程。最后，人们使用手势来探测信息的多种可能性，以集中注意力于包含丰富或复杂的时空运动信息的活动上。总而言之，四种功能依赖于手势的系统化表征信息的功能，有助于使交流者关注与任务相关的小部分核心信息。

概念化的手势假说是基于手势是如何产生的观点而提出的，即手势的发生机制。不像某些理论将手势发生嵌入或归属于语言发生过程，其提出，手势和其他操作行为的产生过程一致，例如拿杯子喝水，因此，手势与操作行为共享某些特征。由于行动的思维与命题或语言思维具有不同的性质，手势提供了命题或语言

① Chu M, Kita S. *Co-thought and co-speech gestures are generated by the same action generation process* [J]. Journal of Experimental Psychology: Learning, Memory, and Cognition, 2016, 42(2): 257-270.

思维不具有的可能性表达和观点，因此，手势以特定的方式影响思维。

在接下来的内容中，重点提供和阐述手势四个功能的研究证据，然后探讨手势是如何通过系统化信息的过程实现这些功能的。

探讨手势在认知中的角色，对于区分机制和功能是有价值的。高效的机制过程产生一个行为，行为最终服务于功能。手势自我导向功能的最直接证据来自实验中对手势操纵和控制（例如鼓励或禁止手势）可以展现手势的特定认知结果。关于手势的产生机制有间接性研究证据。例如，有些研究通过实验来操纵认知过程的困难程度，并证明特定的困难类型会产生更多的手势。这些发现表明手势促进了认知过程，证据虽然间接却是重要的，因为它能告诉我们哪些认知过程可能会从手势中受益，补充了操纵和控制手势的实验研究结果。在接下来四个手势功能的阐述中，首先简要介绍了关于手势发生机制的间接证据，然后呈现操纵手势发生的直接研究证据。

二、手势的认知功能之一：激活时空运动信息

根据概念化的手势假说，在说话和思考过程中，手势增强了时空运动表征的激活水平。这可能以两种方式发生。首先，手势可以帮助保持已经激活的时空运动表征，使这些表征在说话和思考过程中保持不衰减。其次，手势可以激活新的时空运动表征，反过来，改变说话或思考的内容。下面重点探讨这两方面的证据。首先，人们为了保持原有的时空运动表征而产生更多的手势，这一过程是具有挑战性的，这表明手势激活了时空运动表征，这方面的证据是间接的。其次，一些操纵和控制手势发生特征的研究发现，手势促进了说话和问题解决过程中新的时空运动表征的表达和使用，这方面的证据是直接的。

一些研究已经表明，人们在难以保持原有时空运动表征时，会产生更多的手势。例如，成年人根据记忆描述绘画对象，比对象可视条件下描述时，会产生更多的手势。[①]类似地，当儿童需要在记忆中保持空间信息时，会产生更多的手势，如当被要求记住一个玩具的位置。[②]实验中操纵手势的发生，通过禁止手势提供的强有力的证据表明，手势激活了时空运动表征。两种类型的效应已被报告：手

① Morsella E, Krauss R M. *The role of gestures in spatial working memory and speech* [J]. American Journal of Psychology, 2004, 117(3): 411-424.

② Delgado B, Gómez J C, Sarriá E. *Pointing gestures as a cognitive tool in young children: Experimental evidence* [J]. Journal of Experimental Child Psychology, 2011, 110(3): 299-312.

势可以保持原有的时空运动表征（例如，帮助抵御消退），手势也可以激活新的先前并不活跃的时空运动表征。一方面，产生手势保持对原有时空运动表征的激活。相关的研究还要求被试者记住街道示意图上的路线。在记忆期间，一种条件下被试者一手拿着一个垒球（禁止手势条件）；另一种条件下并不限制手势（自由手势条件）。结果发现，自由手势条件被试者回忆路线显著好于禁止手势条件的被试者。因为手势帮助保持其先前存在的路线表征。另一方面，产生手势也激活了新的时空运动表征。当可以选择使用时空运动或非时空运动表征时，手势的发生促进了时空运动表征的使用。具体而言，当人们可以自由选择讲话内容时，手势激活了先前并不活跃的时空运动表征，导致人们的语言表达了更多的时空运动的内容。例如，在交流互动中，允许使用手势条件下语言的意象内容更多；当人们自由使用手势时，他们选择时空运动内容来交流。

在问题解决过程中，当被允许使用手势时，人们也更多地依赖于时空运动信息。例如，解释皮亚杰的守恒任务，被允许使用手势的儿童往往会借助任务的知觉特征（如任务对象的高度、宽度或形状）来理解任务内容，而那些不被允许使用手势的儿童往往关注非感知特征，如数量的最初相等。[①]另一个例子，当成年人预测特定的齿轮在齿轮组中将向哪个方向运动时，被允许使用手势表达的被试者往往依赖于模拟齿轮运动的策略，而那些被禁止使用手势表达的被试者更依赖于基于齿轮数量计算的抽象策略。[②]因此，手势帮助被试者模拟了齿轮运动的具体特征和过程。总之，这些研究结果表明，手势激活新的时空运动表征，引导人们关注时空运动信息和相应的解决策略。

当人们谈论抽象的概念，如隐喻，手势也可以激活新的时空运动信息。许多隐喻是基于身体动作或空间关系来表达的，手势有利于这些时空运动概念及其隐喻义之间的映射。例如，当要求解释隐喻词语时，如“泄露（spill the beans）”（例如，beans代表秘密，spill代表传播信息），被试者在可以使用手势的条件下，比禁止手势的条件下，语言描述得更为详细。使用手势可以基于语言字面义，阐发时空运动信息（例如，“溢出［spilling］”），并促进被试者在字面义和抽象意义之间做出映射（例如，“传播［信息］”）。手势还可以通过激活新的时空运动

① Alibali M W, Kita S. *Gesture highlights perceptually present information for speakers* [J]. Gesture, 2010, 10(1): 3-28.

② Alibali M W, Spencer R C, Knox L, Kita S. *Spontaneous gestures influence strategy choices in problem solving. Psychological Science* [J]. 2011, 22(9): 1138-1144.

表征，将抽象的思想具体化，进而促进抽象化的推理。例如，Beaudoin-Ryan和Goldin-Meadow（2014）要求五年级学生对道德两难问题做出选择（例如，欺骗和偷窃）。[①]学生在探讨问题的过程中，禁止或允许其自然使用手势。在鼓励手势表达的情况下，儿童有时在手势中表达多个观点，他们可以使用双手手势代表两个不同位置的个体。最重要的是，在鼓励手势表达的条件下，他们的语言更经常表达一些综合性的复合观点。因此，当多个角度的综合观点可以同时通过"空间化"手势来表达时，学生们对道德问题的口头陈述，将更容易表现出多角度的综合理解。因此，通过手势激活针对抽象概念的时空运动表征，导致被试者认知推理过程的变化性和灵活性。

总之，这些研究结果强烈表明，在说话和思考过程中，手势的发生既激活和保持了现有的时空运动表征，也激活了新的时空运动表征。这样手势可以改变说话和思考的过程。

三、手势的认知功能之二：操纵时空运动信息

说话或解决问题的时候，人们往往需要在认知加工中操纵时空运动信息。例如，你可能需要对对象做出重新安排、旋转、反转，或者对你所说和所思考的对象采取某种新的处置观点。根据概念化的手势假说，人们可以用手势操纵时空运动表征。这一观点有两条证据：第一条是间接性的证据，表明当认知加工中操纵对象困难时，人们会产生更多的手势；第二条是更直接的证据，表明产生手势可以提高认知和行为操作的成绩。

间接性的证据表明，在解决空间转换问题时，手势操纵时空运动表征，如心理旋转任务（参见图4.1）。当人们解决这样的问题时，无论出声思考还是默默思索，均会自发产生手势；当问题变难时，他们将使用更多的手势。[②]与此类似，当描述一个需要心理旋转的对象时，比描述不需要心理旋转的对象，手势发生频率更高。另一种间接证据来源于熟练使用算盘进行计算的人。当不用算盘计算时，熟练使用算盘的被试者会做出类似算盘操作的手部动作，当问题更难时，手势也相应更频繁。

---

① Beaudoin-Ryan L, Goldin-Meadow S. *Teaching moral reasoning through gesture* [J]. Developmental Science, 2014, 17(6): 984-990.

② Chu M, Kita S. *The nature of gestures' beneficial role in spatial problem solving* [J]. Journal of Experimental Psychology: General, 2011, 140(1): 102-116.

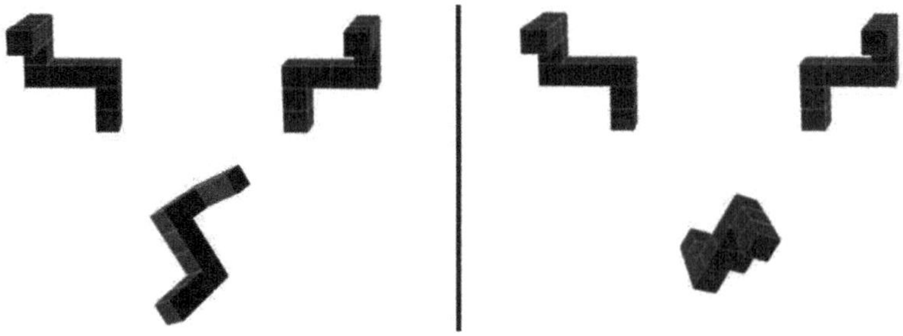

图4.1 Chu等（2011）研究中的心理旋转任务

操纵手势发生特征的实验，直接证实了手势操纵时空运动表征的功能。一些研究提供了这类证据，使用手势能够促进空间思维能力的增强，比如通过观察物体的表面，进而想象和推理对象内部结构的能力，这种敏锐的思维能力体现为以空间表征表达一种新视角。例如，地质学家可以根据露出地表的岩石推理出地下的延伸情况。在Atit、Gagnier和Shipley（2015）的研究中，要求被试者解释是如何用橡皮泥构建三维地质图的，以及描述地质图的横截面。被试者在解释过程中使用手势的条件下，比禁止手势条件下的解释水平和程度均显著更高，这显示出，手势提高了被试者对结构图结构空间的理解计算和更为灵活的转换。①

鼓励人们产生伴随思考的手势也可以提高他们在心理旋转任务中的表现。Chu和Kita（2011）指导被试者解决两组相同的心理旋转问题。②被试者独自在房间里完成任务，其间不允许出声表达任何内容，在每个实验问题中，被试者需要判断屏幕下方的对象是否是由左上角或右上角的对象旋转而成的（参见图4.1）。在第一个组块（block）的问题解决过程中，手势的可用性成为操纵变量。当鼓励被试者在思考过程中产生更多的手势时，比未明确鼓励使用手势（任务中自然产生了较少的手势）以及禁止手势的条件下，正确地解决了更多的问题。因此，手势增强了被试者执行心理旋转任务的空间转换能力。在第二个组块（block）中，所有的被试者都被禁止使用手势，并解决相同的心理旋转问题。第一个组块（block）中被鼓励做手势的被试者仍然比其他条件下的被试者正确地解决了更多的问题。因此可以看出，手势对认知产生了持久性的影响，提高了人们转换空间信息的能力。基于他们先前的手势表达经验，被试者可以有效地完成心理模拟过

① Atit K, Gagnier K, Shipley T. *Student gestures aid penetrative thinking* [J]. Journal of Geoscience Education, 2015, 63: 66-72.

② Chu M, Kita S. *The nature of gestures' beneficial role in spatial problem solving* [J]. Journal of Experimental Psychology: General, 2011, 140(1): 102-116.

程并旋转对象，进而使任务判断更准确。手势还可以帮助熟练于算盘操作的被试者，模拟算盘操作过程，尽管任务中并没有真正出现和使用算盘；如果熟练算盘操作的被试者在心算过程中，被禁止手部的动作，他们的计算就不那么准确了。这些伴随思维过程的手势帮助算盘使用者模拟了算盘计算中的操作过程，同时，禁止这种手势使模拟效果显著降低。①

归纳以上，思维等相关研究的实验证据表明，心理旋转和珠算任务支持了手势操纵时空运动信息的功能。

四、手势的认知功能之三：封装时空运动信息

当口头表达复杂信息时，单个语句或从句往往不够。信息可能需要多个语句联合表达。此时，语言信息相当于被封装成许多的单元，并通过语言的线性规则逐一表达出来。在思考和解决问题过程中，信息也可能被封装成单元进行认知加工。根据概念化的手势假说，手势有助于人们将时空运动表征信息封装成不同的单元，从而适合正在交流的任务。当复杂信息（例如，一个花瓶形状的对象）被手势表达时，一个手势可能无法表达信息的所有方面，但是每一个手势可以集中在信息的一个特定方面（例如，从特定角度，开口的形状等）。手势表达什么决定于交流对象的可视性，以及其他自上而下的影响因素，当手势选择表达复杂信息的某一特定方面时，该信息即成为语言加工中的信息单元或其他形式认知加工的单元。

手势有助于人们封装时空运动信息，表现于两个方面的证据：一是间接性的证据，表明当信息封装困难时，人们会产生更多的手势表达；二是直接性的证据，表明手势交流影响信息是如何封装进入语言和思维过程的。

首先，一些间接性的相关研究探讨了当手势封装信息困难时，说者手势的发生特征是如何变化的。最早的研究中，如皮亚杰的守恒任务，儿童看到两个任务对象（例如，将一个高且瘦的玻璃杯子中的水倒入一个矮且宽大的玻璃杯中）。在实验的描述条件中，要求儿童描述两个任务对象的不同之处是什么。在实验的解释条件下，要求儿童判断两个杯子里的水是否相同并做出解释。两种实验条件相比较而言，信息封装过程在解释任务中将更困难，因为语言表达的解释过程需要与其判断结果相一致，并且相对于针对两个对象特征的简单描述而言更为复

① Hatano G, Miyake Y, Binks M G. *Performance of expert abacus operators* [J]. Cognition, 1977, 5(1): 47-55.

杂。结果显示，儿童在解释条件下比在描述条件下更频繁地使用了手势表达，手势表达主要针对任务对象的某些特定特征。研究结论证实了更加困难的信息封装过程引发了更多的手势表达。

信息封装难度的类似效应同时出现在了成人和儿童被试者中，如Hostetter等（2007）[①]、Kita等（2009）[②]以及Melinger等（2007）[③]的三项研究中，要求成人和儿童被试者描述视觉呈现的对象，通过变化对象的特征来控制手势封装信息的难度（参见图4.2、图4.3、图4.4）。在这三项研究中，被试者可以更容易地完成容易描述对象的语言编码过程，而更难以决定困难描述对象的语言编码信息。在所有这三项研究中，被试者针对难以描述的对象产生了更多的手势。因此，更难的信息封装过程触发了更多的手势表达过程。

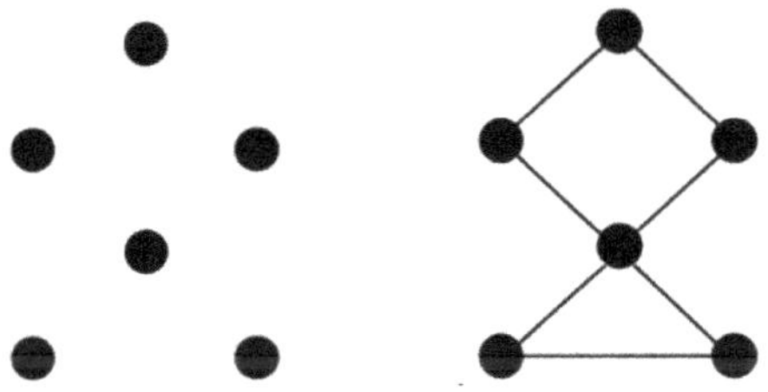

图4.2　Hostetter等（2007）的实验材料

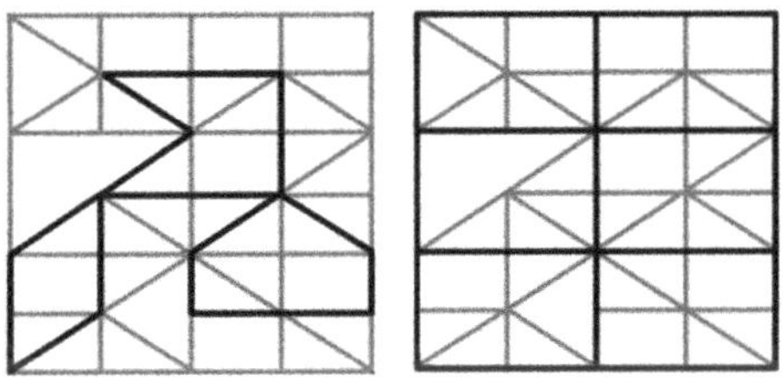

图4.3　Kita等（2009）的实验材料

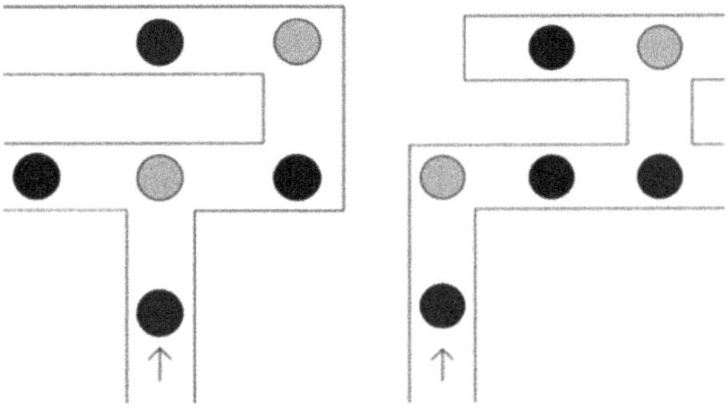

图4.4　Melinger等（2007）的实验材料

① Hostetter A B, Alibali M W, Kita S. *I see it in my hands' eye: Representational gestures reflect conceptual demands* [J]. Language and Cognitive Processes, 2007，22: 313-336.

② Kita S, Davies T S. *Competing conceptual representations tirgger co-speech representational gestures* [J]. Language and Cognitive Processes, 2009, 24: 761-775.

③ Melinger A, Kita S. *Conceptualisation load triggers gesture production* [J]. Language and Cognitive Processes, 2007, 22(4): 473-500.

其次，以往研究中，直接操纵手势表达的实验研究也提供了这方面的直接证据，表明手势封装时空运动表征的功能是为了适应说者的语言表达过程和思维过程。下面的两项研究提供了这方面的代表性证据。

当被试者以手势对信息进行编码时，语言中封装的信息内容也相应发生了变化。为了研究这一问题，较早时期的实验要求被试者描述运动事件（例如，一个物体滚下山坡），涉及的方式（如“滚”）和路径（如“向下”）。在分离手势条件下，当语言描述时，要求被试者产生一种手势表达（例如，在一个位置反复旋转一只手）和一个描绘路径的手势表达（例如，在一条对角线上向下挥动一只手）。在混合手势条件下，要求被试者产生一个手势，通过一个动作同时表达方式和路径（例如，斜向下不断地移动手，同时反复旋转手）。结果发现，在混合条件下被试者语言中表达了更多的单分句语言（例如，“滚下山”），但是分离条件下相对更少；反之在分离条件下，语言中的双分句表达更显著（例如，“它滚动，向下方”），但是混合条件下却表现出显著更少。因此，改变封装信息的手势表达过程，相应引起语言表达方式的变化，这是通过影响语言信息单元而实现的。这一发现表明手势封装信息的方式影响到语言编码信息的方式。

另一项研究表明，手势的内容塑造了思维过程中的信息封装方式。Goldin-Meadow、Cook和Mitchell（2009）要求儿童解决数学方程问题，如2+3+7=__+7，并指导他们产生编码正确解题策略的手势（V形的两个手指点在2和3上，然后食指点击空格处）或一种部分正确的策略（V形的两个手指点在3和7上，然后食指点击空格处）。在后测的迁移任务中，正确策略条件下的儿童比部分正确策略条件下的儿童表现得更好，学习成绩更高。结果证实教学期间手势表达的特定不同策略，帮助学习者封装了不同的信息片段；后测中被试者将通过语言表达这些相应的策略并使用其解决问题。[①]

综上所述，实验证据支持，在语言表达和思维过程中，手势表现了封装时空运动信息的功能。

五、手势的认知功能之四：探测时空运动信息

在解决一个问题时，需要找到解决问题的信息。这需要在有用或无用的众多

① Goldin-Meadow S, Cook S W, Mitchell Z A. *Gesturing gives children new ideas about math* [J]. Psychological Science, 2009, 20: 267-272.

信息中找到相关性的信息，需要从众多的可能性中找到编码和整合信息的最佳方式。

根据概念化的手势假说，人们可以使用手势来探测时空运动信息，这对于任务的成功完成是有用的。四个方面的证据证实了该功能的存在。第一，证据表明困难的任务将触发手势的探测过程。第二，证据更直接表明允许使用手势比禁止使用手势条件下，人们表现出了更广泛的问题概念化的方式，这表明手势帮助他们探测了更大范围的问题策略和解决方式。第三，证据表明试误过程作为探测形式的一种典型表现，出现在手势表达过程中。说者有时放弃他们最初使用的手势，表明他们在手势中采用了试误策略。第四，从定性研究中发现，试误中手势展现了个体思想的一些具体特征。人们有时通过不断的尝试来提出新思想，但并不通过语言外显表达出来；而当语言不断展开时，说者最终会发现或创造一个特定的手势表征，随着交流过程的发展，该手势表征的特定信息随后又将出现在语言表达的信息之中。

困难的任务将触发手势的探测。探测最佳解决问题思路的过程中，搜索范围更广，搜索也就更有效。手势可以通过"撒网"到语言或命题思维之外的概念空间中而更为广泛地探测相关信息。事实上，人们在解释困难问题的解决方案时，通常会以手势（并不伴随语言）表达一些信息。比如，这样的"手势语言错位"现象可能发生在儿童解释数学等式方程的过程中，如2+3+7 =__+7 。[①]一个儿童可能通过不恰当的语言表达了一种"相加所有数"的策略（"2加3加7加7是19"），并在同一时间，通过手势恰当地表达"使两边相等"的策略（当说"2加3加7"时，在左边挥动手，当说"加7等于19"时，在右侧挥手；手势在两边做出动作表示相等）。这样的错位反映出手势对于信息的探测，即指出方程等式有左右两个"部分"。手势语言不匹配现象也会发生在儿童解释皮亚杰的守恒任务和其他各种问题解决任务中。儿童产生的手势语言错位现象尤其经常出现于知识理解的过渡阶段。此外，在过渡的知识状态下，儿童手势表达了比语言更为广泛的解决策略，表现出手势对问题解决策略的探测。说者在手势方面的探测，表现在手势和语言的不匹配特征上，更常出现于难以决定说什么的时候。Alibali、Kita和Young（2000）实验操纵信息语言表达的难度——解释任务更难，描述任

① Perry M, Church R B, Goldin-Meadow S. *Transitional knowledge in the acquisition of concepts* [J]. Cognitive Development, 1988, 3: 359-400.

务更容易；在解释任务中，儿童产生的语言和手势不匹配现象多于描述任务。因此，当人们很难准确地决定口头表达什么信息时，就倾向于用手势表达来寻找潜在的相关信息。[①]

手势的发生促进了思想的探测。判断人们探测多少信息的一种方法是测量人们在解决问题时产生的相关想法的数量。操纵手势使用与否的相关研究结果表明，人们使用手势条件下产生了更为广泛范畴的概念化。例如，Broaders、Cook、Mitchell和Goldin-Meadow（2007）探查了手势是否促使产生更多的数学方程解决策略，如2+3+7=__+7。儿童解释他们如何解决这些问题，首先是一组“基线”问题，手势没有被操纵，然后第二组问题中，手势被操纵。相对于基线阶段，在第二阶段中，被鼓励使用手势的儿童比禁止使用手势的儿童产生了更多的新策略，而这些新策略几乎都是出现在手势表达中，而没有出现在语言解释中。也就是说，手势在更广泛的范畴中探测了可能性的策略。[②]类似的，如儿童在“The Alternative Uses Test”中，使用手势是否会产生更多创造性答案呢？像“尽可能多列出报纸的非常规用途”，结果显示，当自由移动他们的手时，儿童的手势越多，他们产生的有效答案就越多。此外，鼓励孩子使用手势大大增加了新颖答案的出现数量。这些研究结果表明，人们使用手势来探测对象的可能解释，探测让他们找到了更多的解决方案。

放弃手势表明探测的失败。人们有时会改变手势表达的观点，放弃早期所使用的手势，似乎表示其通过手势反复进行试误。例如，当被试者描述心理旋转问题的解决方案时[③]（参见图4.5），他们有时会停止他们的手势动作，他们好像突然改变了信息探测的方向。这种手势停顿可以出现在手势表达过程中，也可能出现在手势准备阶段——手势准备表达过程中。如果放弃手势标志探测失败，那么存在两种可能。第一，这些手势应该出现在成功的探测手势发生之前；第二，在困难问题情境下，要比容易问题情境下出现得多，因为困难问题情境下尝试性探测手势可能更多。被试者在实验试次（trails）中，通常是在成功手势之前，出现

① Alibali M W, Kita S, Young A. *Gesture and the process of speech production: We think, therefore we gesture* [J]. Language and Cognitive Processes, 2000, 15: 593-613.

② Broaders S C, Cook S W, Mitchell Z, Goldin-Meadow S. *Making children gesture brings out implicit knowledge and leads to learning* [J]. Journal of Experimental Psychology: General, 2007, 136(4): 539-550.

③ Chu M, Kita S. *Spontaneous gestures during mental rotation tasks: Insights into the microdevelopment of the motor strategy* [J]. Journal of Experimental Psychology: General, 2008, 137(4): 706-723.

放弃不成功手势现象；在越难的心理旋转问题中，被试者放弃手势的情形就越频繁，任务难度引发更多信息的手势探测。

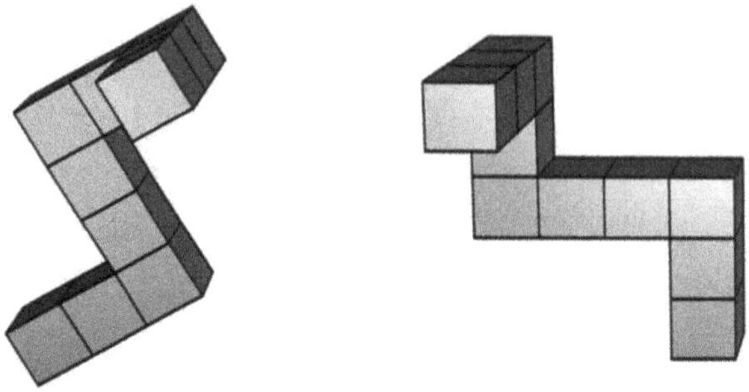

图4.5 Chu等（2008）的实验材料

概括而言，手势中新想法、新思路的出现是一种微发生现象。如果手势具有探测时空运动信息的功能，那么这应该体现在手势表达中微思想的发生。也就是说，当说者产生语言中或解决问题过程中的方法时，手势试误过程应该是显而易见的，这些过程通常会引发语言中或问题解决中的新思想。当然，不能简单绝对化认为，手势的改变引起了说者注意力的变化；也可能手势只是反映了语言和思维的变化，而不是引起了变化。但至少可以说，手势的探测过程可以随着时间的推移而发展，可以影响语言的表达。

总之，手势可以探测对语言交流和思考有用的信息。最直接的证据来自操纵手势表达的实验研究，这些研究结果相对一致，表明当人们使用手势时，他们产生了更为广泛的想法。思想探测可以表现在手势和语言的不匹配现象中，可以表现在放弃先前手势的现象中，以及表现在手势中新想法出现的现象中（这些新想法随后出现在语言中）。这些现象的关键特征是手势中思想的微发生，在一定程度上，独立于语言中思想的微发生，手势中思想的发展是通过试误过程实现的。在时空运动思维和语言的命题思维过程中，当人们使用手势时，提供了更为广泛的可能性解决方案，产生了多种不同性质的思维方式，丰富了正在运用的概念资源。该观点是建立在前面第三章中所述的增长点理论（The Growth Point Theory）基础之上的。增长点理论提出，手势思维和语言思维是两种不同性质的思维方式，彼此相互作用，共同驱动说者的认知过程不断发展，因为这提供了更多的信息概念化或问题解决的方式。

第3节 交流手势的认知功能系统

一、交流手势的四个功能处于同一系统

本书认为交流手势的四个功能彼此不同，但是，它们也可以一起工作以提高交流的整体质量。这四个功能可以同时发生，例如，当说者语言和手势表达的对象并不存在，手势既可以激活又可以探测对象的时空运动表征信息。此外，探测功能可以通过更好地封装信息或操纵时空运动信息而触发。交流手势的所有四种功能都可以在人们使用手势时起作用。然而，在任何特定时刻的主导功能可能取决于当前的交流任务需要什么。例如，需要解释新概念时，手势的探测功能是有用的。为了验证这一观点，以往研究探讨并证实了当处于理解任务的顶点时，儿童通常产生手势和语言之间的不匹配现象。

为什么手势能够激活、操纵、封装和探测时空运动信息呢？在探讨该问题时，首先有必要分析手势的产生机制，以及它对手势功能的影响。手势具有这些功能，因为它根植于一般性操作动作的基础之上。对于表达身体运动、物体形状、物体运动或物体位置的每个手势，都类似于操作性动作。例如，表达拿杯子喝水的手势类似于拿杯子喝水的实际动作；表达杯子是圆形的手势类似于手握在杯子边缘的动作；表达球运动轨迹的手势，类似于用手追踪球的运动过程；手势表达对象位置，类似于手放在该位置上等。

现实中一般操作性动作也有四个功能，与手势的激活、操纵、封装和探测时空运动信息功能一样。当计划一个动作时，需要考虑到操作情境中的空间信息，例如，当手伸出去抓住一个杯子，杯子的位置决定了手的轨迹，杯子的形状和方向提供了抓取的方式和可能性。在这个意义上，实际操作性行为可以激活时空运动信息。手可以抓住和操作一个对象来评价感知到的运动结果，例如，操纵一个杯子可以帮助人们从不同的角度来观察和感受它。当手与一个物体相互作用时，只有物体的某些特征会被个体所关注；当抓住一个杯子的手柄时，手柄的大小和方向将自然被注意到，当触摸一个杯子的边缘时，只有圆形和开口的大小被个体所感知。从这个意义上说，实际操作性行为也可以封装对象的信息。手也可以探测操作对象过程中的各种可能性，例如，一只手可以尝试与一个杯子互动的各种方式。因此，实际操作性动作和手势具有相似的功能。

当手和对象互动时，很难将实际操作性动作和手势间的界限划分出来。例

如，一个人可以拿着工具实际演示如何使用，也可以在没有工具的情境下，用手势在对象上比画以演示如何使用工具。一些研究者区分了手势和实际操作性动作或“功能动作”，强调实际操作性动作是真正拿起或操作一个对象；相反，部分研究者认为手势和实际操作性动作在功能上相似。Kita、Alibali和Chu（2017）关注了教学交流互动中教师的手势，认为“举起”的手部动作（手具体演示举起对象），在功能上类似于指示性手势（单纯使用手势演示“举起”特征），因为这种实际手部操作性动作和手势均可以将听者的注意引向对象；他们进一步解释，“举起+操作”的手部动作（手的动作包括举起和操纵物体）在功能上类似于表征性手势（单纯使用手势演示两种动作过程），因为它们都通过动作来描述了特定的意义。[①]例如，教师在讲解三角形的面积时，举起了两个相同的纸三角形，并把它们靠近在一起，以说明两个三角形构成了一个长方形（参见图4.6）。这类似于教师针对对象仅以手势来模拟该过程。

图4.6　Kita等（2017）的实验示例

在思考过程中，当手与物体互动以进行推理和思考时，会产生实际操作性动作和交流，这类似于手势的交流表达特征。可以再回顾一下前面所谈到的儿童描述皮亚杰守恒任务：在实验任务中，向儿童呈现完全相同的两个橡皮泥球，然后实验者把一个球压扁，并让儿童对当前的视觉情境做出解释，当描述对象时，儿童说“这是一个圆”，同时在桌上滚动没压扁的球。在这个例子中，儿童的滚动动作实际上是表达球的物理性质“可以滚动”，然而伴随着这个动作，儿童语言

① Kita S, Alibali M W, Chu M. *How do gestures influence thinking and speaking? The Gesture-for-conceptualization Hypothesis* [J]. Psychological Review, 2017, 124(3): 245-266.

表达的却是“圆”。接下来儿童继续说“这个是扁的”，同时用平的手掌对着对象，在这种情况下，无须实际操作对象，在语言表达时儿童使用手势表达了对象一方面的特征，但没有操作对象。在这个例子中，对象操作和手势都被作为语言表达的一个平行方式，证明实际操作性动作和手势在交流的基本方式上是相似的。

关于伴生语言的手势理论认为，手势是由和实际操作性动作相同的认知过程产生的。根据信息封装假说（The Information Packaging Hypothesis），手势是虚拟（想象）情境下借以表达思想的行为。同样，共同范围假说（The Interface Hypothesis）提出，手的动作过程是由“行动发生器”产生的，其决定了实际操作性动作和手势表征行为的内容。模拟行为的手势框架理论（The Gesture As Simulated Action framework）认为，手势模拟的心理表征类似于实际的操作性行为和感知状态。除了这些理论，动作生成假说（The Action Generation Hypothesis）扩展了以行为为基础的观点进而延伸到交流手势的解释中。这些理论与语言发生中嵌入式手势发生理论（强调手势是语言的附属）不同。

概念化的手势假说认为手势的发生过程和实际操作性动作的发生过程是一致的。也就是说，手势中编码的信息缘于动作系统。实际操作性动作和手势之间的联系有什么证据呢？这里主要归纳和概括出三条主要证据。

首先，当思考或口语谈论运动内容时，比思考或谈论其他内容时，人们产生了更多的手势，因为思考和谈论这样的内容可能涉及空间动作模拟过程。事实上，当语言交流运动的图像（例如，解释如何包装礼物）时，相比谈论视觉意象（例如，描述你最喜欢的画）或抽象信息（例如，表达你对欧洲使用单一货币的观点），人们会产生更多的手势交流。此外，在对象描述任务中，如果对象具有较高的可操作性，人们将产生更多的手势，如“订书机”，但描述不可操作的对象时，手势显著更少，如“篱笆”。即使控制对象的空间性、具体性和自发运动能力，这种模式仍然存在。此外，人们在描述可操作的对象时使用的手势往往包括对象的使用、处置等身体动作。

其次，当口语谈论对象时，手势频率也受对象功能性的影响，尽管此时语言并不受其影响。Chu和Kita（2016）呈现给被试者一个马克杯的两张图片，要求被试者描述怎样旋转一个杯子能够和另一个杯子一样。这些杯子要么表面光滑，要么表面有尖峰（见图4.7）。实验被试者在描述光滑杯子时产生的手势显著多于不光滑的杯子，尽管杯子的光滑性与旋转没有关系，与语言表达也没有关系。当被试者在不出声条件下完成心理旋转任务时，该效应仍然出现（见图4.8）。因此，手势和其他实际操作性动作一样，都会受到对象功能性的影响。①

图4.7 Chu等（2016）的实验材料

图4.8 Chu等（2016）的实验材料

最后，操作对象的现实经验会影响说者的手势表达。Hostetter和Alibali(2010)探查当人们描述信息时产生的手势，一种条件是先前仅视觉观看过，一种是先前实际操作过；后一种条件下被试者手势的表达显著更频繁。②手势反映了说者实际动作的特征。Cook和Tanenhaus（2009）要求被试者解决河内塔问题。实际操作条件下被试者直接操作对象，计算机操作组的被试者在计算机屏幕上解决同样的问题，他们在实验中仅使用鼠标在屏幕上拖动对象。当被试者口头报告他们是如何解决问题的时候，实际操作组产生了更多的手势。此外，他们手势的运动轨迹比计算机组更为曲折和典型化。因此可见，手势反映了被试者的实际动作特征。③

如果手势是由产生实际操作性动作的同一个系统产生的，那么如何解释语言和手势内容之间的高度协调性呢？这是因为动作生成系统和语言生成系统是可以高度互动和互访的。Kita和Özyürek（2003）提出，两个系统可以交换信息和调

① Chu M, Kita S. *Co-thought and co-speech gestures are generated by the same action generation process. Journal of Experimental Psychology*: Learning, Memory, and Cognition, 2016, 42(2): 257-270.

② Hostetter A B, Alibali M W. *Language, gesture, action! A test of the Gesture as Simulated Action framework* [J]. Journal of Memory and Language, 2010, 63, 245-257.

③ Cook S W, Tanenhaus M K. *Embodied communication: Speakers' gestures affect listeners' actions* [J]. Cognition, 2009, 113(1): 98-104.

整彼此的内容。[①]因此，交流中手势和语言的内容趋于一致。概念化的手势假说也可以解释语言和手势的内容不完全一致的情况。在某些情况下，说者提供的手势比语言更具体。例如，说者说“打扫房间”的同时产生扫动的手势。在其他一些情形下，说者用手势表达了语言中没有表达的信息。例如，儿童用手指向高玻璃杯，也使用手势指出更矮盘子的高度，但他从未在语言解释中表达这些信息。当手势表达与任务相关的信息时，语言表达的压力相应降低，因此，概念化的手势假说认为，语言和手势是两个独立的生成过程，最终通过语言和手势的语义联合，以及联合中生成系统间界限的弱化，而实现彼此之间的协调一致。

二、交流手势认知功能系统超越了操作性动作的表达性

虽然手势与实际操作性动作密切相关，但手势和实际操作性动作之间有一个重要的区别：手势是具有表征性的。手势表征了客观世界，在大多数情况下，手势并没有影响、改变，或直接作用于客观世界。因此，手势又与实际操作性动作不同，手势表征了实际操作动作但又不是实际操作动作。因为手势具有表征性，人们可能会认为手势对思想的影响比实际操作性动作要小。然而，迄今为止的研究证据表明恰恰相反，手势对思想的影响比实际操作性动作更强大。手势的思想影响力是其系统化能力的必然后果。该信息系统化过程是一个抽象的形式，即除掉了一些实际动作元素，同时保持其他的必要元素。手势比实际操作性动作更能影响思想，这些影响是由于手势具有系统化交流信息的能力，手势的系统化能力塑造了手势的四大功能。

（一）交流手势比实际操作性动作更能影响思想

手势可以比实际操作性动作更强烈地影响思维过程，归纳而言表现在四个方面。

首先，手势对问题解决者的影响比实际操作性动作更强烈。Beilock和Goldin-Meadow（2010）要求被试者解决河内塔问题。[②]在解释阶段，被试者要

---

① Kita S, Özyürek A. *What does cross-linguistic variation in semantic coordination of speech and gesture reveal? Evidence for an interface representation of spatial thinking and speaking* [J]. Journal of Memory and Language, 2003, 48: 16-32.

② Beilock S L, Goldin-Meadow S. *Gesture changes thought by grounding it in action* [J]. Psychological Science, 2010, 21(11): 1605-1610.

么用手势并口头解释他们的解决方案（手势组），要么通过实际移动物品来解释（实际动作组）；之后，所有被试者使用物品解决河内塔问题，一半被试者使用原物品（不变组），另一半使用重量不同的物品，最小的圆盘是最重的，最大的是最轻的（变化组）。重量的变化影响了人们的手部操作特点：最重的圆盘必须用两只手移动，而最轻的一块可以用一只手移动。实际动作组被试者的表现不受重量变化条件的影响，相反，手势组的被试者在重量变化条件下比不变化条件下，需要更长的时间来解决问题。这一发现表明，一方面，手势对信息心理表征的影响作用显著强于实际操作动作。另一方面，重量信息被纳入被试者手势系统化的时空心理表征中（单手与双手运动），因此，实验中重量变化影响了任务完成的成绩和时间。

其次，手势比实际操作性动作更能促进空间信息的编码。So、Ching、Lim、Cheng和Ip（2014）让被试者熟悉空间路线图，然后拿走图，第一种条件下让被试者用手势表达（手势组），第二种条件下在一张纸上画出路线图（动作操作组），第三种条件下想象路线，但禁止手势（心理模拟组），第四种条件下朗读一些随机的字母（不表达组）。然后要求所有被试者口头回忆路线。手势组比动作组更为正确地回忆了更多的路线，手势组和动作组比其他两组表现更好。这些结果表明，一方面，产生手势有利于被试者编码路线的关键性空间信息，另一方面，手势将关键信息系统化，信息存储得也更为持久。[①]

再次，人们发现手势比实际操作性动作更能促进数学策略的泛化。Novack、Congdon、Hemani-Lopez和Goldin-Meadow（2014）在黑板上向儿童呈现数学方程（例如，2+9+4=__+4），数字是磁铁。[②]所有的儿童都被要求重复教师的解释：等式的两边都必须相等。随着讲解，儿童被要求实际操作数字或做出手势。在实际动作条件下，要求儿童从左侧拿起数字2和9，并把它们移到右边的空格处。手势条件又细分为两种条件，一组儿童被要求模仿实际动作组，但并不真正操作数字（具体手势），另一组用手指着左边的两个数字，然后用手指指出右边的空格（抽象手势）。在随后的测试阶段，两个手势条件下的儿童在解决不同结构的方程（例如，变化空格的位置）时，比动作条件下的儿童表现得更好，此外，使用抽

① So W C, Ching T H W, Lim, P E., Cheng X, Ip K Y. *Producing gestures facilitates route learning* [J]. Plos One, 2014, 9(11): e112543.

② Novack M A, Congdon E L, Hemani-Lopez N, Goldin-Meadow S. *From action to abstraction: Using the hands to learn math* [J]. Psychological Science, 2014, 25(4): 903-910.

象手势的儿童表现最优。因此，使用手势的儿童对方程问题的概括水平更高，抽象手势组尤其好。研究者认为手势促进了数学等价问题的更深层次的理解，手势是通过将学习者的注意集中于方程解题的关键方面，同时排除不相关方面的影响来实现的。

最后，珠算专家不用算盘比使用算盘计算得更快，但是在没有算盘条件下，如果禁止手势，他们的计算将相对更不准确。①因此，手势使得算盘专家使用系统模式化的时空运动信息高效和准确地进行计算。使用算盘计算速度较慢，是因为算盘增加了一些与计算无关的限制因素（例如，珠子需要移动到特定的距离，以及珠子移动中具有机械阻力等）。

从以上四个方面归纳而言，手势比实际操作性动作更能影响交流认知。手势比实际操作性动作更能够增强记忆痕迹，既表现在对象的特征方面，也表现在视觉路线图方面。此外，手势比实际操作性动作更能促进问题解决策略的学习。在某些情况下，手势也比实际操作性动作更能够有效地操纵空间表征（例如，珠算）。

（二）交流手势和实际操作性动作的区别

手势和实际操作性动作之间有几个关键的区别。第一，手势总是表征化的，实际操作性动作不是这样。在此基础上，手势可能会影响其他表征，如语言思维、记忆和问题解决策略，实际操作性动作无法实现这种影响。第二，手势通常不像实际操作性动作那样受身体条件的限制。这使得手势比实际操作性动作更灵活，它表征的是动作，但不是实际操作性动作。第三，手势通常不会留下客观的操作痕迹，但实际操作性动作往往会。客观痕迹可能有助于减少记忆负担，但也可能限制了表征的可塑性。第四，最重要的是，手势将信息系统化。手势的信息系统化以上述四种功能影响着交流者的心理表征。

为什么手势比实际操作性动作更影响思维？为什么手势对思维的影响比实际操作性动作本身更大？ Goldin-Meadow 和 Beilock（2010）提出，可能的解释是手势不依赖于实物。②根据这种观点，当做出手势时，人们不依赖于实际对象；他

① Hatano G, Miyake Y, Binks M G. *Performance of expert abacus operators* [J]. Cognition, 1977, 5(1), 47-55.

② Goldin-Meadow S, Beilock S L. *Action's influence on thought: The case of gesture* [J]. Perspectives on Psychological Science, 2010, 5(6): 664-674

们必须在工作记忆中积极创造并保持对象的时空运动表征。与此相反，当人们在真实物体上进行实际操作时，动作带来的感觉细节增加了认知负担。因此，相对于实际操作性动作，手势使人们创造出更丰富的对象心理表征，并在动作和思维之间建立起更牢固的联系。该观点可以解释为什么在河内塔任务中，磁盘重量——不相关的信息，更显著影响手势组。然而，这仍难以解释手势的概括化或泛化优势，实际上，手势是通过将信息系统化而丰富了思维过程，系统化信息需要清除表征中的某些无关因素而保持有关因素，手势将动作和感知状态进行了系统化而有利于认知的加工。

首先，Goldin-Meadow（2015）认为，系统化或模式化有利于将知识推广到新的知识背景中。①这是因为系统化的手势省略掉了动作以及与动作相关的一些对象细节。这有助于人们集中注意力于关键因素，而忽略涉及特定动作或对象的无关细节。该系统化过程使得手势更容易将表征信息迁移到新的情境中。其次，系统化使得与任务相关的信息得以更高效地加工，脱离了实际动作存在的身体限制。这使得它能更有效地进行信息表征，这在路径记忆研究和珠心算研究中得到证实。最后，系统化允许表征灵活而开放的变化。系统化表征更丰富和灵活，以适应任务要求。这种“适应性”是系统化剔除无关信息限制的必然结果。心理旋转研究证实了这一点。研究表明，随着实验试次（trails）的发展，手势不断变化，被试者经验的不断增长，手势不断剔除无关信息和减少对身体动作的依赖。在齿轮运动预测问题中也发现了类似的模式，被试者的手势出现了从大量信息到适当信息的变化。

系统化手势表征也可以根据任务的需要进行评估。例如，在解决齿轮运动预测问题时，人们常常很难理解一个奇数齿轮组的移动特点。当人们不能解决问题时，他们将通过丰富的手势来表征问题，表达了齿轮运动的更多细节，从而推理出齿轮将如何正确运动。因为手势表征是灵活的和可调整的，他们可以调整得更丰富或更精简，以适应问题情境。手势系统化信息过程中，剔除什么信息和保留什么信息是至关重要的。到目前为止，没有证据解释，手势具有任何根据任务目标智能化选择信息的特征（除非实验中有意设计被试者的手势表达过程）。事实上，手势有时也会保留对任务目标无效的信息。例如，当参照卡通图片讲述一个故事时，说者通常产生手势描绘运动事件，即使语言中没有编码左右方向，因为

---

① Goldin-Meadow S. *From action to abstraction: Gesture as a mechanism of change* [J]. Developmental Review, 2015, 38: 167-184.

它与故事有关，说者手势仍然再现了左右方向的运动，例如，当描述漫画中主角移动到左边时，手势相应移动到左边。[①]因此，视觉经验的基本特征保留在手势中，尽管与任务目标无关。同样，与任务对象有关，但与任务无关的特征也可能保留在手势中，例如，在河内塔任务中，因圆盘的重量不同而需要单手或双手操作。[②]一般来说，手势系统化过程将减少信息，但也可能保留一些与任务无关的空间运动信息。

手势以特定的方式将信息系统化，因此，在某种程度上手势系统化对于任务的有效性，依赖于系统化和任务目标之间的匹配性。例如，手势可以以三种方式系统化对象的运动：以点表达轨迹，沿着轨迹运动手，以及手势表达抓取对象。手势也可以以三种方式系统化对象：描摹其轮廓，移动手仿佛触摸对象的表面，使用手形描述形状（例如，一只手代表一个物体）。关注对象运动的轨迹和抽象出对象形状，在描述对象的旋转时可能是有用的。然而，如果任务关键取决于一个移动对象的形状时（例如，俄罗斯方块游戏），这样的系统化可能没有帮助，因为事实上，手势同时表示物体的运动和形状是不容易的。这样，手势的优势可能受限于运动细节和形状细节的同时表达。更普遍的是，当手势系统化信息的方式恰巧对于当前任务是有效的，手势的优势可能尤其显著。

概括而言，手势表征的表意性特征，塑造了手势在特定情境下的四个功能；无论何种情况下，信息减少起着至关重要的作用。接下来从四个功能方面做一具体阐述。

首先，系统化对于时空运动表征的激活作用。当思考一个对象或事件时，常常会有许多不同种类的信息集中在一起，而且必须根据任务需要，集中于某些特定的方面而忽视其他方面。在这个意义上，编码本身涉及系统化某些信息而排除某些细节。在刺激和事件的编码过程中，手势有助于保持时空运动信息，而不是非时空运动信息，因为手势涉及空间运动。例如，当允许使用手势解决齿轮运动预测任务时，相对于齿轮组中的齿轮数（非时空运动方面），人们更关注齿轮的运动（刺激的一个时空运动方面）。产生手势的行为可能增加激活刺激或事件的时空运动方面的表征，也有可能重新创造新的时空运动表征，这将集中于任务情

① Kita S, Özyürek A. *What does cross-linguistic variation in semantic coordination of speech and gesture reveal? Evidence for an interface representation of spatial thinking and speaking* [J]. Journal of Memory and Language, 2003, 48: 16-32.

② Beilock S L, Goldin-Meadow S. *Gesture changes thought by grounding it in action* [J]. Psychological Science, 2010, 21(11): 1605-1610.

境的时空方面，而剔除非时空方面。

其次，关于操纵时空运动表征。操纵图像或思想（例如，旋转、改变、反转，或以不同的角度感知），需要分析与变化有关的时空运动信息，通过手势的系统化过程使主体聚焦和分析该信息。此外，操纵信息给工作记忆带来了沉重的负担，尤其是如果必须保持每一个细节的情形下。如果一个图像或思想被系统化为更“轻”、更精简的表征，则对工作记忆资源的需求更少，认知负担减轻。因此，手势有助于思想的操纵，这是因为系统化信息导致认知加工的信息量减少。

再次，出于同样的原因，系统化也与将时空运动表征封装为语言信息单元有关。不是所有复杂的视觉空间元素、场景或对象均可以同时捕获进入一个单一的语言表述或一个步骤的推理过程中；相反，一个人必须集中注意于适合语言或思维过程的、适当的和相关的因素信息。因此，一个系统化的表征需要适合心理操纵，而这并不是一个丰富而详尽的表征；一个系统化的表征更有助于封装信息单元，以适合语言表达和思维加工。

最后，系统化也参与探测语言表达或思维加工的可能性领域。人们使用手势来探测不同的概念化方式。因为手势将信息系统化，这使得探测更有效率。也就是说，通过手势将信息系统化，影响特定时刻思维过程的信息量。这种“蒸馏过”的信息可以更容易被集中评估是否与当前目标相关。例如，在一个液体质量守恒任务中，一个儿童面对着大量丰富的对象感知信息，系统化出容器高度、宽度、液体量，或其他特征。这些特征都与问题判断和解释有关。手势将丰富的信息进行筛选，并探测各种可能系统化方式的有效性，从而很容易导致新的思路和解决方案的出现。

第4节　交流手势认知功能的理论解释

至此已经讨论了手势如何影响心理表征和语言、思维过程。一方面，表征性手势——包括伴随语言和思维同时产生的手势——通过四种功能概念化信息：手势根据语言表达和思维加工的目的激活、操纵、封装和探测时空运动表征；另一方面，手势表征的系统化特征塑造和整合了这四个功能。手势通过这四个功能系统化时空运动表征，促进交流认知加工过程以及产生新的理念、策略和解决方案，增强思想的适应性和普遍性。

要理解手势的这些功能，重要的是要考虑手势是如何与实际操作性动作相关联的。如上所述，表征性手势的发生过程和实际操作性动作的发生过程相同。可以说，手势是动作发生系统的一种表征性运用形式，因为手势起源于动作系统，手势可以影响时空运动信息的思想，这是基于感知经验与客观环境的互动，也通过时空运动信息隐喻的使用，来影响抽象信息的思维过程。然而，手势也具有和实际操作性动作显著不同的一点：手势是系统化的表征。由于系统化，手势表征集中于要点而忽视具体细节，这有利于推广到新的任务环境；手势表征可以有效地加工，因为该表征加工量更少，不受身体条件或物理条件限制；手势表征是灵活的、可变的，因此很容易根据当前的目标需要而适时调整。这些特点推动手势系统化特征，使得激活、操纵、封装和探测信息的过程更加高效。也就是说，通过手势将信息系统化，进而聚焦于时空运动信息，同时剔除了其他类型的信息（激活），可以有效地调整表征（操纵），将时空运动信息调整为适合语言和思维的小单元（封装），并创建一个独特信息图式，该图式中可以探测特定的信息（探测）。

一、概念化的手势假说与其他手势发生理论的关系

概念化的手势假说支持了交流手势四个方面的系统化认知功能，其以手势缘于一个通用的动作发生器为理论前提。该前提受到以往理论和实证研究的支持。该观点与认为手势缘于语言发生过程子过程的理论（手势附属于语言认知过程）不同。

概念化的手势假说超越了以往关于手势的自我导向功能的重要解释。该理论统一了现存的关于手势如何影响语言交流的观点。它提供了一个统一的解释：手势怎样影响语言交流和思维过程。此外，提出了手势的四个功能，并指出手势系统化信息过程塑造了这四个功能。因此，该理论框架提供了一种新的、简约和全面的关于手势自我导向功能的理论。四个功能是与现有的关于手势自我导向功能的观点相关联的。

关于概念化的手势假说提出手势激活时空运动表征。此功能涉及两个现有的手势自我导向功能的解释。首先，部分研究者认为，手势可以保持语言编码中的图像。当前理论提出的激活功能以此观点为基础，因为激活功能包含了图像保持功能的解释。根据图像保持假设，手势仅简单激活已有图像。相反，概念化的手势假说提出的激活功能，既强调手势保持现有表征，也强调手势激活了未存在的表征。也就是说，手势可以通过产生新的时空运动表征改变思维内容。其次，

部分研究者认为，手势方便于从心理词汇中检索词语。例如，Krauss、Chen和Gottesman（2000）认为，手势中表达的空间或运动特征，可能激活一个特定词汇的语义表征，而使得语言表达更灵活和高效。[①]激活功能与词汇检索假设是兼容的，具体来说，手势激活功能可以提高时空运动特征的激活，这反过来通过激活扩散过程，进而激活与这些特征密切相关的词汇。

值得注意的是，Krauss等（2000）提出，一方面，当手势激活一个词汇语义表征中的时空运动特征时，将使得词汇检索更加便利和高效。根据这种观点，一个表示圆形的手势不能促进单词“蛋糕”的检索，因为“圆不是单词‘蛋糕’的语义特征”。相反，根据概念化的手势假说，如果圆形与蛋糕的概念密切相关，那么手势通过扩展性激活过程，可以促进词汇“蛋糕”的检索。另一方面，根据概念化的手势假说，手势对词汇检索的促进可能是手势激活时空运动表征的附带效应。这一观点为以往研究的分歧提供了一个潜在的调和性解释，有研究认为手势促进词汇检索，但有研究观点相反，可能在某些情况下，在词汇检索任务中，人们的手势没有激活与靶词汇相联系的时空运动特征，因此手势没有促进词汇检索。

关于概念化的手势假说提出手势操纵时空运动表征。该观点源于对以往研究的解释：手势提高了心理旋转成绩、珠心算的成绩和敏锐性思维。关于概念化的手势假说提出的手势封装思维和语言表达过程中的时空运动表征，该观点建立在信息封装假说的基础之上，信息封装假说已经得到了广泛的实证支持，目前的理论解释扩展了这一观点。关于概念化的手势假说提出的手势探测时空运动表征。该观点缘于语言和手势不匹配的相关解释，成为在信息封装假说背景下，手势如何探测信息有关解释的一部分，当前理论探讨进一步发展了该观点。

概念化的手势假说提出的四个功能，也可以解释手势可以降低语言认知负担的观点。这一观点的最直接证据来自在使用和不使用手势条件下被试者解释数学方程解法的相关研究，结果发现手势有助于保持工作记忆中的语言或视觉信息。当被试者在解释任务中使用手势时，他们会更好地回忆起口头语言或视觉信息。手势可以减少认知负荷可能是当前理论提出的手势四个功能的一个附带效应。也就是说，手势激活、操纵、封装或探测时空运动表征，使得交流者有更多的认知

① Krauss R M, Chen Y, Gotfexnum R F. *Lexical gestures and lexical access: a process model* [J]. Language and Gesture, 2000, 2: 261-283.

资源可用于工作记忆任务，进而表现为实验中解释任务会更容易。

当前所探讨的手势的这四个功能可以相对更好地解释以往研究文献中的相关结果。然而，需要考虑两个相关问题。首先，手势对认知的影响可以用不同层次的分析来描述。手势功能的分析可以处于行为水平，然而，其他的途径可以描述手势其他层次的功能，如神经水平。当然，也可能还有目前所无法清楚说明的其他层次的分析可以描述手势的功能，这有待未来研究进一步的深入探讨。其次，这四个功能可以以不同的方式对其他认知过程产生附带的解释。例如，鉴于手势对学习的益处，有人提出手势可以促进学习，因为它减轻了认知负荷或改变了任务表征。在这种情况下，手势可以通过促进与学习有关的时空运动表征的加工，进而促进学习过程。鉴于系统化手势表征灵活和可塑的特征，学习尤其可能从手势的探测功能中受益。手势可以帮助学习者发现问题新的概念化方式，进而改变问题表征。

关于概念化的手势假说提出的手势表征的系统化特征，以独有的方式塑造了手势的四种功能。系统化信息有助于知识泛化或迁移到新情境，使加工更有效，使表征更灵活，调整更开放。手势可以描绘一些我们没有直接经历的客观事件，因为手势是从产生实际动作的认知过程中产生的，动作生成过程可以在“虚拟情境”下生成手势运动，这些虚拟情境也是图像式的，就如在客观情境下生成手势一样。比如当分子结构被想象成可操作的对象，手势就可以运动，就像抓取和移动对象一样。手势还可以明确比喻表达抽象的概念，例如，时间的流动可以以手势表示为空间运动，数字的大小可以通过手势中手指或手的相对位置来表达，手势还可以保持表达想象中的对象。除此之外，还存在隐喻性的手势，隐喻性的手势可以描述位置、运动和动作，其像非隐喻性的手势一样，我们可以认为这两种手势是由相同的机制产生的，它们具有相同的交流功能。

许多隐喻将抽象概念与具体的时空运动概念联系在一起，这建立在我们身体与环境互动方式的基础之上。隐喻性手势经常表达这样的时空运动概念。它们可以被视为“虚拟环境”中具有表征性的手部动作，就像上述关于分子结构描述中使用的手势。因此，和非隐喻性的手势一样，隐喻性手势通过激活、操纵、封装和探测其潜在的时空运动表征，进而影响抽象概念的加工。事实上，总括以上，手势激活抽象概念的时空运动表征，同时适用于隐喻和非隐喻手势。当然，这还需要未来进一步的实证研究来明确性地检验。

二、伴随语言的手势和伴随思维的手势间的关系

手势互动何时有益或有害，必须考虑任务的目标与手势激活或产生的系统化时空运动表征之间的适合性。为了说明这一点，可以比较一下手势阻碍和促进问题解决的不同情形。如上所述，在齿轮运动预测问题中，手势阻止被试者基于齿轮数是偶数还是奇数的抽象策略来思考问题；和禁止手势组比较，手势组的表述显著不太可能使用这一策略。相反，解决心理旋转问题时，使用手势组相比禁止手势组获得了更好的成绩。这表明，如果手势策略是基于系统化的时空运动表征，将使任务完成得更高效，从而提高成绩；反之，手势可能会阻碍任务成绩。

概念化的手势假说的一个重要观点是，伴随语言的手势和伴随思维的手势均产生于和实际操作性动作一样的过程。这一观点得到了这两类手势研究结果的支持。第一，在语言表达困难期和思维困难期，手势表达均表现得更频繁。第二，在任务中当人们语言表达或思考作用更大的对象时，手势发生得更频繁；反之亦然。第三，在问题解决的学习过程中，两类手势也有类似的变化特征。在心理旋转任务中，两类手势的表征内容随着时间发展均表现出由多到少的变化，在出声解决问题条件和默默解决问题条件下均是如此。第四，抑制手势将导致更少问题解决策略的使用，比如模拟对象物理运动策略的缺乏，这种模式同时出现在伴随语言手势和伴随思维手势两类的手势表达过程中。第五，在思维中产生更频繁手势的被试者，在语言表达过程中也产生更频繁的手势。总之，这些来自不同范式和不同任务的研究结果，均支持这两种手势起源于同一个系统，并且它们的功能也相似。

应该指出的是，当前讨论的手势是指伴随着语言或思维过程同时产生的手势，不包括特殊类型的没有语言发生的手势，即描述对象、场景或事件的交流性的“沉默手势”。这些“无声手势”是用来取代语言并完成交流功能的，这些“无声手势”的形式在很大程度上是由交流需求决定的。根据Goldin-Meadow 和Brentari（2017）的发现，这些交流性的“沉默手势”往往有手语的特征，它们在形式上是离散的，每一个手势代表一个像词汇一样的信息单元。[①]这些完全交流性的“无声手势”，与当前所讨论的伴随语言和思维共生性的手势有质的不同，当前主要着眼于手势的自我导向功能而不是完全的交流性功能。这产生了一个问题：手势自我导向功能与交流功能间的关系是怎样的呢？

---

① Goldin-Meadow S, Brentari D. *Gesture, sign, and language: The coming of age of sign language and gesture studies* [J]. The Behavioral and Brain Sciences, 2017, 40: 1-59.

三、手势自我导向功能与交流功能间的关系

当前重点集中于自我导向功能手势的探讨，诚然，不可否认伴生语言的手势在交流方面也发挥着重要的作用。当前探讨的自我导向性手势的文献和交流性功能手势的文献，彼此的观点并不冲突。事实上，有助于激活、操纵、封装、探测时空运动信息的手势，也自觉实现了与他人的交流。人们以两种方式的手势来表达信息：说者以手势“提供（give）”或“发出（give off）”信息。在前一种情况下，说者有意识地以手势编码信息而被同伴接收；在后一种情况下，说者用手势表达信息，没有故意的交流意图，但信息也被同伴接收。在这两种情况下，手势都可以产生交流和自我导向的功能。

当说者有策略地选择通过手势交流一些信息时，手势“提供”信息的特征是显而易见的。说者可以用语言（例如，“它是这样的”）来辅助索引他们的手势信息，或者他们可以简单地用手势表达丰富的和相关的信息，而不是通过语言表达。Hostetter和Alibali（2011）提出，空间能力超过自己口语表达能力的人更可能倾向于这样使用手势，让手势做大量的交流“工作”。[①]当被要求通过手势“提供”信息时，说者也会这样做，如在实验环境中，实验者明确要求被试者产生特定的手势；这种故意性或特意性手势影响手势者的学习及其语言的句法，即这些语言和思维中的手势发生了自我导向性。

儿童在解释皮亚杰守恒任务中，经常自发出现“发出”信息的手势。如图4.9所示，当解释液体守恒任务时，儿童可以用手势探测容器的高度、宽度和横截面积，但只注意了自己语言中的宽度和面积。教师可能发现儿童手势中发出的高度信息，因此，儿童的探测性手势可以提示教师并传达自己的思想是什么，即使儿童没有进行有意的交流。教师甚至可以根据这些手势信息调整与儿童的交流互动。因此，这些手势明显地“发出”信息，同时，这些手势服务于自我导向的功能，当手势的使用被操纵时，儿童的语言推理过程将受到影响。

总之，不论手势的发生具有怎样明显的交流动机，手势都可以同时服务于自我导向功能和交流功能。

---

① Hostetter A B, Alibali M W. *Cognitive skills and gesture-speech redundancy: Formulation difficulty or communicative strategy*? [J]. Gesture, 2011, 11(1): 40-60.

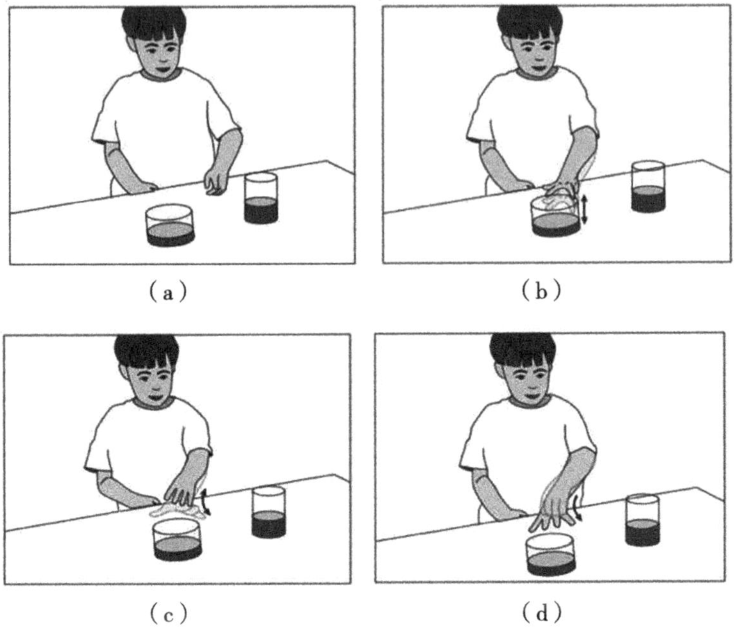

图4.9　儿童解释皮亚杰守恒任务示例

四、交流手势认知功能解释中的系统化角色

手势表征的系统化特征不仅塑造自我导向功能，也影响同伴如何系统化当前的任务情境信息，即说者的手势可以帮助同伴在复杂的空间情境中系统化相关信息，不论情境是客观呈现的还是虚拟呈现的。

这经常发生在教学情境中，教师经常帮助学生用手势以适当的方式系统化组织材料。例如，中学教师讲解斜率和截距的课程。[①]在这节课中，教师以图示方式呈现三个方程（$y=4x$, $y=2x$和$y=2x+15$），强调有两条线共享相同的斜率，有两条线共享相同的截距。在这节课上，教师想给学生们强调两条线的斜率是一样的。他说“注意这两个方程”，同时使用手势指出方程对应的两条线平行（如图4.10所示）。注意，教师可以指出两线的斜率或线长度的其他特征，或者他可以用手势指出线的一些其他方面，并不编码平行特征。但是，在这一刻，课堂的关键内容是两线具有相同的斜率，因此他选择通过手势系统化指出平行特征。片

① Alibali M W, Young A G, Crooks N M Yeo A, Wolfgram M S, Ledesma IM., Nathan M J, Church R B, Knuth E J. *Students learn more when their teacher has learned to gesture effectively* [J]. Gesture, 2013, 13(2): 210-233.

刻之后，教师说“他们互相平行”，并面向学生做出相同的手势，在这种情况下，进一步系统化提取线平行的信息。可见，教师系统化的手势实现了“具体化投射”的教学形式，在这一意义上，教师用手势引导学生只注意视觉表征中的关键特性（那些手势所指示出的），忽略无关的细节（图中的其他线、线的截距、图的中心等）。因此，建议在现实教学过程中，教师的手势应系统化当前学生正在学习关注的信息。虽然尚没有数据说明这堂课上学生从教师的平行手势中具体学习到了什么信息，但是，可以认为，在一般情况下，说者的手势有潜在影响力，这不仅体现在自己信息的系统化过程，而且体现在听者信息的系统化过程。

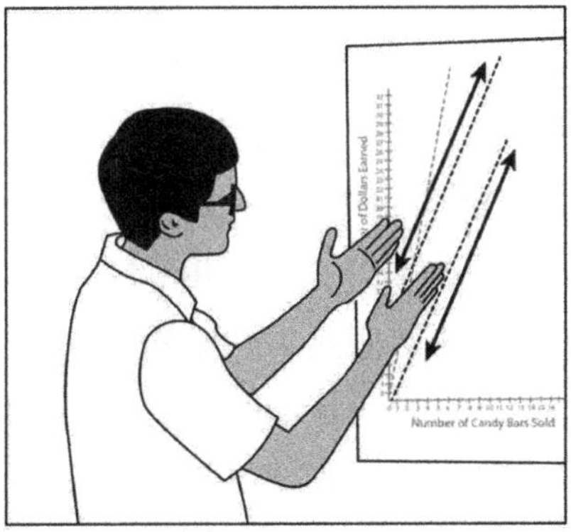

图4.10　Alibali等（2013）实验示例

事实上，对儿童语言学习的研究表明，说者的手势可以影响听者对象或事件的系统化认知加工过程。在Mumford和Kita（2014）的研究中，让一个成人说者向儿童语言表述一个新词语（She is blicking）来探查该问题，此时，儿童正在看一个视频场景：手以一个特定的方式移动物体（pushing strips of cloth）到一个特定的摆放方式（vertical stripes）。新词汇可能模糊指向两个指称对象：操作动作（pushing）或动作结果（making vertical stripes）。当成人说新词汇时，同时用手势强调动作方式，那么儿童将把新词汇表征为行为方式；当成人说新词汇时，同时用手势强调动作的结果状态，那么儿童将把新词汇表征为行为结果。因此，当通过看特定的场景学习新词汇时，儿童使用说者的手势探查词汇所指。说者的手势帮助儿童关注情境的一个针对性方面。儿童看到不同的手势（伴随语言），将以不同的方式系统化情境信息，这导致他们以不同的方式推论对象。[①]因此，说者

① Mumford K H, Kita S. *Children use gesture to interpret novel verb meanings* [J]. Child Development, 2014, 85(3): 1181-1189.

的手势在听者的理解中所起的作用，类似于问题解决过程中图表和其他图式表征产生的作用。图表可以系统化并明确问题的空间表征信息，聚焦这些元素促进问题解决。以同样的方式，说者的手势系统化话题的时空运动方面，并关注这些因素对听者理解的影响效果。简言之，手势促进听者以特定方式系统化信息，说者的手势推动听者以适当的方式系统化复杂信息，手势是以这种重要方式促进人际沟通和提高交流效率效果的。

归纳来看，人们在说话时自然而然地产生手势，有时甚至在静静思考时也会发出手势。虽然手势特别是交流中的手势，在互动中扮演着重要的角色，但是手势不是单纯的“输出系统”，它以身体动作方式展现已存在的心理表征（指语言和思维中正在加工的心理表征）。相反，手势具有重要的自我导向功能：根据语言和思维的目的，手势激活、操纵、封装和探测时空运动表征。手势系统化信息，该系统化过程塑造了手势的四种功能。这些观点均以假设手势是由一般动作发生系统启动的为前提。此外，手势的影响并不局限于时空运动信息的语言表达和推理，也延伸到通过隐喻性手势表达的抽象领域。同时，手势的影响不仅限于说者，说者手势导致的信息系统化也影响听者的思维过程。总之，在上述的这些方面和领域，手势在人类交流认知中起着重要的作用。

本章重点探讨和阐述了交流手势的认知功能，这主要是从交流手势的一般性认知功能的角度出发，但是现实语言交流互动中交流者至少是双方，而即时交流中说者仅为一人，因此本书认为手势是由说者一方发出的，因此归结而言手势表达和说者的交流认知过程关系更为典型，但是应该意识到从实证的角度，再进一步从实证结果生态效度的角度而言，当前研究领域中尚没有完全准确而明确地解释清楚或界定出手势对于说者而言的交流功能是怎样的。接下来，在前面探讨的基础上，再做一下简单的分析、补充和总结。

许多研究者认为手势在认知中起着功能性的作用，比如，手势似乎有助于说者解决词汇表达方面的困难，将空间信息捆绑到线性语音流中，并绕过口头编码信息的需要。除了对语言产生的益处之外，手势似乎更广泛地影响说者的认知过程。手势将说者的注意力集中在感知信息上，帮助说者记住这些信息。手势也可以帮助说者形成有助于解决问题的新表征，帮助学习者概括他们所学的知识。产生手势比实际操作对象，比通过使用空间语言，或者比看别人产生手势，将更有助于说者的学习过程。一些关于手势如何产生认知促进作用的理论描述，重点集中于手势对说者系统化表达信息的作用或其作为表征性（而非实际操作性）行为的地位。

但是，当前的相关理论虽然肯定了手势交流的功能性，但仍然没有具体说明手势是如何对说者认知产生特定促进作用的。事实上，说者通过将心理模拟表现为手势，应该是具有交流功能的；此外，将手势看作一个具身认知系统，这有助于思考手势可能对说者起的作用。许多从具身认知角度进行的研究表明，身体的运动会影响认知加工。例如，在绘画时产生流畅而不是突然的身体运动，会激发更多的创造性思维；倾斜头部似乎有助于心理旋转。将手势看作来自具身思维，有助于将手势交流认知置于具身认知范畴中，本书倾向于认为未来具身角度的研究结果将与上述已有研究结论在整体上是一致的。

此外，最近对具身认知过程的描述不仅集中在大脑如何模拟现实世界真实互动，而且集中在如何利用这些模拟来预测与环境互动中的感觉运动结果。根据这些观点，认知系统的总任务是尽可能准确地预测传入的感知信息。当来自环境的实际感知信息与认知系统产生的预测发生冲突时，就会产生预测误差，系统会主动减少预测误差。在没有实际产生动作模拟的情况下（例如，想象中的物体旋转），认知系统会预测实际产生动作的感知运动后果（例如，物体旋转后的样子）。然而，由于动作尚未实际产生，来自环境的传入感知运动信息（例如，未旋转物体的形状）与系统产生的预测感知运动后果（例如，如何看待物体的旋转），将导致预测的较大误差。使预测误差最小化的一种方法是实际产生动作心理模拟（例如，心理模拟旋转物体），从而使传入的感知运动信息更符合认知系统的预测。

Pouw和Hostetter（2016）提出，即使在没有对象可以实际操作的情况下，相同的认知系统仍在运行，并且通过认知操作来减少预测误差的这种尝试被外在表达为手势。[①]例如，当说者想象旋转一个物体的图片时，他们会模拟旋转后物体的样子，但这个心理图像与未旋转图片的传入感知运动信息不匹配。为了解决这一矛盾，他们试图采取行动，使其更符合他们的预测，但是由于当前没有实际对象可供操作，因此该操作是以手势表达来实现的。根据这一观点，手势来自试图预测某一行为的感知运动后果的尝试。事实上，这种预测的尝试本质上是一种模拟。同时，产生手势有缓解认知系统需求的效果，它可以减少思考动作时固有的

① Pouw W T, Hostetter A B. *Gestures as predictive action* [J]. Reti, Saperi, Linguaggi: Italian Journal of Cognitive Sciences, 2016, 5: 57-80.

预测误差，而不是实际产生动作，而产生手势可以提供关于动作的感知运动结果的多模态信息。这样，手势的产生与这些手势对认知系统所起的作用之间有着直接的对应关系。

Nathan和Martinez（2015）关注了在阅读文本时，手势是如何反映和参与情景信息的。[①]他们提出了一个所谓的模式设定（游戏）框架（Model Enactment [GAME] Framework）。在该游戏框架中，当说者描述激活情境的知识，或将新信息与已有知识结合起来，产生预测性理解的心理模型时，就会出现手势。情景模型中可能包括视觉、空间或运动图像，这些图像激活了手势表达。然而，在游戏框架中，来自手势的感知运动信息通过激活一组“预测器—控制器”模块（Predictor-Controller Modules）来提供反馈，以通知和更新当前情景模型，这些模块同时预测基于模型的每个预期动作的各种潜在结果。当手势被执行时，它们有助于将这些动作进一步做出选择性删减，以更为符合情景模型。当手势提示了关于情景模型的新信息时，这些信息被整合到支持情景模型的修正图像中，从而有助于更准确地预测和推理。结果表明，手势不仅反映了情景模型的构建，而且影响了情景模型的构建。该研究支持了上述观点，结果显示，在描述一篇关于人类循环系统的文章时，做手势的说者比同时从事空间挖掘任务的说者（不能做手势），更能成功地做出超出文章范围的推论。

尽管有研究者认为思考中手势的来源和思考中手势的功能是分开的，但本书认为，手势的发生即提供特定的信息功能，特别是如果手势缘于大脑的主动模拟过程，那么可以直观解释手势是如何完成其功能的。例如，如果语言代码与动作相关并被动作激活，而手势是对这些动作的模拟，那么手势如何影响词汇检索就变得很清楚了。此外，如果一个手势的运动计划很大程度上是基于说话或思考的模拟而形成的，那么很明显，运动计划和产生一个手势实际上需要的认知资源比抑制该手势动作更少。如果手势是表达一种模拟，模拟又是预测性的，那么手势如何产生有助于思考和推理的信息就变得很清楚了。

① Nathan M J, Martinez C V J. *Gesture as model enactment: The role of gesture in mental model construction and inferencemaking when learning fromtext* [J]. Learning: Research and Practice, 2015, 1: 4-37.

第5章

交流中不同类型手势的认知特征

在社会交流中，人们需要协调任务中彼此的行为，通过努力的人际互动以渐进的方式达到他们共同的交际目的。这种联合活动的一个普遍特点是交流者之间的交流行为的一致性和默契配合性，为此，人们的交流互动行为可能会在媒介层面上表现出彼此的协调：语言和非语言媒介——面部表情（整体性表情或者眼神、口唇等）、肢体表情、手势等。直观而言，交流是两个或多个人之间的认知互动过程，不同交流者的知识背景、经历经验等存在某种程度上的独特性和差异性，这使得认知互动中彼此之间的信息沟通、意图传达等显得尤为重要，进而成为彼此之间行为协调一致的重要基础。

交流过程是一个多媒介共存和共现的过程。语言是交流的核心媒介，而手势是非语言媒介的一个代表。从交流中手势表达的特征和功能出发，可以将手势划分出四种类型：图符性手势、隐喻性手势、指示性手势和节拍性手势。本章重点阐述不同类型手势的认知特征，通过分析和比较更为精细化地看待和理解手势的交流特点。本章的阐述，进一步启示未来的研究工作还需要关注不同类型手势表达过程的差异性以及与不同层次语言表达间的关联性，不同类型手势在表达情绪等方面的特征以及与其他媒介之间的关系，不同类型手势表达和语言表达间的不兼容性特征以及两者在时间动态发展中是如何整合和协调的。

第1节　交流手势类型

一、交流手势媒介

从人际参照角度看，交流互动中彼此间信息传递、流转和融合的主要方式是借助语言媒介、语义信息直接沟通交流意向并向同伴提供信息参照，可以直接呈现出交流分歧和共同性，从而使交流目标和焦点明确展现出来。但是以往大量的研究均发现，虽然语言对于交流互动是重要的，但是语言信息并不是人际互动中沟通信息的全部。研究具体发现，语言的概念和命题式交流方式过于抽象，而手势等非语言的感知运动交流方式更为形象；语言交流典型的意识性特征对于认知资源的需求更高，交流者的认知努力性更大，而手势等非语言沟通方式有助于认知资源的节省；语言是思维的外化，其表达的是思维加工中清晰明确的内容，而手势等非语言媒介可以表达出认知加工中尚不完整、不确定和直觉性的信息；在某些特定交流情形下，手势等非语言媒介可以在一定程度上脱离语言媒介而独立沟通信息。

当前，交流认知研究领域普遍接受和认可人际互动中非语言媒介对于交流者间认知协调的潜在影响，其中又以手势交流最为突出和受到关注。和交流中身体其他部位的互动不同，手势交流更具有灵活性、凸显性和丰富性特征，手势表达时移动的空间范围更广，更适合于夸张性描摹信息内容，手势动作的变化性更强，而且手势可以直观临摹操作性动作，也可以根据交流的需要而随时切换为操作性动作，进而直接作用于交流对象上。手势的这些交流特征是身体其他部位所无法企及的，同时手势也可以像身体的其他表达方式一样在交流互动过程中传递特定的、即时性的情绪情感和态度立场。张恒超（2018）归纳和阐述了交流手势的认知特征，重点指出：在交流的一般性情境下，手势表达通常伴随语言表达而发生，有时先于语言，有时与语言同时；手势和语言交流的联合性体现为，手势和语言表达共同的交流信息时产生信息的联合加强作用，手势和语言表达不同而相关联的信息时产生信息的互补表达特征；手势交流不是语言交流的附属，手势交流在特定的情形下表现出信息表达的相对独立性，手势的相对独立表达可以促进、修正或改变语言认知加工过程；特定交流互动背景中，手势不仅可以自然随交流互动而发生，有时交流者主动和有意识地采用手势配合语言表达，也会对交流认知加工产生积极的影响效应。①

总之，交流者互动的目的是彼此分享、传递信息，进而对不同的信息做出合目的性的辨析，最终实现特定信息的共享，并付诸交流任务的执行活动中，这离不开语言交流，也离不开以手势为代表的非语言交流。手势交流的独特优势也因而使其成为语言交流过程中的一个强大的媒介，它不仅反映了交流者的思想，而且可以改变交流者的思想，进而成为一种探索新思想的工具。

① 张恒超．交流手势的认知特征［J］．心理科学进展，2018，26（5）：796-809.

二、交流手势的类型

已有文献较早就开始关注并意识到交流中的手势表现了不同的亚类型。Clark和Wilkes-Gibbs（1986）在参照性交流任务背景下关注分析了语言交流过程中发生的图符性手势（iconic gestures）和隐喻性手势（metaphoric gestures）。[①]McNeill和Levy（1993）进一步归纳了手势的三种亚类型——图符性手势、指示性手势（deictic gestures）、隐喻性手势，并指出这三种手势在交流互动中均具有某种表征性的特征。[②]由于这三类手势的人际互动特点和信息沟通特征较为典型，因而受到当前交流手势认知研究领域的普遍关注，这三类手势可以描摹具体的对象空间特征，可以引导注意交流的特定对象并展现其变化轨迹，也可以隐含性地表达特定的观点。比如当交流者说“他投出了一个球”时，其可能同时挥动手做出特定的投掷动作（图符性手势）；而当其说“球碰到墙后随之反弹回来”，同时使用手指指向空间中的特定位置并做出追踪球运动轨迹的动作（指示性手势）时，这两种手势对于交流信息的表达相对更为直观和形象。在某些交流情形下，手势还可以隐含性表达抽象性的信息，当交流者正在阐述特定的观点时，可能同时做出双手“掌心向上”的动作，意在表达“我将平等对待特定的双方，而不持有偏见”（隐喻性手势）。

三种表征性的交流手势可以勾勒出对象的轮廓，指示其特定的外观特征，表现其特定的功能，或者传达出自己的特定交流观点。表征性的交流手势不仅体现出了人际互动中的展示性和描摹性，还体现了重要的交流功能性。研究者们倾向于将交流手势的功能特征具体归结为：限制交流者彼此对语言内容的解释或评论语言信息，增加与交流同伴的互动，或强调、阐释语言中的特定内容。在研究进展中，进一步根据交流手势所表达的信息特征将手势分为四类，并指出这四类手势在现实互动中可能存在某种程度的重叠性，具体在前三种类型的基础上，增加了节拍性手势（beat gestures）——一种简单的有节奏的手部动作，在交流互动中它本身不表达特定的意思，但与语言互动过程同步，可以强调出语言表达过程的节奏性特征，通常与语言表达中的语音韵律相关联。与图符性、指示性和隐喻性手势不同，节拍性手势是以手的某种动作方式调节语言对话过程的语用性手势，是一种非表征性的手势，不传递具体的交流信息。Kendon（2017）强调不论

---

① Clark HH, Wilkes-Gibbs D. *Referring as a collaborative process* [J]. Cognition, 1986, 22: 1-39.

② McNeill D, Levy E T. *Cohesion and gesture* [J]. Discourse Processes, 1993, 16(4): 363-386.

是表征性手势抑或是非表征性手势，交流中手势动作均涉及表达过程中的几个阶段——准备、挥动、保持和收回，而对于表征性手势，挥动阶段对即时交流互动而言可以说是最重要的，挥动可以一只手参与也可以是两只手，并且大多数情况下手势的挥动涉及整个身体的运动。①

总之，从交流手势互动所表达的信息特点以及认知加工特征来看，手势表现了不同的类型。上述的四种手势类型从表征特点出发可以归为表征性手势（图符性手势、指示性手势、隐喻性手势）和非表征性手势（节拍性手势），但是在探讨和比较中，有一点需要作为手势类型及认知特征分析的前提，即交流互动过程中尽管手势在有些情形下可以相对独立传达特定的信息，或者说可以在一定程度上表达交流语言中未包含的某种互补性信息，但是研究者们所探讨的交流手势都是发生在语言交流过程之中的，毕竟在现实交流中单纯依赖手势的人际互动是相对稀少和特殊的，因此不具有交流手势认知的一般性或普遍性特征。自研究者们开始关注交流手势的类型至今，在实证研究领域中对于各类型的探讨表现了相对的不平衡性，从实验研究的便利性和可控性，以及手势和语言表达的关系特征等方面出发，研究者们重点关注了表征性手势。同时，缺乏对于手势类型及认知特征的进一步厘清和阐述，当前文章重点关注和阐述不同类型交流手势的认知特征。在此基础上，本书也注意到不同类型交流手势间的关系并非绝对化的，一方面在于不同类型手势之间的界限并不是绝对化的，另一方面在于现实交流中不同类型的手势可以交替和重叠出现在即时语言交流互动过程中。

第2节　交流中图符性手势的认知特征

图符性手势在语言交流的人际互动过程中直观地捕捉、描述和展现了交流信息中的具体动作和对象的具体特征。

一、图符性手势的感知运动模拟和模仿性表达

图像激活假说（The Image Activation Hypothesis）和模拟行为的手势框架理论（The Gesture as Simulated Action Framework）强调当说者开始语言沟通时，将自然

① Kendon A. *Pragmatic functions of gestures: some observations on the history of their study and their nature* [J]. Gesture, 2017, 16(2): 157-175.

激活与之相应的感知状态和行为的心理表征与模拟，手势表达随之发生。[①]Holler和Wilkin（2011）将图符性手势称为“模仿性手势”，其表达过程是对交流内容的一种直观性模仿，并且交流双方倾向于使用相似的图符性手势形象性表达相同的交流信息。[②]Clark（2016）则将图符性手势称为“形象描绘性手势”，交流者用以展示和传递特定的具体化交流场景和内容，这有助于交流同伴对同一场景和内容的想象、重现，因而图符性手势可以更为有效地促使说者和听者发生共同的、相似的集体性想象。[③]

上述Holler和Wilkin（2011）在参照性交流任务情境中分析了伴随交流者语言互动而同时发生的图符性手势，交流双方分别担任任务的指导者（director）和匹配者/操作者（matcher），彼此围绕七巧板拼成的几何图形展开交流，研究发现手势的“模仿”过程不断发生在语言互动之中，并显示出图符性手势所发挥的各种交际功能。例如，图符性手势模仿性表达了图形的特定特征（动物、人物等的具体化特征），进而表达或暗示出自己对同时发生的语言指称的理解。研究者进一步指出图符性手势在交流双方间共同基础（common ground）的建立过程中起着核心支撑作用，在实验研究中具体表现为某些手势随着语言互动被持续用来描绘一个特定的人物图形，也就是说，出现了类似于特定语言词汇带入现象的特定手势“带入”现象，这些手势已经成为交流中特定概念契约的一部分。和上述参照性交流任务相比较，学习思维任务情境中的交流相对更为复杂，早期有大量研究使用了经典性的皮亚杰数量守恒任务。Church和Goldin-Meadow（1986）的研究中让儿童观察、操作并表述棋子的特征，首先要求两个儿童回答面前两行棋子的数量是否相同（相同），然后将其中一行棋子分散开，再问两行数量是否相同，两个儿童都回答“不相同”——表现出对数量守恒的不理解。尽管两个儿童都注意到“棋子被移动了”的现象或事实，但两个儿童在语言表述时所产生的手势不同，一个儿童把她的手伸出来，模仿将棋子分散开的动作过程，她在图符性手势（模仿分散过程）和语言互动中传达的信息基本相同，但是另一个儿童用手指指向两行中的对应棋子（这是理解数量守恒的关键），图符性手势（模仿对应

① 张恒超．交流手势认知理论［J］．心理科学进展，2019，27（3）：499-507.

② Holler J, Wilkin K. *Co-speech gesture mimicry in the process of collaborative referring during face-to-face dialogue* [J]. Journal of Nonverbal Behavior, 2011, 35(2): 133-153.

③ Clark H H. *Depicting as a method of communication* [J]. Psychological Review, 2016, 123: 324-347.

关系）和语言传达的信息明显不同。[①] Wakefield、Hall、James和Goldin-Meadow（2018）的研究中选择了48名年龄介于4.5岁至5.5岁的儿童，选择这个年龄范围是考虑到儿童处于动词理解泛化的关键期或过渡期。[②]实验中教授儿童学习旋转、捏、拉、压四个动词，实验情境中向被试者呈现的是大小约12厘米×8厘米×6厘米的不同形状的实物，方便于儿童针对实物做出动作性手势。实验发现被试者使用的典型图符性手势表现为模仿刺激对象的近似大小，演示动作过程（如怎样在空间中旋转对象等）。研究证实在动词学习中的图符性手势有助于儿童实现词汇的概括化：图符性手势促进了动词知识的泛化。图符性手势之所以支持动词学习中的泛化，是因为手势直接表达了接触和操作对象的直观过程，将运动表征与所针对对象的特定性分开（和直接操作刺激对象的动作相比，图符性手势可以引入更多的可变性到学习环境中），事后发现这种优势在儿童的延迟测试中更为明显。可以看出，在动词学习中图符性手势可以表示与动词相关联的动作，但又不直接将该动作绑定到特定对象上，其将特定对象与动作分开，而聚焦于动词学习中动作的重要特征上。

Novack和Goldin-Meadow（2017）认为图符性手势缘于大脑的主动模拟过程，这可以直观解释手势是如何完成它的交流功能的。例如，如果交流语言信息与动作相关并被激活，而图符性手势将自然伴随产生对这些动作的直观性心理模拟和外化性模仿，那么手势的认知加工过程必然关联和影响语言词汇的检索和使用。[③]同样，语言交流中图符性手势使用中表现手法的变化被认为取决于形象化表现的物体在心理模拟或体验中的变化。当人们考虑可操作的对象时，他们倾向于在心理模拟这些对象的使用过程，从而产生执行这些动作的手势表达；而当人们考虑不可操作的对象时，他们倾向于心理模拟触摸或观看这些对象，因此随之产生关于造型、雕刻或追踪等手势。尽管图符性手势表现出模仿性、直观性等特征，但是其和操作性动作比较，表达更易变且更灵活。因为手势不操作交流对象本身，甚至交流对象可以不出现在眼前，所以不受操作性动作规范的约束（例如，根据物体的重量确定操作动作的抓握大小、力量等）。这可能是上述研究中图符性手

① Church R B, Goldin-Meadow S. *The mismatch between gesture and speech as an index of transitional knowledge* [J]. Cognition, 1986, 23(1): 43-71.

② Wakefield E M, Hall C, James K H, Goldin-Meadow S. *Gesture for generalization: gesture facilitates flexible learning of words for actions on objects* [J]. Developmental Science, 2018, 21(5): e12656.

③ Novack M A, Goldin-Meadow S. *Gesture as representational action: A paper about function* [J]. Psychonomic Bulletin and Review, 2017, 24: 652-665.

势促进儿童动词学习中泛化能力的机制。

所以，从交流互动中图符性手势表达的变化性特征来看，图符性手势的稳定模仿是为了保持原有的时空运动表征，有助于抵御表征的消退，而图符性手势的变化性模仿则是为了激活新的先前并不活跃的时空运动表征。当思考或谈论运动内容时，人们倾向于产生更多的图符性手势，因为思考和谈论这样的内容可能涉及更多的空间模拟过程，比如，当语言交流运动图像时（例如，解释如何包装礼物），相比谈论视觉意象（例如，描述最喜欢的画）或抽象信息（例如，表达对欧洲使用单一货币的观点），人们会产生更多的图符性手势并且这些手势的变化更为丰富。整体而言，一个图符性手势理应体现出手势形式和它所指内容在知觉上所具有的相似性——手势的动作、形状等将所指称和描述对象的特征形象化和直观化了。从动作和感知状态模拟的认知加工中产生的手势最典型的是图符性手势，图符性手势方便于表现语言中所描述对象的运动和空间等方面的信息。图符性手势对于具体化感知表征的激活和模拟是伴随着语言交流而自然发生的，并对语言认知过程产生促进作用，这在很大程度上缘于图符性手势表达的动作化、直观性和具体化特征，有助于引导交流者集中注意于交流内容表征中的感知操作信息，相对于语言的抽象性符号表达过程，能够易化对特定交流情境的理解和推理过程。概言之，图符性手势是从一个具体化认知系统中产生的，表达和描摹出与交流互动有关的视觉空间图像。在语言交流互动过程中当提到新的对象或概念时，使用和校准伴随语言的图符性手势，凭借其表现形式和意义的相似性，可以形成进入双方共享概念的高效通道，这对于特定语言词汇的选择、理解和共享起到推动作用。诚然，对于图符性手势认知过程的更为细致化分析有赖于未来研究的系统性实验研究。

二、具体化认知模拟过程是图符性手势和语言共同发生的基础

图符性手势典型产生于感知运动的心理模拟过程，形成了其与共现的交流语言之间的明确关联性和相互作用关系。手势和语言都是由思想产生的，这些思想有时根植于对客观世界的具体化模拟。交流中语言表达的可能性和制约因素，影响着说者的心理模拟过程和特征，以及哪些方面在心理模拟中最为突出；这些模拟上的差异既影响说者在语言中表达信息的方式，也影响其在手势中表达信息的方式。因为说者的心理模拟是为了人与人之间的交流互动，心理模拟中的细节是由语言因素决定的，并关联于手势表达的具体特征。正如有研究所表明的那样，

伴随沉默思考的手势可能较少受到语言因素的影响。

伴随语言共现的图符性手势通过增强操纵任务对象的感知运动过程，从而影响后续的问题解决任务的执行效率和效果；从图符性手势和语言之间的关系看，图符性手势有助于激活和检索语义相关的特定词汇。具体化认知框架理论（The Embodied-Cognition Framework）认为不存在于交流客观情境中的信息可以通过模拟性手势在心理表征出来。①模拟行为的手势框架理论进一步强调了图符性手势是从一个具体化认知系统中产生的，手势反映了人们在思考和语言交流时对行为和感知状态的自动心理模拟，这涉及交流语言、心理意象和行为、知觉之间的多样化联系，当前多种任务和领域均从不同角度证实了手势反映了对具体化感知运动表征的模拟。Pouw 和 Hostetter（2016）提出交流过程中即使在没有交流对象可以实际操作的情况下，相同的交流认知系统仍在运行，并且通过认知模拟而尝试将交流信息通过图符性手势表达出来。②例如，当说者想象旋转一个图片呈现的物体时，其会心理模拟旋转后物体的样子，但这个心理图像与未旋转图片传入的感知运动信息不匹配，为了解决这一矛盾，其将试图采取手势的模仿性表达过程，这样使其心理模拟过程更清晰、更符合预期。显然，此时的图符性手势的发生有缓解交流认知系统认知资源需求的效果，又可以减少心理加工中对特定表征结果的预测误差，还可以提供关于动作的感知运动结果的多模态信息，最终配合和促进了语言交流认知过程。Drijvers 和 Özyürek（2017）进一步从交流语言认知理解的角度针对性发现图符性手势有助于增强噪声干扰条件下交流语言信息的理解，来自图符性手势的语义信息确实被听者加工了，手势在行为和神经层面上均影响语言的理解加工过程。③研究者认为图符性手势的使用可以自然地在面对面的语言交流中发挥举足轻重的作用：图符性手势信息可以帮助听者访问特定语言词汇的意义，进而在听的情境面临干扰时，如噪声情境，实现对说者语言信号的准确理解。但是该研究的一个不足之处是仅探查了图符性手势对听者词汇（动词）语言信息理解的影响，而没有在语篇（语句，甚至语段）语境条件下做出检

---

① Goldinger S D, Papesh M H, Barnhart A S, Hansen W A, Hout M C. *The poverty of embodied cognition* [J]. Psychonomic Bulletin & Review, 2016, 4: 959-978.

② Pouw W, Hostetter A B. *Gestures as predictive action* [J]. Reti, Saperi, Linguaggi: Italian Journal of Cognitive Sciences, 2016, 5: 57-80.

③ Drijvers L, Özyürek A. *Visual context enhanced: The joint contribution of iconic gestures and visible speech to degraded speech comprehension* [J]. Journal of Speech, Language, and Hearing Research, 2017, 60(1): 212-222.

验。未来研究需要针对此做出进一步考虑，以提高研究的生态效度。

可以说，图符性手势随着语言表达过程而自然产生，其是交流者意图的一种表达方式，比如弹跳向上的手势模仿了走楼梯的状态和过程，但又不像简单活动手指那么简单，交流者图符性手势模仿性表达的含义是伴随着特定语言交流背景而产生的，有意义的是其可以以一种不同于语言的形式更为自由地互动交流，相对表达出交流者更为无拘无束的丰富性思想。现实中，自然而面对面的交流经常包含了视听信号的结合，视听结合中集成了输入的多元化信息，图符性手势是手的动作，可以表达交流对象的属性、运动和空间特征等，其在语义水平上与语言相关联，图符性手势表达的交流对象、时间、空间关系和语言表达相似，因为彼此共同根植于具体化的认知模拟过程；图符性手势和语言间的联合表达过程，体现了从一种交流形式到另一种形式之间的校准和映射。图符性手势不仅能够促进语言的发生过程，也可以促进语言的理解过程，因为图符性手势和语言之间存在即时的语义关联性，没有语言，其作用便难以准确显现。从交流互动中图符性手势和语言的关系来看，图符性手势是语言交流的一个重要组成部分：图符性手势和语言认知加工过程处于不断联合的发展过程，这集中于语言加工的语义、句法和语用等多个层面和水平。

立足图符性手势和语言共同发生的具体化认知模拟过程基础而言，交流互动过程中认知系统的总任务是希望尽可能准确地沟通感知运动信息。但有时当来自交流情境中的实际感知信息需要依赖于交流认知系统而产生改变性加工时，就可能会产生语言表达上的不便利性或不准确性，同理，有时交流对象感知运动特征难以通过语言认知加工系统准确加工并表达出来，感知运动的具体化心理模拟过程的激发，并因此而付诸图符性手势的表达，有助于更为清晰化和准确性地加工对象的心理表征，进而使得语言加工过程更为具体和明确，交流的效率效果更高，交流认知资源的运用更为合理高效，交流者彼此之间的人际互动也更为默契。

第3节　交流中隐喻性手势的认知特征

在此处，本书需要澄清的一点是，“隐喻性”应指的是“暗含”“曲折、委婉或间接表达”的意思。当前所采用的“隐喻性”不是汉语言文学中的“比喻”修辞（明喻、暗喻和借喻）。隐喻性手势经常出现于抽象性信息或知识的表达和理解过程中，可以提供交流者对语言内容的延伸性想象，比如，手势做出“擦除的挥动动作”，表达了对某种提议的拒绝性态度；竖起大拇指表示自己认为交流语言中提及的对象或事情“是好的、很棒”；手势在水平上的波动性运动表达了时间的流逝。

一、隐喻性手势激活交流互动中的时空运动表征

当人们交流谈论抽象的概念或知识时，隐喻性手势也可以激活某种新的时空运动表征。这是因为隐喻性手势是基于手的身体动作或空间关系来启动交流表达过程的，隐喻性手势有利于这些时空运动信息映射于抽象的交流义中。例如，当要求解释“泄露（spill the beans）”的内涵时，被试者不仅使用了多样化而独特性的隐喻性手势来帮助解释词汇义，而且和禁止使用手势条件下的被试者相比较，其语言解释过程也更为详细；隐喻性手势一方面是基于语言字面义发生的，另一方面又使用特定的时空运动形式委婉表达了语言字面义，这一映射过程促进了交流者对于交流信息的准确理解。隐喻性手势通过激活某种新的和特定的时空运动表征，将抽象的交流思想具体化表达出来，进而可以促进抽象化的认知推理过程。例如，Beaudoin-Ryan和Goldin-Meadow（2014）要求五年级学生对两难道德问题做出选择（例如，欺骗和偷窃），研究设立了禁止和鼓励自然使用手势的条件，结果发现在鼓励手势表达的情况下，儿童可以通过手势灵活展现观点解释中的不同立场（例如，可以直观使用双手手势代表两个不同的立场），同时手势表达中的观点更为综合，相应地其语言也倾向于表达复合性的观点。[①]研究证实当需要被试者折中或辩证分析抽象的道德问题时，隐喻性手势对于时空运动表征的激活有助于呈现出综合性的理解，这种“空间化”的隐喻性手势进而可以推动儿童对道德问题的口头陈述和复合观点的多角度理解和表达，因此，通过隐喻性手势激活了针对抽象概念的时空运动表征，导致被试者道德推理的认知过程更富于变化性和灵活性。

交流解决抽象性问题时，人们往往需要在心理上操纵时空运动信息。例如，你可能需要重新调整、解释、改变你的观点，或者对你所说或思考的对象采取新的观点、立场。此时，人们可以通过使用隐喻性的手势操控时空运动表征以辅助和易化语言交流过程，具体表现为一方面当语言交流困难时，人们会产生更多的

① Beaudoin-Ryan L, Goldin-Meadow S. *Teaching moral reasoning through gesture* [J]. Developmental Science, 2014, 17(6): 984-990.

隐喻性手势，另一方面产生隐喻性手势来表达抽象的观点可以提高交流互动的效率效果和交流合作操作中的成绩。例如，用语言解释时间的流动特征时，可以以隐喻性手势展现为空间上特定方式的运动过程；数字的大小可以通过手势中手指的大小或手的相对位置进行形象性的表达。日常交流互动中，一个典型的隐喻性手势是“两只手掌向上打开”。在不同的交流语境下，该手势具有多重的语用交流作用，它可以传达“我没有其他要说/给予的了”，也可以表达“我很是无奈”或者“随你的便了”等。Givens（2016）详细解释了“掌心向上”手势的解剖结构以及呈现的具体姿势特征，指出该隐喻性手势表达了“开始交流、提问、请求帮助和分享个人观点、感受、情绪等”信息。[①] Cooperrider、Abner和Goldin-Meadow（2018）进一步将“掌心向上”的隐喻性手势区分为两种，一种是“认知性”的张开手势，表示不自信；另一种是“展示性”的张开手势，表示展示或给出信息。[②]

关于隐喻性手势激活时空运动表征的交流认知功能，研究者认为在于隐喻性手势将时空运动信息捆绑到了线性语音流中，并在一定程度上绕过口头语言编码信息的需要，从而易化了语言交流互动的具体过程。人们即时地将视觉、空间或运动表征的特定元素集中在心理模拟过程中，从而将抽象的信息图式化，并表现于隐喻性手势的表达过程中，而具体的特征则取决于心理模拟的性质、说者当时的交流或认知目标，以及对适当隐喻性手势形式的文化期望。

像其他类型的手势一样，隐喻性手势直观体现为手部的空间动作过程，其也可以描述位置、运动和特定的动作特征、各种类型手势均是由相同的机制产生的，它们具有相同的一般性交流功能和特征。独特的一点在于隐喻性手势可以将抽象的概念与具体的时空运动表征联系在一起，建立在我们身体与环境互动的基础之上，作为表征性手势的一种，隐喻性手势同样通过激活、操纵、封装和探究潜在的时空运动表征，进而影响抽象概念的认知加工过程。但是未来研究中有必要关注以及进一步探查、解释隐喻性手势在激活、操纵、封装和探究抽象概念的时空运动表征方面与非隐喻性手势认知过程的共同性和差异性，因为毕竟从隐喻性手势和语言之间信息表达的关系来看，隐喻性手势背后的时空运动表征加工过程相对具有更多的“虚拟性和间接性”。诚然，如果一个隐喻性手势的感知运动

① Givens D B. *Reading palm-up signs: neurosemiotic overview of a common hand gesture* [J]. Semiotica, 2016, 210: 235-250.

② Cooperrider K, Abner N, Goldin-Meadow S. *The palm-up puzzle: Meanings and origins of a widespread form in gesture and sign* [J]. Frontiers in Communication, 2018, 3: 1-16.

计划很大程度上是基于说话或思考的模拟过程而形成的，其对于语言交流认知过程起到一个促进作用，那么不难理解，隐喻性手势的感知运动计划过程和发生过程需要的认知资源将比抑制该手势发生的过程更少。可以说隐喻性手势也是以一种独特的心理模拟过程为基础，该模拟过程不仅具有映射性、表现性，还具有一定的预测性和推理启发性，进而使得隐喻性手势的互动交流过程有助于交流者思维加工和判定推理特定的交流信息。行动思维与命题或语言思维具有不同的性质，隐喻性手势提供了命题或语言思维所不具有的交流可能性和观点表达性，因此，隐喻性手势在语言交流互动过程中以特定的方式影响交流思维过程。

二、隐喻性手势具体化表达抽象性交流信息

在抽象知识的交流学习情境或者交流合作问题解决情境中，隐喻性手势是一种强大的思维工具，因为它是由手执行的动作，因此是抽象性认知过程的具体化和实例性表现，当交流者在解决问题的情景中运用他们的手势时，他们在交流合作任务中表现得更好，理解得更好，记忆得也更好。Brooks 和 Goldin-Meadow（2016）指出在这些交流互动情况下，隐喻性手势可以帮助学习者使用他们自己的身体来创建一个以身体动作具体化表现为基础的丰富性问题表征，重要的是，交流者在使用隐喻性手势而受益的过程中，也可以从交流同伴的隐喻性手势中学习和获益，这是因为观察交流同伴的手势也可以引发自己的感知运动系统参与认知加工过程。①

隐喻性手势对交流认知的影响显著来自自身具体化表征的事实，实际上这一过程的交流功能或作用，更为依赖其与同时发生语言信息加工之间的联合过程。隐喻性手势和交流语言同时呈现，可以促进更深入的知识学习，以及知识的概括化和持久性保持，这在教育教学领域中具有重要的认知研究意义和价值。Mumford 和 Kita（2014）在研究中探讨了隐喻性手势是否可以帮助儿童概括动词的意义，结果发现如果手势表达的重点是动作过程，儿童更倾向选择性记忆特定的动作过程，如果手势表达的重点是动作的结果，儿童显著倾向选择性记忆动作的结束状态。②研究表明隐喻性手势会影响学生对抽象词汇意义理解的不同角度，

① Brooks N, Goldin-Meadow S. *Moving to learn: How guiding the hands can set the stage for learning* [J]. Cognitive Science, 2016, 40(7): 1831-1849.

② Mumford K H, Kita S. *Children use gesture to interpret novel verb meanings* [J]. Child Development, 2014, 85: 1181-1189.

从而影响词汇知识的泛化。Brooks、Barner、Frank和Goldin-Meadow（2018）发现珠心算过程中发生的手势主要是隐喻性手势，其反映了个体解决问题的不同策略，在围绕珠心算的交流情形下，这些策略通常也存在于自然交流时语言的表达过程。[①]研究探讨中研究者认为珠心算领域的专家产生的大量隐喻性手势具有典型的实践性和功能性，这些手势与具体的视觉空间程序、结果紧密关联。而且珠心算专家和新手的一个重要区别在于专家可以将隐喻性手势内化于心理加工过程中，使其可以不实际产生客观现实的手势形式和表达过程。另外，儿童在珠心算任务中所使用的隐喻性手势，在尺寸和数量方面，表现出相当大的个体差异，这紧密地反映了实际心理计算的结构特征并促进这些计算过程。尽管在个体独自完成珠心算的情形下并没有语言的发生和共现，但是隐喻性手势所展现的基本表征也是具有高度针对性、约束性和可理解的，这些隐喻性手势能够支持准确的数量心理表征。总之，这些隐喻性手势不仅反映了珠心算时积极的计算过程，关键在于其与珠心算的视觉空间表征相联系，这集中体现在隐喻性手势的运动计划表征过程，而不在于实际看到或感知到手势的发生。隐喻性手势具体化表达抽象性交流信息的特点，典型还表现在诸如“心理旋转”和“河内塔问题”的交流任务情境中。简言之，这些结果表明隐喻性手势可以涉及特定的程序性运动策略，与语言共现的隐喻性手势还将影响交流者在未来后续任务中的表现，因为其加强了交流者的特定感知运动表征，其参与交流认知互动过程有助于交流任务执行的效率效果。可以说，隐喻性手势的作用更强于动作本身，其促使主体建构了更强的具体化心理表征。

归纳而言，隐喻性手势可以帮助交流者形成有助于解决问题的具体化新表征，进而帮助交流者更好地概括问题情境和丰富知识系统。隐喻性手势对交流者系统化加工和表达信息的作用或者说其作为一种表征性行为的作用，决定了其可以促进知识的泛化，促进交流者将初始示例集获得的知识扩展到新的情境，因此对于教师而言，隐喻性手势可以成为一种理想的教学工具，对于学生而言是一种理想的学习工具。隐喻性手势可以引用或省略交流同伴互动中已经示例的一些方面，也可以强调或不强调示例的特定方面，同时突出超出示例的特定方面，进而学习到概念的核心和掌握问题情境的关键线索。综合而言，隐喻性手势在表达过

---

① Brooks N, Barner D, Frank M, Goldin-Meadow S. *The role of gesture in supporting mental representations: The case of mental abacus arithmetic* [J]. Cognitive Science, 2018, 42(2): 554-575.

程中形成的身体和运动表征，与交流对象/内容的抽象性心理表征交互作用，例如前述的珠心算任务中隐喻性手势表现或反映的直观动作特征，有助于交流者识别出解决问题所需的特定心理程序，实际上隐喻性手势和心理表征之间的特定关系可以为未来的相关研究提供一个理想的切入点。

第4节　交流中指示性和节拍性手势的认知特征

一、交流中指示性手势的认知特征

指示性手势是具体指向交流情境中某个特定位置出现的对象的手势或者某种抽象性指示的手势。在指示性手势中，手指向空间中的某个区域，以确定所指对象在空间中的位置，当指向在交流情境中实际存在的对象时，指向是具体的，也可以是抽象的，即所指对象可以是在交流者面前的手势空间中虚拟创建的对象。Kendon（2017）做了进一步说明，认为具有指示性功能的手势强调的是“手势动作表达有助于明确语言所说内容的指称或命题意义”，也就是说，指示性手势配合语言表达，可以说明、指向真实或抽象的实体、想法等。[①]

Goldin-Meadow、Cook和Mitchell（2009）分析了在教授儿童解决数学等式问题时，指示性手势所起到的具体化或实例化作用，比如：2+4+9= __+9。实验中一类儿童在2和4下方使用了一个V形指示性手势，来指示并校准等式右边的空格，即将2和4分为一组求和，并填在空格处。[②]实验过程中在每个等式问题解决之前，她不仅做出指示性手势，并且口头说“我想使一边等于另一边”。结果显示数学等式问题解决过程中做出指示性手势的儿童，比只用口头语言表达的儿童，学习理解水平更高，指示性手势促进了学习过程。为了进一步验证使用指示性手势对于学习是重要的，接下来的研究中，研究者要求另一个儿童在4和9下方使用V形指示性手势，即在数学等式问题中鼓励儿童使用指示性手势的实例化策略，但是手势指向的数字是错误的，同时鼓励其口头表达“我想使一边等于另一边”。结果发现，指示性手势使用不当的儿童，与之前正确使用的儿童比较，学习效果更差，但是也比只用口头语言表达的儿童学习水平高。有趣的是，当课

① Kendon A. *Pragmatic functions of gestures: some observations on the history of their study and their nature* [J]. Gesture, 2017, 16(2): 157-175.

② Goldin-Meadow S, Cook S W, Mitchell Z A. *Gesturing gives children new ideas about math* [J]. Psychological Science, 2009, 20(3): 267-272.

后再次要求儿童解决类似的数学等式问题并解释解题思路时，发现使用过指示性手势的儿童，不仅正确地解决了问题，而且在问题解决过程中持续使用指示性手势辅助语言解释，而仅使用口头语言的儿童，则不会使用指示性手势。对指示性手势的系列性探讨证实了儿童在学习中可以从自己的指示性手势中提取特定的意义，即指示性手势是表征性手势的一种。

Broaders和Goldin-Meadow（2010）进一步在社会交流情境中证实了指示性手势的表征特征。实验任务模拟的是询问目击证人的情境，实验通过控制和操纵询问者问题提出的方式，以记录和分析目击证人被试者语言报告的细节。[①]比如询问的问题是“他穿了什么？”一种条件下仅提出该开放性问题，而不做出指示性手势；另一种条件下同时做出“戴帽子的手势”。结果发现指示性手势激起了被试者对帽子的注意和相应的语言回答，然而实际情境中的人物并没有戴帽子，因此“戴帽子的手势”在该实验情境中体现出对被试者注意的指示和引导，而使其相对忽略了人物身体其他方面的着装特征。Holler和Wilkin（2011）[②]以及Louwerse、Dale、Bard和Jeuniaux（2012）[③]的两项研究则从交流人际互动的角度，比较分析了交流双方互动中指示性手势的表达特征。Holle等人在研究中发现在语言交流互动中交流者双方表现出一致性使用相似的指示性手势，研究者称之为彼此之间指示性手势的“模仿”，并且这一模仿过程中的手势均指向了相同的交流对象。但是Louwerse等的研究中发现了交流双方之间指示性手势的“匹配”表达过程，不过在地图交流任务中双方匹配的指示性手势所指示的对象位置是不同的，即相似的指示性手势却指代了不同的交流对象，具体还发现该指示性手势的“同步匹配特征”，在交流双方之间的平均时间间隔为25秒。简言之，Holler等研究中指示性手势的模仿意味着彼此手势代表着相同的意义且指向同一个对象；而Louwerse等将交流双方的指示性手势视为一种彼此之间的匹配行为，所指对象并不相同。

从交流手势本身来看，其是交流中心理上感知运动模拟过程的外化，包括了运动性、空间性和视觉性等特征，这种模拟可以直接表现为一种动作运动过程，

---

① Broaders S C, Goldin-Meadow S. *Truth is at hand: How gesture adds information during investigative interviews* [J]. Psychological Science, 2010, 21(5): 623-628.

② Holler J, Wilkin K. *Co-speech gesture mimicry in the process of collaborative referring during face-to-face dialogue* [J]. Journal of Nonverbal Behavior, 2011, 35(2): 133-153.

③ Louwerse M M, Dale R, Bard E G, Jeuniaux P. *Behavior matching in multimodal communication is synchronized* [J]. Cognitive Science, 2012, 36(8): 1404-1426.

也可以是突出与视觉图像空间元素相关的特定动作。实际上，其他类型的心理意象（如听觉、触觉甚至嗅觉意象）也有可能激活感知动作的心理模拟过程，并用交流手势表达出来。比如语言交流一个声音从哪里来可以激活一个朝向声音的指示性手势；谈论一朵玫瑰的气味可以激活一个举起玫瑰并闻它的图符性手势。从交流手势类型间的差异来看，指示性手势的典型特点是指向和引用视觉交流环境中的重要部分或对象，其反映了交流者对交流空间中对象位置的索引。当一个人谈论环境中存在（或想象存在）的特定对象时，其认知系统倾向于朝向该对象，并且通过身体动作模拟触摸、接近或者将眼睛和身体朝向该对象，这种认知索引过程可以典型地表现为指示性手势的表达过程，该过程不仅影响说者自身的语言发生过程，也影响听者的语言理解过程。可以说，指示性手势表达过程引导交流者索引了交流环境中的特定对象，这缘于指向性手势的注意定向功能。另外，在探讨中应该始终注意一点，对于交流手势类型的划分具有理论意义和实证研究的基础性作用，但是实际语言交流互动中某些类型手势的表达可以是界限模糊的，甚至不同类型的手势可以交叉和融合出现，比如“举起来”的手势，在交流功能上类似于指示性手势，因为这种手势可以将交流者的注意引向特定的对象，而“举起+操作”手势在交流功能上更接近图符性手势，因为整个手势表达过程倾向于描述特定的意义。当然，Cooperrider、Slotta和Núñez（2018）进一步强调，指示性手势的交流功能不仅仅停留于注意力本身，它也具有交流的社会性，交流者的社会认知能力以及社会文化因素等都会影响交流者指示性手势的表达过程和具体特征；指示性手势是以特定的、文化的方式产生的，其在形式和执行上可能会根据底层的心理模拟而微妙地发生变化。[①]

综合而言，指示性手势可以引导交流者的注意指向特定的交流空间中，并联系于交流语言中的指示物特点和特定语境特征，说者产生的指向空间距离更远物体的指示性手势，可以比指向距离较近物体的手势幅度更大且时间更长，就好像到达距离较远的物体需要更大幅度、更长时间一样，因此交流者做出了比接近更近物体更长久的动作。因此，指示性手势是表征性手势的一种。实际上，图符性手势、隐喻性手势和指示手势之间的区别在于我们如何建立手势形式—交流意义间的映射。作为一种表征性手势，指示性手势在交流中似乎更为简洁明了，指示

① Cooperrider K, Slotta J, Núñez R. *The preference for pointing with the hand is not universal* [J]. Cognitive Science, 2018, 42: 1375-1390.

性手势在指出特定区域和特定对象方面有时也是相对不精确的，当你用食指指向一本书的方向时，指示性手势可以是帮助识别出特定的书籍，可以是帮助识别书摆放的位置，也可能是针对书中的特定内容，但是不管它有多不完整，指示性手势仍然可以基于它的使用情境，传达一些特定的交流意义。

二、交流中节拍性手势的认知特征

节拍性手势是语言交流过程中一种简单的有节奏的手部动作，它本身不表达特定的交流意思，但与交流语言表达过程同步，可以用来强调语言表达的某些节奏性特征，此类无固定形态的手的轻拍，随着说话节奏而发生和停止，通常是缓慢或快速的手部动作，其发生在表征性手势不发生的交流阶段中。

节拍性手势作为与交流语言韵律一致或突出话语结构的有节奏手势而出现在互动过程中，表现为一种小而有节奏的手部动作。节拍性手势是在口语和手部动作系统之间有密切协调关系的情况下发生的，不需要借助强烈激活的感知动作模拟来引发。有研究发现交流语言描述中出现的表征性手势的数量和节拍性手势的数量成反比关系，因为当表征性手势表达的心理模拟较少时，节拍性手势相应会更普遍或更频繁。实验实证性研究证实了表征性手势的数量随着口语表达动作数量的增加而增加，但节拍性手势的数量相应减少。然而，Masson-Carro、Goudbeek和Krahmer（2016）的研究却没有重复证实这种增减模式，研究者得出的结论是，表征性和非表征性（节拍性）手势是处于不同的认知加工过程中的。①Çatak、Açık和Göksun（2018）在同一实验过程中比较了节拍性手势和表征性手势的发生频率，结果发现节拍性手势比表征性手势发生的频率高出4倍。②具体而言，节拍性手势在语言交流中的作用体现在有助于语言表达中目标词的产生，还发现节拍性手势表达在惯用手组间是明显不同的，不同手偏好的被试者更喜欢使用他们的优势手做出节拍性手势，但是当被试者做出表征性手势时，只有惯用右手的被试者更倾向使用他们的优势手，左利手被试者两手间无显著差异。

事实上，交流中的手势不应被仅仅视为一种通过视觉渠道传递信息的交流工具。伴随交流语言同时发生的手势的另一个重要方面是，无论它描述或表达什

① Masson-Carro I, Goudbeek M, Krahmer E. *Can you handle this? The impact of object affordances on how co-speech gestures are produced* [J]. Language, Cognition, and Neuroscience, 2016, 31: 430-440.

② Çatak E N, Açık A, Göksun T. *The relationship between handedness and valence: A gesture study* [J]. Quarterly Journal of Experimental Psychology, 2018, 71(12): 2615-2626.

么，都与口语韵律节奏存在着密切的协调性。具体而言，手势表达中的显著性特征（例如，动作突然加速或减速）往往与语音韵律中的重读在发生时间上是一致的。鉴于手势—口语韵律间这种关联的典型性特征，最近，研究者让被试者学习网络新语言，并在实验中通过关联手势和语音特征形成深度神经网络训练，进而在被试者身上成功地产生了看起来非常自然的手势表达，这说明口语韵律信息与手势运动信息之间存在着非常密切的关系。这类研究结果与日常生活中的交流现象是相吻合的，即语言交流中当说者看不见同伴时，也倾向于随着语言交流的节奏而同步使用某些肢体动作，比如简单的肢体节奏性的摆动，但自己却没有意识到。这种交流中手势和语言韵律之间的社会共振效应表明，在语言交流媒介之外，交流者可以通过身体动作表达来实现交流节奏的同步性。最近，研究发现上肢运动通过声道的生物机制进而影响发声表达过程，周围上肢的运动将在语言发声的声学特征上留下印记，这是因为上肢运动在躯干周围诱发了一组更广泛的肌肉运动，影响到与呼吸相关的肌肉，进而影响到语言发声的具体特征，表明人类语言的发生过程是复杂的，它携带了肌肉骨骼系统（如手势）的运动信息，手势—韵律间关联性的某些方面，可以简单地表现为手势—语音的同步特征。上述相关的研究发现均有力地支持了节拍性手势和语言韵律之间的联系性。

有研究者也指出节拍性手势可能是表征性手势的简化式表达，例如，交流中说者在复述带有空间信息的故事时产生了大量的节拍性手势，空间信息包含了特定的方向（像火箭起飞、成绩提高等），节拍性手势潜在地随故事中暗含的方向而做出移动，其次数超过随机次数，因此可以得出结论，节拍性手势也可以具有某些图符性特征，这支持了节拍性手势和表征性手势可能来自同一认知过程的观点。当然关于这一观点，未来尚需要更多的实验证据来全方面确定其是否真正成立。例如，直接比较各类手势相对于语言表达而言的交流信息特征，还可以直接检验节拍性手势是否具有表征性特征。

关注节拍性手势和语言韵律之间可能更为基本的联系，未来还需要进一步有针对性地设计实验来探查，该问题的探讨对社会交流互动认知的研究有着重要的意义。当前有一点是明确的，语言交流过程是一个多模态认知过程，其复杂程度可能远远超出现有研究的证据和结论，而节拍性手势表达和语言表达的生物力学之间的吻合符合普遍的生物学原理，这一同步过程可以使交流中的认知资源消耗降低，正如当我们推动手推车时，呼吸和肢体节奏也会出现某种同步协调性，这有利于身体能量消耗的降低。

归纳而言，节拍性手势用手部的动态特征（节拍）标记了语言表达中的某些韵律元素，这有助于语言信息的识别，因此节拍性手势和语言表达韵律的同步性成为交流语篇叙述中信息衔接的一种方式，节拍性手势对于韵律的标记，以及对话语构建中变化性特征的标记，推动了语言表达过程中信息意义上的连贯性。从节拍性手势所表现的交流者语言表达和认知思维节奏性变化的角度看，节拍性手势可以反映出交流者人际互动中注意的变化特征，但并不是主动引发注意的变化过程。节拍性手势的上述特征在具体的交流互动中，可以表现为其与口语音调变化的相似性特征，节拍性手势的形式与语言韵律显著性特征在时间上可以出现重叠特点（但这并不是说节拍性手势的表达是由语言韵律驱动的，它们彼此间是相互制约的），可以说，在交流实践中节拍性手势表达与语言表达韵律之间的这种关系的符合特征，可以直观体现出交流互动中多模态认知过程的规则性或不规则性。

三、交流手势类型认知特征的启示

交流中语言和手势媒介之间的一个重要区别是，交流意义是从何种信号形式中派生出来的。手势交流是相对“全局的”和“合成的”，也就是说，手势形式中各种特征的含义——例如手运动的方向、手的形状、手的空间位置等——综合决定了整个手势表达的意义。这不同于语言在语法规则下的语义组合。而从交流中不同类型手势间的比较和对照来看，图符性手势重点在于直接、直观捕捉和展现交流信息中对象的具体特征（如，两只手可以直接表现出“桌子和椅子的相对摆放关系”）；隐喻性手势是以手势形象地表达相对抽象的交流信息（如，手部水平方向的波动性运动表达了“时间的不断流逝”）；指示性手势强调了交流的实际情境中或者虚拟空间中特定对象的位置、存在性；节拍性手势更在于突出交流互动的节奏性或信息表达的韵律特征。当前围绕交流手势类型的探讨体现了对交流手势认知特征分析和解释的不断深入和精细化，而从交流人际互动中多媒介共存的特点出发，这种不断精细和相对微观的分析是有意义的。如前所述，交流手势类型的划分早在几十年前就已经进入相关研究者的视野中，但是至今，相对于交流语言认知的探讨以及手势整体认知特征的分析而言，针对性地围绕不同手势类型的实验研究相对还是少量的。诚然，这一定程度上与实验范式的相对复杂性、实验控制和操纵的相对困难性有关，也涉及现实交流互动中不同类型手势间通常存在关联性和某种程度的融合性特征，而使得实验研究中人为分离和解释更为困难。与此同时，也应该看到交流手势认知的研究所涉及的领域正在不断拓展，不仅出现于心理学、社会学、哲学等学科领域，还出现于语言学、传播学和影视戏曲表演等学科领域中，这使得更为精细化地区分交流手势类型并探讨相应的认知特征显示出重要的理论意义和现实价值。在此结合前述分析，进一步提出在不同类型手势认知特征的探查中，未来研究需要进一步关注的一些问题。

第一，交流中手势各类型之间的界限在理论探讨中是相对明确的，但是在现实交流互动过程中，不同类型的手势可以彼此关联和交融，因此未来研究有必要跨越各类型手势而分析和探查这种联合互动关系。

第二，尽管Kendon（2017）强调不论是表征性手势抑或是非表征性手势，手势的表达过程均可以概括为四个阶段：准备、挥动、保持和收回①。这种求同性的概括对于未来实验研究的具体操作是有益的，但是可能掩盖掉不同类型手势表达过程的差异性，直观上可以认为，不同类型手势的认知过程是有差异的，体现的交流互动功能也是不同的，这些可能都会影响不同类型手势的特定表达过程特征。未来研究需要针对性分析不同类型手势在表达中的不同特征，这些不同特征是以不同的交流认知功能为基础的。

第三，交流中手势通常是伴随着语言同时发生的，不同类型的手势代表了手势互动的不同层次和水平，未来需要关注不同类型手势和不同层次的语言表达间的关联性是如何的。

第四，交流中的手势不仅可以表达交流信息，还可以表现交流者的期望、请求、态度，甚至情绪特征，未来研究需要思考不同类型手势在这些方面的人际互动功能特征。

第五，未来对于不同类型手势认知特征的探讨和解释，应始终以交流情境中多媒介共存性特征为前提，任何类型的手势都不是在交流互动中孤立而纯净地存在的，对于交流情境中多媒介的综合考虑，有助于更为完整地理解交流手势的认知特征和功能，并提高研究的生态效度。

第六，以往对于交流手势认知的探讨以及对于不同类型手势认知特征的解释，均倾向于从手势和语言表达一致性的角度出发，未来还应该关注特定交流情境下，不同类型手势表达和语言表达之间可能表现出不一致性或不兼容性特征，

① Kendon A. Pragmatic functions of gestures: some observations on the history of their study and their nature [J]. Gesture, 2017, 16(2): 157-175.

更为有意义的是应该关注这背后的认知过程具有什么理论和现实特点。

第七，手势表达和语言表达不同，其不需要依赖于语言规则而在时间流程中不断呈线性展开，这自然带来一个问题是，交流互动中不同类型的手势表达和语言表达在时间动态发展中是如何整合和协调的。

第6章

交流中手势和语言的关系

现实口语交流过程中，手势无处不在。所有文化中的说者在语言交流的同时都会使用手势来进行人际互动。即使是先天失明人士，从来没有见过任何人的手势表达过程，在语言交流时也会自觉地发生手势互动，同样，人们语言互动时也希望自己的手势不被听者忽视。实际上，交流中语言表达的不同方式（不仅是语义，还包括语音、语法等）可以诱导听者的理解过程，而手势的伴生也可以诱导交流同伴的理解方向，例如，在询问“还有什么服饰是属于男人的”时，做出了“移动手，仿佛戴上了帽子”的手势动作，很明显这有助于诱导同伴回答“帽子”。

简言之，手势在语言交流认知过程中扮演了重要的角色，手势是语言沟通情境的一个重要组成部分。手势反映了说者的思想，经常是那些没有说出来的思想，因此手势成为了解认知和思想的窗口，鼓励说者使用手势，可以帮助交流同伴更好地理解交流思想；手势还可以改变说者的思想，鼓励手势的使用可以潜在地改变说者思考问题的具体过程；手势提供了语言认知建构和创造的基石。我们的手势始终伴随着我们的交流语言，因此手势成为语言交流和思考的一种永久性工具。

第1节　交流手势在语言加工中的角色

一、语言表达过程中的手势交流

（一）语言表达过程中手势交流的辅助性和补充性

在语言表达过程中，说者使用手势参与人际互动可以促进语言的发生过程。说者的手势不仅能够传达特定的交流意义，更为重要的是，交流者使用了不同于语言的信息表达形式。相对而言，手势传达的意义是全方位的，依靠视觉加工和模仿性的想象加工；而语言对信息的传达，依赖于词汇和语法手段，需要在语法规则的基础上在时间过程中不断呈线性展开，手势对于信息的表达更表现为即时性。

根据第三章中所述的“增长点理论（The Growth Point Theory）”，强调交流信息可以描述为一种随交流进程不断增长的全局性合成系统，该系统通过视觉手势和听觉语言分段分层不断展现，手势的视—空表现和语言的听觉表达不可分离——手势和语言形成了一个单一的信息集成系统。基于上述观点，在“信息封装（The Information–Packaging）假说”中，Kita（2000）认为，手势可以帮助说者组织和封装视空信息，其与线性的、顺序发生的语言模式相匹配。从视空表征方面，强调了手势组织和沟通信息的可能性与交流价值，这不同于语言的听觉表征特征。可以想象一下，当描述复杂的空间信息（如一组物品和特定性的操作）时，可能有许多的交流方法将信息分为不同的信息单元和序列，根据“信息封装假说”，手势是个人的空间表达行为，有助于说者选择和组织视空信息来组成信息单位，手势的认知加工过程帮助了语言的表达过程，即促进语言认知加工过程。例如，交流者正在沟通房间中家具的布局和具体摆放方式，说者可能会使用一种手势来模拟该空间特征——两只手分别代表一张沙发和一把椅子，并直观表现彼此在房间中的固定位置和相对摆放关系——“沙发和椅子在房间中一左一右，对面摆放”，这种手势可以帮助语言表达和指称对象间的明确关系。①

检验“信息封装假说”最简单的方法是操纵手势，并观察实验控制对于交流语言的影响。目前，对于该理论的证据相对是间接获得的——操纵交流者对视空信息的需求，来证实这种操作对手势的表达造成了影响，越是需要更多视空信息的任务中，说者在语言表达的同时将相应产生越多的手势。例如，Hostetter和Alibali（2007）要求被试者根据可以连接的点来描述几何形状的特征（例如，“上方的三个点可以连接成一个三角形，而下方的点可以连接成一个正方形，并且三角形的下边是正方形的上边”）；实验过程中一部分被试者面对的材料中的点可以明显组合为特定形状，所以信息表达相对更为容易，而另一部分被试者所面对的点相对混乱，被试者必须自己决定点可以组成什么形状；在第二种条件下，说者交流信息的难度增大。正如“信息封装假说”所预测的，参加第二种条件的被

① Kita S. *How representational gestures help speaking* [J]. Language and Gesture, 2000, 1:162-185.

试者在语言描述和解释过程中产生了更多的交流性手势[①]。

语言交流过程中，人们是否使用手势也影响词汇的选择过程和难易，基于此，Krauss（1998）提出了“词汇性手势生成模型（The Lexical Gesture Process Model）”。[②]根据这一理论，交流互动中手势可以激活语言中的特定词汇，使得词汇更容易表达和理解。例如，如果说者开始解释“球滚下山”时，使用了一个圆形的手势，将促进表达中词汇“滚”被激活，说者因而会更容易表达该词汇。在语言互动中词汇理解变得更加困难时，说者手势发生的频率更高；相反，当手势被禁止后，说者的语言变得越发不流畅。

Kita和Özyürek（2003）在以上理论基础上又进一步提出“共同范围模型（The Interface Model）”，认为交流互动过程中手势是由行动发生器计划的，口头语言是通过信息发生器计划的。根据这种观点，虽然口头语言和手势是由不同的系统产生，但语言认知加工中，两个系统是双向交流和互动的，手势的具体表达特征一定程度上影响甚至决定了语言表达的可能性和限制性。[③]

语言交流中手势产生机制的另一种观点是“模拟行为的手势框架（The Gestureas-Simulated-Action Framework）”，认为交流中当说者产生语言时，自然激活相应的感知状态和行为的心理表征与模拟，伴随语言的手势随之产生。该理论认为，语言影响手势的表达形式，这是通过影响说者的心理表征和模拟过程而实现的，因此，既然交流中包含了感知和行为的心理表征与模拟，那么手势即心理表征和模拟过程的自然产物。

Arnold、Kahn和Pancani（2012）针对性地探查了交流互动中，听者的手势反馈对说者语言表达过程的影响特征，研究检验并证实了交流中手势提供的反馈信息显著影响了说者的语言表达特征，即存在手势互动对语言表达的认知反馈效应。[④]这和Bard、Anderson、Sotillo、Aylett、Doherty-Sneddon和Newlands（2000）的观点不一致，后者提出语言表达特征的显著性并不受交流中说者对听者知识估计

---

① Hostetter A B, Alibali M W. Raise your hand if you're spatial: *Relations between verbal and spatial skills and gesture production* [J]. Gesture, 2007, 7(1): 73-95.

② Krauss R M. *Why do we gesture when we speak?* [J]. Current Directions in Psychological Science, 1998, 7(2): 54-60.

③ Kita S, Özyürek A. *What does cross-linguistic variation in semantic coordination of speech and gesture reveal?: Evidence for an interface representation of spatial thinking and speaking* [J]. Journal of Memory and Language, 2003, 48(1): 16-32.

④ Arnold J E, Kahn J M, Pancani G C. *Audience design affects acoustic reduction via production facilitation* [J]. Psychonomic Bulletin & Review, 2012, 19(3): 505-512.

的影响。[1]Arnold等（2012）的实验重点探查“听者手势反馈对于说者交流语言表达过程”的影响作用。说者指导听者将物体对象放置到特定位置。实验中，操纵控制听者的手势互动特征，在说者语言表述之前，听者预先将对象拿起来或挑选出，即实验中通过操纵听者的手势表达特征，来控制听者对说者的手势反馈和交流期望。当听者手势表达了特定的预先期望时，说者的语言表达过程更快，如对于单词“the”一类词汇的发音时间更短，这就表现出手势互动反馈影响语言的表达过程，该效应甚至也出现在主语中心语名词（teapot）的语言表达过程中。研究针对性分析了“发音时间”“语音振幅”和“感知的可理解性”等特征，进而提出一个交流加工机制：相对于引发特定语言形式而言，听者的手势互动特征促进了交流语言的生成过程。

图6.1 Arnold等（2012）的交流实验情境

口头语言在语言表达的显著性或可理解性程度上是不断变化的，在特定交流情境中给定的或可预测的语言倾向于被弱化，但是如果语言是新的、不可预测的，或重要的，则表现为语言表达的显著性。语言表达的弱化特征表现为：较短的表达时间、减弱的语调或语调变化、减弱的强度，以及较低的可感知性和可理解性。尽管手势表达影响语言的交流过程，但是这种影响和变化的机制尚且没有被我们所充分理解。如果简单一分为二来看，那么这种影响要么来自交流互动中的听者设计过程，要么来自说者自身的某种内在认知限制性。大量的证据表明，交流互动过程中说者不断根据听者的知识、意图、目标等选择语言的形式。但是

① Bard E G, Anderson A H, Sotillo C, Aylett M. Doherty-Sneddon G, Newlands A. *Controlling the intelligibility of referring expressions in dialogue* [J]. Journal of Memory and Language, 2000, 42(1): 1-22.

朝向听者的语言生成程度尚处于争论之中，因为一些语言生成过程好像促进了而不是指向了听者的知识。

在听者设计的观点下，手势互动中语言的变化是受听者需要驱动的，当特定的交流情境下语言较难理解时，如新的或不可预测的语言表达过程，以及手势互动中带来的新的交流问题，语言的显著特征便随之产生，并影响表述的具体方式。基于该观点的另一种解释认为，说者在交流中遵守以语言信息状态为基础的语用规则，特定的或主题性的语言倾向于被弱化，新的或重点性的语言表达倾向于被提高显著性。总之，在听者设计的观点下，语言表达特征的选择是受听者特征驱动的，因为其缘于对高效交流需要的满足。

相反，手势互动中语言变化缘于说者内在认知的观点认为，语言表达中的弱化发生于语言生成便利的情形，因为手势交流影响这种生成的便利性，进而导致语言表达的变化特征。之前手势中已经明示过的对象，当再次用语言提及时自然会更为容易，因为语言生成的许多水平（如，概念的、语义的和语音的表征等），最近曾被激活过。同样，当一个词语可能需要结合手势等线索做出更多的考虑时，语言表征的激活程度可能随之更强。手势带来的可预测性也在语言的指示水平上起作用：当一个交流对象处于交流者的认知期望中时，概念表征可能被预先激活，交流计划开始得更早，手势互动显著影响该认知期望性的表达。

实际上手势对语言认知的影响特征和过程，似乎同时受上述两种观点的影响，实验中也是很难进行严格区分的。但是有一点是清楚的，交流中手势是辅助语言进行交流互动的，因此手势介入交流过程，通常表现出语言表达中的“弱化现象”。语言弱化解释的“信息理论”认为，语言表达的弱化出现在听者理解了交流中特定信息的情形下，说者通过弱化语言生成系统，进而提高交流互动的效率和效果，而这一过程中手势起了一个沟通和平衡认知的作用。

在研究实践中，上述的两种观点都得到了一定实验证据的支持。手势交流背景下语言弱化的驱动因素至少有一些是缘于说者内在认知过程的，弱化的程度与促使语言生成的便利性有关，并且，在听者特定手势互动的条件下，最终还是缘于说者的知识影响到语言表达的过程和具体特征。Bard、Anderson、Sotillo、Aylett、Doherty-Sneddon和Newlands（2000）通过“地图任务”材料得出的数据，也反对听者设计的观点，强调这种弱化表现为基于说者个人交流经验的结果。[①]

① Bard E G, Anderson A H, Sotillo C, Aylett M, Doherty-SneddonG, Newlands A. *Controlling the intelligibility of referring expressions in dialogue* [J]. Journal of Memory and Language, 2000, 42(1): 1-22.

但是这仍然无法完全排除在说者自身的便利性之外，手势导致的语言弱化部分缘于听者驱动的可能性，尤其是面对听者手势反馈的条件下。Galati和Brennan（2010）通过一个“故事生成任务”进一步检验了这一假设，结果支持听者设计过程影响语言的变化性。①

上述Arnold等（2012）的实验研究中，主要是针对听者的手势反馈对说者语言表达的影响特征，研究比较了听者不同类型的手势反馈，对说者语言表达的即时影响。诚然，当说者认为“听者已经理解了当前的交流对象——因为听者的手势已经指向或拿起了该对象”时，对象信息的表达在手势中已经很显著了，因此说者更可能弱化语言的表达过程。比如，Alex对Elise说：“我要签个字，能递我一下钢笔吗？”如果Elise在听完前一句时，已经预测到了说者的交流需求，并在说者表达后句之前就已经将“钢笔”拿了起来并准备递向对方，其手势将明显影响说者的语言，进而导致表达的弱化。因为Alex发现Elise的手势反映出Elise理解了自己的交流意图，那么Alex就可能弱化后一句表达的对象中心语“钢笔”。

该例子中的一个重要特征是说者和听者共享了谈话的所有相关方面。尤其重要的是对“指示对象钢笔”的可预测性，因为这种可预测性促进了语言的弱化。当指示对象对于所有交流者具有同等可预测性时，听者可以有选择性地提供自己认识到这种可预测性的证据，并通过手势表达出来。如图6.1中，说者指导听者摆放桌子上的物品，在手势表达期望的条件下，听者在说者提及对象之前，就预先拿起物体；而等待在语言表达条件下，听者等待话语结束后再拿起物体。任务的目标是检验“语言表达是基于听者手势反馈的一种功能”。如果听者的手势反馈影响了说者语言的变化特征，在手势表达期望的条件下，语言发音应该缩短，尤其是靶对象中心语的表述会缩短（如，茶壶）。

在听者设计的传统解释中，“方便听者”的观点强调，说者会假设听者的知识状态，这引发了其特定的语言表达特征。语言的变化特征依赖于说者表征的是特定的听者知识，而不是普遍的听者知识，这进一步影响语言表达的特定即时变化性。基于该观点，语言变化是特定的、即时的，特定于听者提供的反馈信息，如手势表达。听者设计影响作用的另一种解释认为其影响是间接的，也包含了“方便说者”的交流认知加工机制。当听者通过手势展示出其理解的证据时，说

① Galati A, Brennan S E. *Attenuating repeated information: For the speaker, or for the addressee?* [J]. Journal of Memory and Language, 2010, 62: 35-51.

者的部分注意信息变得显著，进而使得语言生成过程更为便利。

总之，在语言和手势共同互动的交流情境下，交流者不仅需要时刻了解自己的认知过程，还需要时刻监控和推理同伴的认知过程，因此手势共现导致的语言弱化现象可能同时缘于针对说者和听者的认知加工过程。

（二）语言发生过程中激活的视空或运动模拟提高了手势发生的频率

在第三章中已经阐述了模拟行为的手势框架理论，该理论认为，交流互动过程中说者既可以形成图像式意象表征，也可以形成语言/命题性表征，两者都可以构成交流话语的基础。在某些情况下，说者会激活图像，或者激活已有经验中相似的固定形态表征；在其他情况下，说者可以激活抽象性表征，或者激活实例化信息的语言代码。当图像式意象表征被激活时，运动和知觉系统随之被激活，因为图像式意象表征的感觉运动特性会被自觉模拟，参与产生动作、与物体互动或体验知觉状态的神经区域都随之被激活。在运动图像意象表征的情形下，运动系统被激活，就像产生实际动作时一样。在视觉图像意象的情形下，视觉系统被激活，但由于感知和动作之间存在的密切关系，这种激活也可以扩散到运动区域。

这样，当说者的语言是基于图像意象时，与基于抽象的词汇或命题相比较而言，说者将更可能做出手势表达。已经有一些证据证明了模拟行为的手势框架理论的这一观点和解释。在此后的研究中，Hostetter和Skirving（2011）比较了说者在描述一段短文时所做手势的具体特征，被试者以两种不同的方式学习短文：听两遍，或者听一遍，再看一遍动画演示。[①]结果发现，与只听两遍口头描述的实验条件相比，后一条件下被试者手势表达的频率更高。重要的是，由于两种条件下的说者都听过口头描述，因此比较性结果表明，说者显著表现出当在视觉空间图像条件下获取信息时，其在语言表达中倾向更多地做出手势表达；而在抽象语言介绍的实验条件下，说者的这一手势交流的特点显著降低。

然而，并非所有的研究都支持该观点。Parrill、Bullen和Hoburg（2010）在研究中让被试者先阅读故事材料或先观看动画故事，随后，说者对故事进行语

① Hostetter A B, Skirving C. *The effect of visual vs. verbal stimuli on gesture production* [J]. Journal of Nonverbal Behavior, 2011, 35: 205-223.

言描述，但是两种实验条件下说者的手势表达频率并没有显著差异。[①]这与上述Hostetter和Skirving（2011）的研究结果不一致。诚然，研究方法上的差异可能是研究结果差异的一个原因；同时，最值得注意的是，Parrill等（2010）实验中的听者是真实的交流被试者，并且是说者被试者的朋友，但是Hostetter等（2011）实验中的听者则是实验者的同谋，很显然，真实且熟悉的听者同伴与陌生的实验者同谋（熟知实验特征）相比，在交流动机上必然是存在显著差异的。例如，交流中听者对交流内容的理解特征和程度，将直接影响其交流互动的反应特征，如兴趣程度、互动质疑性等，这些均会形成对信息的不同需求程度和需求特征，进而影响说者交流信息的表达过程和具体特征。事实上，Parrill等（2010）得出的实验结论是，说者可以根据文字信息在心理上模拟加工为图像信息，当他们这样做时，手势的表达和发生特征就与观看故事条件之间非常相似了。

但是，分歧并不能掩盖上述观点受到另一部分实证结果的支持，此类研究中刺激呈现方式的实验效果是以交流情境特征为前提的。Masson-Carro、Goudbeek和Krahmer（2017）研究发现，与以词汇标签呈现对象的实验条件相比较，当交流对象以图片的方式呈现时，说者在语言描述对象的过程中，使用了更多的手势表达；然而，当对象更难以解释时，这种效应消失了，此时语言表达难度的增加可能导致说者的交流策略发生变化。[②]具体来说，当说者相对无法用语言解释对象时，他们将会产生更长的语言描述，其中包含了有关对象外观和功能的更多细节，更详细地模拟和表达了对象的属性，因此，两种条件下手势表达均非常积极，正如上述Parrill等（2010）的研究结果，两种条件可能均鼓励说者形成了更为丰富详细的图像意象表征。

到目前为止，较一致的观点是，人们在看到图像后的手势表达频率比阅读文本后更高，这也缘于图像条件下说者语言抽象表达过程相对更难，因而相应激发了更多手势表达的伴随和共现。事实上，有证据表明，当一项交流任务在语言沟通上更为复杂时，说者的手势表达会更多，此时的手势互动还有助于降低交流认知负荷。描述图像呈现的信息比描述文字呈现的信息更困难，这种增加的困难会导致更多的手势发生。如果限制说者对对象的语言描述过程，随之将带来额外的

---

① Parrill F, Bullen J, Hoburg H. *Effects of input modality on speech–gesture integration* [J]. Journal of Pragmatics, 2010, 42: 3130-3137.

② Masson-Carro I, Goudbeek M, Krahmer E. *How what we see and what we know influence iconic gesture production* [J]. Journal of Nonverbal Behavior, 2017, 41: 367-394.

认知负荷，会导致更多的手势表达。

然而，当前仍然难以完全和彻底地解释说者在描述图像时的高手势率。Sassenberg和Van der Meer（2010）探查了说者描述路径时所做的手势，发现语言描述时被试者思维中路线被高度激活（之前已经描述过）的条件下，比其描述新激活的路线，手势的表达率更高，尽管高度激活的路线应该更易于语言描述，因为毕竟它们先前已经被描述过了。①此外，研究发现在操作图像信息的任务（例如，如何将各种形状组合生成图片）中，相比操作语言信息的任务（例如，如何组合单词以生成句子），说者的手势表达更多，尽管语言任务对说者而言可能更难，并且可能会导致更多的错误。Nicoladis、Marentette和Navarro（2016）发现，在叙事任务中，儿童手势率的最佳预测因素是其叙事的总长度。②他们认为，叙事长度越长，语言表达中对图像意象表征的依赖性越强，当儿童对他们所讲的故事形成了丰富的图像时，他们会讲述出更长的故事，手势发生的频率也会更高。相比之下，以连接词汇的数量（例如，so，when，since）为指标定义的叙述复杂性，并不能预测手势的使用率；那些讲述更困难、更复杂故事的儿童也不一定要做更多的手势。在所有这些综合结果的对照中可以看出，更高的手势率并不意味着更高的语言表达难度，而是意味着更丰富的视觉空间表征。

说者激活视觉空间意象的个体差异性，也可以解释手势发生的个体差异。空间技能超过语言技能的说者在语言交流中更倾向于做出更多的手势。对这一发现的一种解释是，更有可能对所说信息形成意象模拟的人，就更有可能产生手势表达。当视觉空间意象被更强烈地激活时，人们相应就会做出更多的手势表达和互动。譬如，在复述动画故事的同时，让说者观看一个视觉空间对象的序列演示，当说者观看无关的、复杂的视觉空间对象序列演示时，其手势表达更多；但是观看一个简单的序列演示时，其手势更少。针对这一现象和表现，研究者们一致认为，观察复杂的视觉空间对象序列演示，更显著干扰了说者对交流信息的视空表征，因此要求其通过更多的手势表达来更强烈地激活这种表征。需要注意的是，这个解释取决于这样一个事实和前提：动画故事的复述任务需要说者激活图像意象表征。而在非动画描述任务中，如抽象的命题任务，说者由于不需要

① Sassenberg U, Van der Meer E. *Do we really gesture more when it is more difficult?* [J]. Cognitive Science, 2010, 34: 643-664.

② Nicoladis E, Marentette P, Navarro S. *Gesture frequency linked primarily to story length in 4-10-year old children's stories* [J]. Journal of Psycholinguistic Research, 2016, 45: 189-210.

激活更强烈的意象表征，相反在复杂任务条件下手势表达将表现出显著更少。显然，沿着这一思路的进一步思考和假设，还需要未来更多针对性的实验研究进行更为具体化和多元化的探讨和检验。

如上所述，一种方法是向被试者呈现与其所描述故事无关的内容，另一种方法是向说者呈现与其所描述故事相关的视觉内容。如果手势是从感觉运动系统的激活中产生的，那么当说者进行语言表达时，通过一个同时进行的感知任务来加强这种激活是可能的，研究结果将支持这一观点。再或者通过让说者描述涉及垂直运动的小片段（例如火箭推动的宇宙飞船上升、坠落）来检验这一假设，说者描述的同时观察计算机屏幕上垂直移动的圆圈。结果将发现，当说者观看在同一方向上移动的圆圈时，他们语言描述垂直运动事件时的手势频率显著更高（例如，在描述火箭向上移动时观察向上移动的圆圈）。这一差异不能用说者所说内容的差异来解释，因为他们在观看一致与不一致的圆圈时，描述垂直事件的语言词汇量没有显著变化，表明手势表达也可以通过知觉系统中的无关活动来激活。

总之，现有的研究证据大多支持：当说者描述基于视觉图像表征的信息时，手势率会增加，并且手势率的增加似乎并不是由语言认知或词汇难度导致的。

值得注意的是，以往研究者以几种不同的方式操作性定义了手势率，例如，每个单词表述中的手势、每秒的手势、每个语义属性的手势等。这些研究指标通常高度相关，但也存在差异。如果说者在图像材料条件下比语言文本材料条件下，手势表达频率更高，那么研究每个语义属性而不是每个单词的手势率将更有价值和针对性。撇开这一重要的方法论问题不谈，以往的研究已经提供了与上述观点一致的证据：当说者描述视空图像材料时，手势出现的频率高于描述文本材料的条件。

二、语言理解过程中的手势交流

虽然有些研究者认为，手势在语言理解过程中的作用可能和在语言发生过程中的作用不同，但是大量证据均表明，手势可以影响听者一方的语言理解过程。假如一个人说“那个人正在戴帽子”，同时伸出自己的手，仿佛抓着帽檐，这种手势可以帮助听者理解“那个人”正在戴帽子，手势甚至可能会引导听者做出特定的推断——帽子是一顶棒球帽。

Hostetter（2011）的一项研究发现，交流中手势可以显著促进听者的理解，手势促进理解的效果依赖于几个因素，包括手势表达的内容、手势和语言语义的重叠程度、听者的年龄等。[①]这不难理解，如果手势表达涉及关于运动操作方面的信息，比表达抽象性的内容更能够促进听者的理解。此外，手势还能够传达语言所未能表达的与任务相关的信息，例如，一个手势描绘宽度，语言却同时说“这个杯子更大”；甚至，当一个手势描绘宽度时，语言却表达“这个杯子更不一样”，手势不是重复语言表达的内容，而是补充说明语言信息。在发展性研究领域中还发现，相比年龄大的听者，儿童从交流手势中会得到更多的信息，以帮助自己理解语言内容。

概括而言，支持手势影响语言理解认知过程的相关研究，一类侧重于证实说者的手势影响听者对交流语言的理解；另一类侧重于证实说者的手势传达了交流语言所未能表达的信息。两方面均证实说者语言交流过程中的手势是具有信息沟通性的。这涉及三个问题：说者的手势影响听者的语言理解吗？手势自身传达交流信息吗？手势具有相对独立的交流性吗？

首先，说者的手势影响听者的语言理解吗？在一般情况下，听者自然领会交流的内容。然而，如果交流语言是很难理解的或不明确、含糊的，抑或是对于听者而言相对困难，手势可以提供促使听者正确理解的另一个方式或途径。许多研究探查了手势是否影响听者的语言理解，方法包括使用视频剪辑材料作为刺激让听者观看，或听者参与现实互动；评价语言理解的研究指标也相对多样，有的研究要求被试者回答他们听到的语言中的问题，有的研究要求听者重申交流语言，还有研究评估被试者对于别人语言信息的掌握程度，既可以评估被试者在下一回合中的语言认知特征，也可以评估被试者的行为反应特征。以往研究有强有力的证据表明手势影响听者的语言理解过程。当手势表达语言本身的信息时，手势有助于对语言信息的正确理解；当手势表达语言未表达的信息时，可以辅助语言信息完整表达。

其次，手势自身传达交流信息吗？当手势传达了和语言相同的信息时，它似乎可以促进听者的语言理解过程。但是，当手势传达了语言未包含的信息时又会如何呢？如上所述的例子，说者表达“那个人正在戴帽子”，同时移动自己的手，仿佛握着帽檐，说者同时通过独特的手势传达了帽子的种类信息（一顶棒球帽，而不是牛仔帽；绒线帽或宽边帽）。听者是否能够理解手势传达的独有信息呢？

---

① Hostetter A B. *When do gestures communicate? A meta-analysis* [J]. Psychological Bulletin, 2011, 137(2): 297-315.

答案肯定的。例如，Kelly和Church（1998）在研究中向被试者呈现儿童解释皮亚杰守恒任务的视频片段，并要求被试者对儿童语言表达中的推理性信息特征做出肯否判断，例如一个视频短片中，儿童语言提及了容器的高度，但手势表达的是该容器的宽度；被试者观看后，认为该儿童在同时表达容器的高度和宽度。[①]实际上，语言交流中听者通常会将手势独自传达的信息自觉合并入语言信息之中。因此，听者同时根据语言和手势信息来理解说者所传达的完整内容。

最后，手势具有相对独立的交流性吗？很显然，手势有助于推动听者的交流认知理解过程。但在交流过程中，是说者自己期望通过手势来沟通，还是说，说者的手势仅仅是语言表达过程中的一个附带现象呢？研究证据表明，说者至少是期望其部分手势能够具有实际的交流性。第一，当交流双方处于彼此可见的情境中时，说者的手势更多；相反，交流互动中彼此不可见时，手势随之表现得相对更少。第二，当说者向不同听者重复同一信息时，他们的手势率并不下降，手势的产生似乎服务于语言的产生过程。第三，当明确要求说者向听者传达特定信息时，手势有时表达了一些语言并不包含的信息，例如，Melinger和Levelt（2004）明确要求说者向听者传达特定任务的空间信息，说者频繁使用手势表达该信息，但语言中并没有出现，这表明至少有些手势是具有相对独立交流性的。[②]

至目前可以确定地说，手势在语言产生和理解中均起了一定的作用，个体差异可能影响交流互动中手势表达的具体特征。但是，围绕语言理解过程中的手势交流特征问题，应该明确两点：第一，在一定程度和范围上，手势是为听者而设计的；第二，关于交流手势的各理论尚未能完全和清晰地解释，手势对于听者是如何具体起作用的。

关于第一点，Clark（2016）指出，图符性手势是手势的一种典型的亚类型，他称为“形象描绘性手势”，或者用来展示一个场景以帮助听者想象同一场景的手势。[③] Nemirovksy、Kelton和Rhodehamel（2012）提出了一个观点，认为手势可以促使说者和听者发生集体性想象。[④]这种观点认为，手势是由说者为听者而

① Kelly S D, Church R B. *A comparison between children's and adults' ability to detect conceptual information conveyed through representational gestures* [J]. Child Development, 1998, 69(1): 85-93.

② Melinger A, Levelt W J. *Gesture and the communicative intention of the speaker* [J]. Gesture, 2004, 4(2): 119-141.

③ Clark H H. *Depicting as a method of communication* [J]. Psychological Review, 2016, 123: 324-347.

④ Nemirovsky R, Kelton, M L, Rhodehamel B. *Gesture and imagination: On the constitution and uses of phantasms* [J]. Gesture, 2012, 12: 130-165.

有意设计的，在某些情况下，说者可以有意识地做出手势，这些情况被视为手势表达阈值的降低，因为此时手势对听者或说者特别有利，并且这种阈值降低可能是意识性的。但是，研究者尚无法清楚解释为什么这些手势不能成为交流双方之间共同基础的一部分。实际上，重要的一点是，并非所有的交流互动手势都是以这种方式产生的，因为说者通常是在无意识的情况下做出手势，甚至在某些情况下，他们似乎并不打算用手势进行交流。

同时，也有证据表明，说者会根据交流语境的各个方面或基于听者的立场，对他们的手势做出微妙的（可能是无意识的）调整或改变。例如，与以前没有听过特定信息的人交流时，相比较听过该信息的人，说者语言交流时会产生更大幅度、更精确的手势表达。与对所描述的特定动作一无所知的人交谈时，说者在空间上的手势也更多、更详细和更具体化。相反，当说者不想让听者听懂时，他们也会做出较小幅度和更少数量的手势。当前的讨论和分析，也考虑到了交流语境的变化可能导致手势变化的三种方式：鼓励说者调整其手势表达的阈值水平；通过影响说者激活特定表征元素的强度调整其手势表达的阈值水平；通过影响口和手的协调系统调整其手势表达的阈值水平。然而，本书在此也同时强调，关于交流手势的各种解释和理论，并没有详细或明确地说明语境变化是如何导致手势形式变化的，进而也应该注意到交流语境是一个丰富的概念，那么清楚分析和说明该问题的一个前提是需要厘清语境的特定内涵和外延。这也将成为未来研究的一个方向和焦点。

关于第二点，以往研究者们没有直接涉及和正面明确阐述手势是如何促进说者认知的，以及手势是如何直接显著促进听者的交流认知过程的。尽管说者对听者是否会从伴随语言的交流手势中受益的信念，被假设为一个会影响手势交流阈值以及说者手势交流频率的因素，但是相关的研究领域尚没有对听者是否真的从手势交流中受益做出强有力的阐述。尽管如此，一些研究者还是推测了手势对听者产生的交流效果，并且有大量证据也表明，在许多情况下，听者确实从说者的交流手势中受益。

关于交流手势如何对听者认知产生促进作用的一个较为一致的观点是看到说者的手势会激活听者运动系统中手势的模拟过程，或者在某些情况下，会鼓励听者实际产生类似的手势表达，即事实上当听者谈论相同的话题时，看到他人的手势会提示他们使用类似的手势。

此外，有证据表明，产生手势的过程和理解手势的过程可能都是基于动作的模拟及其与心理意象的关系。当听者在交流的同时需要完成另一个涉及手和手臂的任务时，他们从手势中获得的交流益处比不同时参与此类任务时要少。这表明，当用自己的效应器很难模拟说者的手势时，理解手势并从中受益的能力也会随之降低，可以较好地说明，交流互动过程中手势的产生和手势的理解都是基于动作的模拟而实现的。在手势产生的情况下，激活一个心理图像会导致心理模拟和一个相应的运动计划，随之它将被外化表达为手势。在手势理解的情况下，看到一个手势会唤起一个相应的运动计划，然后激活一个相应的心理图像，可以促进听者对交流信息的理解。

当前，在交流手势认知探讨中衍生出来的另一个悬而未决的问题是，观察手势是否比观察其他动作更能促进交流认知的理解过程和水平呢？或者观察手势和观察其他动作是否能产生相似的心理模拟过程或者不同的认知理解水平呢？

三、手势交流和语言交流的关系

尽管手势和语言的表达形式不同，但是它们在时间和语义上是互相伴随的，同时表达相关联的信息，产生共同的交流结果。交流语义协调的观点认为成年人交流者和语言学习者（儿童和第二语成人）通过手势互动来克服语言交流互动中的困难。这不仅表现在儿童语言获得的相关研究中，这些研究发现手势发生在语言之前，是过渡性知识状态的标志①，相同的结果也出现于成人第二语言学习和双语的相关研究中，即成人学习者比母语说者显著使用更多的手势以辅助交流。②此外，关于手势和语言关系的一些理论认为，手势传达了和语言相关的内容，可以促进语言交流，有助于语义的回忆、理解和信息整合。

关于手势交流和语言交流的关系，总体上形成两种观点：一些研究证据发现手势应在语言不流畅时更加频繁地出现；然而，另一些证据表明，可能并非如此，但是当交流语言因口吃或者通常所见的不流利而暂停时，手势也相应停止，这在第二语言交流者身上也有典型表现。另外一个发现是，如果成人学习者在不流畅语言交流中使用了手势，那么他们经常处于语言使用和表达的一个关键节点上，手势的使用不是随意的。

---

① Cook S W, Goldin-Meadow S. *The role of gesture in learning: Do children use their hands to change their minds?* [J]. Journal of Cognition and Development, 2006, 7(2): 211-232.

② Nicoladis E, Pika S, Yin H U I, Marentette P. *Gesture use in story recall by Chinese–English bilinguals* [J]. Applied Psycholinguistics, 2007, 28(4): 721-735.

Graziano和Gullberg（2013）的研究同时采用了成人和儿童被试者，针对性探查了手势互动对于语言交流的辅助作用：说者在流畅和不流畅的语言交流中是否显著使用手势；在不流畅语言交流中，与语言有关手势的特征怎样；在不流畅语言交流中，手势的交流功能如何。[①]实验中被试者成对组合，完成语言互动交流，材料是以卡通图片形式呈现的叙事故事。第一种条件下，被试者为33个意大利儿童，按年龄分为3组（4~5岁/6~7岁/8~10岁），每个年龄组包含11个被试者。首先儿童听故事录音，录音是儿童熟悉的口音。儿童听完录音后，向成人复述这些与企鹅有关的故事，这些成人或者是其亲人或者是其老师。儿童讲述期间，成人同时看着卡通图片，不打断儿童的讲述，但是可以提供反馈。第二种条件下，使用相同的卡通图片，被试者为11个意大利成人，实验中，2个被试者组合为交流对并彼此配合完成任务，1人先看卡片，再向另一人讲述，对方没有卡片。要求听者只是听对方讲述故事，不要打断，或者可以在故事结束后，提出自己的问题。该要求方便于和第一种条件下的儿童结果直接比较分析。第三种条件下，11个荷兰成人，法语是其学习的第二语言，并且他们的法语水平低于中等熟练程度，学习法语4年，但是从来没有到过法国，要求其向法语母语听者讲述故事，并且允许听者看着图片，并在故事讲述期间进行提问和提供反馈。结果发现，说者在流畅和不流畅表达条件下手势数量有显著差异，手势显著出现于语言流畅表达过程中（总趋势），这不受母语交流和第二语言交流的影响，并表现在儿童和成人各条件中。值得注意的是，成人第二语言交流者在不流畅语言表述中更多地使用了手势，手势有助于交流同伴的理解。此外，不流畅语言表述中的手势主要是不完整手势，表明手势和语言是相关联的，语言不能完整表达时，手势也是不完整的。最后，当语言表述不流畅时，被试者也做出了一些与语言内容无关的手势。

虽然上述结果是初步的，但是有助于进一步理解交流手势和交流语言的关系，以往研究认为手势主要和语言内容有关，是语言表意的一种辅助和补偿手段，当语言停止，手势也停止。但现实交流中，手势表达也可能仅是语用的，而非语义的，即和语言内容无关，但可以促进语言互动的认知过程，这也对以往语言和手势的关系理论提出了质疑。总之，语言和手势交流是一个紧密关联的系

① Graziano M, Gullberg M. *Gesture production and speech fluency in competent speakers and language learners* [R]. In Tilburg Gesture Research Meeting (TiGeR) 2013, Tilburg University, 2013.

统，人们习惯认为手势的主要功能是弥补语言表达困难，手势起了补偿或辅助语言表意的角色；实际上，语言和手势交流是一个集成系统，手势交流不仅具有表意性，还具有表意之外的交流功能特征，如注意指引、情绪情感表达、态度表达等，鉴于此，未来对手势和语言交流关系的探查应该放在一个相对更为广阔的研究背景之中。

第2节　交流手势在语言学习中的角色

手势不仅经常出现于成年人的语言交流过程中，实际上对于刚开始学习说话的年幼儿童来讲也是这样。研究和现实观察事实均表明，大多数儿童的手势表达先于语言表达，这些手势不仅先于语言互动过程，在引发语言互动过程方面也扮演了重要的角色。

一、交流手势在语言学习早期阶段中的作用

（一）手势先于语言并预示语言的变化性

儿童通常在8~12个月的时候开始使用手势。他们先是用手势来指示对象，其含义完全决定于交流情境而不是手势的特定形式。例如，一个幼儿可以指着一个对象以引起成人的注意，这通常发生在儿童首次说话前的几个月。成年人通过手势指点对象有助于儿童学说语言中的特定词汇，指示性手势的功能就像语言中的代词（“这”或“那”）一样，成年人可以通过手势来引导儿童的注意集中于特定的目标。除了多样化的指示性手势，儿童学习使用的一些手势还具有文化特征，例如，左右摆动竖立的手掌表示“不”，将手指放在嘴唇上表示“不要出声响”。这类手势具有一定的表征性，不像单纯的指示性手势，表征性手势可以表达更为丰富的含义，它的意义方面对交流语境或背景的依赖性更低，更加表现出“表意”的特征，甚至在儿童学会语言之前，已经被其所掌握并频繁使用。

儿童学习语言之初对于手势表达的使用，类似于对语言的使用，儿童经常结合自己的手势来学习发音，尽管手势和语言表达的意思可能并不完全相同，也并不默契和自然，但是对于儿童而言，简单的手势表达不是多余的。例如，当一个孩子说“瓶”的同时用手指着瓶子，这是典型的儿童早期手势语言组合的混合表达方式。正因为手势和语言表达的意思可能并不完全相同，因而对于早期学习说话的儿童而言，其手势在交流中所包含的意义可能不限于其语言能力所及，一个

孩子说“瓶”的同时用手指着瓶子，这不仅仅表示其对对象的关注和指称，重要的是可能表达了“瓶子是我的”这一意图。这种情形下，儿童手势表达的不仅是概念含义，而且表达了特定的简单性命题。这种手势和语言的组合式表达方式，通常可以预示语言命题表达过程的不断成熟，并预示出儿童语言能力即将出现进一步的发展，例如，儿童手势和语言的组合表达方式早在18个月大时就可以出现，而语言表达中的“主谓句”则出现于22个月左右。①

由此可见，儿童在学会语言交流之前，先学习了使用手势来互动，有一点是明确的，手势对于儿童语言学习来讲是不可缺少的，并且手势对于语言学习起了推动作用，并在一定程度上可以预示出语言的不同发展阶段特征。

（二）手势交流推动语言交流

手势交流推动语言交流表现于两个方面。首先，正如上面所阐述的，手势给儿童表达自己的想法提供了一种机会，尽管他们还不能够通过语言来准确表达交流意图，而处于交流情境中的父母和其他听者可以借助这些手势理解其语言所指，这帮助儿童能够积极参与到人际交流互动过程之中，提高其语言交流的积极性。在这种交流情境下，手势对于儿童成长中的语言交流学习至关重要。从听者一方来看，儿童的交流同伴，如父母等，擅长面对儿童的交流性手势，并习惯准确理解其手势意图，同时借助手势互动帮助儿童学习语言词汇和语法表达。其次，当儿童没有熟练掌握语言时，手势提供了一个交流实践的机会，并为未来良好的语言互动提供了一个支撑，在这种情况下，手势影响了儿童认知发展过程本身。研究证实了这一事实，根据14个月时儿童的手势交流水平，可以预测其在42个月时的语言词汇量特征，积极使用手势的儿童，在后来发展中语言词汇量更为丰富，手势的使用特征对未来词汇学习起了预测作用。②这启示儿童的教育者可以利用儿童手势发展的适切时机来鼓励和培养其手势交流的习惯，以针对性促进其语言交流的发展。诚然，如果手势交流有利于语言能力的发展，推动语言交流，那么，受到手势交流鼓励的儿童将能够获得更多的语言词汇并在语言交流中不断使用和丰富。

---

① Özçalışkan Ş, Goldin-Meadow S. *Gesture is at the cutting edge of early language development* [J]. Cognition, 2005, 96(3): B101–B113.

② Rowe M L, Goldin-Meadow S. *Differences in early gesture explain SES disparities in child vocabulary size at school entry* [J]. Science, 2009, 323(5916): 951-953.

儿童研究已经发现，12个月大的幼儿已经开始很好地理解周围交流环境中的手势含义，交流同伴的手势互动能够促进幼儿的语言学习。例如，12个月的幼儿可以按照一个成年人的手势指向来注意一个目标对象；而幼儿父母在与其交流互动时，会有意识地使用一些手势来配合语言表达。[①]因为父母意识到手势表达可以以一种简单而直观的方式提供语言理解方面的支持，便于幼儿理解自己的语言，也便于其接受语言中的新词汇。然而，研究者们也意识到目前还无法准确界定，父母的手势互动对儿童语言学习的影响到底有多大。相关研究发现并指出，当父母习惯于使用手势和儿童交流时，儿童不仅词汇量显著增多，表现出理解了更多的超出手势范围的词汇，而且父母的手势交流习惯也会鼓励儿童采用更多的手势辅助语言表达，这样在手势表达和语言能力发展两方面形成了不断促进的良性循环。

（三）模拟行为的手势框架理论支持在语言学习早期阶段中手势的发展性特征和作用

前面第3章中所阐述的模拟行为的手势框架理论，不仅适用于解释成年人的手势交流特征，也适用于整个人生的发展过程。事实上，模拟行为的手势框架理论旨在解释交流互动中手势发生过程的一般特征，因此，其适用于婴儿、儿童以及成人。

该框架理论的第一个原则是，由于手部运动系统和口语表达系统之间存在感知运动联系，因此手势通常和语言一起发生和共现。这些联系在婴儿时期就已经很明显了。例如，婴儿产生的有节奏的手臂动作与其重复性的叫声之间存在着密切的时间上的默契关系。Iverson和Thelen（1999）认为，声音和身体动作是相互关联和吸引的，由于声音和身体动作的持续、密切协调关联和共同发生，最终，嘴发出声音时的运动激活会自动引起手部的运动激活。[②]根据模拟行为的手势框架理论，这种从嘴到手的扩散激活是许多手势和语言一起发生的原因之一；语言的运动激活增加了手的激活，使激活水平更有可能超过手势表达的阈值。重要的是，因为这些口头和身体运动的联系是从婴儿期开始就存在的，这个过程应该以

① Acredolo L, Goodwyn S. *Symbolic gesturing in normal infants* [J]. Child Development, 1988, 3: 450-466.

② Iverson J M, Thelen E. *Hand, mouth, and brain: The dynamic emergence of speech and gesture* [J]. Journal of Consciousness Studies, 1999, 6: 19-40.

同样的方式保持在儿童和成人的交流互动过程中。

模拟行为的手势框架理论的第二个原则是，交流中的手势率取决于手势发生的阈值，该阈值对听者的存在或任务的认知困难度等因素敏感。有一些证据表明，幼儿的手势发生阈限是可以操纵的，例如，当幼儿园的孩子看不见听者时，他们会降低手势使用率。儿童也会根据任务的认知困难性调整他们的手势率；当说话过程中概念表达要求更高时，儿童的手势表达会出现得更多。

模拟行为的手势框架理论的第三个原则是，当说者激活视觉空间或运动模拟而不仅仅是语言信号时，手势就会出现。婴儿的手势行为支持了这一说法。婴儿在语言发展的一个和两个词阶段广泛依赖手势进行交流，他们早期的手势往往预示着他们的语言发展特征，从某种意义上说，婴儿最初用手势表达某些意义，后来才用语言来表达。从模拟行为的手势框架理论的角度来看，手势表达的早期出现是有意义的；因为手势源自动作或感知状态的模拟，所以手势的意义是建立在动作和感知表征的基础上的，在人的早期发展中，这些交流意义可能还不能够直接通过词汇来表达。

随着时间的推移，儿童语言表达的熟练程度越来越高，他们随之更多地依赖于语言信号而不是动作或知觉模拟，手势的使用随之减少了。一些研究结果也强调并显示，幼儿的手势仍然与相应的动作密切相关。儿童研究中的有关结果显示，儿童的手势本质上是一种表演，其与使用其他身体部位和表现空间来展现交流信息的方式相同。例如，当儿童针对手以外的身体部位发生的动作（如用脚踢）做出手势表达时，他们可能会用这些相同的身体部位来配合手势表达。正如模拟行为的手势框架理论所主张的那样，它们是从高度激活的动作模拟中产生的。

此外，许多证据表明，在整个小学阶段，儿童都在用他们的手势来表达信息，而这些手势在他们的语言中却没有出现。尽管随着儿童语言表达熟练程度的提高，他们对心理意象和模拟的依赖性降低了，但在某些情况下，他们的语言知识和意象知识仍然存在差异。正如模拟行为的手势框架理论假设的那样，在这种情况下，手势尤其可能发生。

尽管许多研究都对幼儿的手势进行了研究，但对于儿童的手势是如何发展和变化的却知之甚少。很少有研究直接比较儿童和成人手势的发生特征。现有的研究主要是基于动画故事复述任务来探查的，结果表明儿童在此类任务中的手势发生率低于成人。乍一看，这似乎与手势在丰富的意象模拟中更为普遍的观点不一致，因为没有理由假设儿童比成人更不依赖视觉空间表征。然而，有证据表明，运动表象和将动作表象映射到自己身体上的能力直到青春期才完全发展。[①]因此，当叙述动画故事时（语言描述观察到的视觉空间信息），儿童的手势可能比成人少，因为动画的视觉空间图像不会自动激活他们的运动系统，进而无法达到和成人相同的程度。相反，当任务涉及思考自己所做的动作时，儿童和成人的手势率可能没有差异，这在问题解决任务的研究中得到了证实。[②]

最后，应该指出的是，解释成人和儿童之间手势率的差异是复杂的，因为模拟行为的手势框架理论提出的许多儿童认知和社交技能的发展变化特征，对于决定和影响手势率应该是很重要。例如，抑制性控制在儿童时期没有得到充分发展。如果像模拟行为的手势框架理论所说的那样，需要抑制性控制来防止高度激活的模拟被表达为手势，那么儿童应该比成人更多地做出手势交流。当然，之外的所有其他因素也都是不平等的，因为在叙事长度和复杂性、意象能力、对听者知识的敏感度，以及其他语言技能的发展等方面，儿童和成人间均存在差异性。因此，很难使用模拟行为的手势框架理论来完整解释儿童和成人之间手势率的差异，因为许多被提到的影响手势率的因素也随着儿童的成长而不断发展变化。

尽管在儿童和成人之间比较手势，完全依赖和借助模拟行为的手势框架理论可能不是完全有效的，但是该理论的基本原则在儿童身上应该是具有解释力的，因此，儿童手势与成人手势均应对相同的影响因素敏感。未来需要进行更多的相关性研究，系统地分析不同年龄儿童对该理论框架的支持程度。例如，当运动模拟更为活跃时，实验性地探查儿童是否以更快的速度做出手势，毕竟成年人是如此的。

上述重点阐述了手势对儿童语言学习的积极性影响，实际上儿童认知发展是一个整体性系统，手势互动不仅促进语言交流的能力，还将推动语言学习之外的学习能力和表现，因为一旦儿童已经熟练掌握了手势和语言交流，手势会像语言一样，成为洞察交流者思想变化的一扇窗户。

---

① Spruijt S, Van der Kamp J, Steenbergen B. *Current insights in the development of children's motor imagery ability* [J]. Frontiers in Psychology, 2015, 6(787): 1-12.

② Pouw W T, Van Gog T, Zwaan R A, Agostinho S, Paas F. *Co-thought gestures in children's mental problem solving: Prevalence and effects on subsequent performance* [J]. Applied Cognitive Psychology, 2018, 32: 66-80.

二、手势对各领域的学习起了重要作用

（一）手势揭示语言之外的信息

现实交流中，当儿童解释自己对某个概念的理解，或对解决问题过程的理解时，他们经常以手势来表达知识的某些方面。如图6.2[①]，六至七岁的儿童解释皮亚杰守恒任务，其中两排跳棋数量相同，一行摆放得相对集中，一行相对松散，询问儿童两行棋子数目是否相同。a图片中的儿童认为两行的数量是不同的，“因为这一行（松散的一行）蔓延出来了”，同时手势表达了语言所指一行中棋子的分布特征；有意义的发现出现在b和c两张图片中，儿童也认为两行中的棋子数量不同，但是他们的手势却倾向于表达出“两行棋子一一对应的关系”，以手势来描摹棋子间的配对或对应关系，这一信息并没有出现在语言表达过程中。这种现象展现了“手势—语言的不匹配关系”。

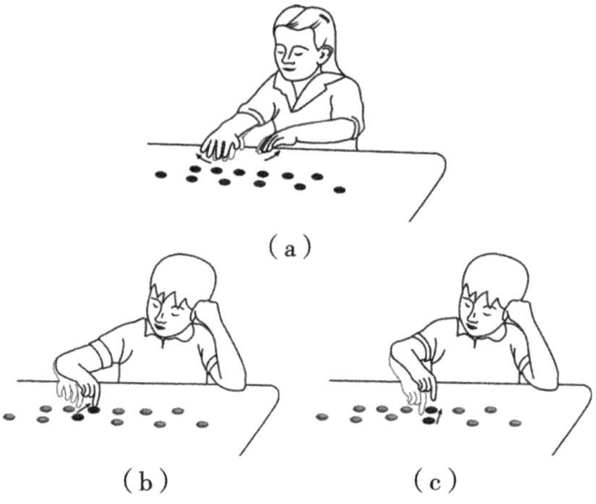

图6.2　儿童解释皮亚杰守恒任务示例

实际上，在社会交流中，在相对广泛的认知任务中，人们经常采用手势来表达他们的理解过程，像数学方程任务、空间操作任务、逻辑关系任务、科学现象解释，甚至抽象的道德推理任务，在这些认知任务中，有时人们手势表达的特定信息并不会出现在语言交流过程中。因此，在一般意义上，手势揭示了人们的认知理解过程、判断推理过程和决策过程，这些过程并不都适合采用语言表达。如图6.2所示，儿童在手势描摹棋子的一一对应关系时，并没有语言解释。

① Goldin-Meadow S, Alibali M W. *Gesture's role in speaking, learning, and creating* [J]. Annual Review of Psychology, 2013, 64: 257-283.

（二）手势和语言不匹配预示知识的改变

手势和语言通常在一个交流过程中相伴发生，但这并不意味着两者是同一性的，手势和语言之间既存在一致性表达，也存在大量不一致性表达，即两者之间的不匹配性。手势和语言的不匹配性表达过程是有趣的，因为这有助于了解交流者语言中所没有表达的知识。更重要的是，不匹配性是交流者知识特征即将变化的良好预测指标。各种领域的研究已经表明，当解释一个概念时，手势和语言不匹配的儿童正处在该概念的知识过渡状态。例如，在经典的皮亚杰守恒任务中，守恒儿童（在一些任务中有守恒表现的儿童），大多数实验任务中表现出手势和语言的不匹配表达特征，实际上儿童在解释任务时，这种不匹配性使其受益，不匹配引导其关注任务的关键特征，进而推动其对任务守恒的更为准确的理解。

手势和语言之间的不匹配反映出学习者学习的倾向性，预示知识结构的进一步优化整合，在另一种意义上，手势和语言之间的不匹配性可以索引关键性的知识，并推动学习者知识的变化、迁移等。从研究的结果和结论归纳来看，儿童手势表达所反映的学习认知的变化特征，可以说经历了普遍性的三个步骤：第一，儿童以手势来表达某个单一思想或观点，对语言起着配合作用，但表达的错误很多；第二，儿童的手势和语言表达出现不匹配性，这预示着知识状态的变化；第三，儿童手势配合语言表达了正确的观点和解释。因此，儿童学习过程中经常产生手势和语言不匹配的现象，这将是知识过渡的一种正性预测，此时学习者正在经历前和后两种知识状态的过渡，是知识转换的一种标志。

（三）手势引发知识的改变

手势在一定程度上反映出个体特定知识的掌握特征，即传达了知识状态的信息，同时，手势的使用也使得知识输入和加工的机制发生变化，从而引发知识状态的改变。

说者在语言交流中的手势不断向听者传达自己的特定认知状态，而听者则利用这些信息来决定与说者的互动方式和具体内容。实际上，在交流学习中，学习者手势所提供的信息可能是知识进一步发展的脚手架，可能是其即将掌握但尚未完全理解的内容。因此，学习者通过移动双手来提升自己接受新知识的可能性；而手势的使用使得听者也自觉对其做出接受、理解和特定的回应，从而不断促进交流合作学习中彼此间知识的增量发展。在不同的知识学习领域中，从语言理解的角度均证实了，听者在语言交流互动中较为完整地捕捉和解释了说者手势表达中的各种信息和观点，如皮亚杰守恒问题、数学方程问题等，即便是听者观看交流视频时也是如此。比如，教师指导学生学习数学方程问题时，学生会以手势聚焦于问题解决的关键之处，如“5+6+7=__+7”，学生回答“18”，尽管解题答案不正确，但是学生的手指准确地指向了“5和6”，之后，做出更正性答案“11”。事实表明，处于知识过渡期的学生在没有清晰认识到解题逻辑的同时，手势已经将这种过渡知识状态直观流露出来，这种流露对于知识的提示和关键点的聚焦起着重要作用，因而手势对于注意的指引性促进了知识的顺利过渡和正确理解。

实际上，处于知识过渡期的学生，在交流互动中通常会出现语言和手势的不匹配现象。此时手势和语言分别表达的解题策略是不同的，手势拓宽了学生的学习思路，也通过手势积极塑造自己的新知识系统。有越来越多的证据表明，手势可以改变手势发出者的认知状态，学习者的手势使用不仅反映了其认知改变的过程，也积极引起和推动这种变化。本书在此对手势推动认知改变的几种解释做一归纳总结。

第一，手势表达了学习者对于一个概念或问题的隐性知识。当学习者用手势表达这种隐性知识，而同时用语言表达其他明确的知识时，这些知识的同时激活将会破坏他们原有的知识状态，使他们更容易接受讲授知识的输入，并且更可能改变他们解决问题的习惯性策略。为了支持这一观点，Broaders、Cook、Mitchell和Goldin-Meadow（2007）探讨了解决一系列数学方程时，做出手势的学生和不做出手势的学生，是否存在学习中的差异特征。[①]结果发现当要求学生在学习中做出手势时，许多儿童通过手势准确表达出了解决问题的策略，关键在于这些策略是他们以前所不了解的，也没有通过语言或手势表达过该策略；当改变问题的部分条件时，积极做出手势的儿童，随之通过手势表达了新的问题信息，这些儿童更为积极和高效地学会了实验教学中的数学方程式。

第二，手势可以帮助学习者降低认知努力的程度。要求学习者解释自己怎样解决一系列数学问题时，同时记住一些无关联的刺激项目；使用手势的学习者记忆效果好于不使用手势的学习者，其回忆的刺激项目数量更多，甚至是实验中研

① Broaders S C, Cook S W, Mitchell Z, Goldin-Meadow S. *Making children gesture brings out implicit knowledge and leads to learning* [J]. Journal of Experimental Psychology: General, 2007, 136(4): 539-550.

究者明确干预，直接告诉学习者是否允许使用手势的条件下，该效应依然发生。[①]如果手势确实有助于降低学习者的认知努力，那么节省的认知资源就可能投入其他问题领域之中，从而促进学习的效率。

第三，手势可以使学习者的注意集中于问题表征中的感知或操作性信息，而解决问题过程中对这些信息的利用相对更为容易。当要求儿童解决一系列皮亚杰守恒任务时，允许使用手势的儿童比不允许使用手势的儿童，表达了对任务对象感知状态信息的更多理解。[②]同样，要求成人学习者预测，如果第一个齿轮被转动到一个特定方向或位置，齿轮组中的某一个齿轮将会怎样运动时，被允许使用手势的个体更可能使用“感知—操作”策略来解决问题（模拟和表征各个齿轮的运动特征），几乎不使用抽象性策略（基于齿轮总数的偶数或奇数来预测某个齿轮的运动位置）。[③]

总之，手势交流不仅具有独特的社会认知机制，其对于个体认知过程的影响也是独特的，可以说，手势交流时并不仅仅表达了某种特定的思想，更为重要的是手势提示了一种和语言表达策略所不同的认知加工过程，由于手势表达的认知过程具有可观察性特征，因而个体思想得以直观展现并易于引导交流同伴的注意指向。因而，手势交流特征不仅在于表达自我的认知过程，而且影响手势表达者自身和交流同伴的社会互动认知过程。

第3节 交流中手势和语言间的校准

在面对面交谈中，人们通常通过一系列有意义的、可见的交流渠道或媒介交换信息，尤其是使用“可见的身体动作”。例如图6.3中，说者在描述泥浆的混合过程，同时用右手在左手掌上做圆周运动。[④]语言和手的动作都与表达混合泥浆的意义相关，两者被视为一个连贯的思想单元。

---

① Cook S W, Yip T K, Goldin-Meadow S. *Gestures, but not meaningless movements, lighten working memory load when explaining math* [J]. Language and Cognitive Processes, 2012, 27(4): 594-610.

② Alibali M W, Kita S. *Gesture highlights perceptually present information for speakers* [J]. Gesture, 2010, 10(1): 3-28.

③ Alibali M W, Spencer R C, Knox L, Kita S. *Spontaneous gestures influence strategy choices in problem solving* [J]. Psychological Science, 2011, 22(9): 1138-1144.

④ Loehr D. *Aspects of rhythm in gesture and speech* [J]. Gesture, 2007, 7(2): 179-214.

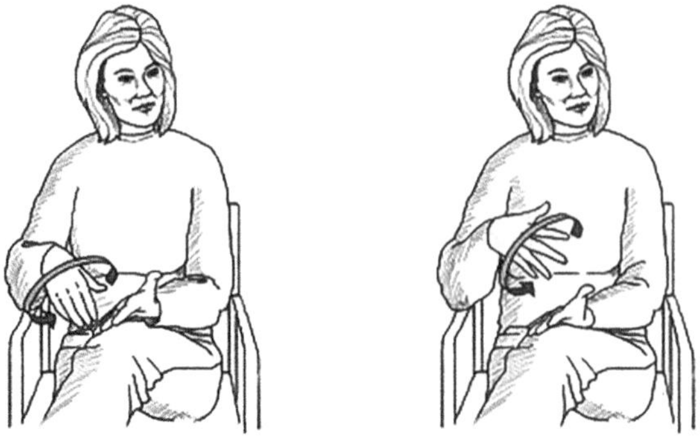

图6.3 Loehr（2007）的实验示例

在本节中，重点分析上述此类的交流手势，在这种手势中，手是自发地与语言一起传递意义的。以往的研究文献中，这些手势被称为伴随语言的手势或和语言表达共现的手势。在描述/指代特定内容时，手的形状会在视觉上表现出一个显著性的特征。手势的描述过程可以是具体形象的，例如图6.3中，手做出了旋转运动来描绘混合泥浆的具体过程；手势的描述过程也可以是隐喻性的，例如，旋转着手并说“这是一个漫长而无聊的过程”，这可以表达一个不断并连续发展的过程。在指示/指向性手势中，手展现了指向空间中的某个区域，以确定所指对象在空间中的位置。当手指向在交际情境中实际存在的对象时，指向可以是具体的。手势也可以是抽象的：所指对象可以是在说者面前的手势空间中所虚拟创建的对象，例如，一个演讲者在描述自己位于城镇那里的公寓时，右手伸向右侧表达“卧室在右边”。还有，无定形的手的轻拍随着说话节奏而发生，这类手势被称为节拍性手势。目前本节中的分析主要集中在描述性和指向性手势上。

从当前的交流手势认知理论出发，本书认为伴随语言发生的手势可以影响语言和手势表达的完整内容。指示性手势和描述性手势都表达了关于交流的一些信息，这些信息具有命题内容的特征，进一步延伸到了图像表征的表达方面。本节致力于将伴随性手势的内容和语言内容整合到一个单一的语义单位中，阐述这两种表达方式的交流协调模式，并将其正式化为一个完整的整体，进而详细说明手势对语言交流所传达命题的语义贡献。因此，本节阐述分析的主要立足点有两个方面：一方面，在实际交流中手势信号通常是非常模糊；另一方面，交流中语言—手势的整合并不是一个自由的过程。为了说明手势的模糊性，再次回到图6.3中的手势动作。从手势发生的语境来看，这个手势可以是对一个圆形运动的描述（例如，轮子的转动），也可以是指正在旋转的物体（如轮子本身），还可以指一个反复的泥浆搅拌过程。因此，只有通过特定语境的限制，手势才可以具有特定的交流意义：只有当语言正在表达“他正在搅拌泥浆”时，旋转的手势动作所传达的内容才与“这是一个不断循环、漫长而乏味的过程”这一信息显著不同。

交流中的指示性手势在指出特定区域和特定对象方面也可能是不精确的：当你用食指指向一本书的方向时，指示性手势是否能帮助识别出书的实物、书的内容或书的位置（如在桌子上，而非书架上）呢？指示性手势在表达中存在这种模糊性，但是不管它有多不完整，手势仍然可以基于它的使用环境（交流语境），传达一些特定的意义。根据相似性或模拟性的定义，一个描绘性的手势必须体现出，手势形式和它所指内容之间在知觉上具有的某种相似性；也就是说，手势的动作、手的形状等，能够将所指对象的定性特征形象化。另一方面，指示性语言可以将手势投射到特定的空间中。通过指示性手势，人们将语言中的所指物与语境联系起来。描述性手势和指示性手势之间的区别在于我们如何建立手势形式—交流意义的映射，这还涉及同时具有指示性和描述性功能的手势。

一、手势模糊性的“形式—意义”映射

在具体的交流互动过程中，手势表达必将受到特定的限制，这种限制是手势交流意义存在的前提。限制从手势形式到意义映射的同时，要确保在现有语用理论基础上，只从特定手势形式中派生出特定的交流意义，进而降低交流的歧义性，这两者之间需要取得一个平衡。此处阐述的目的是用语言—手势映射的例子来阐述一种达到平衡的方法。本节中认为从手势形式派生特定意义到语境中，存在首选的语用推论基础。

基于语篇解释的相关文献，Alahverdzhieva、Lascarides和Flickinger（2018）提出了一个语义/语用连接一致性模型（Coherence-Based Model of the Semantics/Pragmatics Interface）。[①]基于一致性语用理论的主要原则是，语篇内容依赖于一致性关系，例如，阐述、解释、对比、相邻等，这些关系将语段的意义联系在一起。一致性关系的识别是一个不可一概而论的过程，它由语境信息所决定。例如，“马克斯坠落下去，约翰推了他”一句的语用解释中，强调语句中的后

① Alahverdzhieva K, Lascarides A, Flickinger D. *Aligning speech and co-speech gesture in a constraint-based grammar* [J]. Journal of Language Modelling, 2018, 5(3): 421-464.

者解释前者（推搡导致了坠落）。依据分段话语表征理论（Segmented Discourse Representation Theory）的观点，语段被表示为一个分层标签集，每个标签对应一个语篇片段，每个标签都与一些内容相关。

基于上述，可以将手势假设为一种基本的语篇单位，因此，解释手势需要推断它与其他语言单位之间的一致性关系。此外，Lascarides和Stone（2009）还强调，手势必须与其同步语言一致相关，也可以与其他的交流单位相关。[①]本节主要是关注建立手势与其同步语言之间的这种必要联系。根据动态性语义和话语理论（Theories of Dynamic Semantics and Discourse Interpretation），可以进一步假设，在解决当前语篇单位的回指成分时，存在着制约因素。在纯语言语篇中，语篇单位中回指的先行语必须已引入语篇本身或与语篇一致相关的单位中。进一步可以将这些限制条件转移到手势表达上，即作为手势语用解释一部分的个体的所有行为都像回指表达——必须通过与可用的先行词之间建立的桥接关系来进行限制性理解。因此，推断手势的语用解释取决于推断手势如何与可用的语言单元衔接。

对手势意义表征的理解必须尊重上述限制。为了实现这一点，可以选择语言和手势的整合来确定与手势相关的语言表达。反过来，在语言中引入的指称信息，也是解决不明确性手势意义的前提。研究者们已经观察到了解决手势解释的前提性限制；本节在这里也支持了这些限制。

基于一致性的理论，伴随语言共现的交流手势的语用解释取决于与之相关的语言信号的内容。因此，在此引入了语言—手势校准（Speech-Gesture Alignment）的概念，强调如下几点：第一，交流中语言和手势是一致相关的；第二，应该依据一致性关系，将手势的表意推断理解为特定的解释。

在语言认知中，句法引发的表意歧义和语义范围的歧义在语法中是普遍存在。例如，在“John saw the man with the telescope”中，显然存在两种解释，在这句话中，语法派生出了一种不确定的语义解释情形。现在需要说明的是，伴随性手势的一系列看似合理的不确定性语用解释，同样可以通过一些交流中的限制因素来解释。从本质上讲，这些语言学上常见的歧义来源，也可以出现在伴随语言的手势表达过程中。比如，还是借用上面的例子（约翰混和泥浆——手势表达同上所述），来看一下手势的模糊性形式—意义映射。直觉上，手圆周运动的一个可能意思是“泥巴在水平的圆圈里转”。这种解释与手势内容之间存在着一种细

① Lascarides A, Stone M. *Discourse coherence and gesture interpretation* [J]. Gesture, 2009, 9(2): 147-180.

化关系。在此强调，伴随性手势在意义上与同时出现的语言短语有关，但当前对手势的潜在发生过程还是无法准确解释。有研究者认为，手势和语言的表达特征决定于复杂思想的单一性问题。

二、手势—语言校准的典型限制因素：韵律和句法

手势—语言的校准受到韵律、语言句法以及语言和伴随性手势间相对时间的共同制约。一个确凿的证据是，语法（不是完全通过语用学）编码对手势—语言校准产生约束性。

首先，手势—语言校准与韵律。先举一个例子，直观看一下说者对多模态语法的直觉表现。例子："你妈妈来电话了。"语言表达的同时，说者把手放在耳朵上，模仿拿着听筒的样子。直觉上，这句话表达时的重读应出现在"来电话"，否则说者做出的手势就会表现得似乎很不正常，手势中手被塑造成握着话筒的形状，因此可以与"来电话"联系起来，即手势和语言之间出现了校准，在交流意图的沟通中也表现出一致性原则，并且，在手势表达的时间上，理应出现在语言表达"来电话"的同时。相反，如果手势的表达是伴随着整个话语或其中的其他部分而出现的，那么将会显得极为反常。因此，手势表达表现出与语言表达韵律（如重读）一致性的特征。基于此，伴随性手势的形式将与语言韵律显著性特征在时间上出现重叠，但这并不是说手势的表达是由韵律驱动的，而是它们彼此间是相互制约的，在交流意图方面是一致的。此外，当手势展现出打电话的形态时，听者对其的语用解释来源于围绕语言特征做出的推导，其中手势与包含"来电话"的语言单位产生了校准，语言韵律（重读"来电话"）限制手势不与包含"妈妈"的短语校准。因此，这就像纯交流语言的语篇一样，考虑合理的语用解释可以解决和澄清语法结构规则所允许的句法歧义。考虑到语言形式（这里指韵律）限制了伴随性手势校准的语言信息，可以将校准定义为语法的限制。

其次，手势—语言校准与句法。为了说明语言语法会影响并决定伴随性手势在语义上与哪个短语形成了一致性校准，可以再看一个例子："首先他们把［暂停0.1秒］一切……"，说者正在讨论所发现的厂子里肮脏不堪的环境，之后，随着语言表达"弄得油腻不堪……"，说者的手伸向左右两边（见图6.4），以指出某种空间范围，即一些区域变得油腻且肮脏不堪。[①]但是，说者是在说"油腻不

① Kendon A. *Reflections on the "gesture-first" hypothesis of language origins* [J]. Psychonomic Bulletin & Review, 2017, 24(1): 163-170.

堪……”时，同时使用手势做了表达和描绘，考虑一下出现这个手势的时机，如何影响它的意思表达？如果手势提前几毫秒发生，使其发生时间提前，或者延后，这不会改变交流者对它的解释：手势仍然指示出一个封闭的油腻区域。同样，即使重音在不同位置变化，这种解释也不会改变。但是，如果手势在发生时间上与主语“他们”一致，却是不合适的。

图6.4 Kendon（2017）的实验示例

也应该注意到，就韵律和时间的语义效应而言，一些特殊的指示性手势可能表现出不同的特征。比如：谢谢（重读）你。我将要（重读）拿走鼠标（重读）——说者的右手松开，食指伸出，指着电脑鼠标。指示性手势与重音词汇“谢谢”一起发生，但其表意却与“鼠标”关联。此时，我们不可能将手势和谢谢的表意关联起来。再如：并且正如她之前所说（重读），这是一种环保材料。该句中，重音在“之前所说”上，同时，说者将手指向听者。

在这些例子中，如果语法仅允许手势的表意与时间上同步的语言短语相关联，那么手势将无法映射并表达出预期的交流意图。如上所示，这是因为有时手势的表意所指并不是语言中同时发生的词汇意义。上述例子表明手势和语言间的校准取决于语言表述的句法和韵律，以及手势和语言表达过程的相对时间。该校准过程受制于整体语法结构规则的限制，表现为句法、语义和语用对手势表达的限制特征。概括而言，手势—语言校准由以下几个因素决定：手势是在特定语境中被最终解释，特定的词组在语义上将与手势的内容相关，交流语言的句法结构影响校准过程。

三、整体性的语法建构规则决定了手势—语言的校准

上述探讨旨在说明，运用语言学中的整个语法建构规则，可以对语言—手势的校准关系做出合理的解释。在语法中整合语言和手势校准关系的观点并不是新近才被提出来的，但是之前研究的观点和结论与本书当前的阐述还是存在一些区别的。本书认为手势所对应的语言信息并不是简单地由手势发生的时间决定的，虽然时间特征很重要，但韵律和句法也制约了手势—语言的校准过程和具体的解释特征。

以往研究曾大量关注过手势的表意性分析，这些理论关注了语境信息如何使得表达形式不明确的手势按照特定的语用偏好，最终实现与语言之间的映射和校准。手势和语言之间的一个主要区别是，它包含交流意义从信号形式中派生出来的具体特征。手势表达特征是“全局的”和“合成的”，也就是说，手势表达形式中各种特征的含义，例如，运动的方向、手的形状、手的位置等，决定了整个手势的交流意义。这显然不同于自然语言语法规则下的语义组合和表达过程。

在实证研究领域中，描述交流手势的特征值有助于捕捉手势各个方面的交流含义：手的形状、手掌和手指的方向、手相对于说者躯干的位置以及手的运动等。在指示性手势中，手的形状决定了手指所识别的空间区域，例如，伸出的食指识别从食指尖开始的直线或圆锥体；垂直张开的手，指定的区域是一个平面。记录手指的形状是至关重要的，因为先前的研究表明，这对于在交流语境中解释其含义非常重要。例如，伸出的食指通常会挑出一个单独的对象，而垂直张开的手通常表示一类对象，而不是一个单独的对象，或者它起了一种语用功能，比如发言或引用别人对当前交流话语的贡献。

正如已经强调过的，一种交流语言加工形式不能完全确定意义的情形是，语义上存在不规范性。语义欠规范的相关理论框架是丰富的。例如，准逻辑形式、欠规范话语表征理论、Lambda结构的限制性语言、空洞语义学、最小递归语义学，以及规则树语法等。从语言技术上讲，这些相关理论描述了一些完全特定的逻辑形式，而这些形式又代表了一种特定于语境的解释方式，这可以根据交流实际情况进行评估。其中，最小递归语义学支持整体性的语法建构规则决定了手势—语言的校准。

语法构造规则将手势形式和语言形式整合到一个单一的语法结构中，从而为推导手势—语言表达特征提供了基础。语法构造规则允许特定的手势—语言校

准，并且其限制性可以评判手势—语言校准的质量。具体而言：规则一，描述性或指示性手势可以附加到口语词汇中，前提是手势的表达时间表现出与词汇表述时间存在重叠，抑或是词汇表达存在重读；规则二，描述性或指示性手势可以附加到比重读词汇更大的语言单元（短语）上——手势表达受制于句法结构，当韵律结构和句法结构之间存在不匹配性时，这种灵活性限制是必要的；规则三，手势表达如要不受规则一和规则二中所强调的时间和韵律的限制，将取决于手势所指对象的显著性特征（如视觉显著性等），这决定于交流情景中的某些特定特征（决定了特定对象涉及的词汇显著性）。

在语法中，当手势校准语言短语的歧义性表达时，可以澄清短语的真实含义。正如上面所阐述，语言和手势的相对发生时间并不是限制手势使用的唯一方面，而且时间限制性是相对弱的限制条件。在关注手势表达时间特征的同时，不应忽视语言韵律和句法的限制性。实际上，上述语法构造规则三的提出，强调了当手势表达的内容在某些方面具有显著性时，手势表达可能不一定受到上述前两个规则的限制，这表现为交流互动过程中，语言和手势间不存在完全的一一对应关系。这样，便不难理解手势表达不同于语言表达，是一种非线性加工和表达过程，不典型表现为一种纵向时间上的表达过程。

总之，本节关注了语言和伴随性手势组成的交际过程中的手势形式—意义的映射和校准。重点是在基于语法限制中分析了这种手势—语言的校准和映射关系。

第4节　交流中手势和语言校准的解释框架

当人们参与社会交往时，他们经常重复对方的交际行为，如语言或手势。这已经被广泛的学科领域研究过，并被不同的理论所解释。在本节中，重点回顾了语言和手势校准的各种情形。实际上，研究者们在何时以及如何将交流者之间的行为视为一致的问题上，有着根本不同的看法，这使得比较分析各研究结果，以及归纳阐述一致性的结论变得困难。此外，还应该看到，研究者们倾向于关注手势和语言间校准的一个特定维度（比如，两个行为实例是否在形式上重叠），而对其他维度的描述不足、混淆，甚至可能忽视，这阻碍了针对手势和语言校准的正确理论探查和构建，所以在进一步的探讨中，需要对关键因素或可能增强一致性的因素，进行相对更为明确的说明。为了更好地理解和洞察手势和语言之间校准的复杂性，本节中重点确定了五个关键维度，来解释任何一对手势—语言行为之间的关系：序列、时间、语义、形式和形态。进一步，又展示了在五个维度下，关于校准的基本机制：启动与建立基础模式的假设以及操作性。该解释框架可以帮助更为深入地探讨手势和语言之间的校准，以及相关现象（行为匹配、行为模仿、行为带入和行为调节等），以更透明和系统的方式阐述相关的假设和实验操作。该解释框架还有助于促进发现未经探索的新的研究途径，并从现有理论中得出新的假设。

在社会交往互动中，交流者们倾向于不断协调他们的行动，努力以渐进和互动的方式达到他们的共同性交际目的。这种联合行动的一个普遍的组成部分是，交流者之间特定交流行为的重复出现。广泛领域的相关研究已经表明，当人们进行交流互动时，他们的行为可能会在几个层面上彼此协调：从身体姿势、眼神注视到语言、手势等。认知科学中的一个关键研究目标是更全面地理解这种交流行为间的一致性，以及这种一致性是如何导致彼此之间相互理解的。为了回答这个问题，可以从更广阔的视角出发，同时考虑相关概念的探讨，例如行为匹配、效仿（匹配和效仿：强调使用相同/相似的手势或其他方式来表达不同的对象）、模仿（使用相同/相似的手势或其他方式来表达相同的对象）、夹带（带入）、重复和调节。应该注意一点，这些词汇是各学科研究领域中提出的一些概念，可能也有助于解释交流中出现的特定的交流认知或社会情感功能，而且这些概念均接近或等同于本节中所阐述的“校准”概念。为了能够较好地掌握和理解校准现象，需要从自然交流本质上是多模态的这一观点出发，自然交流既包括言语行为，也包括面部表情、眼神注视和伴随语言共现的手势等身体行为。同语手势是伴随讲话同时出现的有意义的手或手臂动作。其中的一个手势类别是所谓的图符性手势，它直观地描述了物体的特征、空间关系或动作。

这里可以先看下面的一个例子，来自一个美国深夜脱口秀节目。脱口秀嘉宾Mila Kunis（M）和Christian Slater（C）正在相亲节目“the Bachelorette”现场进行对话。在这个节目中，一个特别的参与者（“Chad”）因为总是在镜头前吃肉而出名。

C: Do you remember how crazy Chad was in that one sea?

M: The meat [eating] Chad?（见图6.5左）

C: Yeah, the meat [eating] Chad guy。（见图6.5右）

图6.5　脱口秀节目现场图片

方括号表示手势的起点和终点，在这段节选中，M使用了词汇短语“吃肉的Chad”以及一个象征性的同语手势来描述进食行为。C重复词汇短语（“吃肉的Chad”）以及进食手势。这种词汇和手势的校准在自然交流互动和实验任务中都会有规律地发生，并被证明这种校准有助于交流者联合解决问题和实现认知、行为协调。本节中将缩小探讨的范围以提高分析的针对性，同时仍然采用多模态观点来分析手势和语言的校准问题。尽管针对手势—语言校准出现了各种各样的理论解释，但目前对这种校准现象还缺乏全面的认识，一定程度上是由于各研究之间研究方法上的巨大差异。再看图6.5中的例子。直观地说，可以很容易地在这里确定语言和手势之间的校准，因为两个交流参与者产生了相同的词汇短语（“吃肉的Chad”），手势看起来也非常相似。这种对形式校准的关注与传统研究中的校准概念相符合。然而，为了完全理解这种现象——何时、怎样以及为什么会发生这种手势和语言之间的校准现象，还有一些其他的方面需要考虑。例如，一些研究者量化了所说的话语或手势在形式上的重叠程度，而另一些研究者则更加关心两个交流者使用相似的词语或手势来协同指代同一个人。有些研究会将分析局限于语言或手势的校准，而另一些研究则会同时考虑两者之间的校准。有些研究只关注相邻语言交流回合中的校准现象，而另一些研究则关注时间上相距较远行为的校准现象。实验设计的选择和测量技术，往往在不同领域之间和不同领域内有所不同，它们通常（隐含地）遵循了特定的理论假设。这使得我们很难将这些发现整合到可以包罗万象的一个单一观点中，来解释为什么以及怎样在交流互动中对不同类型的行为进行协调。

鉴于社会互动的跨学科领域研究的多样性，一些关于术语的解释是合理的。首先，这里使用的狭义校准指的是交际行为中可观察到的相似性。研究者们有时在概念上使用相似性来推断人们认知和行为之间的相似性。其次，这里所说的校准已经被不同的研究者在一系列术语下进行了研究，并且是一系列更广泛交流现象的一部分，这些现象被称为行为匹配、夹带、调节、重复、模仿和效仿等，本节所谓的校准类似于以往研究中的上述多样化的概念。尽管所有这些术语都是针对社会互动主体间的行为相似性，但每一个术语都有自己的学科历史和理论背景，因此在关注的行为类型、表征机制和互动机制等方面都有自己的特定含义和解释，以及有各自所涉及的交流认知或社会情感功能。本节的一个关键目标是制定明确的比较条件，推动相关领域的研究进展，进而使一些原则性的比较成为可能。

随着许多学科领域都在致力于实证和理论解释方面的探讨，有一个共同的概念框架是至关重要的，一个共同的概念框架可以提供捕捉被视为校准的可能性空间。本节中通过系统地归纳和阐述交流行为具有的可能相互关联的五个维度，同时使用了相对清晰明了的术语，有助于提高和对比不同方法下的理论假设。通过回顾最近在手势—语言校准方面的基础性研究工作，进而来说明这个框架的实用性，展现不同研究方法的选择和操作是如何与潜在机制的假设结合在一起的，从而有助于推动当前研究领域在未来的更好探索。未来研究中对手势和语言之间校准关系的探讨将是一个有希望和潜力的领域。

一、手势和语言校准的两种理论：启动和建立基础

关于手势和语言之间的校准，可以归纳出两种广泛的理论方面：启动（Priming）和建立基础（Grounding），也被称为自动化校准和策略性校准，以及聚合和互动方法。显然，不同的研究者采用了不同的概念术语。启动假设校准是通过一个自动的、无意识的过程来实现的，这需要很少的认知资源。例如认知心理学中的意识运动理论或社会心理学中的感知—行为联系，均支持了启动为基础的假设。启动过程是建立在这样一个前提下，即观察某个动作（如脚摆动或手指移动）会自动激活相应的感知运动计划，从而增加随后产生相同行为的可能性。在心理语言学中，Pickering和Garrod（2004）提出了一个语言互动中与启动相关的且极具影响力的观点：在理解和发出语言过程中所使用的语言表征是对等的，因此听到某个音位、单词或句法结构，会导致相应表征的激活，使得听者很可能随后也会在自己的言语过程中使用它。[①]这种启动机制被认为是在多个语言层次（从语音到语义）上发生作用的，其中一个层面的校准导致另一个层面的校准，

① Pickering M J, Garrod S. *Toward a mechanistic psychology of dialogue* [J]. Behavioral and Brain Sciences, 2004, 27(2): 169-190.

最终导致更高层次的表征或情境模型的校准。虽然Pickering和Garrod的解释中没有假设感知运动激活的参与，但它显然符合前面提到的手势交流的心理学理论，两者都证明启动是一种局限于个体认知系统的自动化过程。

Pickering和Garrod最初设想和提出的互动校准解释仅限于口语情态，并通过词汇和句法校准的实验任务研究得到了证实。然而，启动理论的推论可以扩展到非语言行为。例如，Louwerse、Dale、Bard和Jeuniaux（2012）分析了地图路线交流任务（Map任务）中交流参与者的多模态交流线索间的交互作用。①他们探查了交流者间对语言、面部和手势行为的彼此模仿（“行为匹配”），以及这些匹配行为的时间依赖特征（“同步性”）。研究结果发现，交流参与者在不同类型的匹配行为中，表现出显著的时间方面的组织性，包括指示性手势、微笑和在描述中使用数字标记等。任务越困难，这些时间上的同步效应就越会增加人们交谈的时间。但是应该注意，这种行为匹配的同步性，是低水平、低成本的。因此，启动的观点认为该过程是自动和非意识性的过程；与之相对应，建立基础的观点强调的是互动和协调过程中的认知努力性。但是不同理论观点对于校准的解释又是异曲同工的，例如，有观点认为，“运动模仿”（例如面部表情）不是一种自动触发的反应，而是一种有意识的社会行为，用来向交际伙伴传达自己理解方面的具体特征。在心理语言学领域，建立基础的观点探讨了词汇校准背后的互动、协调努力性。产生和理解词汇短语对于交流来说是不够的；交流者还要确保所说的内容已经被准确理解。也就是说，他们使用反馈和不断调整等互动方式，积极地、渐进地巩固自己的交流贡献。一旦建立了一个共同和共享的概念，交流者就可以用相同的词反复表达相同的交流概念，该过程体现了一种交流契约，从而在以后的交流中产生持续的词汇校准，这又被称为词汇带入。

虽然早期的研究仅仅集中在语言方面，但最近建立基础的观点也被提出作为手势交流解释中的一个概念框架。例如，Holler和Wilkin（2011）分析了参与参照性交流任务交流者的图符性和隐喻性的同语手势。②在这个任务中，交流参与者分别扮演任务指导者和匹配者角色，针对七巧板拼成的几何图形展开交流。研究发现，手势“模仿”发生在这些任务的交流互动过程中，并显示出它是如何发

① Louwerse M M, Dale R, Bard E G, Jeuniaux P. *Behavior matching in multimodal communication is synchronized* [J]. Cognitive Science, 2012, 36(8): 1404-1426.

② Holler J, Wilkin K. *Co-speech gesture mimicry in the process of collaborative referring during face-to-face dialogue* [J]. Journal of Nonverbal Behavior, 2011, 35(2): 133-153.

挥各种交际功能的。例如，模仿性手势用以表达或暗示自己对一个语言指称过程已经理解了。研究者随后得出结论，模仿性手势在建立基础的过程中起着核心作用。此外，在交流互动过程中，某些手势似乎持续地被用来描绘一个特定的人物，也就是说，出现特定手势的“带入”现象，因为它们是概念契约的一部分。这种手势模仿本质上是有意义的，它直接关系到交流者之间建立相互理解。

因此，这两种理论解释——启动和建立基础，具有不同的研究和解释侧重点，相应导致了不同的理论假设、预测和研究方法，也使它们之间难以调和。为了说明这一点，再次引用Louwerse等（2012）和Holler等（2011）的研究，乍一看，这些研究似乎报告了相似的结果，即在基于特定任务的面对面交流中，存在着交流者之间重复使用的共语手势，Holler等研究中出现的是描绘七巧板图形的图符性或隐喻性手势，Lowerse等研究中在地图任务中出现的是指示性手势。然而，仔细分析可以发现，这些又都是完全不同的实验结果。在Holler等的研究中，当图符性或隐喻性的手势代表相同的意思，并且在形式上有一些相似时，被认为是“模仿”。而对于Louwerse等的研究，手势的“同步匹配行为”被归结为两个交流者都使用指示性手势，平均时间间隔为25秒。这意味着，与Holler等的研究相比，即使交流者指的是地图上的不同位置，也被认为是匹配或效仿对方的手势，即相似的手势却指代了不同的对象。因此，Louwerse等将两人的指示性行为视为手势匹配行为的一个实例，而对于Holler等来说，模仿意味着交流者的手势也代表着相同的意义，并指向同一个实体对象。换言之，对于Louwerse等，仅认为交流双方使用了相同的手势类型（指示性手势），这叫作彼此间的匹配或效仿，该过程强调彼此在使用相同类型手势时，所指的交流对象并不一致。然而，Holler等强调，交流者间出现了手势上的模仿，彼此不仅模仿手势，而且彼此使用相同的手势来表达相同的交流对象。

很显然，不同研究各自的理论框架与各自的研究结果密切相关，但不清楚如果理论和方法不同，是否解释也会有效。也就是说，一种自动的、非意识的启动机制能解释Holler等所探讨的手势校准吗？反之亦然，一个意识性的建立基础过程能否解释为什么交流者可能会协调和同步某些行为，而不管这种行为的含义是什么吗？这一思考角度突出了需要密切关注“模仿”和“匹配行为”的可操作性。

二、手势和语言校准的解释框架

为了全面了解有关手势和语言校准的相关研究文献，本节中有必要概述如何在研究中概念化和测量校准。一般来说，所有关于行为一致性的研究都是比较了来自A的行为实例和B的行为实例，它们被认为在某种程度上是“相同的”或“匹配的”。也就是说，分析单元是交流者之间的成对行为，其中A的行为在一个或几个维度上与B的行为相似，这被称为“配对行为”，但是当前尚不清楚配对行为背后的起源或机制。同时，在所考虑的维度以及如何操纵实验方面，实证研究之间存在差异性。一般来说，大多数研究使用形式上的相似性作为校准的判断标准，尽管在形式重叠的定义和测评方法上有很多差异；这样自然导致其他维度通常被忽视。这明显是有问题的，因为这些理论方法之间可能有分歧性的假设。为了在这一领域的探讨中取得新的进展，需要一种方法来锐化和对比不同理论方法间的假设和预测，并相应地付诸实验研究的具体实施。

为了澄清和揭示各研究对“交流双方间一致性”理解上的差异，此处通过一个概念框架来将手势和语言校准的概念分解为多个组成维度。具体而言，使用了五个关键的维度来描述任何一对行为之间的关系：序列、时间、语义、形式和形态。

表6.1中行为对的两个部分之间的关系可以在五个维度上变化。对于每个维度，又通过右侧图示中的行为实例之间的两种不同关系来呈现；图示中一种是实心箭头，另一种是虚线箭头。表6.1中用明确的和通用的术语做了概述，适用于所有类型和层次的言语和非言语行为校准的维度，无论是身体姿势或手势、语音还是句法。为了便于说明，使用图示中的矩形代表不同的行为来演示，图示中包含了两个交流者，如图6.6所示。

表6.1　手势和语言校准的多维框架

维度	解释	图示
序列	任何一对校准行为之间的序列关系可以发生在某个特定序列中［例如，行为发生在相邻的转换处或同一个试次（trail）中］，也可以超越这种序列的边界	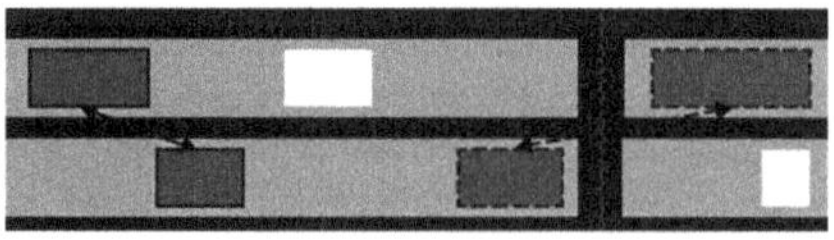

续表

维度	解释	图示
时间	一对行为的第一部分和第二部分之间的时间距离可以是短间隔（例如，同时发生或一瞬间延迟），也可以是长间隔（从一个或多个回合、几分钟甚至几个小时不等）	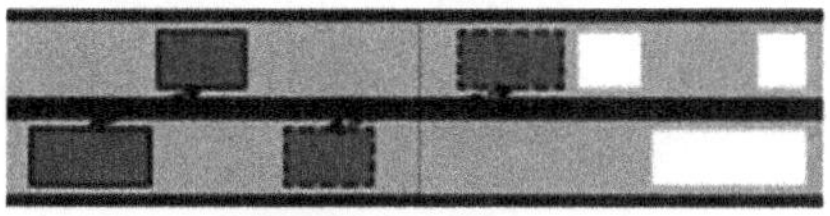
语义	对于传达语义的行为层次（如词汇或手势），任何一对行为都可以传达相同的意义或参照性传达不同的意义	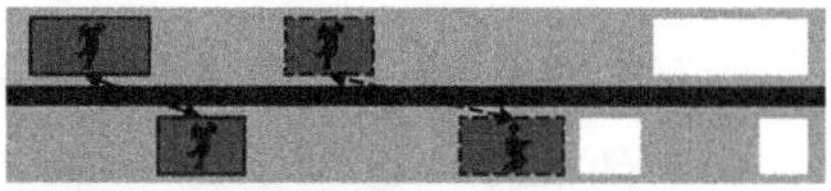
形式	一对行为的两个部分可以是完全相同的复制，也可以是在形式或形状上几乎没有重叠	
形态	一对行为的两个部分可以相同的模式产生（例如，这两个部分都是口语句子），也可以不同的模式产生（例如，第一部分是词汇短语，第二部分是一个图符性手势）	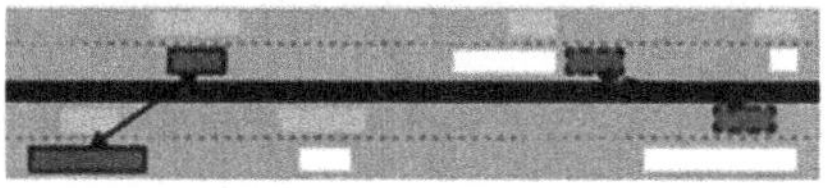

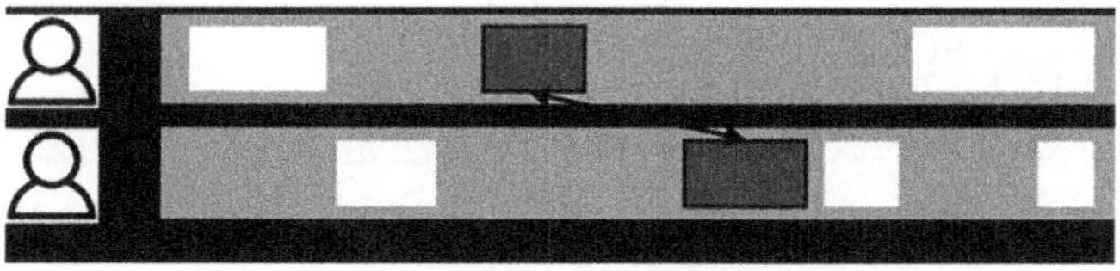

图6.6　两个交流者间的互动过程演示

图中每个矩形代表一个行为实例。行为可以有多种类型（矩形可以表示句法结构、词汇选择、行为习惯等）和层次（例如，矩形可以表示完整的言语转折或单个手势）。箭头表示两个行为实例之间可能出现的比较。

这个解释框架的各个维度都是不同的概念，尽管并不是完全独立的。例如，当两个行为实例发生在某个序列中（例如，在相邻的转换处），自然会对时间维度产生影响（两个成对部分可能只有短暂的时间延迟）。当两个行为实例以不同的方式产生时（例如，将一个词汇短语与一个图符性手势相比较），维度形式就变得不那么相关了。由于这些相互关系，在实验和理论方法中，某些维度可能会被混为一谈。因此，在这里强调，所有关于校准的研究都必须将维度视为概念上所不同的维度，并分别在每个维度上指定两个行为实例之间的关系。

三、手势和语言校准框架的剖析

接下来，将进一步阐述如何使用上述的5个维度来系统地解释手势和语言间的校准，本质上基于这5个维度探讨的校准可以应用于所有语言层面的校准或各种非语言行为的校准，重点说明和阐述研究校准的实验和理论方法。

（一）序列

所有的交流互动都有一个有序的结构。会话过程中的序列是由相邻词对组成的；后面的词在功能上依赖于前面的词，如“提供—接受”或“提问—回答”。在更高的层次上，一个或几个这样的组合可以构成一个交流互动的具体方案，例如介绍安排一次会议。除了这些自然出现的序列结构外，基于特定任务的交流互动实验任务可以加强和突出这些序列结构。在研究语言交流过程中的校准时，分析可以局限于特定的序列，例如，Chui（2014）定性研究了自由交流互动中12个简短的谈话片段中的手势校准，其中交流者就指称对象的含义进行了交流。[①]然而，在定量研究中，语言交流也被基于一个整体性的大的语段进行研究，而没有将语言交流过程区分成序列。例如，Bergmann和Kopp（2012）比较了参与空间交流任务的25个交流对的所有图符性和指示性手势，得出了交流者之间3993个手势的对比性分析结果。[②]

一旦选择了要分析的数据，一种可行的方法是查看交流者成对的行为，这些行为彼此之间具有特定的顺序关系。例如，校准可以在语音交流回合层面上进行分析；也就是说，人们比较了来自说者A的第x个转换处和说者B的第y个转换处的行为。因此，在这种情况下，相邻的语音转换处的行为被视为分析单元，其中校准的词汇或手势可以出现在这些转换处的任何位置。然而，也有其他各种可行的研究方法，不考虑语音的轮换，而是着眼于相邻行为，例如，在一个发现差异的游戏中描述同一个对象，通过将描述特定对象的手势与下一个（另一个说者）生成的手势进行比较。最后，完全脱离顺序结构的研究方法也是可能的，通过简单地比较两个交流者的一种行为（如图符性手势）的所有实例，或将分析限制在预定义的时间内。具体研究中所采用的分析方法，似乎缘于研究者的研究习

① Chui K. *Mimicked gestures and the joint construction of meaning in conversation* [J]. Journal of Pragmatics, 2014, 70: 68-85.

② Bergmann K, Kopp S. *Gestural alignment in natural dialogue* [C]. Proceedings of the 34th Annual Conference of the Cognitive Science Society, 2012:1326-1331.

惯或理论立场。如果将校准作为一个交流互动中建立基础的认知加工过程，并且这一过程是以一定的交际意图为前提的，那么顺序性语境可以显著表现出来。在下一个回合中立即重复特定单词（构成一个相邻词对）可以用来表示惊讶，回答问题，或者接受一个观点等。此外，校准还通常发生在其他补充性交流的情况下；在基于特定交流任务的互动中，与其他相邻的转换相比，在补充性转换对中找到校准的可能性要大得多。然而，如果基于启动的理论假设来看待校准，校准则被认为是自动激活语言或运动表征的结果，语篇的顺序结构与启动过程无关。

因此，可以从启动和建立基础这两个理论解释中得出相反的假设：基于启动假设，预计无论顺序组织怎样，只要时间长度相同，在转换对之间会有相等数量的校准；根据建立基础的假设，可以预期在转换处有更高数量的校准，即在特定的顺序关系中。除了上述与补充或相邻有关的假设外，从一个交流共同基础的角度来看，人们在交流中还可以期望在一个词汇或行为过程中找到更多的一致性，而从启动的角度来看，可以假设将存在相等数量的校准，只要时间长度匹配就可以。因此，对比启动和建立基础这两种研究思路，将构成一个有趣的研究领域，但是目前还没有关于这一问题的实证研究。

（二）时间

如上所述，两个行为实例之间校准的时间关系可能会有所不同。在一些研究中，如果一个手势对或词汇对被视为校准，那么时间没有限制。这些研究通常是定性研究，采用描述性或探索性方法，但也适用于一些定量研究。另一种不根据特定时间关系操纵校准的常见方法是将分析局限于相邻的成对行为，例如比较相邻试次（trail）、交流回合、手势，以及词汇或手势指代同一指称对象。相邻是指没有相同类型的干预或插入行为［不应该有干预性的试次（trail）、转换、手势或参照性语言］。尽管如前所述，相邻通常意味着两个成对部分之间相对较短的时间距离；但校准可以被操纵作为必须在预定义的时间段内进行。对时间序列动力学的研究使用了一种称为时间校准的移动平均数的技术，其中一个特定的时间窗口（例如40秒）以逐步的方式在时间轴上移动。然而，这主要用于韵律分析，而在词汇或手势校准方面并不常见。

以往研究中关于时间限制的重要性可能被低估了，因为校准通常发生在一瞬间的延迟中，也可能被一个或几个回合打断，这意味着两种情形下都将产生高度相似的特征。需要注意的是，分析部分的配对行为，在不同研究的时间方面仍然存在很大的差异，有研究中，所有的身体姿势一致性的配对可以都发生在40秒之内，而对于另一部分研究来说，这可能会持续几分钟，只要成对行为指的是同一个参照对象就符合校准的特征。此外，这些实验操纵可以紧密地交织在关于个体潜在校准机制的理论假设中。在启动方法的研究中，不太可能考虑跨长时间间隔的校准，因为启动效应假设校准会随着时间的推移而减少。从建立基础的角度来看，可以对自然交流互动做出类似的假设，因为交流主题在互动过程中会有所不同，因此，时间间隔过长将降低某些概念契约约定的关联性，减少了不断重复某些词汇或手势的可能性和必要性。尽管对时间间隔的要求并不适用于某些特定的实验设计，因为有些实验中目标项目在整个实验过程中重复出现在各种试次（trail）中。然而，在建立基础的视角方面，交流者在自由对话中也可能在长时间的滞后之后重复特定单词，例如，重新引入话题或定位于会话中早期提及的问题。因此，总的来说，两种理论解释都会认为随着时间的推移，序列的特征会降低，尽管对于启动来说，这种效应在本质上是自动化发生的（由于激活水平的降低），而对于建立基础来说，则是策略性伴随发生的。

除了考虑对最大时间间隔的限制外，也需要考虑最小时间间隔。单词或手势有时由两个说者同时产生，例如，当他们互相打断或共同产生一个话语时，这是会话分析中一个有充分记录的现象。然而，除了方法论上的挑战外，如果在那一刻之前还没有产生特定的词语或手势，这类交流事实也成为对以启动作为基本机制的理论解释的挑战。这种情况可能会更好地从建立基础的角度解释，再加上一个增量的预测句子加工的相关解释。

（三）语义

研究中的一个关键问题是，是否需要要求或强调成对的手势或单词传达相同的意思，还是强调成对的手势或单词仅是指向同一个对象？哪种情形才能算作校准呢？有一些关于手势校准的研究，它们特别关注词汇形式相似性或手势类型的校准，并不强调传达相同的意思。而关于词汇校准也是采用了类似的方法记录交流语言，进而分析重复性词汇。另一方面，有些研究确实强调和关注了成对行为之间的语义联系，不仅是语言中的语义编码，还有手势表达的意思，因为它们高度依赖于交流中的上下文语境，不难理解，两个相似的手势在不同的上下文语境中可能意味着完全不同的事情。这在一定程度上也适用于词汇，因为自然语言中的同一个词汇在不同语境中表达时，可以出现歧义。尤其是在困难度较高的交流任务情境下（如迷宫任务），相同的词可以用来表达不同的事物或对象。

有多种方法可以探查分析行为之间的语义重叠。在对自由对话中词汇或手势校准的定性研究中，研究人员依赖于话语语境了解对话者是指同一件事，还是碰巧用同一个词或手势来表达其他对象。基于特定实验任务研究方法的好处是，研究人员可以实验性地控制和追踪交流参与者口头或手势所指的指称对象。在这些研究中，交流参与者在多个回合中提及对象，这使得研究人员能够在更长的时间内，追踪针对特定对象的指称表达方式。然而，需要注意的是，单词或手势的语义与其所指的对象之间并不存在一一对应关系。一方面，交流者可以谈论相同的对象，但仍然会在词汇或手势上挑出不同的语义属性。例如，当使用“直”字或手势来描述对象的方向与形状时。另一方面，不同指称的词语或手势在语义上仍然可能是相关的。例如，在七巧板图形匹配任务中，交流者可能会在词汇上使用基本水平的类别（如头部、手臂等）进行描述，而这些词汇类别可以适用于实验中的所有刺激项目。

语义维度在启动和基础观点之间划出了最明显的界限。启动观点认为，一方面，低级的、自动的机制会导致行为中的形式重叠，这种重叠可以独立于语义层面的校准而发生。另一方面，可以将行为视为建立基础的契约，因此行为之间校准时应该存在语义共同性。

（四）形式

词汇和手势校准可以各种方式发生。例如，在词汇校准方面，对话者可以逐字重复对方的单词或短语，也可以有变化性地重复，例如将一个陈述句变成疑问句，反之亦然。尽管有些研究者也认为重述或释义是“重复”的形式或“语言校准”，但大多数研究采用更保守的词汇校准概念，即重复特定的基本词或引文，从而排除同义词或释义相同。然而，各研究在比较单元上存在很大差异；尽管有些研究涉及完整的语言转换，但其他研究仅包括实词，甚至包括更严格的实词亚类别，如名词和动词或仅包括名词。关于手势校准，与词汇校准类似，“手势重述”也被认为是“重复”的一种形式。在这些情况下，手势所传达的意思是重叠的，但形式或形状不同。然而，大多数关于手势校准的研究至少需要某种程度的形状相似性，尽管各研究在如何衡量这一点上差异很大。一般来说，手势校准被操作性定义为在表现方式、特定形式特征或这些特征组合上的重叠。

有些研究在探讨中使用了表征模式或表征技术（如手可以画出物体的轮廓、

表现规划某个动作等）。有的将表征模式中的重叠作为认定手势校准的主要标准（因此忽略了运动或位置等特征），而有的则要求手势具有相同的整体形状/形式（手形或位置上的一些变化是可以接受的，但不包括用手习惯）。

如图6.7所示，两个交流参与者都用手势描绘目标对象门，手是物体的“模型”。双方手势在用手习惯、手指方向和手形的张力方面有所不同。然而，研究者仍然认为这是手势校准的一个实例，因为表达方式是相同的。另一种方法是比较多个维度特征的手势。例如，研究手势校准的表现方式和其他形式特征（惯用手、手形、手掌和手指方向，以及手腕运动类型等）。Chui（2014）对手势是否在利手、手形、位置、运动和方向方面重叠进行了编码。[①]在分析中被确定为“模仿”的12对手势中，有11对在4个或5个形式特征中出现重叠，有一对在三个特征中出现重叠，如图6.8所示。

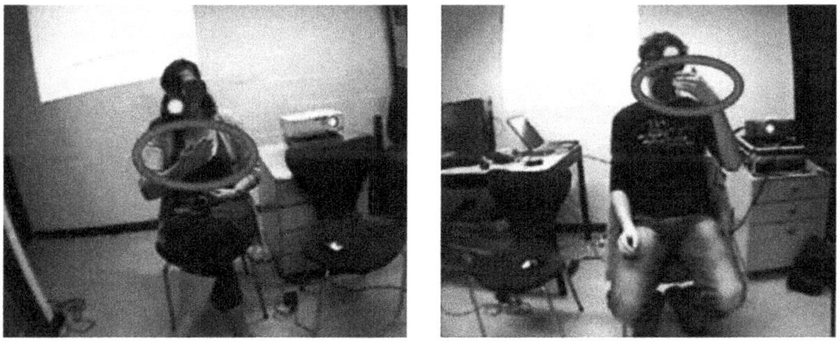

图6.7　将表征模式中的重叠作为认定手势校准的主要标准[②]

图6.8　手势在利手、手形、位置和动作方面存在重叠

① Chui K. *Mimicked gestures and the joint construction of meaning in conversation* [J]. Journal of Pragmatics, 2014, 70: 68-85.

② Oben B, Brône G. *Explaining interactive alignment: A multimodal and multifactorial account* [J]. Journal of Pragmatics, 2016, 104: 32-51.

图6.8中，两个说者都用手势描绘了一种乐器，两人都用双手（用手/利手重叠），手指卷成拳头（手形重叠），面对面在胸前（位置重叠），移动一只手来实现移动（运动重叠）。然而，正如研究者所指出的，左手的方向有些偏差（因为第二个说者的手臂放在沙发上）。研究者总结认为在综合考虑这五个特征时，除了手/手指方向的偏差，其他4个特征高度一致，这并不影响分析结论，即这两个手势对于同一个指示对象来说是高度相似的手势。最后，另一种方法是既不使用意义也不使用形式作为校准的标准，而是在更一般的层面上对单词或手势进行编码。比如认为手势只要是同一种手势类型（图符性、指示性等），而不管形式和/或意义的是否存在不同，即可视为校准。同样，语言表述也分为对话行为（如承认或澄清）和描述类型（如使用数字或空间命题）。然而，这种方法似乎不能很好地推广到词汇校准的研究中，因为这将意味着单词必须是相同的类型才能校准（例如词性，名词、动词等）或成分类型（名词短语、动词短语等）。

一般来说，启动和建立基础两种理论观点，都使用形式作为判定行为一致性的主要标准。然而，从理论的角度来看，两者彼此关注的形式重叠存在重要区别。启动被认为是自动化发生的形式重叠（由于自动激活感知运动计划或语言表达），因此，启动解释可能有更严格的形式标准来选择配对行为，该理论可能无法解释手形或运动等方面的形状调整。此外，Pickering和Garrod（2004）在对启动的说明中，假设了形式校准和相互理解之间的固定关系：语言行为的更多校准将导致更高层次表征上的更多校准。[①]根据建立基础的观点，这种关系更具变化性。例如，校准可以用来表示理解，从而为某个特定引用的表达式的使用打下基础（如前述示例中“吃肉的Chad”的情况）。然而，也必须认可，词汇校准通常以修复启动的形式出现。因此，词汇校准也可能是误解的信号，是达到更高层次校准的一种手段。此外，有目的地使用不同的语言或手势也是建立相互理解的一种方式。例如，Holler和Wilkin（2011）描述了一种情况，交流参与者A使用词汇“鸵鸟”指一个人，参与者B回答说：“是的，好吧，那在我看来像一个女人，在自己身后踢动她的腿，是吗？”有趣的是，两人在说时还都做出了同样的手势。[②]在此可以使用Clark和Wilkes-Gibbs（1986）的观点来解释：参与者A的陈

① Pickering M J, Garrod S. *Toward a mechanistic psychology of dialogue* [J]. Behavioral and Brain Sciences, 2004, 27(2): 169-190.

② Holler J, Wilkin K. *Co-speech gesture mimicry in the process of collaborative referring during face-to-face dialogue* [J]. Journal of Nonverbal Behavior, 2011, 35(2): 133-153.

述没有被参与者B接受，他们使用修复策略进行了替换，以获得对特定图形的共同概念化。[①]因此，在建立基础解释中，行为的一致性与相互理解之间没有固定的关系。

（五）形态

在关于校准的研究中，一个普遍的假设是，对于任何一对被认为是一致的行为，都是在相同的形态下产生的。也就是说，成对行为被认为是一维校准关系。然而，从一个或多个模态的角度来看，它们也可以在一个或多个相互关联的维度上校准。这种观点缺少直观性，大概是因为隐含性的假设倾向于认为行为至少在某种程度上应该是相似的，当行为以不同的方式产生时，这似乎是不可能相似的。然而，本节认为，行为的两个实例在一定的序列、时间和/或语义关系中相互关联，仍然可以认为是校准的。从启动解释和建立基础解释的角度来看，对于交流者间的语言和手势间的校准，语义关系是决定性的。有证据表明，图符性手势主要伴随着语义相关词汇而发生。从建立基础的解释来看，跨形态校准可用于交际目的，因为词汇和手势表征在概念层面上是相互联系的。因此，启动和建立基础两个解释都建立在这样一个假设之上，即互动中公共行为的匹配最终必须与私人概念化的某种趋同有关（至少对于交际性的语言和手势是如此）。然而，这意味着跨模式校准的实例只能在假设我们能够识别出人们正在交流内容的共同概念线索的前提下进行识别，这将是一个很困难的研究工作，尤其是在自由语言交流中。Tabensky（2001）探查了自由语言交流，并报告了跨模式校准的有趣事实：最初通过口头传达的某些语义信息，可以通过手势重复，反之亦然。[②]从两个说者（D和N）关于买房的对话中，可以简单地做一示例：

D：A flat is– unless it measures。[③]

N：Yeah like 。[④]

D的目的是传达一个大公寓的大小，他产生了“a hundred and eighty square meters”的词组，同时做了一个手势，他的手向一边张开，分开，同时抬起下巴。Tabensky认为，这个手势传达了额外的语义信息，而这些信息没出现在言语

---

① Clark H H, Wilkes-Gibbs D. *Referring as a collaborative process* [J]. Cognition, 1986, 22: 1-39.

② Tabensky A. *Gesture and speech rephrasings in conversation* [J]. Gesture, 2001, 1(2): 213-235.

③ A hundred and eighty square meters.

④ A duplex or something.

表达中，也就是说，手势同时传达宽度和高度。他的对话伙伴N从这两种表达模式中获取了信息，然后用一个新的词汇短语重复这两个概念的表达："a duplex or something（两层楼高的宽敞的公寓）。" Tabensky（2001）的解释是"借助两种同时进行的交流方式，进而口头重新编码了她刚刚得到的全部信息"。因此，从跨模态的角度来探讨校准的研究很少，而且这种交流者间手势—语言校准的例子，在探讨手势或语言校准的研究中通常被忽视了；然而，这并不是说不可探讨。研究者们探查了一种模态内的排列与另一种模态中的排列是如何联系起来的，对跨模态的校准进行了探讨。具体地说，他们的目的是找出不同类型的行为或语言水平之间的校准，是由相同的内在机制驱动的，服务于相似的功能；还是说在不同的加工水平上是独立的现象。例如，互动校准模型（The Interactive Alignment Model）假设所有语言水平之间均存在互动关系，并建议交流者倾向于同时在许多不同水平上校准表达方式。虽然他们的模型是以语言为中心的，但它可以扩展到包括同语手势的分析中。有两项实证研究探查了语言和手势的这种互动关系，接下来做一分析和解释。

Louwerse、Dale、Bard和Jeuniaux（2012）研究认为，多种形式的行为（语言表达、面部表情、手势和身体姿势）在形式和时间上是一致的。[①]研究者还认为："考虑到我们的研究结果中同步性的同时调制，这种广泛的同步性背后的机制似乎具有单一性。" 在Oben和Brône（2016）的研究中，交流者参与了一个"差异发现"的游戏，在这个游戏中，他们必须提到动画视频中的各种物体。[②]词汇和手势校准被操作性定义为，两个说者针对对象产生的相关性指称，针对对象指称的词根形式（单词）或表现方式（手势）存在重叠。他们发现这两种校准方式之间没有关联，通常双方间在词汇上校准的目标对象，也没有系统地进行肢体动作方面的校准。此外，他们还发现，词汇和手势校准可以用不同的因素来解释：词汇校准是由交流同伴使用一个单词的次数来评价，而对于手势校准来说，与语言表达在时间方面重叠指代一个对象（一个手势是与语言同时产生还是滞后的）是最重要的评定因素。因此，上述两项研究得出结论，词汇和手势校准似乎受到不同的规则制约。

---

① Louwerse M M, Dale R, Bard E G, Jeuniaux P. *Behavior matching in multimodal communication is synchronized* [J]. Cognitive Science, 2012, 36(8): 1404-1426.

② Oben B, Brône G. *Explaining interactive alignment: A multimodal and multifactorial account* [J]. Journal of Pragmatics, 2016, 104: 32-51.

除了这两项研究之外，大多数关于词汇校准的研究都采用了严格的单维视角，没有考虑互动中的非语言方面（应该注意一点的是，这些研究通常将交流任务设计为交流双方彼此不可见）。另一方面，关于手势校准的研究一般都对手势与伴随语的关系做了详细的阐述，但缺乏对词汇校准的系统研究。例如，Holler和Wilkin（2011）描述性地区分了手势校准与言语校准相关联的各种情形。[①]他们注意到，手势校准通常伴随着词汇校准（例如，不断地将一个图形称为“溜冰者”，伴随着身体动作模拟的再现），从而产生所谓的概念契约。然而，这种同时出现的词汇校准并不总是发生，因为手势校准本身也足以有效地指代一个对象或表达对该指称的接受。Holler等报告了显著的手势趋同现象，这种趋同承担了人际交流中大部分的认知负担，从而消除了词汇校准的必要性，并允许在言语指称表达中降低精确性和减少双方间更多的语言表达变化性。有时，交流者甚至完全放弃了讲话，同时缓慢地、同步地模仿同伴的手势，试图传达出逐步理解的信号。这些观察结果与前述Tabensky和Chui的研究结果一致，他们发现交流者可以重复某个手势，同时产生一种与对方语言不同的语言描述，从而使手势与语言形成一种新的关系。

（六）对解释框架的总结

上述通过将多维特征分解为5个维度，本节阐述了可以被视为校准的可能性方面，区分了两种显著的理论方法或观点——启动和建立基础，并展示了它们对校准模式基本机制的假设以及方法选择，归纳而言，具体参见表6.2。

表6.2　启动和建立基础观点的比较

	启动（Priming）	建立基础（Grounding）
潜在机制	自动化 非意识性 低水平	可控意识性 高水平
数据收集	控制性实验 基于任务的互动	自然性互动 基于任务的互动
分析模式	定量	定性
优先考虑维度	时间 形式	语义 形式

① Holler J, Wilkin K. *Co-speech gesture mimicry in the process of collaborative referring during face-to-face dialogue* [J]. Journal of Nonverbal Behavior, 2011, 35(2): 133-153.

广义地说，那些认为交流（至少部分）是由自动的、较低层次的过程驱动的（启动观点），他们倾向于使用定量分析来比较行为实例，而不考虑它们的序列关系，优先考虑形式相似性（而不是语义重叠），并将分析限制在一种形态内。相比之下，从交流是一项互动、合作工作的观点出发的研究者（建立基础观点），更有可能建立在定性分析的基础上，关注潜在一致行为所传达的语义信息，从而考虑到多模态语篇语境及其序列结构。此处应该强调这5个维度的相对重要性不同。形式维度似乎在文献中最为突出，因为这被大多数研究者认为是判断行为一致的“核心属性”（尽管操作性定义各不相同）。时间和语义的维度也被认为是重要的；启动观点认为启动效应会随着时间的推移而降低，而那些从建立基础观点出发的研究者只考虑当行为具有相同的意义或参照性时，行为是一致的。基于上述的分析，本节在阐述中也发现并再次强调，立足于序列和形态维度方面的理论和实证研究工作仍然是相对有限的，这为未来的进一步研究和探讨提供了有希望的方向。

四、手势和语言校准解释框架的总结性分析

目前，关于交流互动中校准问题的研究范围正在不断扩大，涌现出了广泛的理论和实证研究方法。一些看似相关的研究，对手势和语言校准现象却有着非常不同的理解，这导致了不同的分析和结果，而这些分析和结果之间的差异或分歧又是很难调和的，因为它们涉及定性上不同的维度类型。为了实现不断的进展和原则性比较，可以将复杂性的各种维度区分为上述的5个组成维度，可以区分出启动和建立基础这两种最突出的机制性加工理论和方法，启动理论优先考虑形式和时间维度，而建立基础理论主要关注形式和语义维度。

诚然，本节在上述的探讨中也揭示了该领域研究中的一个不足，即人们对不同类型和层次行为之间的关联性知之甚少。首先，需要做更多的研究来确定当前假设的潜在机制（启动或建立基础）是否适用于任何交流行为的校准，或者可能只适用于特定的交流行为的亚类别。例如，为了解决误解而相互模仿对方的话语，似乎指向和支持了建立基础的观点，而在身体姿势方面的一致性则可以通过启动观点来更好地解释。其他类型的行为一致性可能介于两者之间，策略性和自动化认知加工过程可能同时发挥作用。其次，人们对不同渠道或行为水平上一致性间的潜在因果关系知之甚少。从启动的角度来看，有研究者认为，一个语言层面的一致性可以导致其他层面的一致性，尽管迄今为止针对此的实验证据产生了

好坏参半的研究结果。从建立基础的角度来看，人们可能会认为不同类型的行为比较，会产生不同的交际启示，取决于当前的交流任务特征，这可能会对它们发生的序列产生影响。例如，当提到新的对象或概念时，使用和校准图符性的同语手势，凭借其形式和意义的相似性，可以形成进入共享概念的通道，这可能促使在词汇选择方面先于任何校准。

以往研究之间的差异和分歧，很大程度上缘于目前比较不同类型和水平行为的研究结果存在很大的困难。正如当前所探讨的，研究校准（特别是在语义和形式维度方面）有很大的实证可能性，并且这类研究通常是由特定理论假设作为前提基础并指导的。为了能够以一种有意义的方式不断整合以往的结果，建议研究者们通过解释哪些维度是（不是）受到关注的，以及这些维度是如何被实验操纵的，进而明确他们对校准的理论看法。为此，本节当前所分析的手势和语言校准解释框架，可以作为一个有用的研究资源；在各研究中采用一个共同可接受的术语，将大大增强各研究之间的可比性，以及随后在该领域的理论建构。此外，通过阐明校准过程中维度的多元性，本节揭示了在序列和形态维度方面的理论和实证研究工作仍然是相对有限的。关于序列，许多定量分析倾向于完全忽略基于特定任务互动的内在序列结构。然而，这却可能是区分不同理论的一个有意义的方面。当从建立基础的角度进行争论时，有充分的理由相信，在特定的序列（如相邻对）内，配对率将高于超越这种序列的对话单元间。相反，假设一种自动启动机制是校准的基础，可以假设只有时间临近才会影响校准，而不管是否存在某种序列关系。

在形态维度方面，各种理论都为跨形态校准提供了可能性，尽管实验证据仍然相对缺乏。跨形态校准可能不被认为是校准（也不是“重复”“模仿”或“行为匹配”），因为缺乏形式相似性，这是建立基础理论和启动理论的关键特征。然而，研究表明，听者以非语言的方式与说者的口头叙述保持一致时，也可以被视为意义校准的一种形式，例如当某人讲述体验到的一个现场故事时，表现出畏缩或关切的面部表情。然而，由于语言和手势在语义上具有表达的共同性，因此彼此在产生和理解过程中是紧密相连的。因此，对于词汇和手势校准是否存在，以及如何相互关联的问题，当前人们依然知之甚少，这使之成为进一步研究的一个很有前景的领域。

本节通过将复杂性维度概括为5个方面（序列、时间、语义、形式和形态），阐明了校准的不同理论解释和实验操作。本节所阐述的解释性框架进一步使我们能够挑选出未经探索的研究途径，并从现有理论中得出新的假设。综上所述，该理论框架可以作为一个基础来揭示隐藏的假设，有助于进一步完善校准理论并推动领域知识的发展，从而整体上推进校准领域以及相关现象的研究进展。

第5节　现实交流领域中手势的角色

现实交流互动中，“举手投足”是交流者的自发行为，这也为现实中交流手势的观察和评估提供了一种参照，比如不同群体中的成员在交流中手势表达的不同特征，不同交流情境中手势使用的不同。

一、手势研究在临床和教育领域中的意义

手势可以提供存在潜在认知缺陷儿童和成人的有关特征和程度，这些独特的手势交流信息与特定的语言交流障碍症状存在一定的关联性。例如在儿童18个月大时，可以通过交流时的自发手势量，来评估脑的发育特征。12个月被诊断患有自闭症的儿童明显产生了更少的交流手势，进一步的研究也证实，年龄较大的自闭症儿童也具有相似的交流特征。当前，研究的一个关注点是，需要确定手势使用的缺乏性特征是否是自闭症人群的一个特异性标志，或者仅语言交流特征是唯一的评价指标。

在教育情境中，因为学生学习互动中的手势往往可以显示出他们未表达于语言中的思维信息，因此学生的手势可以为教师提供有关学生认知理解方面的重要信息。正如上述所讨论的，在教学交流互动中，教师不仅会自动检测儿童手势表达的信息，还据此改变他们向学生讲授知识的方式。教师在课堂上通过手势互动来促进学生的学习过程被证明是有效的，许多研究表明，教学中使用手势可以推动学生进行更深层次的认知理解，比不使用手势的课堂教学具有更多的优势，如理解新的推理形式，并推广到新类型的问题情境中，提高知识记忆的水平等。例如，Church、Ayman-Nolley和Mahootian（2004）研究分析了一年级学生学习皮亚杰守恒任务的录像课，发现对于以英语为母语的说者，91%的学生在“手势+语言”的讲授课堂中知识学习和掌握得更为深入，能够举一反三地做出问题情境的迁移性解释；而语言讲授的课堂中能做到的学生仅为53%。对于以西班牙语为母语的学生，英语能力稍差一些，50%学生在“手势+语言”的讲授课堂中学习

得更为深入，语言讲授的课堂仅为20%。[①] Valenzeno、Alibali和Klatzky（2003）研究了学龄前儿童通过视频录像课学习对象的对称性，观看“手势+语言”讲解的学生比仅观看语言讲授的学生，在学习后的探查任务中成功解决的问题数量更多，分别为6个问题中的2.08与0.85个。显然，教师的手势对学生的学习能够产生重大的影响，教师在较难内容的教学中使用手势时，这种促进优势更为突出。[②]

当前越来越多的实验证据表明，教师的手势对于学生学习是重要的，这有助于不断理解真实教学情境中教师应如何使用手势辅助教学，包括自然手势表达和主动采用手势表达，同时，还应该进一步探讨教学中教师优势性的手势表达具有什么特征，进而探讨如何训练教师的手势使用，以及如何指导教师的手势教学实践过程。由于教师的手势会影响学生从课堂学习知识的效果，也由于教师可以根据自己的想法改变他们的手势，因此教学中教师有意识地使用手势是有益的，有意识地使用体现了有计划、有目的的知识传授方式，可以强化教授知识中的关键或核心内容。鉴于证据表明，手势行为本身可以促进学习，教师也不妨鼓励学生自己多尝试产生和运用手势来辅助学习，鼓励儿童使用手势可以激活他们的隐性知识，使他们更为容易接受教师的课堂讲授。Cook和Goldin-Meadow（2006）发现，儿童会在数学课上自觉模仿他们教师讲授过程中所使用的手势，反过来，儿童在解题过程中也自觉使用手势辅助思考，这提高了解题的成功率和效率。[③]简言之，教师的手势表达可以促进学生的手势表达，这反过来又促进了学生认知的改变和不断发展。

二、交流手势研究带来的启示

通过本章中各节的讨论和分析，已经可以明确看到，手势是人类交流系统中的一个重要组成部分，并且可以以各种不同的方式表现和利用。首先，手势体现了说者自己知道什么，因此可以作为传达思想的一个窗口。重要的是，这个窗口往往可以揭示说者并没有意识到的想法。鼓励说者使用手势可以揭示其潜在的思想，这些思想在个体交流互动中是有彼此激发价值的。其次，手势可以改变说

① Church R B, Ayman-Nolley S, Mahootian S. *The role of gesture in bilingual education: Does gesture enhance learning?* [J]. International Journal of Bilingual Education and Bilingualism, 2004, 7(4): 303-319.

② Valenzeno L, Alibali M W, Klatzky R. *Teachers' gestures facilitate students' learning: A lesson in symmetry* [J]. Contemporary Educational Psychology, 2003, 28(2): 187-204.

③ Cook S W, Goldin-Meadow S. *The role of gesture in learning: Do children use their hands to change their minds?* [J]. Journal of Cognition and Development, 2006, 7(2): 211-232.

者的已知信息。使用手势可以引发以前语言未清楚表达的思想，甚至产生新的思想，并因此改变了语言交流的过程，因此，鼓励手势可能潜在地改变认知。最后，手势提供了可用于构造语言的信息组块。通过观察未掌握语言的儿童和成年人如何将这些组块放在一起形成语言，可以发现语言学习和创造过程中手势的促进或推动作用。具体如下：

第一，语言交流中说者的手势不仅能帮助完成信息表达，而且有助于听者的认知理解，同时可以传达语言所没有明确表达的信息，即听者可以从手势中搜集语言中未包含的信息。第二，儿童在语言学习的最初阶段产生的手势先于语言，可以据此推测儿童可能已经掌握的相应词汇，尤其是名词，以及儿童开始发出双音节词语的时间。第三，儿童产生的手势可以引发家长和其他成年人的及时关注和交流互动，并成为与儿童思想交流的早期媒介，因此在儿童语言学习中扮演了一个重要的角色。第四，儿童已经掌握语言之后，手势可以继续展现儿童以及成年人的学习认知过程特征，在特定的交流学习任务中，学习者使用手势传递的信息不同于使用语言互动的信息。第五，儿童和成人在学习中产生的手势可以通过社会学习机制发挥作用，即不仅能向听者传递学习者知识状态的信息，反过来，还能改变学习者自身的知识状态。第六，儿童和成人产生的手势可以改变自己的知识状态，这是通过学习中的一系列认知机制实现的，例如，激活内隐知识、减轻认知负担、聚焦感知或操作信息等。第七，当手势履行语言的交流人际互动功能时，可以辅助进行语言信息的合理分割和组合，不仅促进说者的语言表达，也可以促进听者的语言理解。

通过本章中不同角度的阐述，应该明确一点：一方面，手势是手部的动作，但是和其他动作又不完全一样；另一方面，手势的交流特征和作用已经超出了简单动作性表达的范畴和层次。

首先，手势在许多方面与其他身体动作不同。例如，手势与交流语言的同步性比其他动作更高，与其他伴随交流语言同时发生的动作相比较，听者更难忽略伴随语言同时发生的手势。此外，手势的形式通常与其他动作的形式不同，手势往往无法重现语言所描述的其他动作的一些具体细节。但从另一个角度而言，手势又可以详细说明和表达其他的动作，在此交流过程，手势有时还会添加一些有助于说者思维过程的信息。手势和其他的实际动作之间的差异性带来了一些研究争论，一部分研究者认为，差异的关键之处是应该强调手势是动作的表征，而不再代表一种单纯的手部动作。手势更倾向于加强交流互动中说者的心理表征，它可以鼓励人们将信息概括和迁移到新的交流语境中，这些手势特征是其他实际性动作如操作性动作等所不具备的。

本书中强调交流中的手势是一种特殊的肢体动作表达形式。事实上，是强调手势反映了动作的心理模拟过程，本书中认为手势是心理上运动激活过程和运动计划过程的自然产物，这些过程是交流者认知的核心。但是，重要的是，手势不受制约动作的各种限制性因素的约束，因此手势的表现形式不需要直接再现或模仿相应具体动作的形式。相反，说者可以在说话时模拟动作的特定方面，只有在说者心理模拟过程中被高度激活的特定方面才会被表达为交流互动中的手势。例如，一个说者正在描述扔飞盘的场景，如果其表达的重点是“扔”，他可能会同时移动自己的手臂，但他的手势表达过程更为概括化和相对抽象化。具体而言，他可能不会像真实握着飞盘的动作那样，以手势来表达“抓握”等具体化的细节特征。同理，如果他说话的重点是他的“握力”，而不是他的“投掷方向”，手势表达的特征就可能恰好相反了。更一般的交流互动情形下，人们可以将视觉、空间或运动信息的特定元素，同时集中在心理模拟过程中，或将其图式化，他们的手势可以或多或少地表达这些特定元素，而表达的具体特征则取决于心理模拟的性质、说者当时的交流目标或认知目标，以及对适当手势形式的交流文化期望。

在某些情况下，人们甚至可以使用其他身体部位来表达交流信息，但这种表达不同于模拟相同动作的手势表达。例如，一个说者正在谈论把一根树枝踢出路面时，他可能会用右手而不是右脚来表现这个动作，即说者用手而不是脚来表达动作的某些特定元素（如手部带动身体右侧的有力向前运动）。出现这种交流情形可能有多种原因，有可能是因为动作更方便于用手来表达，也可能是因为手势表达者同时正在说话，其神经活动很容易从口传递到手部。这些相关的解释表明，与不说话时相比，手势表达者在说话时更容易通过手势来表达动作性的信息，而不一定采用其他的身体动作。未来这一假设也可以进行特定交流情境下的实验性检验。手更便于表达交流中的动作特征，可能来自文化规范的要求，日常生活中，我们可以直观观察到，尚未学习到这一文化规范的幼儿经常使用手以外的身体部位来表达交流信息。根据上述探讨和阐述，显然可以看出，使用手势表达非手的身体动作时，产生的认知努力程度可能更高于手势表达手的动作，因为非手动作的心理模拟需要经过运动系统的中转编码才会出现在手势的表达过程之中。综合上述分析可以明确，交流过程中说者似乎不可能完全抑制非手动作的手势表达。例如，当一个说者用手势表达踢脚动作时，他也可能会移动他的脚，但脚的动作可能会被听者所忽视，此时听者的注意主要集中在说者的手势表达中。此外，上述情形下，脚随之运动的可能性也是非常小的，即便发生了，幅度也是相对更小的。Popescu和Wexler（2012）研究发现，在需要调整视野空间成像位置的任务中，个体产生的头部运动幅度小于实际运动幅度的1%。[①]未来研究需要进一步探查，即使说者在语言交流中会使用手势来辅助表达，但手以外身体部位的动作模拟是否也会同时产生？进一步而言，这些动作和手势之间的关系如何？

其次，手势并不总是和具体直观的动作有关。交流手势不仅限于动作性手势或直接模拟动作的手势，尽管这些手势在交流互动中确实存在，但是并不能够囊括和解释其他类型的交流性手势，比如，描述视觉空间属性的手势，当一个说者在语言描述一棵大树时，其可能会同时在垂直方向移动双手，以便描绘出那棵树的高度和形态。回想一下第3章第2节中阐述过的模拟行为的手势框架理论，虽然该框架理论更为倾向于解释动作性手势，但是理论依据的背景依然是遵循了认知和感知表征的其他相关理论，这些相关理论认为行为和感知之间以及运动意象、空间意象和视觉意象之间存在内在的联系性。在本章观点中，上述例子中树的视觉图像将激活树属性的空间图像（如树的高度或方向），以及与树互动的运动表征（如爬树）。因此，形成一棵树的视觉图像可能会引起诸如攀爬之类动作的模拟，甚至也会引起对更微观动作的模拟，例如那些涉及感知树空间属性的动作。

在感知一棵大树的时候，说者可能会垂直地移动她的头和眼睛来观察树的高度。当说者在交流中形成树的心理意象时，这种垂直运动可以被重新激活，就像人们在现场感知场景时所做的眼动在记忆的可视化场景中也将被重新激活一样。此外，在思考树的空间属性时，说者可以激活一些相关的动作，这些动作会在她的心理意象中突出树的相应属性，例如，从树的底部到顶部进行观察，以这种方式来表现树的形状和高度，而这是以说者创建的运动计划为前提的。事实上，研究表明，在空间意象中，明显或隐蔽的眼球运动与注意力的转移有关。[②]因此，当人们形成物体或场景的空间意象时，也可以激活在图像中位置之间移动的运动信息。当语言表达过程中，这些信息被强烈激活或产生较低的手势阈值时，空间

① Popescu S T, Wexler M. *Spontaneous body movements in spatial cognition* [J]. Frontiers in Psychology, 2012, 3: 1-13.

② de Vito S, Buonocore A, Bonnefon J F, Della Sala S. *Eye movements disrupt spatial but not visual mental imagery* [J]. Cognitive Processes, 2014, 15: 543-549.

位置之间的运动模拟便会出现在手势表达过程中。但是出现的一个问题是，心理的运动计划是如何通过手来具体实现的呢？尽管有充分的证据表明眼动的神经计划与空间意象的形成和保持有关，但涉及手部运动的研究证据要少得多。一些证据表明，眼球运动和手的运动是相关的。第一，手运动有助于在同一方向上规划和执行眼球运动，并且它们会干扰和抑制在不同方向上的眼球运动。第二，手的动作可以触发（或扰乱）注意力的转移，就像眼睛的运动一样。第三，手的移动可以促进（或干扰）工作记忆中空间信息的保持。因此，空间位置之间的运动似乎有可能以手或眼睛的运动方式来表现，考虑到手眼协调的进化关联性，上述观点和解释是有意义的。下面将进一步针对如何发生上述情形提供一些推测性的想法。

第一种可能性是，通过视觉揭示的物体形状和通过动作探索揭示的物体形状形成了共享性的表征。一些研究表明，当基于视觉或触觉辨别物体时，颞下回的重叠区域会被激活。空间表征是综合感知的，同时与视觉、触觉感知有关。因此，观看一个物体的外观必然会激活有关物体被触摸时的感觉信息，这种触觉激活可能是跟踪物体空间特性的手势表达的催化剂。第二种可能性是，空间表征激活视觉系统的背侧通路或动作性视觉，这种激活可能是手部运动的基础。研究者们普遍认为，加工视觉的“对象是什么”和视觉的“对象在哪儿”，有不同的神经通路，后者尤其关联于到达和抓取的手部协调动作。此外，思考一个物体的大小或形状会激活大脑后顶叶区域，这些区域是背侧通路或动作性视觉的一部分，思考物体的空间特性或场景中的空间位置，激活了涉及到达和抓取的前运动计划的背侧通路，该运动系统的激活使手的移动更可能实现。

概括而言，本书认为无论涉及何种神经机制，视觉表征中的空间特性都会激活扫描、追踪或在图像表征各部分位置之间移动的运动表征。从这个角度来看，表达空间属性的手势起源于说者思考这些属性时激活的运动模拟过程。有一些研究证据已经表明，空间属性确实唤起了手势表达的运动计划。Bach、Griffiths、Weigelt和Tipper（2010）要求被试者根据物品通常是在家外还是在家里的标准来分类，被试者依据自己的分类，用手势表达了对象的圆形或方形特征，关键是其语言表达的分类或命名中，也包含了物品的形状特征，如月亮、飞镖板等是圆形的或广告牌、书籍等是方形的。[①]Bach等发现，与不匹配的手势相比，被试者更

① Bach P, Griffiths D, Weigelt M, Tipper S P. *Gesturing meaning: Non-action words activate the motor system* [J]. Frontiers in Human Neuroscience, 2010, 4: 1-12.

容易做出与所分类对象形状相匹配的手势。例如，在对圆形对象的位置进行分类时，它们可以更快地生成圆形手势，而不是方形手势。此外，当被试者用圆圈手势回应正方形物体时，他们的圆圈手势在形状上变得更像正方形。这一证据表明，思考一个具有特定形状的物体会自动激活追踪该形状轮廓的运动计划。那么很显然，在交流互动中让交流者执行一个偏离激活的运动计划的手势将是困难的。

总之，交流中手势的动作表达过程中，涉及了人们在思考交流对象意象时被激活的任何动作，包括运动图像、空间图像和视觉图像。手势的模拟表达过程既可以是直观性的动作，也可以是与感知或视觉图像中突出的空间元素相关的动作。此外，正如前面所提到的，其他类型的意象（如听觉、触觉甚至嗅觉意象）也有可能激活动作的模拟，并用手势表达出来。思考一个声音从哪里来可以激活一个朝向声音的动作模拟；思考一朵玫瑰的气味可以激活一个举起玫瑰并闻它的动作模拟，而这些心理的动作模拟过程均可以通过手势交流表现出来。

社会人际交流互动过程中，我们的手随时存在，我们经常使用它们进行交流，因此，手势交流为社会人群中的个体提供了一个永恒的认知加工工具，帮助我们了解交流的完整真谛。但是，当前关于手势交流认知的特征，一些是我们可以理解的，一些是我们尚未完整理解的。

第一，我们尚不清楚手势的个体差异和具体表现有哪些，有一些人特别容易产生手势，有时限于特定任务，有时不限于某个任务，这尚且不能准确解释；有一些人对交流语言的理解也表现为更多地借助于手势。

第二，在借助手势的学习任务中，个体之间学习认知过程的相同特征和差异特征怎样？也是不清楚的。

第三，当手势发生于语言学习的最初阶段时，它往往可以代替儿童的语言来表达信息，但毕竟手势不等同于语言，因此手势不适合简单翻译成线性组合的词汇，而儿童一旦熟练掌握了语言，人们可以从手势中看到相对连续变化的思想和观点，未来需要对这一过渡特征做出探查，还需要对过渡前后阶段的不同特征做出比较和解释。

第四，鼓励适龄儿童以手势辅助任务解释，这可以使儿童从学习中获益，未来的研究工作需要关注：手势是否对所有学习者均会起到有益的促进性，是否在各种学习任务中均适用，如空间表征问题（适合手势表达）和抽象性道德推理问题（不适合手势表达）等。

第五，交流互动中缺乏手势表达已经被认为是自闭症儿童的典型特征，但是未来研究需要确定，是否可以依据手势表达特征来鉴别儿童的自闭症症状。早期的手势交流特征还被发现在语言障碍儿童中的表现不同，未来需要解释具体的关联性甚至因果关系是怎样的。

第六，越来越多的证据表明，教师在教学中使用的手势有助于学生的学习，因而，今后的研究工作需要建立一套教师如何有效地使用手势的标准和规范，并建立在教室和其他教学设施设置特征的基础之上。

第7章

交流手势与学习

当人们在不同场合交谈的时候，事实上他们都会做出一些手势，尽管人们可能并没有意识到手势伴随语言交流已经发生了。手势交流是如此普遍，以至人们在打电话的时候也习惯性地使用它，虽然电话另一端的交流同伴根本看不到它；甚至先天性的盲人，从没有见过任何人的手势交流，在语言交谈的时候也会使用他们的手势。手势给口语交流增加了想象的空间，因为手势不必像口头语言那样以语法规则为基础线性发生，因此当语言传达信息困难时，手势会表现出观点表达的无尽潜力。

因为手势通常发生在语言交流情景中，所以可能手势的主要目的是协助语言交流，但是，在语言理解之外，手势对思考和学习也能产生重要的影响效应。学习中，手势不仅有助于澄清或加强课程讲授的知识，而且有助于学习者更为深入地思考并促进概念知识的发展，手势的发生也会对手势发出者产生思维理解的反馈作用。本章重点阐述了学习者是如何驾驭交流中的手势，以促进学习与教学活动的。

第1节　交流手势展示了学习的准备状态

当人们在语言交流中使用手势的时候，这些手势通常可以揭示一些语言中不能传达的信息；这也表现在交流学习过程中，一个学习者的手势可以辅助解释语言概念的模糊含义，教师们可以充分利用这些手势推测学生们在思考什么；上课时教师的手势可以激发学生某种新奇的想法，或者使学生清楚地把握教师的讲授思路。因此，手势具有这样的功能：不仅反映学习者对一个问题的理解，甚至可以改变这一理解过程。

一、手势揭示了学习者已有的知识状态

著名的发展心理学家皮亚杰是一个极善于观察和分析儿童行为的研究者，皮亚杰非常细致地描述了儿童的日常行为细节，并提出了儿童行为发展特征对理解认知发展的重要性，皮亚杰发现的儿童发展心理特征是心理科学发展史上的一个里程碑，得到了跨越文化研究和各具体研究方法的一致性认同，其理论是个体心理发展综合理论的一部分。其研究中的一个著名的例子是发现在7岁之前，当把水从一个高、瘦的容器里倒入一个低、宽的容器里时，儿童认为水的质量是不同的——这些儿童的认知是非守恒的。一旦液体守恒的能力被掌握，儿童不但坚定地相信水的质量没有变化，而且能为自己的信念提供清晰明了的理由。例如，为了证明液体质量守恒的信念，一个守恒儿童说，“尽管一个容器又高又细，一个容器又低又宽，但它们仍然有相同的质量”。这样我们可以清楚地知道，他已经理解了容器的高度和宽度是如何互相弥补的。

之后的研究采用了皮亚杰的守恒任务，进一步分析了儿童在解释任务内容时的手势表达特征，发现当需要解释守恒任务的推理过程时，儿童的手势可以更丰富深刻地展现他们独到的思维过程。例如，还不能理解液体质量守恒概念的儿童，相信当把水从高的、细的容器中倒入低的、宽的容器里，水的质量变化了，儿童会说“这个容器比另一个容器高”；但是其做出解释的同时，却使用了一个C形手势来表达这个高容器的宽度，紧接着使用了一个更宽的C形手势来表达低容器有更大的宽度。实际上，儿童在语言上强调了容器的一个维度（高度），但是他的手势清楚地表达了他正在开始尝试思考的第二维度（宽度），手势传达出了不同于语言内容的信息。

学习者通过使用手势，传达了其思维中所理解的超出语言解释范畴的不同信息，手势传达的这些独特信息通常是一些压缩式的或隐含性的知识，这些知识虽然还未被学习者明确地理解，但手势已经告诉我们学习者现有的知识状态特征。然而，考虑到手势可以不受口语惯例和语言规则的限制，因此学习者可以通过手势灵活表达出不同于语言的新信息或新假设；手势传达的这些新观点表明学习者处于知识理解过程中的过渡状态，或者说正在准备将丰富的手势信息合并入语言内容中。更具体地说，用手势传达了不同于语言观点的学习者在解释学习任务时，能够比那些使用冗余手势的学习者，产生更多的学习收益。因此，对于学习者，手势可以成为一种知识状态的标记，标示出学习者正处于学习中的某种重要

思维过程或者对于所学习的知识一无所知。

现实交流学习中，通过手势传递信息细节不是接受特定训练而发生的，也不需要学习者对其进行意识性思考和精心地编码、解码。手势交流不受年龄、文化等个体自身因素和社会性因素的影响。在学习过程中，一个有意义的观察结果是，与手势—语言表达匹配的学习者相比较，手势—语言表达不匹配的学习者对未来学习的准备性更好，其不匹配性表达特征提供了学习认知中更为丰富的信息。因此，对社会成人而言，在社会学习领域中也是如此，尽管你可能没有完全意识到手势在语言交流中的发生和变化，但是手势正在帮助打开你的思想之窗，这有助于交流同伴更为深入地理解你的交流意图和观点倾向。

二、手势提示了学习者学习的准备状态

皮亚杰的守恒任务是交流手势研究的一个很好的任务内容，尽管皮亚杰重点关注了儿童学习中的语言特征，但是后来的研究者进一步发现了交流中手势重要的社会认知意义。当人们说话的时候会产生自发性的手势，这种手势表达不仅揭露了学习者完成一个任务时所采取的特定步骤，还可以促进该任务的解决，这得利于手势可以提示学习者的学习准备性。如上所述，液体质量守恒任务提供了一个很好的证据，儿童语言描述容器的高度来证明液体质量不守恒的信念时，他的手势自然出现了——手势区分第一个（高）容器的宽度和第二个（低）容器的宽度；儿童用手势来传达容器两个维度的互补性特征，手势传达的与语言互补的信息尽管经常被交流者自身和同伴所忽视，但是手势的发生不仅表明了其学习的准备状态，甚至在某些情形下还可能引发学习者自身的注意，从而产生知识学习的跃进，这种跃进缘于手势为语言提供了额外的补充性信息。

Ping和Goldin-Meadow（2008）的实验任务中，先让儿童完成了液体质量守恒任务，之后还给儿童呈现两排数量相同的棋子，其中一排的棋子是散开的，另一排相对集中排列，询问儿童两排棋子的数量是否相同。结果发现，在液体质量守恒任务中表现出守恒观念的儿童，也能够很好地理解棋子的数量守恒问题，并且明确表达“这一排棋子被展开了，更为分散，但两排还是有相同数量的棋子”。当要求儿童证明自己的回答时，她说，“如果我把它们聚拢在一起，它们的数量将会是相同的”，其语言直接解释了对数的概念的理解；同时，她的手势也描摹了两排棋子之间的一一对应关系。比如，她一只手指出第一排中第一个棋子的位置，随后指向展开后的第二排第一个棋子的位置，然后是第二个棋子，依次进

行，直到她将两排棋子全部配对比较结束。她的手势表达了语言解释中所没有包含的更为丰富的信息——两排棋子之间的一一对应关系。[①]可以看出，学习领域中，手势提示了学习者学习的准备状态，手势的交流作用值得学习者和教育工作者重视。

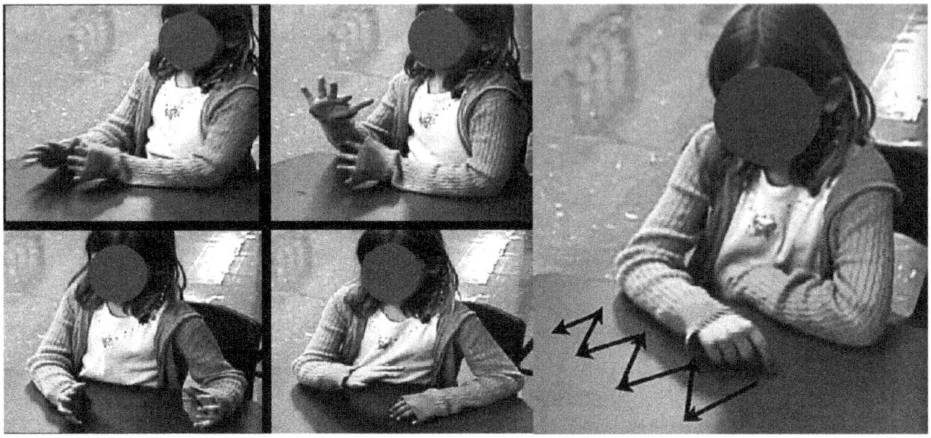

图7.1　儿童完成液体质量和棋子数量守恒任务[②]

手势是肢体动作中的一种，肢体动作被一致认为在认知中具有重要的作用。例如，先前的肢体动作经验能影响语言的理解和加工——玩曲棍球能加强一个人对有关曲棍球语言指称信息的理解能力，因为经常用来完成曲棍球相关动作的大脑区域能高度参与到与这些动作有关的语言理解过程中。肢体动作不仅影响人们如何做出语言解释，也影响人们的记忆和问题解决过程。例如，观看其他人做出某种动作的情境中，认知加工中编码动作的同时，个体进行身体动作的模仿，这能增强对观察动作的回忆。再比如问题解决的例子，在解决问题过程中，如果伴随一些手势动作会影响学习者解决问题的时间，教师指导学生完成适合于问题解决方案的手势练习，有助于学习问题的更快解决，反之，做出不适合于问题解决方案的手势动作，却不利于问题解决。尽管手势是身体的一种动作，但它是一种特殊种类的动作。例如，仅仅做出一个扭转的手势，人们不会认为这是拧瓶盖；但是，在特定的情境下，人们可以将其理解为拧瓶盖，此时这个手势将会对交流

① Ping R M, Goldin-Meadow S. *Hands in the air: using ungrounded iconic gestures to teach children conservation of quantity* [J]. Developmental Psychology, 2008, 44: 1277-1287.

② Goldin-Meadow S. *From action to abstraction: Gesture as a mechanism of change* [J]. Developmental Review, 2015, 38: 167-184.

过程有直接的影响，影响缘于手势的特定表征能力。

三、手势—语言不匹配是学习准备性的可靠指标

Church和Goldin-Meadow（1986）以皮亚杰守恒任务探究了学习者“手势—语言不匹配”的认知特征。[①]被试者为5~7岁的儿童，一类儿童是守恒者，她理解水从一个容器倒入另一个容器中时不会改变水的质量，也知道一排棋子被展开之后不会改变棋子的数量；另一类儿童为非守恒者，当面对无法理解的守恒问题时，他们有更多的手势。研究重点关注了非守恒儿童，例如，一个儿童说两个容器里水的质量是不同的，因为“这个容器比那个容器更低”，语言表达了水的高度，同时，用她的手来模拟两个容器的高度（如图7.2，上方的图片）。该儿童在语言和手势上表达了相同的信息，产生了一种“手势—语言匹配”关系。另一个非守恒儿童也相信水发生了变化，并且他在语言上也从容器高度的角度谈论，这个儿童也有手势，但是他的手势传达的信息不同于语言中表达的信息——他用手势模拟容器的宽度（如图7.2，下方的图片），因此产生了一种“手势—语言不匹配”关系。

图7.2 儿童完成守恒实验任务

如图7.2所示，如果只是听两个儿童说话而不观察手势，将认为这两个儿童的理解是一样的。但是如果看他们的手势，将发现两个儿童中的后者更可能从手

① Church R B, Goldin-Meadow, S. *The mismatch between gesture and speech as an index of transitional knowledge* [J]. Cognition, 1986, 23: 43-71.

势表达中进一步获得守恒信息。具体而言，实验中把儿童分成两组，一组是在守恒任务实验中产生手势—语言不匹配的儿童，一组是产生手势—语言匹配的儿童；然后给所有的儿童相同的守恒教学任务，结果比较发现，不匹配儿童对于守恒的理解显著优于匹配组，这表现在教学任务后守恒迁移任务中的成绩水平显著更高。

Perry、Church和Goldin-Meadow（1992）要求9~10岁的儿童完成数学等式问题，儿童没有掌握数学等式问题的解题方法，如，6+2+3=__+3。[①]儿童有两种表现，一是把数学等式中的所有数字加起来，填写答案为14；二是把数学等式左边的数字相加，填写答案为11。当被要求解释他们怎样得到答案时，一些儿童在语言和手势上表达了相同的策略，“我把6、2和3加在一起得到11”，同时用手指出数学等式左边的6、2和3，这些儿童是手势—语言匹配者。其他的儿童在语言和手势上表达了不同的策略，尽管语言表达与上述类似，但是手势已经开始关注数学等式右边的3，以及与左边3的可能性对应关系，这些儿童是手势—语言不匹配者。当同时向两种类型的儿童讲授一堂数学等式的数学课时，与手势—语言匹配的儿童相比，在先前被评估为手势—语言不匹配的儿童学习效果更好，在课后的迁移任务中表现得也更好。

大量的研究证实，人们交流中经常会使用表达信息不同于语言信息的手势，这发生在各年龄阶段以及各种生活情境中。比如，在刚刚学步的儿童中可以观察到这种手势—语言的不匹配性，也发生在学龄前儿童的游戏解说过程中，数对象数量的过程中，数字大小集合的分配任务中，小学生皮亚杰守恒问题的语言解释过程中，数学等式问题中，儿童对季节变化问题的理解和解释中，儿童和成人讨论道德困境的交流互动中，儿童和成人的河内塔问题交流中，青少年对不同材料和厚度棒可弯曲性的解释中，成人对齿轮组运行特征的解释中，成人对关于风景、抽象艺术、建筑、人、机器等图画作品的交流中，成人对常数变化问题的解释中，以及成人对卡通故事的讲述过程中等。

各研究一致认为，手势和语言之间的不匹配被认为是学习准备性的一种信号。例如，学步的幼儿在某一次产生一个单词并且用手势传达额外的信息来补充这个单词时（例如，“bottle”+手势），表明他已经准备向双音节词语过渡（give

① Perry M, Church R B, Goldin-Meadow S. *Is gesture-speech mismatch a general index of transitional knowledge?* [J]. Cognitive Development, 1992, 7(1): 109-122.

bottle）。成年人被试者的学习中也发现了类似的结果，当要求预测齿轮组中的某个齿轮转动到特定位置时，另一个齿轮将转动到哪个位置；或者要求被试者画出分子的立体结构图示时，用手势展示在他们语言中未出现信息的成人被试者，尤其可能在任务后取得更大的进步。因此，当任何年龄的个体用手势产生关于任务的相关联信息时，如果这些信息不同于伴随语言产生的信息，那么表明其学习认知过程正处于一种相对不稳定的状态，并且准备从这种手势启发中获益。Church（1999）在研究中为了进一步说明手势交流认知的这一特征，通过实验比较了手势—语言不匹配被试者和语言中表达了不止一种策略的被试者，结果仍然发现接下来的学习迁移任务中，手势—语言不匹配被试者的学习效果最好，再次证实手势—语言不匹配特征是学习准备性的一个良好指标①。

最后一点是值得一提的，手势—语言的不匹配特征是学习者即将从学习任务中获益的一个良好指标，但是该任务必须是个体尚未学习掌握的问题情境。但是，现实也发现，一个人已经掌握了任务知识，但可能也产生手势—语言不匹配性的交流过程，这是为什么呢？至少存在两种原因。

第一个原因，学习者可能只是在最近的任务上偶尔以一种方法成功地解决了问题，但实际上仍然处于一种学习过渡的状态。Perry、Church和Goldin-Meadow（1988）发现，实验任务中已经学会解决数学问题的儿童经常继续产生手势—语言不匹配性的表达，但是，他们在语言和手势上表达的策略都是正确的。例如，对于数学等式问题6+2+3=__+3，儿童说，“我把6、2和3加在一起得到11，并且8加3等于11，所以8是答案”（一种语言上的平衡策略）。当手指向6、2，左边的3时，然后在右边的3下产生一个划走的手势（一种手势上的加减策略）；这些策略中的每一个都能说明一种正确的方案，只是属于不同的解题方法。在实验任务之前，这类儿童在她的语言和手势不匹配表达过程中产生的策略都是不正确的，或者一个正确（手势表达），另一个不正确（语言表达）。②

第二个原因，教育者为了对交流互动情境做出回应，而做出了手势—语言不匹配性的表达过程。Goldin-Meadow和Singer（2003）发现，在儿童学习数学等式问题的教学情境下，指导手势—语言不匹配儿童的教师们也会产生手势—语言不

① Church R B. *Using gesture and speech to capture transitions in learning* [J]. Cognitive Development, 1999, 14(2): 313-342.

② Perry M, Church R, Goldin-Meadow S. *Transitional knowledge in the acquisition of concepts* [J]. Cognitive Development, 1988, 3: 359-400.

匹配性的表达过程。[①]但是，教师的手势—语言不匹配表达过程，在两个方面不同于儿童学习者。首先，教师在手势和语言上传达的策略都是正确的。其次，教师在他们不匹配的手势中所表达的策略经常出现于其他人的语言策略中，换句话说，该策略既适合于语言表达也适合于手势表达。与此相反，儿童在手势和语言中表达的策略经常都是不正确的，或者一个是正确的（手势表达）而另一个是不正确的（语言表达）。此外，儿童不匹配手势表达的策略只能在手势中出现，而不能在其他的口语回答中表达，也就是说，在手势中传达的信息只能通过手势完成，而不能通过语言。一个初学者表达中出现的手势和语言之间的不匹配性表明，不匹配学习者能同时注意任务的更多相关信息，这些种类的相关知识将不匹配者放在一个有利的可促进的学习准备状态中。

因此，初学者和专家产生的手势—语言不匹配过程存在本质差异，专家的不匹配特征反映出他们在回应交流同伴需求时的沟通调节能力；相反地，初学者的不匹配特征反映出他们已经为学习做好了准备，即不匹配性是进一步学习的推动力。

第2节　交流手势促进学习

交流互动中，当说者解释他们针对一个问题的解决方案时，将产生自发性手势；这些手势不是简单的挥手动作，它们反映了讲话者关于这个问题的某些特定想法，经常是在说者的语言中没有表达的想法。但是，手势能做的不仅仅是反映想法，还能改变交流者的思想和观点。在这一意义上，一方面，手势和其他动作一样，对对象的手势表达和实际操作性动作都是一种行为。另一方面，手势促进了交流思想的传达，并促进交流观点的萌生和发展。事实上，手势是一种特殊的动作，其可以表达交流者的思想、意图和观念，而不仅仅是直观的操作对象。手势和一般动作的不同之处还在于，手势能使某种动作元素突出，这些元素能促进抽象性思想的交流和学习；因为手势既是一个动作也是一个交流媒介，是交流学习的一个桥梁，是学习抽象性知识的一个有力工具。

---

① Goldin-Meadow S, Singer M A. *From children's hands to adults' ears: gesture's role in teaching and learning* [J]. Developmental Psychology, 2003, 39(3): 509-520.

一、手势的“发生”促进学习

既然手势可以为学习者提供一个启发新思路的方法，那么，不使用手势的学习者，其学习认知过程又经历了什么不同之处呢？他们可能会错失一个重要的学习机会吗？这尚且无法准确解释，至今为止的研究结果仅表明鼓励学习者使用手势可以使那些隐含的观点浮出水面。Broaders、Cook、Mitchell和Goldin-Meadow（2007）要求儿童解释他们不正确的数学问题解题思路，然后要求被试者解决一组相似的问题，而且鼓励一半的儿童边解释他们的思路，边运用手势。[①]Broaders等发现被要求使用手势的儿童采用了一些新的解题策略，但是这些策略只能在手势中被观察到；没被鼓励使用手势的儿童没有在手势或语言中增加新的策略。重要的一点是，通过使用手势增加独特新策略的儿童更可能在课堂之后数学问题的迁移任务中获得收益，课后当他们不再被明确要求使用手势时，这部分儿童在纸—笔测试的数学问题中，能够正确解决之前无法解决的问题。鼓励儿童在学习中使用手势可以激活内隐、正确的观点，从而为儿童的学习过程做了更为充分的准备性，因此，手势的发生促进了学习认知。

道德推理领域的研究同样证实了以上结论，在对道德困境的解释过程中，被鼓励使用手势的儿童比那些没被鼓励使用手势的儿童，更可能通过手势表达出复合性的观点，反映了当其处于道德困境时，对于道德情境中的多重因素具有更好的理解性。而且，在一个道德课程之后，虽然儿童不再高频率地使用手势，但是在课上使用手势的儿童，当面对类似的道德问题时，其语言中的观点数量显著增加。事实上，课上他们通过手势表达了更多的观点，那么，课后他们就会通过语言表述更综合性的观点。[②]可见，鼓励儿童使用手势激活内隐的观点并为其学习做出更好的准备性，不受知识领域的影响。这不仅表现在具有空间特征的知识领域，例如数学问题，而且存在于非空间表征的知识领域，如道德问题。

如果说用手势自发产生独特而正确的策略促进了学习，那么教师或家长应该怎样教儿童学习使用手势，以生成正确的策略或想法呢？可以看一个例子[③]，向

---

① Broaders S C, Cook S W, Mitchell Z, Goldin-Meadow S. *Making children gesture brings out implicit knowledge and leads to learning* [J]. Journal of Experimental Psychology: General, 2007, 136(4): 539-550.

② Beaudoin-Ryan L, Goldin-Meadow S. *Teaching moral reasoning through gesture* [J]. Developmental Science, 2014, 6: 984-990.

③ Goldin-Meadow S, Cook S W, Mitchell Z. *Gesture gives children new ideas about math* [J]. Psychological Science, 2009, 20: 267-271.

三年级的学生讲授如何解决数学加法等式的填空题，例如3+4+9=__+9，教儿童在解决问题时使用正确的手势，指导所有的儿童说："我想让等式一边等于另一边（解决问题的等价策略）。"教第一组的儿童用手势生成另一个解决问题的策略（数字分组，完全正确的手势条件）——对于数学问题的前两个数，他们用食指和中指产生了V形手势（例如，3+4+9=__+9中的3和4），然后指向等式另一端的空格，V形手势表达的观点是通过分组和把两个加数相加可以将问题解决，这是该组儿童在解释他们正确解决问题的方法时产生的手势。教第二组儿童用手势产生一个部分正确的分类策略（部分正确手势条件）——他们对后边两个数使用V形手势表示（例如例子中的4和9），而且指向了右侧的空格，这些手势突出了分类，却将儿童的注意引导在错误的数字上。第三组儿童完全没有学习手势，且仅仅让他们用语言学习等价策略（仅有语言的条件下）。结果发现：在课上被鼓励使用手势产生分类策略的儿童，课后解决类似问题时，语言中明确表达了该手势策略，并且表现出能够更好地解决课堂上没有讲授的迁移问题（此时尽管他们不再使用手势）。有趣的是，甚至部分正确手势条件下的儿童相对于语言条件下的被试者，也表现出显著更高的解题能力，这表明手势的作用不能仅简单概括为指引儿童学习的注意力。如果手势仅表现为简单的指引注意力，那么相反，部分正确手势条件下的儿童应该表现得比语言条件下的儿童更差。总之，指导儿童用手势产生正确的解题策略可以促进学习，即手势的"发生"促进了学习认知。

从手势社会性交流的背景来看，手势的"发生"促进学习认知，似乎有许多影响机制。例如，在紧急情境中手势可以连接急于表达的断续的抽象概念，手势可以降低认知负荷，手势可以增强口语交流。此外，因为手势是身体的一个动作，它对学习的影响至少部分缘于感知运动系统的认知资源。运动经验已被证实可以在很多领域中影响学习，手势作为一种运动行为，可能存在相似的影响机制。*f*MRI证据发现在学习数学问题时，同时运用语言和手势的儿童，和那些仅用语言学习的儿童相比较，当要求其解释数学问题时，更有可能显著激活某些运动神经区域。[①]通过手势激活的运动神经模式贯穿于学习过程中，可能因为手势是一种运动类型，所以才能促进学习。

然而，手势又是一种表征性的行为，使得其不同于针对对象的实际处置性的

① Wakefield E M, Congdon E L, Novack M A, Goldin-Meadow S, James K H. *Learning math by hand: The neural effects of gesture-based instruction in 8-year-old children* [J]. Attention, Perception & Psychophysics, 2015, 1: 1-11.

操作行为，操作行为体现的是执行功能而非表征功能。这种差别决定了手势对学习独特的作用特征。为了解释这个观点，Novack、Congdon、Hemani-Lopez和Goldin-Meadow（2014）创设实验情境，教授儿童解决数学问题，实验组在解决问题中指导被试者正确使用手势表征问题（手势行为条件），控制组则指导儿童直接操作问题材料（操作对象行为条件），结果发现：所有的儿童都学会了如何解特定类型的数学题，但手势行为条件下的儿童对于新类型数学题的迁移能力显著更高，而操作对象行为条件的儿童，由于学习过程中的动作行为仅仅局限于对对象自身的直接操作，导致对于类型题理解得直观和相对肤浅，迁移能力显著不如实验组。①换句话而言，操作行为将学习者的注意集中于问题对象的细节上，影响到问题的抽象概括；与此相反，手势并不直接作用于对象自身，在一个相对的物理距离外表征问题情境，即手势将学习者的注意集中于问题维度上而非对象自身细节上，有助于问题情境的概括化和抽象化。因此，手势在某种程度上以不同于操作行为的独有方式引导学习者的思维过程，促进深层次学习的发生。

二、手势的“可视性”促进学习

当学生看到一个教师在讲课过程中使用手势，而自己并没有使用手势时，教师手势也可以促进学生学习。例如，教师使用手势来表现形状的对称，从而帮助学前儿童学习双边对称的概念。这种效用可能产生于面对学习对象时，手势实现了对抽象语言的形象表达。但是，研究也发现，在对象不存在的条件下，手势仍可以促进学习，Ping和Golding-Meadow（2008）给5~7岁的孩子讲授皮亚杰的守恒问题，实验条件分有手势和没有手势。在有手势条件下，教师手势模拟表达了两个杯子的相对宽度和高度，结果发现：不论是目标存在还是目标缺失条件下，有手势条件下的被试者学习效果显著高于无手势条件下的被试者，表明可观察的手势促进了学习，可观察的手势不仅可以引导和集中学习者的注意力，而且向学习者传达了学习观点。②

教师在教学中使用手势可以向学生提供多种解决问题的策略和方法。Singer和Goldin-Meadow（2005）研究发现课程讲授中教师同时使用两种策略——语

① Novack M A, Congdon E, Hemani-Lopez N, Goldin-Meadow S. *From action to abstraction: using the hands to learn math* [J]. Psychological Science, 2014, 25: 903-910.

② Ping R M, Goldin-Meadow S. *Hands in the air: using ungrounded iconic gestures to teach children conservation of quantity* [J]. Developmental Psychology, 2008, 44: 1277-1287.

言+手势策略组合条件（手势表达和语言讲解同时发生，即speech + gesture）时，学生数学课的学习效果显著优于语言+语言策略组合条件（语言表达的两种策略只能是序列或不同时发生的，即speech→speech）。[①]手势的作用至少部分来自其与语言讲解的同时发生性，如果是这样的话，手势和语言同时发生时（speech + gesture）对学习的促进作用，应高于手势和语言序列发生条件（speech→gesture）。Congdon、Novack、Brooks、Hemani-Lopez、O'Keefe和Goldin-Meadow（2017）的研究确实发现手势和语言同时发生条件下，学习者对于学习内容的归纳概括和记忆保持效果均显著优于手势和语言序列发生条件；手势和语言序列发生条件及语言和语言序列条件之间无显著差异。[②]

迄今为止研究发现，手势的“可视性”能提供关于学习者思想的信息——由不理解向理解状态转变。越来越多的证据支持手势能在知识转变过程中起关键的作用，这一定程度上缘于手势的“可视性”，手势的这一作用具体表现于两个方面：我们看到其他交流同伴产生的手势能促进我们的学习；我们自己产生的“可视性”手势也能促进自己的学习。

（一）我们看见的手势有助于学习

为了观察其他人手势对学习的影响，上述Singer和Goldin-Meadow（2005）的研究提供了一个很好的教师讲授数学课的示例，证实“我们看见的手势有助于学习”，如图7.3所示。

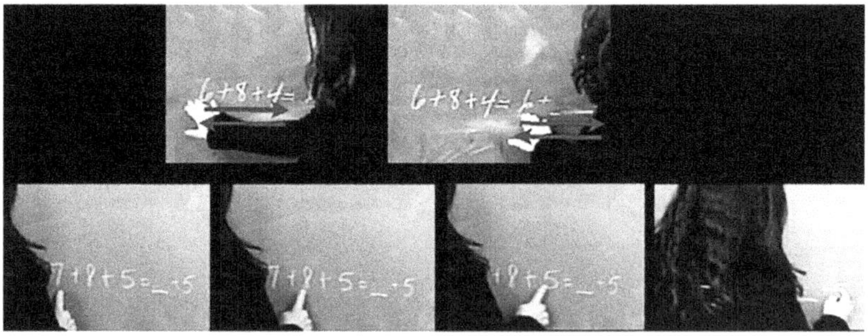

图7.3　数学等式教学任务

① Singer M A, Goldin-Meadow S. *Children learn when their teacher's gestures and speech differ* [J]. Psychological Science, 2005, 16: 85-89.

② Congdon E L, Novack M A, Brooks N, Hemani-Lopez N, O'Keefe L, Goldin-Meadow S. *Better together: Simultaneous presentation of speech and gesture in math instruction supports generalization and retention* [J]. Learning and Instruction, 2017, 50: 65-74.

例如，在手势和语言匹配的教学讲解中（如图7.3上面的图片），教师正在讲授等式问题6+8+4=6+__，语言解释“解决这个问题的方法是6加8加4，等于18；我们想要等号的另一边数量相同；6加12也等于18，所以12将会是答案”（语言上的等价策略）。同时，她先在等式的左边挥手，然后在等式的右边做相同的挥手，因此在等式的每一边以相同的方式做动作（手势上的等价策略）。在手势和语言不匹配的教学讲解中（如图7.3下面的图片），实验者正在讲授问题7+8+5=__+5，并且语言表达了相同的等价策略，“解决这个问题的方法是7加8加5，等于20；我们想要等号另一边数量相同；15加5也等于20，所以15将会是答案”。然而，她产生的手势表达的是加减策略，她的手指指向7和8以及等式左边的5，然后在等式右边的5下面产生一个“划走”的手势，手势表达的是左边的数字应该被加在一起，再从总和中减去右边的数字。实验中手势的可视性明显促进了学生的学习过程。

当然，从比较的角度来看，与只给一种语言策略（等价策略）的儿童相比，在课堂授课中提供了两种语言策略（等价策略和加减策略）的儿童，在事后同类题目的测验中显著更少地解决问题。然而，当两种策略以不同的形式被讲授时，一种以语言，另一种以手势，却更为显著地促进儿童的学习，进一步而言，两种策略在手势—语言不匹配中产生了更大的促进效应，即和手势—语言匹配条件、仅语言教授条件比较，手势—语言不匹配条件下的儿童显著更多地解决了迁移问题。

这些结果清楚地表明学习者看见的手势能对学习产生积极的影响。但有些情况下，手势也可能误导学习者。例如，一个儿童在解决问题7+6+5=__+5时，将18作为答案填在空格里。教师给他一个反馈并且告诉他，他的答案是不正确的，他错误地把7、6和5加在一起，同时，教师的手指指向7、6，左边的5，以及右边的5，希望儿童能够注意到两边的5，但是儿童的反应是，将答案改为23，即把问题中的所有数字加起来。显然，这个儿童已经被教师的手势所误导，因此，手势不仅促进学习，有时也可能干扰学习。

来自社会领域研究的另一个例子中，研究者询问目击证人（儿童被试者），结果发现儿童极易受语言和手势等暗示的影响。例如，问一个目击证人：“他戴的帽子是什么颜色？”倾向于引起儿童关注帽子问题；而通过问开放性的问题：“他穿戴了什么？”得到的答案截然不同。Broaders和Goldin-Meadow（2010）在此基础上，想进一步了解手势是否也会影响目击证人回答问题的方式。[①]研究者预先带一个人到教室中录制视频，然后单独采访观看的每个儿童，并问一些问题，包括手势传达的信息，尽管这些信息没有出现在语言中。例如，研究者问："他穿戴了什么？"同时做出一个戴帽子的手势。这个手势有助于把一个开放性的问题转变成一个目标性的问题，并且结果发现儿童确实如假设的一样，做出了针对手势的相应回答，他们用"帽子"回答了这一问题。因此，一个询问者的手势能提示或暗示出某种特定的信息，有时这些信息具有误导性。但是，研究者还发现，儿童目击者在访谈期间也会自发地产生一些手势，有趣的是，这些手势经常传达了儿童语言中所未传达的关于事件的真实信息，但是询问者却错过或忽视了儿童手势所表达的这些重要信息。这是否对现实的社会性交流具有更为明确的启示价值，有待未来研究在真实的特定交流情境下进一步探查。

（二）我们产生的"可视性"手势促进学习

为了探索学习者自己的手势可能对学习产生的影响，需要控制学习者自己的手势表达。Broaders、Cook、Mitchell和Goldin-Meadow（2007）告诉儿童当解释他们对数学等式问题的方案时，需要移动他们的手，结果发现，与没有被告知使用手势的儿童相比较，被告知使用手势的儿童通过手势产生了更多新的、正确的想法。有趣的是，儿童在手势上产生这些正确想法的同时，他们继续在语言上错误性地解释问题解决过程，表达错误的问题解决策略。然而，当之后再提供类似的迁移问题时，与没有被告知使用手势的儿童相比较，这些做手势的儿童解决问题的可能性显著更高。[②]因此，手势尽管未被语言明确表达，但是却能启发学习者自身的思维过程，这些手势表达的新想法能引导和促进学习认知过程。针对该问题的探讨中引人注目的是，可以通过主动告诉儿童如何移动双手来学习新问题，这有助于提高他们的认知技能。Cook、Mitchell和Goldin-Meadow（2008）在实验任务期间，让儿童在数学等式3+6+4=__+4的左边挥动左手，并且在等式的右边挥动右手，发现与在任务期间没有移动双手的儿童相比，其学习的记忆效果

① Broaders S C, Goldin-Meadow S. *Truth is at hand: how gesture adds information during investigative interviews* [J]. Psychological Science, 2010, 21(5): 623-628.

② Broaders S, Cook S W, Mitchell Z, Goldin-Meadow S. *Making children gesture reveals implicit knowledge and leads to learning* [J]. Journal of Experimental Psychology: General, 2007, 136: 539-550.

显著更好，证实了告诉儿童如何移动双手能增强对新知识的记忆。①

但是手势是怎样促进新想法产生的呢？一种解释是，学习者可以从他们产生的手势中提取问题的核心意义，如果是这样，学习者应该是对他们特定情境下的重要手势更为敏感。另一种解释是，学习者因为简单做了手势或移动他们的双手，就可以促进学习，如果这样的话，他们做了手势就应该促进学习而不受手势的重要性或不同特征的影响。在一堂数学课之前，Goldin-Meadow、Cook和Mitchell（2009）给儿童呈现手势和/或者语言，以让其模仿。所有的儿童被要求在语言上模仿等价策略——“我想要使一边等于另一边。”又分两种条件：第一组是在正确分组数字的策略引导下进行模仿，以产生正确的解决问题方法（正确手势+语言），例如，在问题3+2+8=__+8中，一个“V”的手势放置在3和2下面，接着指向空格（如图7.4，上面的图片）；第二组是处于错误分组数字策略引导下进行模仿（错误或部分正确手势+语言），例如，在问题4+5+7=__+7中，一个“V”的手势放置在5和7下面，接着指向空格，“V”手势使组中的两个数字突出出来，但是集中于错误的两个数字上（如图7.4，下面的图片）；第三组被要求去模仿语言但没有手势。然后在尝试解决每个问题的之前和之后，要求三组儿童（第三组儿童不提供手势——语言组）重复他们的手势或者语言，所有儿童接受的是相同的课程。研究发现，在课程期间要求产生正确手势的儿童，探查学习任务中成绩最好，部分正确手势的儿童次之，不产生手势的儿童最差。重要的是，该研究的一个特点是，所有三组中，语言均参与了，并且手势是分组策略，而语言是等价策略，儿童需要将手势策略并入语言策略中，因此研究结果证实了儿童对学习情境下的特定手势具有敏感性，手势能影响学习的关键在于手势使被试者集中注意于手势的情境关联意义。②

尽管这些研究认为儿童从他们的手势中提取了关于解决问题的特定信息，但另一种可能是儿童的手势只是帮助他们集中注意力于需要操纵的特定数字上。然而，值得注意的是，儿童在部分正确情况下产生的手势集中注意力于错误的数字（问题4+5+7 = __+7中的5和7）。不过，这种情况下的儿童，在之后的迁移任务中成绩比没有手势的儿童显著提高，所以，可以说，手势的功用不仅仅是调节

① Cook S W, Mitchell Z, Goldin-Meadow S. *Gesturing makes learning last* [J]. Cognition, 2008, 106: 1047-1058.

② Goldin-Meadow S, Cook S W, Mitchell Z A. *Gesturing gives children new ideas about math* [J]. Psychological Science, 2009, 20(3): 267-272.

注意力，还有助于学习者提取关于解决问题的信息，尽管手势存在一定的错误性表达。另外，研究还发现了儿童模仿手势促进了对于分组操作策略的学习，他们（完全正确组和部分正确组）在课后学会将手势分组策略加到语言策略上。

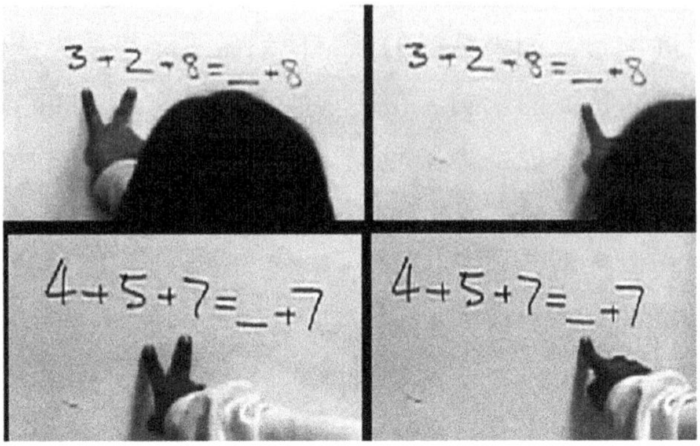

图7.4 数学等式教学任务

手势不仅仅反映学习者拥有的初始想法，还能帮助学习者发展并且表达新想法。换句话说，学习者产生手势的过程带来的认知变化过程多种多样。学习者能通过简单的手势为新知识的进一步发展奠定基础。如果这个观点是正确的，即使是无意识的手势也会潜在地影响思维活动，相关研究以儿童和成人为被试者，在解决心理旋转问题情境下证实了该观点是正确的。

（三）在生命的早期源于手势的学习

手势对于学习的促进作用不仅出现于学龄儿童和成人的学习中，在新生儿和学前儿童的学习中也广泛存在。4~5个月大的幼儿可以直接把注意力集中到动态的点上，并且1岁儿童在学习单词时，能够从语言和手指点击动作的联合表达中受益。新生儿大约9个月时开始产生他们自己的手势，甚至早于他们的语言表达，在1岁时能够尝试用手指向他人传达信息，也可以从成年人的手势中获得信息。

与学龄儿童一样，新生儿和学前儿童产生的手势也提供了自己理解中的某种深层含义，手势的使用甚至早于幼儿的语言表达。在他们逐渐能够用语言表达对象时，儿童已能够用手势指示和表征对象，具有了语言+手势联合表达的能力（例如，指着杯子的时候说“爸爸”意味着“爸爸的杯子”）。最近研究还发现，儿童还没有完全掌握数词，当给一系列项目贴标签时，用手势表达比用语言表达得更精确。

低龄儿童也能从明确的手势干预中获益，研究发现有意识地引导18个月大的儿童相对频繁使用手的动作和看护者互动交流，随着手势表达的增多，反过来促进了儿童口语语言词汇量的增长。①提供手势说明比仅提供图片说明，或比仅提供语言说明更有助于使儿童理解“下面”这一概念。②Novack、Goldin-Meadow和Woodward（2015）使用与图片有关的手势教2岁的孩子学习如何操作一个新奇的玩具，发现手势直观结构化的表征能够促进儿童学习。③因此，从手势中学习是人终身学习全域中的普遍现象。

（四）教育情境下的思考

当然，关于手势对于现实教育教学的作用，还需要广泛和深入的探讨，例如，在教育情境下，特定的手势会和先前的知识经验产生交互影响，某些情境下手势可能是无效的，甚至可能会阻碍学习。此外，手势的作用可能会随着年龄而变化，教学中，儿童从手势中学习的能力受制于其对对象表征的理解能力。事实上，上述Novack等的研究也发现，尽管儿童通过观看手势表达，能够学习到新玩具的功能，但是，儿童从手势中学习的能力会随着年龄而相对变化。

尽管在教育教学领域中对手势作用的探讨很广泛，但是当前已有研究整体上还是初步证实了手势对于学习的促进作用，教师应在实际教学过程中尝试使用手势提高学生的学习效率和效果。首先，教师通过提问让学生解释问题的答案，并鼓励学生解释时使用手势，给学生提供使用手势的机会；教师也需要留意学生用手势传达的信息，如果教师只留意学生用嘴说的话，他们将会错过学生用手势所表达的独特知识，因为学生用手势传达的信息通常在语言知识之外，如果教师能够即时留意这些手势的表达特征，他们将能使教学过程更好地贴近学生实际。其次，教师在讲课时可以使用手势。教师的手势可以捕捉和引导学生的注意并且充分解释语言信息；教师手势的使用也会促进教学中学生手势的增加。当教师在一堂课上使用手势时，学生也更有可能使用手势，反过来，使学生从课堂教学中

① LeBarton E S, Goldin-Meadow S, Raudenbush S. *Experimentally induced increases in early gesture lead to increases in spoken vocabulary* [J]. Journal of Cognition and Development, 2015, 16: 199-220.

② McGregor K K, Rohlfing K J, Bean A, Marschner E. *Gesture as a support for word learning: the case of under* [J]. Journal of Child Language, 2009, 36: 807-828.

③ Novack M A, Goldin-Meadow S, Woodward A. *Learning from gesture: how early does it happen?* [J]. Cognition, 2015, 142: 138-147.

受益。通过自己使用手势，教师不仅提高了课堂质量，而且可以营造出使用手势的独特课堂文化。最后，在课堂环境中，当别的辅助教学手段不能使用时，手势将会特别有用，手势可以被用来表达那些讲解中具有难度和挑战性的观点与问题（例如，使用手势来表达无法直观观察的分子结构）。

三、手势促进知识的概括化

学习者在学习期间可以从手势中获益，手势能促进学习，因为它本身就是一种身体动作，它使用身体动作的直观表征来表现抽象的想法。为了清楚观察手势的直观动作特征对学习认知的促进性，Novack、Congdon、Hemani-Lopez和Goldin-Meadow（2014）教9~10岁的儿童学习数学等式问题解决过程中的分组策略，根据手的使用具体划分出三种方法：儿童直接操作学习对象、模仿性的具体化手势，或者抽象性手势（如图7.5）。儿童在解决数学等式问题过程中，要求做出语言表达，如“我想要使一边等于另一边”，同时教师指导其使用上述特定的手势。[1]

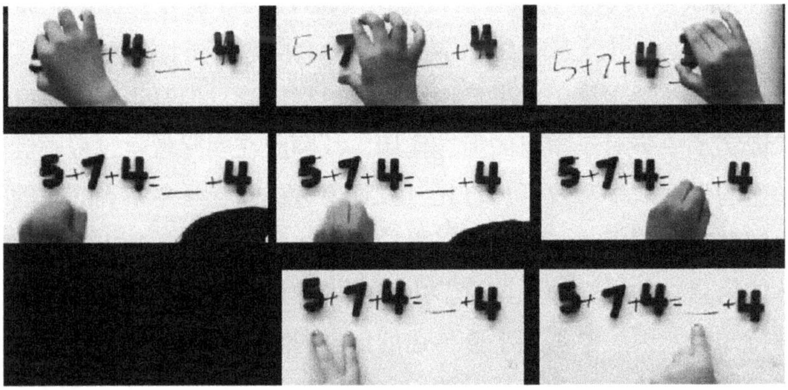

图7.5　数学等式问题实验情境

研究发现，在课后的迁移任务中，三组儿童倾向于使用各自学习的方式解决问题，重要的是，只有手势组的儿童能做到知识理解的概括化，具体手势和抽象手势两种条件下的儿童，在问题的空格被移动到等式右边的最后位置时，能迁移性地解决问题。如，学习中的等式为6+2+4=__+4，迁移任务中为6+2+4=6+__。从具体的策略看，在学习阶段儿童使用了一种简单的策略，把前两个数字分为一

① Novack M A, Congdon E L, Hemani-Lopez N, Goldin-Meadow S. *From action to abstraction: using the hands to learn math* [J]. Psychological Science, 2014, 25(4): 903-910.

组，然后加在一起，将两个数字的和放在空格里；在迁移任务阶段，儿童为了正确地解决这些问题，使用了一个更精确的策略，把没有出现在等式右边的两个数字分为一组，加起来，并且把和放在空格里。为了进一步探查手势表征对知识概括和迁移的影响，Novack等进一步探查发现，儿童学习抽象手势后的迁移能力最强，总之，在学习过程中，手势可以比简单的操作性动作更好地促进知识的概括和迁移。

为什么手势促进了学习的概括化呢？当成人和儿童通过产生针对对象的手势来学习时，他们借助了大脑中的感觉运动区域，而当学到的信息之后被再次加工和使用时，这些区域将被再次激活而参与到学习认知表征中，尽管此时学习者不再使用实际上的手势动作来参与认知过程，这可能是手势促进学习的认知基础。Wakefield、Congdon、Novack、Goldin-Meadow和James（2019）发现，要求儿童在数学课学习期间解决问题时，语言表达“我想要一边等于另一边”（等价策略）。一组只说这个句子；另一组说这个句子的同时产生表达相同信息的手势，在等式的左边挥动手掌，然后在等式的右边做同样的手势。结果证实，手势建立的感觉运动区域将会在接下来的任务中被显著重复激活和使用。然后，研究者在两组中只选择出学会解决数学等式问题的这些儿童，当他们解决类似的等式问题时，用*f*MRI扫描仪检测他们的大脑（这次儿童没有使用手势）。*f*MRI扫描结果发现，解决数学等式问题时，和学习期间没有产生手势而只产生语言的儿童相比较，学习期间产生手势的儿童显著地激活了前顶叶感觉运动区。[①]该发现表明，手势促进学习的机制涉及建立与学习任务相关的感觉运动表征；这些表征在之后不用手势解决任务时也可以被重复激活。

但是，这不能解释关于手势促进知识概括化的全部问题，感觉运动区域的重复激活面积不能完全解释为什么手势促进学习，因为手势和动作都是具体化的，但是只有手势促进了知识的概括化，但具体的操作性动作却不能。归结而言，解释手势和一般性动作对知识概括化的差异影响，可能需要关注：手势能促进知识的概括化，缘于手势可以使学习者集中注意于知识的迁移线索；一般动作阻碍知识的概括化，缘于一般动作使学习者集中注意于知识的具体细节线索。显然，通过实验中的行为数据来鉴别以上区别是很难的，但是脑成像研究提供了一种研究途径，有助于加深理解手势对学习概括化的影响机制。如果手势促进概括化的能

---

① Wakefield E M, Congdon E L, Novack M A, Goldin-Meadow S, James K H. *Learning math by hand: The neural effects of gesture-based instruction in 8-year-old children* [J]. Attention, Perception & Psychophysics, 2019, 81(7): 2343-2353.

力比一般性动作更好，当fMRI扫描问题解决过程的脑区变化特征时，经过手势学习的儿童将会激活前额叶区域，前额叶与高级思维活动相关联，然而通过一般性动作学习的儿童将不会激活该区域，如果该假设可以得到实证结果的支持，这就需要在教育教学过程中鼓励教师参加特定手势表达的训练，进而学习和掌握促进学生高级思维加工的手势表达特征和具体过程。另外，手势促进知识概括化的优势还可能来源于一个事实，即作用于对象的一般性操作动作仅把知识联系于基于环境的特定对象上。如果是这样的话，当fMRI扫描问题解决过程的脑区变化特征时，经过动作学习的儿童将会激活对象加工的相关区域，然而经过手势学习的儿童将不会激活相应的区域，这将提供证据证明一般性动作以具体化、特定化的方式得到了特定知识，但是这种特定知识在迁移到新情境中时会出现困难，因为其没有促进知识的概括化。如果这些差异能够得到进一步的证实，就可以建议教师在课堂教学中不要使用特定的教学操作性动作，或者应鼓励儿童对各种各样的教学对象做出不同的手势表达，从而打破这种特定操作动作的“绑定”效应，从而使多种动作从不同角度促进学习，进而产生像手势一样的促进效应。未来应加强手势学习中的认知神经过程的探查，这有助于区分出手势和一般操作性动作在认知加工机制中的差异特征，进而可以为教育教学提供良好的建议和方法。

四、手势促进知识的迁移

日常活动中人们经常通过做动作和观察别人的动作来了解世界，具体而言，人们对待客观对象的动作形式可以分出两种：操作或处置对象的动作行为——直接操纵环境的动作；手势——以手的动作表征思想，伴随语言共现的手势动作。操作行为和手势已经被证明有助于人们的学习过程和新信息的保持。然而，即使动作和手势都有助于学习，他们也是通过不同的方式来推动学习的，其中一个重要的区别和表现是，手势有助于知识内容的正确迁移运用。

手势是手的动作，在这个意义上，类似于我们直接操纵环境的行为。但是手势在很多方面不同于操作性动作，这些差异有可能影响我们借助操作性动作的学习与借助手势的学习。首先，操作性动作可以对客观世界产生直接影响，但是手势不是——产生一个旋转手势并不会影响对象，只有物理旋转对象才具有这种效果。其次，操作性动作所采取的形式是由它所执行的对象决定的；手势形式不会受到约束。因此，手势可以根据表征的需要不断变化动作，例如，用“C”形手势表示握住对象，并且用指尖做出手势模拟物体旋转（但不提供关于对象的特征信息）。基于此，手势有可能在学习中发挥独特的作用，作为一种手部的运动形式，其可以利用动作促进认知，建立丰富、灵敏的感知运动表征，潜在地促进了学习过程和知识的回忆。但同时，因为手势只指示客观情境中的变化，所以它可以有选择地强调与特定情境相关的动作特征和内容，潜在地超出了具体操作性动作对认知的影响。

手势表达交流内容的能力使它成为促进知识迁移的理想教学工具，也就是说，可以将初始学习过程中获得的知识扩展到新的情境中。因为手势可以引用或省略他人示例的一些方面，所以它可以强调或不强调示例的特定方面，并突出超出示例的特定方面，掌握需要学习的概念核心信息。用手产生的旋转手势将注意力集中在旋转运动上，而不是强调被旋转物体的特征，以及抓住、作用于该物体所需的特定手部运动。因此，手势可以使学习者更容易将新获得的知识迁移到最初的学习环境之外，因为手势并不强调学习上下文中潜在的无关细节。事实上，来自上述Novack等（2014）的实验证据表明，手势学习可以促进对数学概念的更概括性的理解，比操作性动作的学习效果更好。他们发现儿童在课上执行具体动作和使用手势时，都实现了新数学概念的学习和理解；然而此时，使用手势的儿童更容易概括出自己所学到的知识，并将其使用在不同的情境下，而不限于课堂问题情境，另外，通过手势而产生的学习效果优于通过一般性操作动作的学习效果。

手势可能对于知识领域的拓展特别有用，也特别具有挑战性。比如，语言学习中8岁前的儿童很难将动词推广到新的情境中，语言学习和使用的困难部分可能由于儿童的注意力不集中，注意力聚焦于对象有助于名词学习，但有可能损害动词学习，专注于与动作相关联的对象可以鼓励儿童将一个词用来表达执行的动作，因此，手势为动词的学习和使用提供了一种机会和可能。当一个儿童尝试对动词的使用情境做出推论时，可以说儿童还没有完全理解动词，以往研究已经发现促进动词学习泛化的一种技术是，通过不同的范例教儿童新动词，虽然没有太多的变化，但这种示例方式可能是有用的，因为它允许儿童跨情境使用动词，如行为动词的学习已经证实了该方法的有效性。[①]简言之，手势可以提供一个额外的学习途径，通过该途径儿童可以学会概括动词的内涵和外延并做出迁移性的使用。

---

① Scott R M, Fisher C. *2.5-year-olds use cross-situational consistency to learn verbs under referential uncertainty* [J]. Cognition, 2012, 122: 136-180.

以往手势影响词汇学习的研究发现，手势可以帮助儿童学习客体对象词汇和作用于对象的动词，以及不作用于对象的词汇，儿童表现出可以用新词汇和对象匹配，也就是说，他们已经学会了迁移性使用特定的词汇。Mumford和Kita(2014)的研究针对性地探讨了手势对儿童动词意义学习的影响。①实验中给3岁的儿童展示了一个场景，例如，一个演示者使用棉花摆出云的形状，然后实验者提供了一个新的动词单词和两种手势之一：一种手势突出演示者的动作方式（手如何移动来制作云），一种手势突出演示者操作材料的最终状态（在空间中做出云形状的手势）；基线条件下的被试者只听到单词没有手势。在实验的探查任务中，向儿童呈现两个视频，并要求结合视频说明该新动词。结果观看手势演示过程的儿童在探查中更倾向关注演示者的操作动作过程，而观看手势模拟最终状态的儿童更倾向关注手势的描摹状态，这表明，在单词学习语境中产生的手势会影响对单词意义的理解，从而影响对单词的迁移使用。

在上述研究基础上，Wakefield、Hall、James和Goldin-Meadow（2018）的研究进一步探查了手势是否比操作性动作更有助于促进儿童词汇学习的概括化和迁移（例如，旋转手势和实际旋转动作）。②如果儿童动词学习中的困难部分来自儿童过于关注学习过程中的实体对象，那么通过手势学习之后，相对于实际操作性动作而言，儿童可能能更好地概括动词的含义，即将该动词恰当应用于新对象的表达中。这样研究结果不仅会揭示儿童通过操作性动作与手势学习动词时的差异，还将提出一种新的学习方式来支持动词学习，并可能拓展到更为广泛的教学内容领域，不仅有助于探查学习理解机制，而且可以指导教育教学实践。

Wakefield等操纵的实验因素是自己执行或观看操作性动作或手势。具体而言，在Mumford和Kita（2014）研究的基础上，考虑到以下几个方面的问题：首先，探讨在单词学习情境中产生的手势是否影响儿童将单词作为动作标签（动词），或客体对象标签（名词）。手势可以鼓励孩子把动作意义（而不是物体意义）归因于单词，因为手势不涉及物体的物理操作——手势动作和物体是分离的，可以帮助儿童在动词学习过程中克服任何可能集中于物体特征上的偏见。使用手势表征对待对象的行为和真实操作对象的行为相比较，对单词学习的影响

① Mumford K H, Kita S. *Children use gesture to interpret novel verb meanings* [J]. Child Development, 2014, 85, 1181-1189.

② Wakefield E M, Hall C, James K H, Goldin-Meadow S. *Gesture for generalization: gesture facilitates flexible learning of words for actions on objects* [J]. Developmental Science, 2018: e12656.

可能不同。其次，Mumford和Kita（2014）的实验是在介绍了一个单词后，立即探查词汇的概括和迁移特征，Wakefield等先是询问儿童能否根据最初学习的单词对其做出概括，在此基础上进一步探查简短延迟和24小时延迟后新单词的知识保持，这可以排除工作记忆的影响。最后，Mumford和Kita（2014）考察了观看别人手势对词汇学习的影响，Wakefield等试图进一步探查个体自己做出手势和观察别人手势，对词汇学习的影响是否一样。之前的研究已经表明，通过自己做出手势学习或在学习中观察与任务关联的手势均有助于促进学习，并促进学习者学习知识的保持。对于手势和操作性动作而言，当被个体自己执行而不是源自观察时，学习效果将更好，认知神经的研究结果表明，在做出动作的情形下，这种学习优势源于学习过程和学习后，信息提取过程中感知运动区域的激活和变化。①Wakefield等试图进一步探查个体自己做出手势和观察别人手势两种情形下，对概念学习泛化或迁移的影响特征是否存在差异。

最终Wakefield等的研究发现了动词学习中知识泛化的不同模式，通过手势学习动词的儿童比通过操作性动作学习动词的儿童更能将动词扩展使用于新的对象，并且儿童自己产生动作（操作性动作或手势），相比于观察别人的动作，对动词学习和迁移使用的影响更为显著和积极。

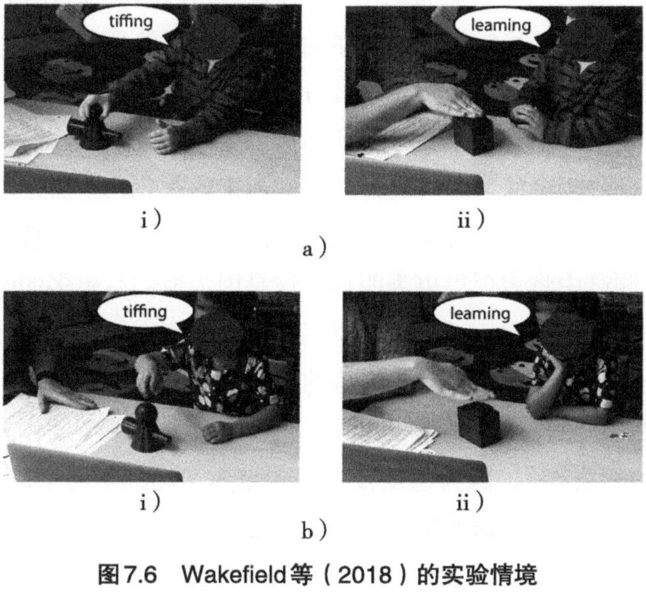

图7.6 Wakefield等（2018）的实验情境

① James K H. *Sensori-motor experience leads to changes in visual processing in the developing brain* [J]. Developmental Science, 2010, 13: 279-288.

关于手势促进学习知识的迁移，可以归结为以下几个方面的思考：

首先，学习者自己产生动作和观察动作对学习的影响是不同的。当通过动作学习时，儿童和成年人借助自己产生的动作比观察别人的动作，学习和记忆的效果更好，不论学习过程是通过操作动作，还是手势。大多研究支持自己产生的动作比观察他人的动作，将带来更大的学习受益，有研究也发现通过自己产生动作学习和通过观察动作学习产生的收益相似，这与研究材料、任务内容等方面的差异有一定的关系。Wakefield等发现的24小时延迟回忆单词时，没有出现动作类型（操作性动作、手势）和表达方式（自己产生、观察别人）间的交互作用，进一步说明不论操作性动作还是手势，自己产生均优于观察别人。通过手势学习的优势在于并不完全依赖于是否接触物体对象本身，即不依赖于直接的触觉体验；自己产生动作的有效性可能在于利用身体在学习中产生了更广泛的认知体验，即感知运动系统显著影响学习过程中信息的加工和存储过程。

其次，操作性动作和手势表达对知识泛化和迁移的影响也是不同的。通过操作性动作而不是手势来完成学习，学习的灵活性更差，接受手势训练的儿童比接受操作性动作训练的儿童更能概括出他们所学知识的核心内容。这似乎与以往研究所发现的仅通过一个示例学习单词将限制儿童概括单词的能力，而将儿童暴露于多个示例中有助于词汇知识的泛化[①]具有某种相似的认知过程和特征。手势可以促进动词学习中的迁移使用，缘于在动词学习中手势帮助儿童实现了词汇内涵和外延的概括化，可以说手势是一种可行的词汇教学手段和方法，通过手势学习可以鼓励将新学到的动词推广到一个新的情境中，这是操作性动作学习所无法做到的。当前讨论分析中认为手势支持动词学习中的泛化，重点是因为手势没有直接接触和操作对象，因此，将动作的运动表征本身与特定对象特征分开，这种优势在儿童延迟测试中将表现得更为明显，这是因为他们有更多的时间巩固学到的知识；和操作性动作相比，手势也可以引入更多的可变性或灵活性因素到学习环境中，而不会仅拘泥于操作性动作本身的具体特征。

因此，和具体的操作性动作相比较，手势将学习对象与动作分开，是形成学习优势的重要原因之一，因为这促使学习者聚焦于动词学习中动作的重要方面，而非特定动作本身。客体属性是幼儿早期学习经验的重要组成部分，从幼年起儿

---

① Childers J B, Parrish R, Olson C V, Burch C, Fung G, McIntyre K. *Early verb learning: How do children learn how to compare events?* [J] .Journal of Cognition and Development, 2016, 17: 41-66.

童就有形状偏好，使用物体的形状来确定物体归属的类别，关注对象属性，例如形状，对于名词学习是有用的。然而，动词学习涉及独立于对象之外的动作属性，对于幼儿来说是一个更为困难的过程。例如，Kersten和Smith（2002）发现，儿童在动词学习中同等重要地对待了对象和动作或无法将对象本身和动作做出明确的区分。①手势有助于儿童克服这种认知模糊性，因为手势将对象物体从动作中分离出来，在动词学习中，手势可以表示与动词相关联的动作，而不直接将该动作绑定到对象（接触对象）上。和操作性动作比较，手势总体上是有益的，典型表现于学习后对于动词的迁移使用。手势不仅可以帮助儿童注意动作，而且学习动词的更广泛意义，但不像操作性动作那样，仅引发动词与对象间的狭义性捆绑。实际上在语言学习中，有些专有动词的使用范围更窄，尽管这些动词有时也可以隐喻地扩展到其他对象上。因而，鉴于儿童学习动词意义与其相关对象分离的困难性，更可以建议将手势作为学习工具，帮助儿童归纳动词的知识。

最后，手势可以增加对学习环境的灵活性理解。大量文献表明，输入信息的变化性程度在帮助儿童创建抽象类别方面是有用的。在早期名词学习中，给一个儿童呈现多个狗的具体实例，有利于其获得“狗”的概念，有助于儿童将概念标签扩展到任何类型的狗中。②在使用手势学习的研究中，也发现了类似的学习效应，在不同对象上执行相同的动作可以帮助儿童识别各样例相似的核心特征，并且实现类概念的泛化。③如上所述，虽然无法量化出操作性动作与手势的差异有多大，但很可能儿童的手势比他们的操作性动作更易变、更灵活。因为手势不直接操作对象，因此不受操作性动作规范的约束（例如，根据物体的承受力，确定动作的抓握大小幅度、力量等）。儿童所产生和看到的手势可能比他们所产生和看到的操作性动作具有更强的灵活性，那么手势促进知识迁移的认知机制，本身就可能类似于儿童在看到多个示例（相比一个示例）时产生的更好的泛化机制。

归纳以上，手势对学习的影响超越了操作性动作的影响，显著促进学习中的知识概括化和迁移使用。操作性动作在特定的情境下可能更吸引学习者，但相比之下，手势提供了与对象的分离表达特征，并且其形式更可变和灵活，这可能会

① Kersten A W, Smith L B. *Attention to novel objects during verb learning* [J]. Child Development, 2002, 73: 93-109.

② Waxman S, Klibanoff R S. *The role of comparison in the extension of novel adjectives* [J]. Developmental Psychology, 2000, 36: 571-581.

③ Maguire M J, Hirsh-Pasek K, Golinkoff R.M, Brandone A C. *Focusing on the relation: Fewer exemplars facilitate children's initial verb learning and extension* [J]. Developmental Science, 2008, 11: 628-634.

促进学习者对知识内容更为灵活地解释。另外，在上述阐述的基础上，未来研究还需要进一步思考：手势和操作性动作是否可能在促进学习者学习方面存在某种重叠性，但只不过彼此的机制是不同的。

五、手势促进学习者的知识归纳和记忆

当教师在教学中做出适当的手势时，学生们会更好地记住所学的知识，并更好地做到举一反三。手势对教学和学习有强大的影响性，儿童可以在数学课的讲授中同时学到教师在语言讲解中提出的问题解决策略，以及理解手势中表达的不同但互补的策略。一方面，手势在教学情境下与语言同时呈现信息，强化了语言讲解中的特定信息。另一方面，手势是一种身体动作，在这种情况下，语言和手势中同时呈现的不同信息的时序，对学习者的学习认知不产生干扰性影响。学习者在语言和手势共现的情境下比在语言和手势连续呈现的情境下，可以更好地记住和归纳概括学习的知识。因而，教师在课堂授课中可以利用手势与语言的同步性，促进知识的学习、保持和概括归纳。

在一般的交流认知领域中，手势是手的动作，通常伴随着口语同时发生，并传达信息给听者，这是有重要的认知意义的。手势可以表示对象的近似大小，引导视觉环境中的注意指向，可以演示模仿性的动作（例如如何在空间中旋转对象）。在广泛的教育领域中，在不同的年龄段中，均证实学生从包含手势的语言教学中学到的知识，比不包含手势的语言讲授更好。教师将语言和手势结合起来的讲授，有助于学习者将他们所学的知识归纳整合，并随着时间的推移而稳固保持。可能的解释是手势本身是一种强大的学习工具，因为它是由手执行的动作，因此其具体化了认知加工中的实例，所以，当个人在解决问题的情景中移动他们的手时，他们的学习任务完成得更好，知识记忆得更好，理解和迁移使用也更好。概言之，手势可以帮助学习者使用他们自己的身体来创建一个以身体动作隐喻为基础的丰富问题表征，重要的是，学习者也可以从其他人的手势中学习，这可能是因为观察手势引发了观察者的感知运动系统参与认知加工过程。

实际上，如前所述，手势对学习的影响可能不仅来自身体动作这一事实，还可能来自其与语言同时产生的事实。在课堂讲授中，共现手势与语言的能力使得教师能够在同一时间传达两个相对独立但互补的信息。可见教学过程中语言和手势间的时间同步是重要的，这是手势促进学习的必要条件之一，关键的一点在于，语言和手势已被认为共享共同的认知资源，形成了一个完整的交流系统。在

自然语言交流中，手势在语言产生之前就出现了，并且自然语言交流的研究发现手势和语言是同步的，表现为彼此之间的一种紧密配合。这种紧密同步的关系仅表现于语言和特定的手势，而不是与其他类型的动作（例如，手操作对象的动作），如果语言和手势之间的同步关系被人为地扰乱了，哪怕仅仅是360毫秒，交流者的整体理解能力也会受损。[①]

此外，多媒体学习领域的研究已经表明，任何利用双通道同时加工的信息（视觉/图片和听觉/语言）对学习都是有益的。这与其他的双编码理论，都是基于人类的任何单一输入通道的加工能力都是有限的这一假设，但是可以通过同时从两个通道中获取信息来增加他们总体认知加工的承载能力。重要的是，学生学习情境中最有效的条件是语言和视觉信息在时间和空间上能够实现默契的整合，而不是彼此间孤立地存在。该观点被称为邻近原则（The Contiguity Principle）——学习者对于同时呈现的语言和视觉信息，可以做出更有意义的连接和更好的整合，这样每个通道都不会出现认知的超载。手势，尽管不是其他传统教学中的图像展示方法，但其依赖于视觉通道，其有效性缘于伴随语言的共现，同时呈现了非语言信息。

迄今为止，研究教师手势对学生学习影响性的文献，都提出了手势与语言共现或同时发生这一关键性的实验条件，这是手势表达优势的前提。Singer和Goldin-Meadow（2005）在研究中，要求儿童在解决数学等式问题中，使用一个或两个策略（例如，4+3+7=__+7），结果显示只使用语言的儿童掌握了解题的“等价策略”，只使用手势的儿童掌握了“加减策略”，而同时使用语言和手势的儿童，掌握了两种解题策略，儿童从两种方式共现中学到了更多的策略。[②]Congdon、Novack、Brooks、Hemani-Lopez、O'Keefe和Goldin-Meadow（2017）在Singer和Goldin-Meadow（2005）的研究基础上，进一步针对性地探查了如何将手势融入语言讲授中才更有助于促进学习，通过操纵教师语言和手势的呈现时间，探讨是否手势优势必须在“两者同时共现条件下”才能起积极的作用。[③]在

① Habets B, Kita S, Shao S, Özyürek A, Hagoort P. *The role of synchrony and ambiguity in speechegesture integration during comprehension* [J]. Journal of Cognitive Neuroscience, 2011, 23(8): 1845-1854.

② Singer M, Goldin-Meadow S. *Children learn when their teacher's gestures and speech differ* [J]. Psychological Science, 2005, 16(2): 85-89.

③ Congdon E L, Novack M A, Brooks N, Hemani-Lopez N, O'Keefe L, Goldin-Meadow S. *Better together: Simultaneous presentation of speech and gesture in math instruction supports generalization and retention* [J]. Learning and Instruction, 2017, 50: 65-74.

此之前的研究也存在一定的分歧，一种观点强调语言和手势的共现过程有利于学习者对两种信息的整合和理解，因此这两个表征的同时共现比顺序呈现将导致更好的学习结果；还有一种观点认为，手势的同时发生以及与语言无缝结合的能力，可能不会提高教学效果。当然，尽管以上两种观点提出了两个不同的解释，但是也有可能，语言和手势的顺序呈现对于学习来说甚至更有效，因为这可以使儿童独立地集中和加工来自两种表征模式中的每一种输入信息。

为了进一步厘清上述问题，Congdon等（2017）将研究的重点放在了手势和语言讲授中的顺序效应问题上，具体而言，创设了语言顺序表达两种策略的条件（S→S）、语言和手势共现表达两种策略的条件（S+G）、语言和手势顺序表达两种策略的条件（S→G）；进一步关注，延迟一天或一个月后手势优势效应是否还将出现，以及比较即时或延迟条件下的手势优势效应。

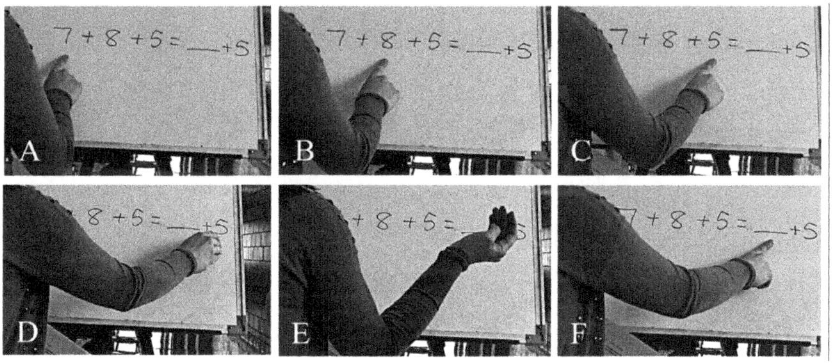

图7.7　Congdon（2017）的教学实验情境

研究发现教师以语言和手势同时指导儿童时，比顺序指导更有助于儿童知识的保持和概括化；当信息顺序呈现时，顺序接受语言和手势的讲解并不优于语言顺序表达两种策略。虽然这些发现并不能完全否认，手势对学习的影响可能至少部分地来自自身具体化表征的事实，但结果确实表明仅手势的具体化表征不足以充分解释对学习的促进作用，只有当手势和语言同时呈现时，才可以促进学生更深入地学习、将知识的概括化并持久保持。

语言和手势常常被认为共用同一认知资源，并在交流语境中形成了一个完整的系统。在教学背景中，语言和手势同时讲授比两种方式的顺序讲授具有更好的学习效果，这是因为当同时呈现时，语言和手势似乎鼓励学习者同时关注和整合两种方式传达的思想，从而创造出更为持久和灵活的新知识，这强调了双通道加工的重要性，关键在于手势与语言的发生时间需要同步。双通道加工的一个原则是学习者在语言和非语言系统中编码的信息之间建立联系。语言和手势同时呈现比顺序呈现更有效，因为语言使儿童更容易从手势中提取学习知识的意义，如果没有太多的背景（如语言的共现）来支撑手势，即使成年人也很难解释交流同伴手势的意义，相反，他们可能把这些手势看作无意义的运动，而不是传递信息的动作。同样，不难理解当语言和手势顺序呈现时，人们可能会认为这两个信息流之间的关系并不紧密，甚至认为彼此是无关的。关于语言和手势呈现的时间问题，在未来的研究中也可以直接询问学习者对于两者共现或顺序呈现的感受或理解有什么不同。

总之，在对交流手势与学习关系的探讨中，有一点是明确的，手势能对学习产生积极的影响。不论课堂讲授中学生观察教师的手势交流过程，还是学生学习中自己采用的手势表达，都可以积极促进学习者的学习认知和行为表现。这应该归因于手势不是简单的操作性动作；手势可以作用于问题情境，而操作性动作仅作用于情境中的具体学习对象；手势可以促进知识的概括化和迁移，而操作性动作仅强化了动作的特定执行功能；手势强调的是动作的成分和关系，其可以针对语言忽略的问题细节做出补充，促进学习者的抽象学习，并实现手势对知识表征的概括化和迁移性；手势是一种肢体动作，但同时更为重要的是，它是一种知识的抽象表征系统，提供了具体动作和知识表征之间的桥梁，手势可以作为抽象学习的一个有效工具。

手势是方便的、灵活的，有助于提高学生学习的效率和效果；手势对于教师是教学工具，对于学生是学习工具；手势不仅仅是手的移动，还具有促进学习的潜力。

第3节　交流手势影响学习认知机制

一、手势使语言中的模糊表征变为清晰表征

（一）手势使得交流学习中的心理表征更清晰

为什么手势能促进学习呢？原因之一是手势使得语言中的模糊表征变为清晰表征。具体而言，一种可能性是同时使用手势和语言两种形态加强了学习者的问题表征，这反过来促进学习者进一步对手势的利用。然而，另一种可能性是两种

形式不是简单的并列，而是并列使用了两种不同类型的问题表征形式——语言上的明确抽象表达和手势上的形象性模仿，两者相辅相成促进了学习认知。在多数语言交流情况下，说者都会用双手做一些特定的手势，这意味着很难在两种表征形式之间做出明确的割裂和区分。

失聪被试者在使用规范性手语交流时，也会使用一些相关的手势动作辅助手语交流。尽管他们的手势与手语形式在某种程度上相似，但这些手势也是形象性的模仿表达，而不是简单的手语重现，手势可以表达和手语不同的内容，这与手势和语言的关系相同。如果通过两种形式表达不同的想法对促进学习是重要的，那么手语与手势之间的不匹配性，也应该可以预示学习的准备性，因为手势与语言之间的不匹配是可以预测学习的。

Goldin–Meadow、Shield、Lenzen、Herzig和Padden（2012）的研究中要求美国失聪儿童使用手语来解释他们对数学等式问题的理解和解决方案，在这些问题执行中为儿童提供指导。[①]结果发现，与听力正常的儿童相比，失聪儿童产生了大约相同比例的手势；此外，失聪儿童也像正常儿童一样多次产生不匹配表达过程；关键性的发现是，相比产生很少不匹配表达过程的儿童，产生更多手势—手语不匹配表达的失聪儿童，学习的效果更好，表明两种表征形式的并置，让手势有机会直观描摹语言表达中的模糊表征，从而使得学习过程中的表征内容变得更为清晰。

诚然，手势的影响在于它能添加第二个表征形式到学习者的认知技能中去，而不仅仅是一个简单的动作形态展示。但是，迄今为止，所有通过探查手势和语言不匹配来预测学习能力的研究，都是将手势操作性定义为手的动作，这为未来的研究留下了开放性的思考，即手势对学习认知是有影响的，因为它是身体执行的手部动作，换言之，手势将“动作性表征”引入心理表征中，才有助于预示和促进学习认知。

（二）手势率因心理意象表征的类型而不同

交流心理意象表征可以简单地划分出视觉表征和运动表征。视觉和运动表征通常被认为是一个连续统一体的两端，而空间表征是连续统一体的中点。重要的是，这三种类型的表征都涉及感知运动状态的心理模拟，并且都可以激活运动计划并以手势表达。在运动表征的情况下，与手势表达的关系是直接的，因为动

---

① Goldin-Meadow S, Shield A, Lenzen D, Herzig M, Padden C. *The gestures ASL signers use tell us when they are ready to learn math* [J]. Cognition, 2012, 123: 448-453.

作的心理模拟构成了手势运动计划的基础。当说者思考一个特定的动作（他们执行、观察或想象的动作）时，他们创造了一种实际执行该动作的神经体验，这涉及前运动和运动系统的激活。在视觉和空间表征的情况下，手势表达的运动计划的激活需要更多的解释。本书的观点认为，空间表征与行为有着密切的联系，因为想象点在空间中的位置需要模拟如何从一个点移动到另一个点。研究已经发现，规划和产生不同位置间运动的能力，对于编码和保持空间工作记忆中的信息至关重要。当人特别关注空间特性（例如，对象的位置、方向）时，可以激活运动系统，以便操作对象。这种激活可以体现在表征对象一般位置的手势表达过程中。此外，当说者想象一张心理地图中的物体之间或视觉图像中物体各个部分之间的空间关系时，他们会将注意力转移到不同的位置。不难理解，在一个图像组成部分之间进行注意转移可以引起手势表达的轨迹。与编码对象方向、位置和大小信息的空间表征相比，视觉表征编码了与对象特征有关的信息。当说者想象一种特定的视觉体验时，神经体验是视觉的，但由于感知和运动之间的密切联系性，它也能激活运动系统。有充分的证据表明，感知涉及相应动作状态的自动激活，例如如何抓住、保持住或使用被感知的对象。针对于此，本书的观点强调感知和行为之间的密切联系关系，同样存在于心理表征的模拟过程中。

具体地说，当视觉意象的运动或空间特征在心理表征中显著或对任务显著重要时，视觉意象可以促发手势表达。首先，视觉意象可以激活如何与对象互动的运动意象。例如，想象一个锤子，可能会激活如何使用锤子的运动模拟，这将导致用手势表达一个人使用锤子的敲击动作。其次，视觉意象可以唤起对象在空间中排列方式的空间表征。例如，想象一个锤子的各个组成部分，可以唤起空间心理模拟，模拟出锤子的各个部分是如何相对放置的。如上所述，此类空间模拟依赖于位置之间的想象性运动，并可能产生追踪锤子形状的手势表达。因此，当对象意象的空间或运动成分显著时，视觉意象也可以推动手势表达，因为对视觉图像空间或运动成分的想象依赖于运动心理模拟。相比之下，想象对象的非空间视觉特征（例如颜色）将导致很少的手势表达，因为认知中不会出现动作模拟过程。在这种观点下，语言描述伴随着手势表达的可能性，应该取决于语言唤起运动心理过程的程度。当心理表征主要是运动的或者主要是空间的，而不主要是视觉表征的时候，说者将出现更多的手势表达。事实上，儿童在描述动词时的手势比描述名词时的手势要多。此外，说者在描述可操作对象（如锤子）时比描述不可操作对象时，手势更多。

此外，说者的手势率取决于他们对所描述对象的实际或想象体验。Hostetter和Alibali（2010）发现，在语言描述视觉情境之前，如果说者有运动经验（如排列过木盘中的木栓），他们语言描述时伴生的手势更多。[①]同样，Kamermans、Pouw、Fassi、Aslanidou、Paas和Hostetter（2019）研究发现，说者以触觉探索的方式学习图形对象时，与仅视觉观察对象条件相比较，其在语言表述中使用了更多的手势表达；在这两种条件下，被试者在描述他们通过手动体验所学到的信息，比描述他们通过视觉体验所学到的信息时，手势更能唤起对运动意象对象的回忆。[②]与此类似，Chu和Kita（2016）发现，与描述表面“平滑”杯子的方向相比，说者在描述表面布满“钉子”杯子的方向时（抓握将带来伤害），手势表达得更少；即使不是实际面对两类杯子，而仅仅是想象，该效应依然存在。[③]因此，当所看到或所想象对象的运动或空间特征显著时，视觉对象似乎特别容易唤起手势表达过程。迄今为止，检验这一观点的研究已经实验控制了视觉对象运动特征的显著程度，与之对应，还没有研究操纵视觉对象空间特征（如大小或位置）的显著性来探讨该问题。本章认为，当强调视觉对象的空间特征时，手势率应该增加，就像强调运动特征时手势率增加一样。例如，当学习一个视觉情境的对象模式时，如果对象的各个部分系列顺序呈现，与整体观察对象各个部分而学习相比较，说者在描述时将产生更多的手势，因为顺序呈现将凸显出各部分之间的空间关系。然而，针对此类探讨可能引发的质疑是，在描述视觉对象组成部分的实验中，实验任务本身就已经强调了对象的空间特征，从而激活了相应的心理模拟过程，因此，上述实验条件之间的差异性是否真实可靠存在，尚有待于未来研究的进一步检验。

总之，手势表达发生的部分原因，是个体在思考对象时如何强烈地激活了运动心理模拟。人们激活运动模拟的程度，取决于他们如何对对象进行编码，即作为运动的、空间的还是作为纯视觉的表征，以及他们在说话或解决问题时是如何思考对象的，即运动或空间特征是否特别显著。

另外，其他非视觉形式的意象呢？比如听觉或触觉意象？如果这些意象包含

① Hostetter A B, Alibali M W. *Language, gesture, action! A test of the Gesture as Simulated Action framework* [J]. Journal of Memory and Language, 2010, 63: 245-257.

② Kamermans K, Pouw W, Fassi L, Aslanidou A, Paas F, Hostetter A B. T*he role of gesture as simulated action in reinterpretation of mental imagery* [J]. Acta Psychologica, 2019, 197: 131-142.

③ Chu M, Kita S. *Co-thought and co-speech gestures are generated by the same action generation process* [J]. Journal of Experimental Psychology: Learning, Memory, and Cognition, 2016, 42: 257-270.

了动作模拟过程，它也应该会促使产生手势表达。想象一只兔子柔软的皮毛（触觉）可能会唤起抚摸兔子的动作，这种动作模拟可能会随之诱发产生一种手势。同样地，想象沙鼠发出的细微声音可能会产生头部或身体倾听动作的心理模拟，以便更好地听到（想象的）声音，进而可能诱发手势表达。任何形式的意象都可以用手势的形式表现出来。即使对象并没有实际运动，而仅仅是想象运动中的意象，也可能诱发手势表达的发生。

二、手势把动作表征引入心理表征中

（一）手势表达关联于动作性心理表征的认知加工

人们语言交流时产生的手势有可能使“动作表征”进入心理表征中。Beilock和Goldin-Meadow（2010）使用著名的河内塔实验来探索这一可能性。[①]主试者向被试者呈现一摞圆盘，这些圆盘在三个位置中的一个特定位置上由大到小变化。被试者的任务是一个接一个地移动这些圆盘，但不能把一个大圆盘放在一个小圆盘上，任务目标是保证圆盘最后在另一位置以相同的方式堆放。被试者实验中使用的圆盘重量随大小而变化，最小的圆盘是最轻的并且能用单手举起，最大的圆盘非常重，需要双手来拿。最后，实验要求被试者解释问题解决过程。被试者使用了大量的手势表达。解释过后，他们第二次完成河内塔任务，此时分两种情况：一是圆盘重量随大小而变化（无转换组），二是圆盘重量随大小而反向变化（转换组）。结果发现，无转换组后次任务中的完成时间显著更短，圆盘的移动次数显著更少；转换组受到大小和重量关系的影响，后次任务中完成时间更长，圆盘的移动次数显著更多。

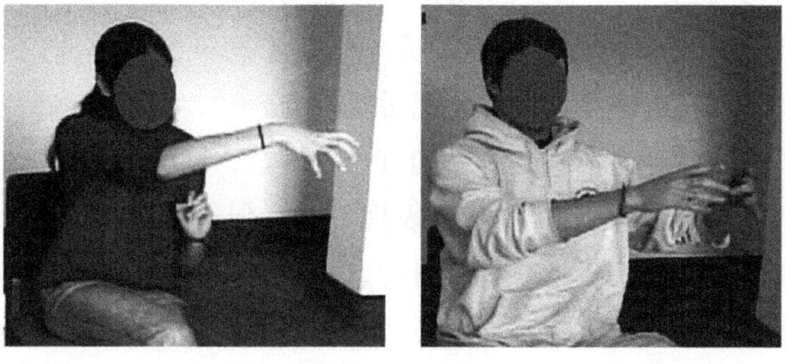

图7.8　Beilock等（2010）的河内塔实验任务情境示例

① Beilock S L, Goldin-Meadow S. *Gesture grounds thought in action* [J]. Psychological Science, 2010, 21: 1605-1610.

重要的关注点是，第二次任务中转换组被试者的表现，当描述如何移动最小的圆盘时，有时他们用单手抓握表示移动（如图7.8中的左图），有时用双手抓握表示移动（如图7.8中的右图），任务解释期间谈论移动最小圆盘时，越多使用单手手势的被试者，在后次任务中表现得越差。无转换组在任务解释期间使用的手势类型与后次任务中的表现没有关系。被试者解释期间产生单手手势看起来似乎帮助加强最小圆盘“轻”的表征，但是对于转换组被试者而言，在后次任务中这个表征所产生的动作明显具有不相容性，如果手势是转换组后次任务表现降低的主要原因，那么移除手势应该消除这种影响。研究者在第二个实验中，消除了手势，转换组在任务表现水平上有所提高，与无转换组成绩接近。因此，圆盘重量和大小间关系的转换，形成了不相容性特征，这是导致转换组被试者在后次任务中执行困难的主要原因。

实际上，圆盘重量不是解决河内塔问题的一个关键因素，并且当被试者解释他们如何解决前次任务时，他们从来没有谈论圆盘的重量和移动圆盘时使用的手的数量（一只还是两只手）。然而，当产生手势时很难避免不表达圆盘的重量——使用单手或双手无意识地表达了圆盘的重量，并且这个手势选择对后次任务的执行有显著的影响。此外，一个有意义的实验细节是，在前次任务中，如果转换组在移动最小圆盘时使用的是双手，这并不影响后次任务执行中的表现；只有在移动最小圆盘时使用的是单手手势时，才显著影响了后次任务中的表现。这个发现明确表明，手势将重量信息这一形象性的表征，加入了任务执行过程的心理表征中。可见，手势不单是一个简单的动作，还能巩固心理表征中任务的特定成分，这些成分反映在交流者的手势中。

为了进一步证实手势表达将动作表征而非动作引入心理表征中，Goldin-Meadow和Beilock（2010）进一步在研究中设定了两种实验条件：手势组和行动组，手势组要求在任务解释期间只使用手势参与表达，但不接触圆盘，行动组可以边操作边用语言解释，两种条件下均有语言表达，即平衡掉了语言因素，结果发现手势条件下转换组的第二次任务表现更差，但行动组不受影响。[①]简言之，这种强烈的影响效应表明，手势将重量信息直观带入问题的心理表征之中，手势比操作性动作更影响任务中的心理表征。

---

① Goldin-Meadow S, Beilock S L. *Action's influence on thought: the case of gesture* [J]. Perspectives on Psychological Science, 2010, 5: 664-674.

（二）与静态心理意象比较，描述可操纵性意象的手势频率更高

人们不仅在学习情境下，在生活的各个领域中有时都会想象运动中的对象，此时他们在心理上操纵或变换想象的对象。这种想象中的运动是对对象现实运动的一种模拟，这种想象的操作或动作可以促使手势表达，如心理旋转任务。研究者们对人们在心理旋转过程中产生的手势进行了不断深入的探索，发现人们最初产生的手势与实际操作对象的动作非常相似，使用抓握的手形，就好像真实抓握和旋转物体一样；当被试者获得了一定的任务经验后，他们的手势会转移到对对象本身的表达，手仅表达旋转的动作特征。此外，在心理旋转任务中表现较好的说者比表现较差的说者对手势的依赖程度要小，并且在心理旋转过程中禁止被试者手势表达会显著增加任务的反应时间。由此可见，手势在心理旋转中起着功能性的作用，在手势中进行旋转的心理模拟似乎可以提高人们完成任务的能力。这种手势表达的现象和认知机制同样表现在交流学习认知之中，尤其是涉及空间任务内容的学习领域。

根据模拟行为的手势框架理论，手势是随着心理旋转而发生的，是说者在心理上模拟旋转物体动作的外化和表达。在他们获得任务经验后，他们模拟的性质会发生变化，省略了对操作性动作的模拟，如抓握，而仅模拟旋转动作这一关键性的特征。因此，手势的形式从描述对象特征变为描述对象的运动轨迹和特征。此外，随着心理旋转的内部计算变得更容易（例如，已经具有了任务经验），人们在心理模拟中可以更为精确地激活对象的运动特征，产生的手势随之更少。对任务有丰富经验的说者可以想象给定旋转的结束状态，而不需要想象对象旋转运动的具体过程。事实上，随着反复练习，旋转量和反应时间之间的相关性消失了，这表明认知加工中不再涉及旋转过程的心理模拟了。因此，可以归纳认为，说者在想象对象如何移动时，相比想象对象的静止状态，其手势表达更多，这得到了一些研究的支持。例如，当要求说者描述箭头的呈现方向，或者它们看起来旋转的指定量（例如90度）时，和无旋转条件相比较，在旋转呈现条件下，说者语言描述的信息和前者相同，但他们必须想象在心理上需要旋转的箭头，以达到正确的方向，因而手势率更高，这支持了当心理上模拟对象的运动时，手势率更高的观点。

再看一个说者在心理上旋转方向的思维地图实验。Sassenberg和Van der Meer（2010）向被试者呈现了一张描绘了几种可能路线的地图，然后探查了说者在描述路线时所做的手势。说者被要求从特定的角度描述路线，例如，从一个人走过

路线的角度描述，结果发现当描述路线时需要进行心理旋转的条件下，手势率显著高于不进行心理旋转的条件。①

到目前为止，已经讨论了交流中的手势发生率，或者在各种语言交流情况下手势表达的可能性和普遍性，手势的形式可以反映出内在心理模拟的形式。一个人在交流任务中做手势的可能性取决于相关动作心理模拟的激活水平和手势阈值当前高度之间的动态关系；而手势阈值的当前高度取决于稳定的个体差异（稳定性因素），以及当前特定交流情境和口语任务的认知需求（临时性或变化性因素）。此外，手势的形式取决于心理模拟的基础性内容，因此许多动态因素都与手势的发生和理解有关，而这些因素又很难在即时的特定交流时刻被准确地测定和评估。

三、手势形式反映出内在心理模拟的形式

交流手势影响学习的一个重要基础是，手势形式反映出内在心理模拟的形式。这不仅表现在交流学习情境中，还表现在更为广泛的社会现实交流背景之下。因此，在此处所探讨的，又将超出交流学习认知这一范畴的限定，倾向于从交流中手势表达更具一般性的认知机制特征来做更为深入的阐述。

与语言共现的交流手势的一个特点是，一个特定表征和一个特定手势之间没有一一对应的关系。同一观点下的手势表达可以有许多不同的形式，例如，手势可以用一只手或两只手产生；可以从主体自身或外部观察者的角度出发；可以描绘一个对象的形状或如何使用对象。一个手势所采取的特定形式不应该是随机的，而应该是说者在讲话时心理模拟中的显著性信息。因此，说者的手势形式和他们描述或思考的具体认知过程之间应该有明显的对应关系。有很多证据表明，说者的手势形式反映了他们的认知加工过程，因此可以借此来推测他们说话时心理中所模拟的细节。例如，手势表达的特定提升动作过程特征，显著关联于表达的是实际操作性动作，还是表达的是鼠标移动操作；当表达的是鼠标移动操作过程时，手势表达呈现出了更为显著的弧线轨迹。此外，说者通常会用一只手而不是两只手举起重量轻的小物体，说者以更慢的手势来表达更重的对象提升过程，似乎对象更难举起。当说者描述对象的运动时，他们手势的表达速度反映了他们

---

① Sassenberg U, Van der Meer E. *Do we really gesture more when it is more difficult?* [J].Cognitive Science, 2010, 34: 643-664.

看到的物体运动速度。因此，说者对对象的具体体验往往通过手势表达的特征表现出来。

手势的形式取决于内在意象的特征。例如，当说者形成了一个强调对象各部分在空间中排列方式的空间表征时，他们应该特别容易产生在各部分之间移动的手势。事实上，Masson–Carro、Goudbeek和Krahmer（2017）发现，当说者描述不可操作的物体（如红绿灯）时，尤其是在他们仅看到物体图片（而非名称）的情境下，这种追踪性手势特别容易发生。在说者可以看到所描绘的对象时，这些对象的空间特征似乎特别突出。[①]相反，Masson–Carro 等发现当说者描述易于操作的物体（例如网球拍）时，他们更容易产生模仿握住对象或与对象互动的手势；而且，当他们是看到对象的名字而不是看着对象描述时，手势更频繁。似乎可操作对象的空间意象更能激活运动表征，特别是当对象的空间特征还没有被观察到时。心理上模拟对象的方式也会受到口头描述这些对象方式的影响。以特定的方式阅读故事可以鼓励说者相应的心理模拟方式，从而影响他们语言表达中手势的发生特征。Parrill、Bergen和Lichtenstein（2013）在实验中向被试者提供了书面故事，故事的描述语言采用的是过去完成时态（这意味着故事中的动作已经完成，例如，松鼠跳过了小路）或过去进行时态（这意味着动作仍在进行中，例如，松鼠正跳过小路）。[②]当故事以过去进行时态呈现时，和以过去完成时态呈现比较，说者更倾向于使用相同时态来进行语言表述，更重要的是，当说者在言语中再现过去进行时的时候，他们所产生的手势，比在言语中使用过去完成时的手势，持续时间更长、更复杂（如，包含了重复性动作）。研究者认为，故事过去进行时的心理表征，更为关注故事的细节和内部结构。这种对内部细节的关注会导致更详细、复杂和持久的手势表达。因此，一个人如何在心理上模拟一个故事的细节，会以相应手势的形式反映出来。

人们对客观世界的多样化和丰富性经验，可以支持其语言表达过程中多种可能的心理模拟。例如，在语言描述运动时，说者通常描述所走的路径和沿着该路径的运动方式。语言在语法上如何组织这些信息受心理模拟特征的影响。在跨语言研究领域中，对不同母语的人如何以手势表达路径和运动方式的比较性研究表

① Masson-Carro I, Goudbee, M, Krahmer E. *How what we see and what we know influence iconic gesture production* [J]. Journal of Nonverbal Behavior, 2017, 41: 367-394.

② Parrill F, Bergen B K, Lichtenstein P V. *Grammatical aspect in multimodal language production: Using gesture to reveal event representations* [J]. Cognitive Linguistics, 2013, 24: 135-158.

明，成人说者的手势通常与他们的语言表达方式相一致。如果他们的语言倾向于使用单独的动词来表达路径和运动方式，说者通常会将路径和运动方式分割成两个单独的手势，或者将运动方式信息完全排除在他们的手势之外。相反，如果他们的语言倾向于用包含一个动词的从句来表达路径和运动方式，说者通常会产生同时表达路径和运动方式的手势。这种分割或合并手势表达的特征，与说者在语言中组织信息的方式是一样的，甚至在先天失明的人中也存在这种效应，这也表明该效应不受对他人交流中手势表达特征观察经验的影响。

可以看出语言是以单一或分开的方式来表达路径和运动方式，与此相应，手势表达也是以一种手势或两种手势来表达路径和运动方式的。具体采用哪种表达方式取决于路径和运动方式关联的密切性。Kita、Özyürek、Allen、Brown、Furman和Ishizuka（2007）区分了运动方式和路径紧密关联的条件（例如，主体通过跳跃而旋转身体）、运动方式和路径非紧密关联条件（例如，主体在旋转时，不小心摔倒了）。[①]他们发现，后一种条件下，英语母语被试者更显著地分别语言表述路径和运动方式。并且，手势也分别描摹了路径和运动方式，与语言表达过程一致；而当说者采用一个从句表达路径和运动方式时，他们也相应使用一个单独的手势来模拟，该单一手势是一种同时表达路径和运动方式的混合手势。因此，对于路径和运动方式是一起模拟还是分开模拟，取决于表达事件的特征。

上述例子在英语母语被试者的研究中取得了一致性结果，但是跨语言的研究发现，波斯语说者通常单独就路径做出手势表达，而不受运动方式和路径关联性的影响。[②]实际上，运动方式和路径在手势中的表达方式取决于说者说话时心理模拟中最突出的信息是什么，取决于需要表达的内容和语言表达的具体特征。说者的表达视角也影响语言和手势的表达特征，例如，描述一个人投球的过程，说者可以采取观察者视角，也可以从当事人视角出发来表达。这种手势产生于运动表征，在运动表征中，说者可以换位思考想象自己在当事人的立场上完成了投球过程，相反，观察者视角的手势是指从外部观察者的角度模拟和表达当事人的投球过程。例如，一个说者表达一个人的投球过程时，通过移动自己的手来显示球

---

① Kita S, Özyürek A, Allen S, Brown A, Furman R, Ishizuka T. *Relations between syntactic encoding and co-speech gestures: Implications for a model of speech and gesture production* [J]. Language and Cognitive Processes, 2007, 22: 1212-1236.

② Akhavan N, Nozari N, Göksun T. *Expression of motion events in Farsi* [J]. Language, Cognition, and Neuroscience, 2017, 32: 792-804.

移动时的路径，这是典型的观察者视角手势；而如果使用手具体展现投球的运动过程，这就是当事人视角手势。

因此，手势表达中的视角选择取决于事件模拟和表达的方式特征、心理加工过程特征，以及信息的突出特征等。例如，Parrill和Stec（2018）发现，从当事人视角观察图片故事的被试者，比从观察者视角观察图片的被试者，在语言表述中更容易产生当事人视角下的手势。[①]此外，从当事人角度来看，某些类型的故事信息更容易被手势模拟。当被试者观看到当事人做出了一个特定的手势动作时，其在语言描述时也倾向于从当事人的角度做出手势表达。同样，说者在说明如何处置对象时，更倾向于采取观察者视角做出手势表达，即表达了对象的处置结果，而不去模拟展现对象的外在特征（如轮廓等）。手势表达的视角直接联系于说者心理表征和模拟过程，例如，帕金森病患者的运动障碍阻止了他们形成运动表征，因此其手势表达中显著采用观察者视角，而非当事人视角。和正常人控制组比较中，帕金森病患者在描述常见的日常行为时，主要使用观察者视角手势，而同年龄的控制组主要产生当事人视角手势。原因在于帕金森病患者无法形成当事人视角的运动表征，他们转而依赖观察者视角的视觉表征，这些视觉表征促使其主要从观察者视角产生手势表达。

有证据表明，儿童当事人视角的手势表达和其第一人称语言表达能力间存在着关联性。Demir、Levine和Goldin-Meadow（2015）观察了5岁儿童在讲述动画故事时是否在手势中采用了当事人视角，结果有趣的发现是，相比不使用当事人视角的5岁儿童，5岁儿童如果更倾向于采用当事人视角做手势表达故事，其在6岁、7岁和8岁时更能围绕故事中主人公的目标进行结构良好的语言叙述。[②]研究者认为，采取当事人视角的表达能力对于产生结构良好的语言叙事过程至关重要。

总之，许多证据表明，人们的手势表达形式与他们的心理模拟过程特征密切相关。手势形式、手势内容、手势分割和手势视角的差异，至少部分对应于人们认知体验的差异性。

在上述阐述和对已有研究的分析中，值得注意的一个问题是，在一个给定的

---

① Parrill F, Stec K. *Seeing first person changes gesture but saying first person does not* [J]. Gesture, 2018, 17: 159-176.

② Demir Ö E, Levine S C, Goldin-Meadow S. *A tale of two hands: Children's early gesture use in narrative predicts later narrative structure in speech* [J]. Journal of Child Language, 2015, 42: 662-681.

实验任务中，会发现语言表达中完全不做手势的被试者也并不少见，而且这些被试者通常被研究者排除在实验分析之外。然而，一些研究表明，实验中单纯地要求被试者做出手势并不会显著改变他们实验过程中的手势表达特征。因此，本章在上述探讨的基础上也建议在未来的研究中，应通过实验措施增加每个被试者产生手势表达的可能性，如采用高度具体化的任务或与运动有关的交流任务，或者实验前指导被试者如何做出手势表达等，说者根据交流语境调整手势表达的具体特点，是通过调整手势的阈值来实现的。

第8章

交流手势的表达性

交流群体中的人际互动是社会群体组织的一个代表和缩影，人际交流的典型特点是信息来源的多元化。多元化的信息来自交流成员认知的多样性和交流中人际互动的多样性。诚然，多样性对群体决策既有积极的影响，也有消极的影响。一方面，多样性可以是独特知识的来源，因此有促进群体决策的潜力；另一方面，多样性也可能导致群体难以实现信息的共享、整合和使用。因此，多样性提供了更多独特的知识来源，但也导致了交流成员之间观念的分歧，这抑制了对多样性信息的共享和集成。

现实交流中，解决交流分歧的一个重要方式，是借助于人际互动中的非语言线索或媒介，如交流对象的感知共享性、表情互动性、交流中的物理环境因素，以及社会文化背景等。其中，如当前所阐述的重点，手势由于具有相对独特的人际互动特征，手势交流可以降低交流群体成员之间社会属性方面的差异性，手势在语言媒介之外提供了交流中的视觉线索，有助于抑制交流成员多样性的负面影响，可以促进交流成员共享和使用多样性信息的能力。归纳而言，交流手势的表达性集中体现在手势的情绪情感和态度表达以及手势的思想表达两个方面。

第1节　手势表达交流中的情绪情感和态度

一、交流的社会属性决定了手势情绪情感和态度的表达特征

基于社会类别化理论和相似吸引理论，交流互动中的多样性特征必然导致成员间认知和行为上的分歧。交流互动的最终目的就是通过减少成员之间的知识分歧性，实现共享性，以最终提高团队合作的效率。社会类别化理论和相似性吸引理论认为，群体交流中个体通常基于某些社会特征，把自己和其他人分成相同

或不同的社会群体类别，在群体决策中个体更多地依赖于群体成员身份的认同特征；同样，个体更喜欢和与自己相似的人交流，因为彼此之间的相似性加强了他们的共同认知和一致性行为。因此，交流中群体成员更愿意和同伴分享自己的知识、情绪情感和态度，以使彼此之间具有更多共同性的交流特征。实际上，以往研究者对于交流认知共享性的探讨，更多集中于交流互动情境中特定知识领域的共享性，这直接影响交流互动的决策质量和交流任务的完成质量。

对于交流社会认知的完整理解，应该注意一点，正如我们承认语言是交流的核心媒介，但不否认手势等非语言媒介和线索的共存性；我们承认交流互动中知识共享性对任务完成的决定性作用，但也不否认非知识信息，如情绪情感和态度对于知识共享的重要影响性。实际上，手势和语言媒介比较而言，交流互动中的一个显著优势是对知识之外情绪情感和态度的表达。当课堂授课中教师提问时，一个学生可能会大幅度地做出挥动的手势或在教师提问后立即做出高高举手的手势，而另一个则不做任何表达，甚至还表现出努力不与教师目光接触，同时降低自己的坐姿。这时教师能够明确地理解，前者在以手势表达“让我来回答问题”的态度，以及“我知道问题的答案是什么”的信息；后者没有做任何手势，甚至低头沉默的学生似乎在告诉教师“我不知道答案，不要提问我”。这些手势构成了所谓的“非语言交流”，但是这类手势表达的不是具体的问题，而是表达了内心中的态度和情绪情感。

Dennis、Fuller和Valacich（2008）提出了媒介同步理论（Media Synchronicity Theory-MST），该理论认为交流人际互动的积极或消极影响与特定交流媒介相关，交流者媒介运用的能力需要契合特定交流任务的需求，这决定了该媒介的使用能够导致更有效的交流过程。[①]具体而言，各种媒介在支持交流的两个核心过程“传达和融合”方面的能力是不同的，传达过程主要涉及知识的传递和加工，传达过程允许交流者建立彼此对特定交流内容的理解，融合过程体现了交流者努力建立一个共享性的交流意义，前者需要对知识进行分析和个体意义的建构，后者涉及个体之间对知识的共同性解释和接纳。简言之，融合过程有两个目标，第一个目标是达成关于知识意义的协议，以便达成共同的理解，第二个目标是对协议的彼此共同认可。该过程中手势等非语言媒介对于交流者之间的情绪情感和态度的沟

---

① Dennis A R, Fuller R M, Valacich J S. *Media, tasks, and communication processes: A theory of media synchronicity* [J]. MIS Quarterly, 2008, 32(3): 575-600.

通起了重要的“催化”作用。根据媒介同步理论，交流互动中的传达和融合过程需要紧密配合，这体现为各种交流媒介的表达同步性，同步性是交流者同时以共同的交流行为模式协同工作的能力，同步性与传达、融合过程之间的关系取决于交流者对媒介的运用能力。因此，媒介同步理论强调，具有表情共享性的面对面交流比远程交流具有更高的同步性水平，可以更好地支持融合过程。因为面对面交流中的手势、面部和肢体等视觉表达信息可以和语言的听觉表达信息更好地契合，更多的自然交流符号集能够提高交流互动的效率效果。

现实交流的很多情境下，如家庭交流、工作交流等，都存在非语言互动和沟通，人们通过移动身体、目光接触，或提高声音强度等方式，来建立自己与交流同伴间的身体距离和心理距离，所有的这些非语言交流行为联合传达了人们的交流情绪情感和态度，这是特定交流互动中的心理状态，这些非语言信息对交流过程是重要的。学生举手动作没有传达教师所提问题的答案，但是每一个行为反应都反映了学生回答问题的积极态度和期望，以及急切的情绪特征。牛津大学社会心理学家Argyle（1989）认为，手势等非言语行为在人际交流中表达了情感，传达了人际交往的态度，展现了人的性格，这些影响交流的回合、交流信息的反馈和交流者的注意等特点。[①]Argyle的观点最适合解释人们直觉性或自发性的手势交流，手势交流认知特征和作用不仅仅局限于隐性知识表达以及简单的人际协调。

早期研究中习惯采用二分法，简单将交流互动成分划分出信息内容充实的语言和充满情感的非语言行为两种。Kendon（1980）进一步认为作为非语言行为的手势，与语言内容的关系最为密不可分[②]；之后，研究者们针对手势和语言的交流互动关系做了不同角度的探究性研究并明确提出，交流时所产生的手势动作与语言表达，在时间、意义和功能上均紧密地交织在一起，手势在知识表达和非知识信息表达方面均具有独特的交流优势，手势对交流者互动中情绪情感和态度的表达是交流功能性的一种表现，忽略这些手势传递的信息，也就忽略了语言交流的一部分信息。

Ekman等早在1969年就针对交流中身体上的各种行为做了一个概括性的列举：面部表达（例如，微笑或皱眉）、交流双方保持交流专注性的动作（例如，

① Argyle M. *Is nonverbal communication a kind of language?* [J]. ETC: A Review of General Semantics, 1989, 46(2): 158-162.

② Kendon A. *Gesticulation and speech: two aspects of the* [J]. The Relationship of Verbal and Nonverbal Communication, 1980, 25: 207-228.

头部移动或身体位置的轻微变化）和手势表达。具体而言，手势表达表现为：交流中的习惯性动作（例如，推扶鼻梁上的眼镜）、特定文化下的交流方式（例如，竖起大拇指）、直接配合语言表达的手势动作（例如，谈及上楼时，手做出弹跳上升动作）、交流节奏的表达（一个手势表示停顿）、指向语言对象（指向性手势）、提供语言内容的想象（旋转的双手表示物品滚下山，或一个隐喻性的手势表示时间的流逝）等。①

总体而言，手势作为非语言媒介在交流中具有一定的显著性，其既可以表达交流知识，又可以表达交流意图、情感情绪和态度，以及交流的期望性等，这些手势随着语言表达过程而产生，很少受到意识的控制，实际上交流者手势的含义通常是伴随着特定交流背景而即时产生并不断变化的。如上述提及，弹跳向上的手势指的是走楼梯，竖起大拇指表示语言提及的对象或事情“是好的、很棒”，这些手势从知识内容到情绪情感和态度方面不断对语言信息做出特定的标注，正因为手势即时不断地参与语言交流，才出现令人感兴趣的交流现象：手势以一种不同于语言的形式自由交流，可以反映我们无拘无束的思想过程和即时心理状态。

二、交流信息的共享性决定了手势情绪情感和态度的表达特征

现实多种多样的交流情境中，一个共同的特征是交流者需要通过交流互动实现特定任务上的信息共享，信息共享表示彼此对于特定的交流内容共同理解、共同接受、共同期望和假设，交流共享性是交流合作性的一种表现，是共同交流目标下交流者彼此之间共同责任的一种体现。

面对面的交流中有多种语境信息来源，可以促进外显语言信息的理解。而手势的作用集中表现在促进交流者彼此之间即时情绪的表达和感知，澄清交流互动中彼此心理状态上的模糊性信息。研究表明，不仅现场面对面交流中的手势沟通，即便是当前出现的手势符号交流，也可以很有效地传达交流者的情绪情感和态度，如微信或QQ交流中的手势符号图标，然而，目前尚不能准确界定手势对消除交流歧义的作用，是否可以独立缘于其对交流者情绪情感和态度的表达，或者缘于这种表达性与语言信息之间的相互作用过程，抑或是存在某种混合交流互

① Ekman P, Friesen W V. *The repertoire of nonverbal behavior: Categories, origins, usage, and coding* [J]. Semiotica, 1969, 1(1): 49-98.

动效应。无论现实的交流情境存在何种差异性，有一点是明确的，交流互动的目的是共同合作完成交流任务，所有的交流参与者具有共同的交流责任并接受集体性奖赏，这就形成了一种交流互动中的更高的动机水平。可以说，交流的目的是追求共同任务目标的实现，而这需要借助交流者之间的认知和行为共享，交流中的语言和非语言互动表达均服务于交流者间信息共享性的建立过程。

Aldunate、Villena-González、Rojas-Thomas、López和Bosman（2018）的一项研究设计了一个情绪一致性范式，通过文本交流的方式探查被试者是否可以敏感感知交流中的情绪性信息，并评判信息发出者的情绪特征（好心情还是坏心情），以理解交流互动中对于情绪情感的感知是否影响交流歧义的消除。结果发现，被试者如果认为信息发出者的情绪不符合信息表达，则认为发出者的情绪表达过程是负面的，而且被试者对于发出者积极情绪的感知更为敏感。当信息表达和情绪表达一致时，有助于提高被试者交流信息的理解效率，因此研究指出，交流中情绪情感的表达和感知显著影响交流中知识信息的理解和共享性的建立过程。[①]

社会人际交往是基于情感表达的，也是以交流者之间的人际情感基础为前提的。在现实交流互动过程中，这些信息可以同时来自手势、语言韵律或面部等，因此，在人际交往情境中情感信息对交流者的理解过程是至关重要的，即情绪、情感影响人们的交流认知，交流者不仅加工交流同伴的情感性质，还会结合特定交流情境加工具体的情绪情感内容。这一过程中手势对于情绪情感的表达至关重要。实际上随着当今数字媒体技术的飞速发展，非面对面的交流形式越来越多，已经成为人类社会交际中最常用的方式，在这种交流方式中，面对面互动中的某些情绪情感和态度信息是不可直接使用的，这可能会阻碍交流认知共享性的建立过程和程度，为了弥补基于数字媒体交流而缺乏的手势为代表的非语言信息表达过程，人们设计并使用了可替代的语用线索——手势表情符号，来增强情绪情感交流互动中的表现力。手势表情符号被证实是成功理解交流信息的非语言工具，有研究者已经将手势表情符号与非语言表达的手势进行了比较，结果表明手势表情符号在基于文本的交流中替代了即时面对面交流手势的动态性表达，并促进了情绪、情感的表达。[②]也有研究初步探查了表情符号在虚拟交流中对交流情感理

① Aldunate N, Villena-González M, Rojas-Thomas F, López V, Bosman C A. *Mood detection in ambiguous messages: the interaction between text and emoticons* [J]. Frontiers in Psychology, 2018, 9: 423-430.

② Feldman L B, Aragon C R, Chen N C, Kroll J F. *Emoticons in text may function like gestures in spoken or signed communication* [J]. The Behavioral and Brain Sciences, 2017, 40: e55.

解的作用，证实了表情符号促进了交流互动中情绪情感的沟通，交流中情绪情感的表达和理解有助于交流者之间认知共享性的建立。①

研究还在具体探讨中发现，从手势情绪情感表达对交流信息共享性的积极影响特征来看，对于交流信息的特定性理解受到手势表达的影响；语言交流中对比喻、讽刺等语句真实含义的理解也需要借助手势表达的辅助，因为比喻性语言的特点是模糊的，它需要借助语境信息和交流策略来正确理解，甚至研究还发现手势互动会影响交流者对于语言表达节奏等的理解。进一步而言，人类交际中的语言信息共享需要交流者借助手势等对情绪或情感方面的表达，这是因为交流中不仅包含了知识性信息的沟通和共享，还包含了交流者彼此之间社会性人格的表达和互动。Lo（2008）指出，在交流中如果表达的是积极情绪则促进语言信息的正性理解，反之引发负性解释，即手势等表达的情绪情感信息有助于交流者更准确地感知和共享语言信息。②

Haxby、Hoffman和Gobbini（2002）认为，手势表情之所以促进交流语言认知加工过程，是因为认知神经活动过程优先加工影响语言信息加工的情绪情感信息，具体的影响特征关联于情绪的性质。③例如，消极情绪和积极情绪对交流信息加工早期阶段的影响是不同的。④并且交流过程中手势所传达的消极情绪通常伴随语言歧义信息而发生，这表明交流互动中交流者之间认知共享性的建立受到不良情绪的干扰。⑤概括而言，实验室研究中所观察到的手势对情绪情感的表达和语言信息认知加工之间存在相互作用关系这一结论，证实了非语言媒介，如手势，对于交流者情绪、情感和态度的表达，某种程度上是独立于知识信息的交流互动过程，但是又对交流者认知和行为共享性的建立起着不可或缺的促进作用。这根本上缘于交流者彼此间心理状态的相对一致性是彼此交流任务认知共享性的前提。从言语行为理论（The Speech Act Theory）出发，手势对于情绪情感的表达

① Aldunate N, González-Ibáñez R. *An integrated review of emoticons in computer-mediated communication* [J]. Frontiers in Psychology, 2016, 7: 2061-2066.

② Lo S K. *The nonverbal communication functions of emoticons in computer-mediated communication* [J]. CyberPsychology & Behavior, 2008, 11(5): 595-597.

③ Haxby J V, Hoffman E A, Gobbini M I. *Human neural systems for face recognition and social communication* [J]. Biological Psychiatry, 2002, 51(1): 59-67.

④ Blau V C, Maurer U, Tottenham N, McCandliss B D. *The face-specific N170 component is modulated by emotional facial expression* [J]. Behavioral and Brain Functions, 2007, 3(1): 3-7.

⑤ Aldunate N, Villena-González M, Rojas-Thomas F, López V, Bosman C A. *Mood detection in ambiguous messages: the interaction between text and emoticons* [J]. Frontiers in Psychology, 2018, 9: 423-430.

具有特定的语用意义，其功能超出其本身的情绪情感信息。

三、交流人际互动的参照性决定了手势情绪、情感和态度的表达特征

交流人际互动过程是交流者彼此之间信息互换，以至于认知共享性达成的过程，该过程是认知之间碰撞和融合的矛盾运动过程。这一过程体现了交流者之间的“参照性”，具体可以表现为社会互动中彼此间从认知领域到行为领域的模仿，这对于交流认知行为的协调起着重要的作用。手势对情绪、情感和态度的表达，有助于交流人际互动中交流者之间形成一致性的认知和行为参照与模仿。

众所周知，个体在社会情境中经常相互模仿，这种模仿起着重要的社会作用并执行重要的社会功能。一个人不仅在交流互动过程中不断观察和模仿他人，而且在互动开始前，就已经开始通过彼此的参照来预期行动的可能性，这与手势表达在语言外显性信息表达之前，就已经参与到人际互动过程中具有某种相似性，因此，在交流互动中手势对于情绪情感的表达有助于彼此语言参照和行为参照的一致性发生，这种人际参照与模仿能够体现互动中的默契合作性，使得交流者可以即时预测同伴的交流行为，以提供合作性的支持，或者说手势对于情绪、情感的即时表达能够促进交流者彼此间认知和行为的即时理解、追踪和参照。

社会生活中，不同人之间，不同交流情境下，交流互动过程的具体特征显著不同，但是在语言显性交流过程中，都包含了如手势、面部表情、肢体以及某种特定动作模式的参与。社会心理学领域的研究认为手势对于情绪情感和态度的表达不是执行信息传递功能，而是执行了交流者之间认知参照和模仿的社会功能，这种参照和模仿在社会功能上执行了一种人际关系的“社会黏合剂”功能，它将交流者更紧密地结合在一起。例如，交流者人际互动中表现出使用了具有更强亲社会倾向而非反社会倾向的手势，并且彼此之间会不断倾向于一致性模仿表达，体现了认知加工中的彼此参照性。此外，手势对交流参照和模仿一致性的促进，还表现出模仿交流同伴会增加亲社会行为、归属感以及彼此吸引和喜欢的程度。

在自然和社会交流背景下，手势互动中非知识性信息的沟通和参照，体现出交流者“感知—行为”的更好连接，手势中情绪情感和态度的表达，对“感知—行为”连接的促进是通过更好地促进共享性心理表征的建立来实现的。也就是说，交流者通过彼此的手势表达和观察、参照，有助于执行与之兼容的语言互动、任务操作行为的互动，因为观察到手势中的特定情绪情感和态度，能够促进感知动作表征的激活，这对于交流认知和行为共享是重要的。交流者在交流

中只有通过这种手势表达才能够实现彼此之间更好的参照和模仿，进而预测交流同伴在接下来的互动中可能出现的认知反应和行为操作。预测编码理论（The Predictive Coding Accounts）认为，交流人际互动中预测同伴的认知和行为是一个先天固有的自发过程，不断发生在人们的大脑之中，以随时为自己接下来的互动行动做出准备。[①]诚然，在这一过程中手势表达的情感情绪和态度可以起良好的催化作用。人们的认知系统中存在一个“模仿器”，交流人际互动过程中，模仿器在内部模拟交流同伴的认知过程和行为。然后，该模拟过程还提供了对同伴认知和行为的进一步预测，即后续互动中可能发生的即时信息。手势对情绪情感和态度的表达允许交流者快速地解释交流互动中的感知信号，并快速反应，以消除彼此间的不确定性情况和信息，进而解释未来可预测的认知和行为。

Genschow和Brass（2015）针对性地观察了交流者互动中自发的参照特征。[②]具体观察个人是否会根据他人行动前的非语言信号来解释和预测他人的行动，以及这是否让人们产生预期性的自我行动。在两项研究中，被试者观看一个视频，视频中一个人的头发掉在她的前额上或者她正在翕动鼻翼，研究者记录被试者在观察头发脱落或观察鼻翼翕动的视频时，触摸自己前额或鼻翼的频率，结果显示当观看鼻翼翕动的视频时，相比观察头发脱落视频，被试者更频繁地用手触摸鼻翼，反之，观察头发掉在前额的视频时，相比观察鼻翼翕动的视频，更频繁地用手触摸额头。实际上，该实验并不是一个标准而真实的交流互动实验，但有趣的是，这可以表明个体在交流互动中需要不断地感知、加工和解释他人的行为，以产生自己的适当性行为。换句话说，参照他人的行为是交流人际互动中的一个至关重要的先决条件。该结果也间接证实了交流者在互动中不仅会自发产生手势，而手势也会表达一种交流中的心理状态，并带来交流者之间的认知和行为参照与模仿过程，这种参照与模仿进而有助于促进彼此间认知和行为的共享性。

Genschow、Klomfar、d’Haene和Brass（2018）认为人们在交流中采用手势等非语言行为来构建彼此间认知和行为参照与模仿的过程，是与社会智力特征相关联的，这也影响了一个人参与交流互动的水平和可能性，即非语言信息的表达与

① Kilner J M, Friston K J, Frith C D. *Predictive coding: an account of the mirror neuron system* [J]. Cognitive Processing, 20017, 8(3): 159-166.

② Genschow O, Brass M. *The predictive chameleon: Evidence for anticipated social action* [J]. Journal of Experimental Psychology: Human Perception and Performance, 2015, 41(2): 265-268.

参照能力是个体社会智力的一个重要组成部分。[①]社会智力是指在心理（思想、意图、期望和信念）中解释他人行为的能力，在复杂的社会群体和亲密关系中起作用，从而对他人的心理状态产生共情，并预测他人的感知、思想和行为，从而提高彼此之间认知和行为的协调一致性。Silvera、Martinussen和Dahl（2001）将社会智力区分为社交技巧、社会意识和社会信息加工三个不同的因素。社交技巧涉及一个人在社交场合与他人相处的轻松感，社会意识与人们对自己在社会交往中角色的一般意识有关，社会信息加工包括对外显和内隐的语言和非语言信息的理解，以及对他人感觉和行为的预测能力。[②]

据此，Genschow等（2018）针对性探查了交流中的预期行为是否与社会智力的亚因素有关，并分析交流中的模仿行为和预期行为、社会智力间的关联模式。结果发现，交流中手势等非语言信息的表达过程对于交流者间的认知和行为参照与模仿至关重要，手势所表达的情绪情感和态度可以成为交流互动共享性建立的一个先决条件，因为手势等非语言行为能够自动触发交流者间的模仿和预期，这在一定程度上与交流者的社会智力特征有关。以往研究已经表明，交流互动认知过程是复杂而多样的，交流者彼此间认知共享性的建立离不开信息间的相互参照与模仿，这涉及交流认知过程中的移情、观点采择、亲社会取向，以及参照性自我建构等众多方面，手势所表达的情绪情感和态度在该过程中起到桥梁的作用。可以简单地说，交流互动中的参照和模仿是共享性认知过程的一种表现，而手势对交流者心理状态的表达可以促进交流互动中的参照和模仿过程，进而推动认知共享性建立的过程和程度；交流互动中的参照和预期依赖于对交流同伴认知和行为的即时追踪，该过程中手势表达性的作用尤为显著。

归纳以上，面对面的现实交流中，手势是以复杂的图像方式传达交流者的情绪情感和态度，其为语言交流提供了一种线索，以增进交流者对彼此心理状态的理解和共情，从这一意义上讲，语言交流互动中的手势表达更像一种交流背景因素，其表达的情绪情感和态度信息会随着语言互动过程被不断整合到共享性认知之中。这也表明，交流中人们对于交流情绪情感和态度的表达、感知和判定不是孤立存在的，其综合于多元化的交流情境信息之中，这也是交流互动复杂性的一

① Genschow O, Klomfar S, d'Haene I, Brass M. *Mimicking and anticipating others' actions is linked to Social Information Processing* [J]. Plos One, 2018, 13(3): e0193743.

② Silvera D, Martinussen M, Dahl T I. *The Tromsø Social Intelligence Scale, a self-report measure of social intelligence* [J]. Scandinavian Journal of Psychology, 2001, 42(4): 313-319.

种表现，手势对于情绪情感和态度的表达更多是一种语用功能特征，而不是语义特征。

另外，需要补充思考的一点是，当我们在探讨手势表达交流中的情绪情感和态度时，关注的焦点是表征性手势，包括图符性手势、隐喻性手势和指示性手势等。从模拟动作和感知状态中产生的手势最明显的是图符性手势，或者说是用来表现或描绘所描述事物的运动和空间方面的手势。事实上，语言交流互动中手势的表现形式远不限于此。节拍手势，是与语言韵律一致或突出话语结构的有节奏手势，其相对被研究者们所忽视。此外，虽然指示空间中特定位置的指示性手势包含在表征手势的大类别下，但理论解释也尚未清楚地证实和说明它们与心理模拟的具体关系。在此围绕指示性手势（Deictic Gestures）和节拍手势（拍打性手势）（Beat Gestures），再进一步做一扼要的和补充性的分析。

首先，指示性手势。指示性手势反映了说者对空间中物体或位置的索引。基于语言理解的索引假设（The Indexical Hypothesis of Language Comprehension），认为语言理解引导索引环境中的特定对象，这种索引也发生在语言发生过程中。[①]当一个人思考或谈论环境中存在（或想象存在）的特定对象时，其认知系统朝向该对象，并且可以模拟触摸、接近或将眼睛和身体朝向该对象的动作。这种认知索引可以表现为一种指示性手势。

这个观点与指向到达或探索物体的本体论理论一致。基本思想是，指向源于注意力的定向，这可能（至少在某些情况下）唤起对到达或触摸的心理模拟。当然，指向不仅仅停留于注意力本身，它也具有社会性，而且很明显，社会认知能力、向他人展示指向行为的能力以及文化因素也会影响指向行为。本节在这里重点强调指向是注意的基础，指向性思想可以从定向行为的心理模拟中产生，即使它也受到社会和文化因素的影响。

上述观点的一个含义是，尽管指向手势是以特定的、文化的方式产生的，但它们在形式和执行上可能会根据底层的心理模拟而微妙地发生变化。比如，说者产生的指向空间距离更远对象的手势，相比指向距离较近对象，幅度更大、时间更长，就像到达距离较远的物体需要更大幅度、更长时间一样，因此表现出比接近更近的物体需要更长久的动作。可见，指示性手势可能是表征手势的一种特殊

---

① Glenberg A M, Robertson D A. *Indexical understanding of instructions* [J]. Discourse Processes, 1999, 28: 1-26.

情况，在这种情况下，模拟的运动方面被引导到一种更为传统化、特定文化性的形式。目前，这种观点还具有一定的假设性。然而，从这个观点可以得出一些经验性的理解。如果指示性手势是建立在伸手或动作探索的心理模拟基础上的，那么人们可能更倾向于指向他们想触摸的物体（例如，干净、柔软的玩具），而不是指向他们不想触摸的物体（例如，脏兮兮的、黏糊糊的玩具）。当鼓励人们接触物体和接触物体表面时，人们可能会用稍微不同的手形或手的方向来指向物体。

其次，节拍手势（拍打性手势）。节拍手势是一种小而有节奏的手部动作，通常与语言节奏相吻合。一般而言，节拍手势被解释为在口语和手部动作系统之间有密切协调关系的情况下发生的，不需要借助强烈激活的动作模拟来引发。如果是这样的话，语言描述中出现的表征性手势的数量和拍打性手势的数量应该是成反比的，因为当作为表征性手势表达的心理模拟较少时，节拍手势应该更普遍或更频繁地发生。当说者表达与动作关联程度不同的单词时，手势率表现得也不同，表征性手势的数量随着单词引起的动作数量的增加而增加，但节拍手势的数量减少了。有研究者指出表征性和非表征性（节拍）手势是处于不同的认知加工过程中的。

换一个角度可以认为，节拍手势可能是表征性手势的简化表达。例如，探讨说者在复述带有空间信息故事时产生的节拍手势时，空间信息包含了特定的方向（例如，火箭起飞或高度提高），结果表明节拍手势潜在地随着故事中暗含的方向而做出移动，其次数超过随机次数，因此不难理解，节拍手势可以具有一定程度的图符特征。这一发现支持了节拍和表征性手势可能来自同一认知过程的观点。

应该明确一点，目前还没有一种理论模型能同时解释所有类型的手势（包括表征和非表征手势）。尽管有的理论中（如模拟行为的手势框架理论）阐述的手势表达认知机制，可以在一定程度上用于解释非表征性手势，如拍打性手势，但需要更多的实验数据来确定该假设是否真正成立。例如，直接比较指示性手势、节拍手势和图符性手势相对于语言表达而言的交流信息特征，未来研究还可以检验指示性手势和节拍手势是否具有图符性特征。

第2节 手势表达交流中的思想

一、手势表达交流思想的一般特征

交流中手势提供了一个洞察交流者思想的窗口，人们彼此间知道手势所表达的特定想法。比如两个儿童玩棋子守恒游戏，先要求儿童回答两行棋子的数量是否相同，然后将其中一行棋子分散开，再问两行数量是否相同。儿童可能先回答“相同”，后回答“不同”，表现出对皮亚杰数量守恒任务的不理解，儿童一边指着棋子，一边回答说“棋子被移动了，所以不一样”或者说“它们是不同的，因为你移动了”。儿童在解释上述棋子问题时可能使用了两种手势，他将手伸出来模仿将棋子分散开的动作，通过手势和语言传达的信息基本是相同的；但是也可能用手指向两行中一一对应的棋子，这种手势对于数量守恒问题的正确理解属于关键性信息，但又是儿童无法使用语言表达出来的信息。重要的是，这两个儿童不同的手势表明其对于当前问题情境的理解程度是不同的。第二种手势传达的信息不同于语言信息，与手势和语言一致的儿童相比较，该儿童对于守恒问题情境的理解相对更好。

通常，当解释一个交流任务时，学习者手势信息和语言信息不相同时，其对于交流任务的理解水平将高于表达一致的学习者，这同时表现在儿童和成年人的交流互动中。很显然，手势本身并没有直接说明手势发出者定义的是什么，两个儿童都使用了手势，但是手势和语言间的关联特征却间接告诉我们，两个儿童的学习程度是存在差异性的，因此可以说，交流互动中的手势是洞察思想的一个窗口，其不仅可以表达交流互动中的情绪、情感和态度，还可以表达特定的交流思想。

手势有助于促进语言认知加工过程，但这并不是说手势仅仅是语言的一个附属现象，手势自身具有交流性特征。一方面，研究证实说者语言发生时，手势也同时发生了，语言和手势对于共同信息的传达使听者的理解更为深刻和形象。Nappa和Arnold（2014）发现当创设一种模糊交流情境时（he和she指代模糊的情境），说者力图同时使用语言表达和手势特征澄清交流信息，听者积极表现出对于非语言信息的捕捉和理解。[①]手势具有与语言同等的交流性，首先，交流过程中语言的多少和手势的多少具有相同的变化特征。其次，当说者向不同听者重复

① Nappa R, Arnold J E. *The road to understanding is paved with the speaker's intentions: Cues to the speaker's attention and intentions affect pronoun comprehension* [J]. Cognitive Psychology, 2014, 70(1): 58-81.

同一信息时，他们的手势频率并不下降，手势的发生服务于语言的产生。

另一方面，手势不仅可以传达和语言相同的信息，特定情境下，手势可以传达语言不包含的信息。当明确要求说者向听者传达特定信息时，手势有时表达了一些语言并不包含的信息。Melinger和Levelt（2004）明确要求说者向听者传达特定的空间任务信息，说者频繁使用手势表达该信息，但语言中并没有出现，这至少表明手势是具有交流性的。[①]Kelly和Church（1998）向成年人被试者呈现儿童解释皮亚杰守恒任务的视频片段，要求被试者对于儿童的语言表达做出推理判断。一个视频短片中，儿童语言提及容器的高度，但手势表达的是该容器的宽度；被试者观看后，一致认为该儿童在解释容器的高度和宽度。[②]也就是说，听者通常会将手势独自传达的信息合并入语言信息之中，同时根据语言和手势来理解说者传达的完整信息。

越来越多的证据表明手势是一种增加口语信息的交际方式。手势和其他身体动作经常伴随着交流语言信息同时发生，但不妨碍语言交流。与口语相结合的手势已经被证明在口语中同时增强了说者和听者的语言交流。

大量的研究证据表明，手势表达有助于交流语言认知，并在不同的交流任务中提高交流认知的整体水平。一项研究发现，当学习者学习外语中不熟悉的单词时，如果同时辅以具体化的手势表达，其回忆效果最好，手势可以在单词回忆任务中辅助词汇检索。[③]正如前面所阐述的，当儿童同时使用手势和语言来解释数学问题策略时，学习效果更好。正因为手势和语言在表达交流思想方面具有如此的密切关系，其备受研究者的青睐，发展性研究文献关注了积极的手势表达与儿童语言成长的关系，例如在早期语言习得过程中，手势表达可以预测词汇和句法的发展特征[④]；在对失语症患者进行语言干预的研究中，使用具体化或表征性手势来促进单词表达是有效果的[⑤]；在句子层面上，手势可以在视觉上表征空间运动方

---

① Melinger A, Levelt W J M. *Gesture and the communicative intention of the speaker* [J]. Gesture, 2004, 4(2): 119-141.

② Kelly S D, Church R B. *A comparison between children's and adults' ability to detect conceptual information conveyed through representational gestures* [J]. Child Development, 1998, 69(1): 85-93.

③ Kelly S D, McDevitt T, Esch M. *Brief training with co-speech gesture lends a hand to word learning in a foreign language* [J]. Language and Cognitive Processes, 2009, 24(2): 313-334.

④ Iverson J M, Goldin-Meadow S. *Gesture paves the way for language development* [J]. Psychological Science, 2005, 16(5): 367-371.

⑤ Rose M, Douglas J. *The differential facilitatory effects of gesture and visualisation processes on object naming in aphasia* [J]. Aphasiology, 2001, 15(10-11): 977-990.

向和方式，但交流语言中的动词不一定编码了该语义信息，而且手势经常会根据听者的位置和特定动词的变换而改变形式。

手势可以表达说者头脑中的特定思想。信息封装假说（The Information Packaging Hypothesis）强调这是因为手势辅助语言表达了空间信息。与语言同时发生的手势通常导致语句减少，因为手势更有效地传达了特定的交流思想，积极的手势表达可以启发交流者双方的思维过程，可以释放交流互动中的认知资源。Jenkins、Coppola和Coelho（2018）通过操纵故事复述中手势的自由使用特征，探查手势对叙事产品质量的影响。①研究发现手势可以表达一定的交流思想，可以提供语义信息和促进语言认知，这些积极影响与词、句子产生的微观加工层次联系在一起，也与叙事生产和组织的宏观层面有关联；在自由手势表达条件下产生的叙述比在限制条件下产生的语法更复杂，更有组织性，手势对语篇规划表现出潜在的认知促进效应。

整体上，从手势表达交流思想的一般特征来看，语言交流互动过程中，有意识限制手势可能为说者引入了一些人为造成的认知负荷；限制手势可能降低了说者尽可能有效的语言交流的能力。关于手势对交流思想的表达性，手势和口语在交流互动中是同时计划和组织的，某些类型的信息（例如，空间）可以通过语言与手势共现更好地交流，这些手势编码了特定的视觉信息元素，如运动方式和路径信息，这些信息不便于语言表达，手势和语言共同互补性表达信息将帮助交流信息更为有效地传递，并且导致更低的语言加工的努力程度。手势可能是为语言交流提供了一些具体的思考方法，手势可以促进微观语言规划，这反过来可以释放认知资源，以关注宏观语言规划。

归纳而言，手势表达交流思想的过程是语言交流过程的自然组成部分，虽然手势在表达频率上存在个体差异，但是手势的产生对语言互动和交流者的思维均有促进作用；不仅体现在说者一方，也体现在听者一方。

二、手势表达的交流思想影响交流同伴

手势不仅能反映我们的思想，还可以改变思想。手势可以传达实质性的信息，所以不难想象，当通过观察别人的手势进行学习时，我们的想法将因有无手

① Jenkins T, Coppola M, Coelho C. *Effects of gesture restriction on quality of narrative production* [J]. Gesture, 2018, 16(3): 416-431.

势或手势不同而表现出差异。例如，视频教学同一课程内容，一次使用手势，一次不使用手势，学习者将更受益于手势参与讲授的课程，而不是无手势课程。令人更为惊讶的是，在课堂上，当手势和语言传达的信息不一致或不相同时，手势对于学习尤其重要，比如，当学生通过手势给出解决数学问题的一个正确答案或解释时，如果此时语言解释了一个不同的（但也正确的）答案，其学习效果更好于手势和语言表达相同答案的学生，尽管两种模式均有益于学习。①

手势也可能会出现误导听者的情形，例如，当教师教儿童数学加法的等式问题时，出现了以下交流：教师要求儿童解决问题7+6+5=__+5，儿童填上18，即使用了不正确的“所有数字相加”的策略。在接下来的语言交流中，教师向儿童解说其使用的策略“你是通过把三个数字相加得到答案的”，同时产生一个“所有数字相加的手势策略”，手势指着7、6，等式左边的5和右边的5。手势表达的同时，教师继续解释如何正确解决问题，但在她解释结束前，儿童提供了一个新的答案23，即将所有数字相加了。教师此时会很惊讶，完全不知道为什么自己会引导学生这样理解，这是因为教师的手势具有误导性，手势传达的思想是强大的，甚至比语言更强大，只不过其影响是潜在的。此类结果在目击者证人询问的情形下也再次出现。Broaders和Goldin-Meadow（2010）在研究中通过控制面试者问题提出的方式来操纵目击证人报告的细节，当问到“他还穿了什么”时，尽管这是一个开放性的问题条件，但提问者却做出了一个手势动作“戴帽子的手势”，这激起了被试者对帽子的注意和针对性的回答，但实际情境中并没有帽子，该研究观察并证实了手势对听者思想的影响和改变。②

自然，面对面交流经常包含视听信号的结合，视听信号结合中集成了来自多种方式输入的信息，如语言、手势。手势是手的动作，可以表达对象的属性、运动和空间，在语义水平上与语言相关联，手势表达的对象、时间、空间关系和语言表达的相似，是一个语义层次上的表意，主要是对象、事件和它们所代表的空间关系。手势能够促进交流同伴即听者一方语言的理解过程和水平，特别是在不利的条件下，如交流情境中因存在噪声干扰而降低了语言的理解性。手势在面对面的交流中是普遍的，手势表达和语言表达之间存在语义关联性，实际上，没有

① Singer M A, Goldin-Meadow S. *Children learn when their teacher's gestures and speech differ* [J]. Psychological Science, 2005, 16(2): 85-89.

② Broaders S C, Goldin-Meadow S. *Truth is at hand: How gesture adds information during investigative interviews* [J]. Psychological Science, 2010, 21(5): 623-628.

语言的共同发生，手势的作用便难以显现。从这一意义上讲，手势似乎是语言理解过程中的一个重要组成部分：语言和手势在语言理解过程中不断联合，集中于语言加工的语义、句法和语用水平。研究已经表明，来自手势的语义信息确实被听者加工了，手势在行为和认知神经层面上影响语言的理解加工过程和水平。例如，在一项脑电（EEG）的研究中，Holle和Gunter（2007）发现说者（实验者助手——假被试者）一边表达“语句”一边使用手势，实验语句在第一部分包含了模糊性的歧义词，该歧义在随后的分句中将被消除。当说者用语言表达歧义词时，他会同时产生一个手势表达，手势可以是一致的，也可以是不一致的，结果表明，听者使用手势中的信息来消除语言理解的模糊性，同时反映于EEG的变化中。①

在不利于语言表达的条件下，手势将更频繁发生；与语言表达清晰的条件相比较，听者也给予了手势更多的关注和考虑。Obermeier、Dolk和Gunter（2012）使用了与Holle等（2007）相似的实验范式，也发现当手势和语言间没有即时重叠，也没有要求听者被试者注意手势时，手势和语言间的联合特征并没有发生；然而，在随后的研究中，相同的刺激被呈现在噪声背景中，听者显著表现出将手势信息与歧义语言联合加工，以消除句子理解中的歧义；这种效应也出现在听力受损被试的研究中，这些结果表明，语言和手势的整合可以通过交流情境的特定特征来调节。② Holle、Obleser、Rueschemeyer和Gunter（2010）还通过功能磁共振成像做了分析，也从脑认知证据中证实在不利于听者的条件下手势可以显著提高语言理解能力，并有助于消除语言歧义，当在语言信号之上增加噪声时，手势将不断增加听者对于语言理解的促进性③。

简言之，在交流存在噪声的背景下，相比单一语言信号条件，手势所提供的视觉线索使得语言识别和理解更为容易；识别手势视觉线索将提高交流信息识别和理解的准确性，并且，这种效应随着噪声影响性的不断提高而不断显著提高。Skipper、Goldin-Meadow、Nusbaum和Small（2009）在*f*MRI研究中发现，当清晰

---

① Holle H, Gunter T C. *The role of iconic gestures in speech disambiguation: ERP evidence* [J]. Journal of Cognitive Neuroscience, 2007, 19: 1175-1192.

② Obermeier C, Dolk T, Gunter T C.*The benefit of gestures during communication: Evidence from hearing and hearing-impaired individuals* [J]. Cortex, a Journal Devoted to the Study of the Nervous System and Behavior, 2012, 48: 857-870.

③ Holle H, Obleser J, Rueschemeyer S A, Gunter T C. *Integration of iconic gestures and speech in left superior temporal areas boosts speech comprehension under adverse listening conditions* [J]. NeuroImage, 2010, 49: 875-884.

的语言伴随着表意手势同时发生时，在运动计划区和运动发生区之间出现强烈的功能性连接，这些区域被认为调节语言理解的语义方面。[①]表明运动系统与语言区存在联合性的加工，这决定了语言交流中手势的意义，有意义的手势和语言理解的语义方面密切相关联。

鉴于交流中手势对于思想的表达具有视觉性，Drijvers和Özyürek（2017）还进一步探讨了手势和可视性语言对于交流语言理解的联合促进作用。[②]旨在关注手势是否在可视语言基础上进一步产生增强交流思想的理解效应，实验中创设了语言+可视语言+手势、语言+可视语言和语言+模糊唇动三种条件。结果证实：与单纯语言条件相比，可视语言对语言理解产生增强效应，此时听者可以更好地将可视语言的信息映射到语言信号中，手势表达的存在产生进一步的增强效应，这表明手势信息将进一步映射语言信息，听者相应将从手势语义信息中获益更多，这两个可视因素组合的增强效应显著存在，听者可以从可视语言传递的信息和手势传达的信息中同时获益。这表明在交流过程中，语言系统将平衡声音输入（语言）和视觉输入（手势和可视语言），进而在噪声干扰背景中产生最佳的增强效应。实际上，在该研究中，手势变量是一个单纯的视觉表达语义的信号，而可视语言信号是视觉表达的语言信号，两者对于语言理解产生了互补增进效应，即在可视语言基础上再增加手势信号，将进一步增强语言的可理解性。在Drijvers和Özyürek（2017）的研究中联合增强效应具体体现在，和单纯视觉语言条件或单纯手势条件相比较，听者在手势和可视语言共存的条件下对语言理解的获益最大，即手势在可视语言基础上进一步提供了额外的增强理解效应。这是交流互动中听者从视觉和听觉的多通道联合中最大化获益的有力证据，证实了交流认知理论所假设的和语言同时发生的多种信息有助于语言理解的观点。

语言和手势形成了一个完整的交流系统，在语言加工的不同阶段，以多种方式输入信息对交流认知加工过程是有益的。事实上，手势的视觉信息传递过程可能在语言听觉编码期间起了重要的作用，不仅在听觉信息被正确编码和理解时产生促进理解的效应，在不利于听觉的条件下也产生了促进理解的效应，即当语言

① Skipper J I, Goldin-Meadow S, Nusbaum H C, Small S L. *Gestures orchestrate brain networks for language understanding* [J]. Current Biology, 2009, 19(8): 661-667.

② Drijvers L, Özyürek A. *Visual context enhanced: The joint contribution of iconic gestures and visible speech to degraded speech comprehension* [J]. Journal of Speech, Language, and Hearing Research, 2017, 60(1): 212-222.

听觉信息编码困难或当听觉线索很大程度上不可靠时，听者主要通过源于手势的信息来引导语义的理解，有助于消除听觉线索的歧义，至少可以认为，在语言理解不利于听者的条件下，听觉线索不再可靠，语言加工可能更多地受到来自手势视觉信息的驱动。手势的使用可以自然地在面对面交流中发挥举足轻重的作用：手势信息可以帮助访问一个语言词汇的意义，进而在听觉情境面临挑战时，如噪声情境下，解决语言信号理解中的歧义。

三、手势表达的交流思想影响发出者自身

要确定说者自身产生的手势是否会影响自己的思维和学习，需要操纵手势并探究这种操作对说者自身的影响。例如，我们可以告诉儿童数学课使用手势动作来具体化或实例化地解决数学等式问题，面对2+4+9=__+9，儿童在2和4下方使用了一个“V”形手势，来对准等式右边的空格，将2和4分为一组求和，并填在空格处。在每个等式问题解决之前，她都在做出手势动作的同时说“我想使一边等于另一边”。这样的儿童，比只做语言表达而不做手势描摹的儿童的学习水平更高。因此，可以看到手势和语言同时使用，比仅使用语言更能够促进学习。为了进一步验证使用手势对于学习的重要性，接下来要求另一个儿童在4和9下方使用“V”形手势，即在相同的等式问题中鼓励使用手势的实例化策略，但是手势指向的数字是错误的，同时说同样的话“我想使一边等于另一边”。结果发现，使用错误策略的儿童，与之前使用正确策略儿童比较，学习水平或效果更差，但是也比只使用语言的儿童学习水平高。有趣的是，课后当再次要求儿童解决数学等式问题并解释解题思路时，结果发现，曾使用过手势的儿童不仅正确地解决了问题，而且在问题解决中持续使用手势辅助描摹；仅使用语言的儿童则不使用手势。这表明：儿童学习中可以从自己的手势动作提取特定的意义。①

但是，如果要求教师在教学中针对每个概念或问题都设计一个特定的对应手势，是不现实的，这无法满足概念或问题情境在现实中的灵活多样表现特点，因此很难将手势模式化为一个固定的一般性的教学手段。然而，我们可以要求学生在学习中使用手势，但是当前仍然不明确如何限制手势使用的形式和方式才最有效。研究发现儿童通过手势使用，形成了大量而多样的数学问题解决策略，而这

---

① Goldin-Meadow S, Cook S W, Mitchell Z A. *Gesturing gives children new ideas about math* [J]. Psychological Science, 2009, 20(3): 267-272.

些策略在很大程度上均是正确的，当学生得到这种学习指导时，将会比不使用手势的儿童从手势表达中获益更多。[①]概言之，鼓励学生使用手势表达语言中没有表达的思想，反过来又导致或促进新学习的发生。因此，手势影响发出者自身如何择取新信息或知识的过程。

手势是如何改变或影响发出者自身思想的呢？手势可以促进学习是因为它是一种具体化的肢体行为，或者是因为它使用肢体动作表达抽象概念。研究者在实验中使用教学白板，白板上可以使用磁力数字，实验设计的关键在于，一种条件下，要求儿童拿起等式左边的两个特定的数字（如2和9），再把数字对应于空格的下方，这是以具体操作动作指导分组的策略；另一种条件下，在2和9下使用"V"形手势来指导学生，这是以手势指导分组的策略。之后在课后比较两组儿童发现，两种类型手的指导均帮助儿童正确解决了问题，但是，使用手势分组策略的儿童，对于同类问题知识的归纳水平更好，相似问题迁移解决效果好于"拿起数字组——操作性动作组"。[②]可以看出，手势对个体自身思想的促进性不是具体化操作动作可以替代的，因为手势不仅仅是一种直观动作，关键在于其可以表达抽象性信息的认知加工过程。

探讨手势表达的交流思想如何影响发出者自身，一个很好的研究领域是珠心算学习。诚然，当人们谈论他们如何解决一个难题时经常使用手势，这些手势不仅反映了说者对一个问题的看法，也反馈和影响这些思想。不仅鼓励儿童在解释数学问题的解决思路时使用手势可以提高他们从问题指导中获益的能力，告诉成年人在解决心理旋转问题时使用手势也可以显著促进其空间转换能力的提升。手势影响任务表现的事实表明，在手势表达时形成的身体运动表征与对象、空间、数学和语言的心理表征交互作用。然而，将手势的内容直接与其认知效果联系起来还是受到质疑的，因为最常被研究的手势是伴随语言产生的，这使得手势的认知功能难以从语言的交际功能中完全解脱或分离出来；不说话时的手势可以为其交流认知功能提供一个更为透明的窗口，但是，这些手势缺乏语言提供的认知框架，使得很难据此推断出与语言共现手势的潜在心理表征特征。珠心算的研究领域可以探讨与心理表征相关联的手势如何在没有语言的情形下产生。

---

① Broaders S C, Cook S W, Mitchell Z, Goldin-Meadow S. *Making children gesture brings out implicit knowledge and leads to learning* [J]. Journal of Experimental Psychology: General, 2007, 136(4): 539-550.

② Novack M A, Congdon E L, Hemani-Lopez N, Goldin-Meadow S. *From action to abstraction: Using the hands to learn math* [J]. Psychological Science, 2014, 25(4): 903-910.

珠心算是一种心理计算技术，主体想象在算盘上操纵珠子，计算过程中主体会出现一系列手势的描摹性表达过程。在一个典型的珠心算课程中，学生首先学习使用实体算盘，然后在没有实体算盘的情况下使用珠算法。珠心算专家能够在心理上调用算盘程序，辅以特定的手势表达以操作算盘的视觉图像。由于珠心算计算需要以特定顺序执行精确的珠子运动的集合，因此可以据此推断个体在解决问题时所表征的特定心理状态序列。与其他数学课程相比，珠心算训练已被证明可以提高儿童算术能力和数字加工能力。

珠心算现象引起了认知科学家的兴趣，部分原因是珠心算主体在解决算术问题时似乎不依赖于口头语言，而出现一些典型的手势描摹表达过程。珠心算专家可以在回答简单的口头问题时解决算术问题，而不减少反应时间，珠心算相对不受口语影响。此外，珠心算计算的限制受到视觉工作记忆的影响，这表明珠心算是由视觉资源支持的，这一想法得到神经影像学数据的支持，证实珠心算认知加工过程和视觉空间工作记忆区域相关联，也与空间定向和前运动区域相关联。[①] 总之，当珠心算主体解决算术问题时，他们辅以一定的手势表达过程，这些针对算盘的视觉图像加工执行了特定序列的认知操作。

手势在珠心算期间是非常常见的。这些手势似乎反映了用于操作物理算盘的运动。虽然这些动作的过度学习特征，使其与手势文献中通常研究的更自发的手势动作存在一定的区别，但珠心算手势似乎也对认知有显著的促进作用：当存在手势运动干扰时，珠心算专家表现得比没有干扰条件时更差。因为珠心算手势反映了在算盘物理设备上的特定运动过程和特征，所以可以识别出解决问题所需的特定心理程序，这也为研究手势和心理表征之间的关系提供了一个理想的切入点。

以往的研究注意到儿童在珠心算中手势使用的尺寸（幅度）和数量方面，表现出相当大的个体差异。目前还不知道这种变化性的手势形式怎样关联于珠心算计算的基本表征。一个假设是，珠心算手势的特定形式与珠心算计算无关：它可能只是人们过去使用物理算盘的经验性产物，与所做的认知加工过程没有关系。另一个不同的假设是，珠心算主体手势的形式可能紧密地反映了实际心理计算的结构并促进这些计算。折中的解释是，手势可能起到促进珠心算计算过程的作

① Li Y, Hu Y, Zhao M, Wang Y, Huang J, Chen F. *The neural pathway underlying a numerical working memory task in abacus-trained children and associated functional connectivity in the resting brain* [J]. Brain Research, 2013, 1539: 24-33.

用，但具体动作对计算目的的实现可能并不重要。例如，手势可以提供有节奏的提示，帮助主体在计算中保持自己的特定注意焦点。

Brooks、Barner、Frank和Goldin-Meadow（2018）以珠心算算术为例探查了手势在心理表征中的支持作用。[①]实验1分析了手势形式（手势尺寸和手势表达的步骤数）和问题表征之间的关系强度，发现所有的儿童在执行珠心算计算过程中均使用了手势，并且随着问题难度的增加，他们系统地增加了手势的表达幅度，更为重要的是，他们在更困难的问题上做了更多的手势，表明他们正在借助手势表达特征的变化性来帮助解决问题。这一发现表明手势表达的形式与珠心算计算过程中的心理表征之间密切相关。实验2分析了珠心算计算过程中的手势与视觉空间表征相互作用的三种方式。第一，手势的视觉输入有助于算盘的视觉空间表征，锚定和约束空间中的表征形式。第二，手势的本体感知输入可能有助于珠心算的视觉空间表征，帮助主体创建和保持珠子位置的表征。第三，视觉和本体感知反馈都不重要，但规划和准备执行手势的前运动过程，而不是手势本身的动作，和视觉空间表征相互作用并支持视觉空间表征。实验2的结果支持了第三种假设，表明破坏珠心算运动过程的计划，但不抑制手势的视觉和本体感知反馈，对珠心算的计算产生了显著的负面影响作用。

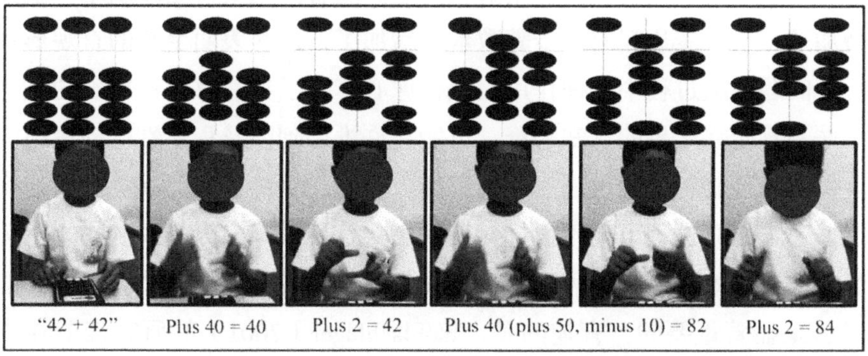

图8.1 Brooks等（2018）的实验情境

珠心算专家对手势的依赖主要缘于运动计划中涉及的前运动认知过程，而不是在实际执行手势时出现的视觉和本体感知反馈，干扰运动计划严重扰乱珠心算成绩。实际上，与此对照，实验研究中所发现的运动干扰效应，在于干扰手势运

① Brooks N B, Barner D, Frank M, Goldin-Meadow S. *The role of gesture in supporting mental representations: The case of mental abacus arithmetic* [J]. Cognitive Science, 2018, 42(2): 554-575.

动增大了认知资源的负荷。对于上述Brooks等（2018）的研究发现，尽管视觉和本体感知反馈不是影响珠心算的主要因素，但是对于潜在运动计划和前运动加工的机制，尚不清楚。一种可能性是，运动计划可以反映在珠心算的手势运动中，可以反映在珠心算运动前和运动中皮层的变化；然后，这些运动表征增加了问题的视觉空间表征，提高了计算的准确性和速度，也许通过构建计划运动的正向模型可以来预测珠心算的执行效果。可以理解要求个体产生与珠心算计划不一致的动作会导致成绩的下降，或者，珠心算手势可以反映更高水平的空间认知过程，例如空间工作记忆，这些空间表征的破坏将能够显著影响珠心算的效果。我们应该承认珠心算领域中的手势表达和日常交流中的一般性手势表达还是存在一定差异的，因此，对于以往的研究结果我们不能排除本体感知在促进珠心算表征中可能起的一定作用：个体可能做了不可察觉的手部微动作，或者他们甚至在无手动作中移动了身体的其他部分（尽管这些动作不易被观察），这些运动可能产生足够的本体感知反馈来直接影响珠心算过程。

虽然手势已被证明是一个强大的认知工具，在各个领域中，了解外部产生的手势如何关联和影响内部心理表征是一个重要的课题。使用珠心算的情况下，手势产生时是没有语言共现的，但其中的基本表征是高度约束和可理解的，手势的表达方式可以与空间表征交互作用解决问题。随着问题变得更加困难，手势的幅度也增加了，手势表达问题的步骤数量也增加了，这些表明手势的直观形式可以在珠心算问题解决过程中发挥作用，执行珠心算时手势能够支持准确的数量心理表征。珠心算研究结果的认知解释，可能允许推广到涉及程序性运动策略的其他任务，例如心理旋转和河内塔问题的解释。然而，手势运动的视觉和大规模本体感知反馈对珠心算过程可能不发挥显著的影响作用，即实际产生的物理手势可能不是影响珠心算效果的关键因素，关键在于手势表达中支持珠心算计算的前运动认知过程是显著重要的。有趣的是，Wohlschläger（2001）的研究表明在心理旋转任务中有类似的效果：当要求被试者计划但不执行与心理旋转问题方向不一致的手的动作时，他们在心理旋转任务上的表现受到显著的损害。[①]上述Brooks等（2018）的研究中，是要求被试者完成轻敲键盘保持屏幕红线的手部动作，防止他们产生珠心算运动计划的手势，导致了任务效果的降低。

Hegarty、Mayer、Kriz和Keehner（2005）提出了一种可能性的解释：计划性

① Wohlschläger A. *Mental object rotation and the planning of hand movements* [J]. Attention, Perception, & Psychophysics, 2001, 63(4): 709-718.

手势可以促进静态图像的心理动画演示过程。当基于静态图解决机械系统的问题时，被试者在不允许做手势时没有表现出成绩下降，但是当需要以特定空间模式敲击手指时，他们表现得更差。[①]计划性手势可能对任何需要视觉追踪对象的任务都有广泛的促进性，因为它们经历了特定的变化。同样可以解释，珠心算期间产生的运动计划可以提供珠子在移动时位置的额外表征，或者它们可以通过算珠位置的估计来增强珠子位置的变化，这是算珠变化的状态。手势的运动计划可能促进珠心算计算的另一种可能的方式是：通过提供一种特定的格式来存储和提取有关珠心算程序的相关信息。如果是这样的话，对于专家来说，手势对珠心算任务执行的促进性应该比算盘新手更强，而且对于那些能够产生更复杂手部动作的人来说，他们的手势表征能力也应该更强，在他们的手势中能够同时采取多个步骤来表达。

但是，和珠心算研究不同的一点是，大量的研究发现，当手势被抑制时，许多交流任务的执行性能也随之受到损害。例如，被阻止手势的交流被试者产生了不流利的语言表达过程、不丰富的意象表达，并且更少关注当前对象的感知信息。此外，当被试者在解释他们数学问题的解决方案时，如果被禁止做出手势表达，他们记住同时发生的工作记忆任务的项目数更少；而解释他们数学问题解决方案允许手势的情形下，他们记住同时发生的工作记忆任务的项目数更多。[②]这就提出了一个问题：为什么在某些情况下，抑制手势影响任务表现，比如解释数学问题；有些情形并不影响任务表现，比如珠心算。任务差异可以解释手势在这些任务中扮演的不同角色。首先，珠心算专家的手势反映了用来计算物理算盘的动作。相反，在抑制手势影响任务成绩的研究中，许多手势是隐喻性的，反映了解决问题的不同策略。其次，珠心算专家产生的手势对应于大量的实践运动，因此可以与具体的视觉空间程序和结果紧密相关。实践运动可能的优势在于允许手势内化于专家的心理加工过程中，使其不需要实际产生客观现实的手势形式。相反，当被试者解释数学问题或描述场景时产生的手势往往会在现场即时产生。珠心算情形下可能会加强运动计划认知过程和行动之间的关系，但它不太可能充分解释实际行动特征。因此，这些特征中的具体化或隐喻性的程度，以及手势表征

① Hegarty M, Mayer S, Kriz S, Keehner M. *The role of gestures in mental animation* [J]. Spatial Cognition and Computation, 2005, 5(4): 333-356.

② Wagner S M, Nusbaum H, Goldin-Meadow S. *Probing the mental representation of gesture: Is handwaving spatial?* [J]. Journal of Memory and Language, 2004, 50(4): 395-407.

动作的熟练程度，影响实际任务中手势对认知的重要性或影响程度。

也可能，以往研究任务和范式之间的关键差异并不是手势发生的特征，而是说明语言表达中不做手势的后果。构建手势的运动计划可能总是足以改变心理表征，但在某些情况下，除非他们实际产生手势，否则人们可能无法计划手势；与珠心算不同的是，抑制手势效果的研究，探讨的都是和语言共现的手势，当人们被告知在说话时不做手势时，他们也可能无法计划身体动作，即使计划这些动作对他们有帮助。事实上，没有语言的手势是相对罕见的，并且可能只发生在空间资源特别缺乏时，也许只有在极端情况下，如珠心算和机械图推理，人们会持续性地计划手势，即使不允许其实际使用手势。

总之，使用珠心算作为一个研究案例，可以探查手势是如何与视觉空间心理表征相关联的。手势是珠心算的一个重要的组成部分，珠心算专家使用手势可以为计算提供一个窗口。这些手势不仅反映了他们积极的计算过程，并与珠心算的视觉空间表征相联系，而且关键在于手势的运动计划表征过程，而不在于实际看到或感知到手势的发生。这些发现提供了新的证据，运动认知和前运动过程参与手势的计划性运动表征，发挥了关键的空间推理作用。未来需要更多的研究来充分理解手势计划对空间推理过程的影响，并且理解伴随语言共现的手势是否也通过类似的认知过程促进了推理认知过程。

四、手势表达交流思想的探讨具有深远的意义

任何文化和任何年龄的说者在语言表达过程中均会使用手势，即使从来没有见过任何手势的先天盲人在语言交流中也会使用手势。手势也因此成为语言交流过程中的一个强大的媒介，但其绝不是盲目的挥手动作。它不仅反映发出者（说者一方）的思想，而且可能改变听者和说者的思想。手势是一种认知工具，不论是学习者或是教师和研究人员，任何人均可以使用其来表达和发现新的思想。当说者根据特定问题提出解决方案时，会产生自发性手势，它反映了说者对这个问题的特定观点、态度、情绪和情感，这些往往是说者语言中没有表达的信息。手势不仅能反映思想，还能改变思想。观察别人产生的手势可以改变一个学习者的想法，并产生自己的手势。在这一意义上，手势行为类似于任何其他动作，但是手势又不同于其他动作，因为它促进了新思想的推广。手势代表或表达了客观世界或环境，而不是直接操纵或改变客观世界或环境（手势不实际接触和移动特定对象），因此是一种特殊的动作。其结果是，手势和其他动作促进学习的机制可

能有所不同。因为它既是一个动作，又是一种表征，手势可以充当交流者之间的桥梁，从而成为学习抽象思想的有力工具。

手势不仅仅是一种动作，还能促进知识迁移，学习中的手势效应不同于一般肢体动作。这对于现实课堂授课具有启示性，教育情境中手势至少有三种利用方式。首先，教师要主动检查自己的手势，以确保这些手势不传达可能误导学生的信息。教师甚至应该思考自己讲授的思想是如何展现于手势的，然后有意识地在自己的课堂上使用这些手势。其次，教师应该鼓励学生使用手势解释问题。学习者产生的手势可能会展现他们对问题不断深入的理解过程，这些思想通常未出现在语言中。教师可以通过学生学习中使用的手势特征，来评估学生的学习水平和学习准备性特征。最后，鼓励学生使用手势思考和解决问题，可以帮助学生激活与该问题有关联的任何隐含的想法或思想。这种激活，反过来，可能使他们更开放性地接受教学内容。鼓励特定类型的手势，甚至可以将新想法或思路引入学生的知识系统中。

手势交流思想的探讨具有深远的意义，未来研究应该进一步思考：

第一，手势是人类交流的一个重要部分，并且可以以各种不同的方式出现。手势体现了说者知道什么，可以作为传达思想的一个窗口，重要的是，这个窗口往往可以揭示说者并没有意识到的想法，鼓励说者使用手势可以潜在地揭示其思想，这些思想在个体互动交流中是有价值的；甚至，使用手势可以启迪说者新的思想，从而影响或改变语言交流过程。因此，未来研究对于手势传达思想的探讨将有重要的现实意义。

第二，研究个体手势使用的差异。在相同的交流情境中，个体间手势的使用频率和特征可能是存在差异的；同理，不同的交流情境中，个体手势的使用情况也可能是不同的，因此，未来对于手势使用影响因素的研究将有利于相关的理论建构和完整解释。

第三，手势对于知识的讲授和学习具有重要的现实意义，但是，课堂教学中相同的手势是否对于所有层次和不同特征的学生具有同等的意义和作用呢？比如，不同学龄学生的语言能力是不同的，而同龄学生之间也具有众多的学习方面的差异等。同样，相同的手势是否对于所有的学习科目和任务也具有同等的意义和作用呢？比如，与空间有关的学习任务，较适合于手势的表达，而非空间任务（道德推理等）则不适合于手势沟通。

第四，证据表明了教师手势影响知识的传授和学生的学习，未来的研究需要探讨：教师如何在课堂讲授中最有效地使用手势，以及如何配合传统的教学方法和经验，并协调与其他教学设施的同时使用。

五、手势恰当表达形式的思考

本章中，重点分析、归纳和阐述了交流手势的表达性。基于上述探讨，进一步可以提出未来研究中的一个现实问题——手势形式的适当性。换言之，交流手势的表达性和现实功能性是客观存在的，然而，我们并不清楚在特定的交流情境下，手势怎样表达才真正称得上是恰当的，这很值得未来研究做进一步思考。

相关理论的主要焦点是预测在特定交流时刻出现手势的可能性。然而，手势出现频率并不是理论上解释的唯一维度。手势形式的许多维度，包括视角、方向、幅度大小、复杂性、精度、位置和使用的表达技术（例如，模仿、塑造等），可能受到认知或交流情境的影响。一个完整的手势表达应该提供一种解释，不仅要解释一个手势是否发生，还要解释它执行的细节。

以往的理论中，手势形式的变化被归因于人们如何模拟他们所说和/或所指的信息的差异。本书认为，这些模拟可能受到认知或交流情境的影响，而模拟中的这种差异能够反映在手势的质量差异上。例如，Hostetter和Alibali（2008）认为，手势视角的变化是基于语言模拟类型变化的结果；运动图像（如第一人称动作）的模拟被假设会产生当事人视角手势，然而，对视觉空间意象的模拟被假设会产生观察者视角的手势；按照类似的思路，图符性手势中使用表现手法的变化被认为取决于被形象化表现的物体在模拟或实际体验中的变化。[①]当人们思考可操作的对象时，他们倾向于模拟使用这些对象，从而产生执行这些动作的手势；而当人们思考不可操作的对象时，他们倾向于模拟触摸或观看这些对象，因此产生关于造型、雕刻或跟踪等手势。

此外，模拟中包含的细节量也可能影响手势形式的各个方面。如果说者模拟的是精确的细节，而不是事件的整体性概述，可能就会导致手势表达得相对复杂，因为这些额外的细节将反映在手势中。

上述所分析阐述的与人们在不同抽象层次上思考事件的研究证据是吻合的。根据识解水平理论（Construal-Level Theory），事件或对象表征中包含的细节数量

① Hostetter A B, Alibali M W. *Visible embodiment: Gestures as simulated action* [J]. Psychonomic Bulletin & Review, 2008, 15: 495-514.

取决于事件或对象的感知心理距离。[①]如果一个事件被认为在时间或空间上离得更远，或者不太可能发生，那么比该事件被认为是接近或非常可能发生的情况，其心理模拟更抽象、细节更少。同样，心理模拟中包含的细节数量可能取决于交流情境因素。当说者与心理上感知更为亲近的人交谈时，他们可能会形成更详细、更具体的心理模拟，从而产生更精确、更复杂的手势。这可能是移情程度高的人比移情程度低的人产生更显著（更大、更明显）手势的原因之一。此外，如果说者知道听者不知道他或她在描述什么，并且有动机帮助听者理解，说者可以更精确地想象听者需要知道的信息，这可能会导致更精确和详细的手势表达。

因此，说者可以改变他们的心理模拟，这取决于交流情境，最终影响手势表达。据此，当交流中彼此由于缺乏共同基础而出现分歧时，说者也会修改他们的手势。例如，当数学课堂上的学生对课程内容缺乏理解时（通过说“我不懂”或提问），教师会调整他们的手势，通常会提高他们的手势率，有时还会将信息分成更小的单元，描述其他细节，或调整手势的位置。这些手势的变化表明，当共同基础不充分时，说者可以放大模拟的相关部分，或者从听者的角度重新模拟内容，以使他们的交流更加成功。

尽管手势形式的许多变化（如表达视角、复杂性）可追溯到深层心理模拟的变化，但这仍然不能解释研究文献中发现的手势形式的每一种变化。例如，有证据表明，当说者认为听者可能不理解时，他们会在空间中做出更高的手势，而当说者真正希望听者理解时，他们会做出更大的手势。尽管这是可能的，但我们怀疑这种差异是由于不同的交流语境决定的对大小或位置的不同模拟而产生的；相反，这些差异似乎更可能发生在运动计划执行过程中，而不是在模拟和启动运动的计划过程中。正如行动一般开始时只是一个粗糙的运动计划，然后在运动过程中通过感官反馈和对当前行动后果的预测即时不断形成，因此一个手势的精确表达过程可能是在执行过程中不断形成的。进一步，在手势表达的情况下，这一过程是如何展开的，仍有待未来研究的进一步探查，但该过程似乎受复杂的自上而下信息加工的影响，这些信息涉及听者知识以及怎样才能适合特定交流情景和文化背景。

手势中的文化差异无处不在，这些差异也可能在手势表达过程中表现出来。

---

① Trope Y, Liberman N. *Construal-level theory of psychological distance* [J]. Psychology Review, 2010, 117: 440-463.

手势空间的大小因文化而异，用于指向的首选效应器也是如此。比如在加纳，说者只能用右手指，禁止用左手指；在巴布亚新几内亚，说者有时用鼻子或头来指示；而在老挝，人们用嘴唇指示。这种手势表达形式上的文化差异在现有的理论中没有得到解释。然而，本书认为，这些差异可能在最初的手势运动计划形成后出现。也就是说，心理模拟中涉及的运动激活超过手势阈值并启动了一个手势，而手势形式、大小等则受文化或交流情境因素约束。

研究者们认为，儿童学习这种文化习俗胜过发展的速度。事实上，在大多数文化中，成年人主要用手来表达的倾向似乎也是学习来的。尽管缺乏关于这一问题的系统研究数据，但是不可否认的事实是，幼儿经常使用手以外的身体部位来表达信息，而成年人倾向于做手势，甚至用脚和腿来表示特定动作，这可能是文化约束手势表达的一个有趣的例子，一旦动作模拟超过了手势产生的阈值，文化因素等就会对手势形式施加限制。然而，手势表达的约束可能需要认知努力，并且不会导致身体其他部位动作表达的完全抑制。

总之，我们很容易理解和解释手势是如何产生的，即手势最有可能发生的时间，但是没有完全说明如何选择或执行手势的特定形式。本书认为手势形式的细节可能是心理模拟差异性的综合结果，以及在执行时对手势表达的特定约束。然而，很明显，在这个问题上未来还需要更多的理论和实证研究工作。

实际上，分析和探讨手势恰当表达形式的问题，不应该忽略在心理模拟和手势表达中所涉及的精确神经机制问题，实际上我们当前对该问题尚无法明确和准确地解释。

手势发生的认知过程涉及激活现实实际互动中使用的神经区域，然而与此同时，与手势相关的精确神经机制仍不明确。例如，大脑中的刺激究竟是什么？即使在认知神经科学家之间，对该问题的解释和观点也存在分歧。在现象学和神经学上，运动表象、心理模拟或心理模型这些概念有何区别呢？同样，当前的理论也无法明确澄清。

此外，当心理模拟一个动作时，运动皮层的激活有多特殊？并且这种运动激活在语言和手势表达时是怎样转移到手部的呢？或者说，手势发生的心理模拟激活是普遍性运动系统激活的一种表现，为什么这种激活更倾向于通过手势表达出来，而非身体其他部位呢？

当前，人们对理解手势交流时大脑基础的兴趣不断增强。由于参与的精确神经机制尚未明确，因此很难评判此类研究的结果。例如，Hilverman、Cook和Duff

（2016）将海马体损伤患者（其动作理解的神经系统完好无损）的手势表达特征与年龄匹配的对照组进行比较，研究发现，海马体损伤患者语言描述情节的细节较少，当要求描述记忆信息时（例如，如何做三明治），其手势频率也更低。研究者据此得出结论，手势起源于海马体的表征，而不是动作表征，并认为这些结果不支持手势起源于动作表征的观点和相关理论解释。[①]本书在分析和阐述中，倾向于认为手势频率随着情节细节的减少而降低的证据与相关理论的解释（如模拟行为的手势框架理论）是一致的，因为不太生动的图像会导致语言提及的细节更少，手势也更少。因此，海马体功能受损可能导致对过去事件的丰富性想象减少，而这导致动作模拟激活的强度降低，进而导致手势表达的相应减少。

综上，应该明确一点，解决上述课题的关键还在于未来研究需要考虑推动研究方法的不断创新，毕竟基于先前研究提出的相关手势认知理论，尚属于将手势与认知过程联系起来的一般性理论框架，并不是数学计算模型。当前所探讨的相关理论是有价值的，也确实在客观上可以产生一定的预测性，并通过实验研究检验。然而，未来研究如果不进一步说明心理模拟中涉及的神经机制问题，那么已有的理论就不可能对特定的大脑区域或涉及手势产生和理解的神经机制做出有价值的预测和解释。

---

① Hilverman C, Cook S W, Duff M C. *Hippocampal declarative memory supports gesture production: Evidence from amnesia* [J]. Cortex, 2016, 85: 25-36.

第9章

交流手势的个体差异特征

以往研究已经观察到，交流互动实验中，被试者所具有的个性差异，如性格、内外向等，可能会影响被试者的交流认知过程，以及手势的表达特征。从更为广泛的意义上讲，影响交流手势特征的因素还涉及年龄、性别、认知风格、社会和文化差异等，这些特征可能会影响交流者交流互动中的心理状态，如情绪情感、态度、同理心水平、人际互动技巧，以及社交技能等，这些差异性进而可以预测交流互动中手势表达的不同特征。

交流是一种群体人际互动行为，群体具有多样化的特征，群体中的不同成员具有多样化的不同特征，因此交流互动受到不同层次多元化特征的影响，表现为影响交流互动因素的多样性，其中个体差异特征是一个重要的方面。交流者彼此之间的个体差异特征不仅会影响交流语言认知过程，也会影响交流手势认知过程在内的非语言互动过程。本章基于已有研究发现，重点对交流手势的个体差异特征做出综合阐述、讨论和评价。

第1节　交流群体多样性影响手势表达差异性

一、交流群体的多样性特征和手势表达

（一）交流群体多样性影响手势表达

交流群体的多样性特征不仅影响语言交流，也影响手势等非语言交流特征。关于群体多样性有两个代表性观点，第一种观点认为多样性影响交流决策，多样性是独特而多样化的知识来源，如文化多样性、性别等，可以为群体交流互动提供更独特而多样的知识，进而提高群体的交流合作绩效。第二种观点认为交流多样性带来了交流分歧性，这是基于社会类别化理论和相似吸引理论而提出的，这

些理论认为交流群体多样性减少了群体成员之间的知识共享性，抑制了群体的一致性表现。例如，社会类别化理论认为，个人通常基于种族和性别等特征，把自己和其他人分成不同的社会群体类别，在群体决策中个人更多地依赖于群体内成员的身份特征。同样，相似性吸引理论认为，个人更喜欢与和自己相似的人交流，因为彼此之间的相似性加强了他们自己的态度和行为。因此，群体成员更愿意分享和使用来自与他们相似的人的知识，而不是那些与他们不一样的人。在这种观点下，群体的多样性将减少知识的共享水平和知识整合的质量，进而将导致更差的交流决策质量。

虽然这两种观点提供了不同的理论过程，但它们并不是互斥的。根据群体的组成和群体互动发展的不同阶段，两个过程可以共存，或者一个过程可能暂时性占主导地位。如Harrison和Klein（2007）所强调的，群体中不同类型的多样性特征可以诱导不同强度和性质的交流分歧过程。[①]此外，新组建的临时性群体更有可能经历更多的交流分歧性，因为群体成员彼此不熟悉，缺乏交流合作的经历和经验，这增加了个体有意识或无意识地依赖刻板印象的可能性。一般来说，具有成功交流合作经历的群体更容易体验到多样化带来的交流益处而非分歧。

尤其是当前社会组织变得越来越复杂，临时性的群体，甚至是各种虚拟社会性群体也变得更加多样化。多样性对群体决策既有积极的影响，也有消极的影响。一方面，多样性可以是群体各种独特知识的来源，因此有促进群体决策的潜力。另一方面，多样性也使群体难以共享、整合和一致性使用他们的知识，因为个人不太倾向于在不同于自己的人群中分享和使用知识。因此，群体多样性提供了交流互动中更多独特的知识来源，但也创造了交流观念的分歧（典型的是交流成员之间），这抑制了交流参与者共享和集成多样性知识的过程。

交流互动中的媒介可以解决群体多样性带来的认知矛盾性。交流媒介的有效使用可以通过减少交流群体成员社会属性的差异性，从而抑制交流成员多样性的负面影响。同时，可以促进群体成员分享和使用多样性知识的能力。但是该领域涉及的群体多样性差异种类繁多，而交流媒介的种类也相对繁多，尤其是当前随着网络媒体科学技术的不断发展，交流的方式正在每天发生不同的变化，因此交流媒介对交流群体多样性的具体影响特点，尚不足以准确和概括性地做出定论。

---

① Harrison D A, Klein K J. *What's the difference? Diversity constructs as separation, variety, or disparity in organizations* [J]. Academy of Management Review, 2007, 32(4): 1199-1228.

在某些情况下，特定的交流媒介，如手势等，有助于交流成员多样性的群体克服认知分歧，促进多样性知识的高效利用；在某些情况下，似乎没有任何显著性的效果；甚至在某些情况下，它可能加剧了交流的分歧性；在某些情况下，它有可能既有促进性又有特定的阻碍特征。

（二）交流群体中稳定的个体差异影响手势表达的动态变化特征

在对交流中手势表达认知特征的探讨和解释中，研究者们认为手势表达存在一个手势阈值，这是动作模拟产生手势所必须具备的最低激活水平。如果阈值较高，即使是存在非常强的动作模拟也可能不会激活手势表达；如果阈值较低，即使是相对弱的模拟也会激活手势表达。一些人的手势阈值可能高于其他人，这是由于个体间存在稳定性的差异，例如认知技能或个性、从前运动区到运动区的皮层连接的差异，或者手势表达适切性的文化差异。除了这些个体差异外，手势阈值可能会在其临界点附近波动，这是受到交流情境和认知中某些临时性或即时性因素的影响，例如信息的重要性、手势对听者理解的可能益处，以及交流情境或认知任务的各个方面。

根据模拟行为的手势框架理论，个体差异部分是由于人们潜在对手势阈值临界点水平设置不同而造成的。人们对手势阈值的设定取决于一系列因素，包括认知技能和个性特征。例如，那些难以保持视觉表征或语言信息的人可能会将手势阈值设置得较低，这样他们就可以更好地通过手势表达来辅助语言表达。同样，较外向的人可能倾向于表现出较低的设定值，因此相比内向的人，其有更高的手势发生频率。因为外向的人可能相信（或经历过）手势对他们的听者更具有交流吸引力。

手势阈值的个体差异在神经激活模式上也是明显的。低手势阈值的说者可能更难抑制模拟中神经冲动从前运动计划区向运动区的扩散，之后支配手势表达，这是神经系统中的差异。在迄今为止唯一的一项研究中，Wartenburger、Kuhn、Sassenburg、Foth、Franz和van der Meer（2010）发现，在推理任务中要求被试者想象几何图形是如何组合的，左半球颞叶和布洛卡区的皮层厚度与手势的发生呈正相关。[①]研究者认为，为了在几何图形任务上取得成功，说者需要在想象中移

① Wartenburger I, Kuhn E, Sassenburg U, Foth M, Franz E A, Van der Meer E. *On the relationship between fluid intelligence, gesture production, and brain structure* [J]. Intelligence, 2010, 38: 193-201.

动对象，因此激活了运动模拟过程。具有高皮层厚度的说者在这些运动模拟过程中显著使用了手势表达，因为对于这些说者来说，前运动计划区的运动激活更容易扩散到运动区域。然而，仅仅从这项研究不可能明确知道皮层厚度是否一定会引发手势表达的增加，或是一段时间内手势表达的增加是否会导致皮层厚度的增加。尽管如此，神经差异可能与引发手势表达的个体差异有关的观点，与模拟行为的手势框架理论的假设和解释是一致的。

手势表达频率也存在文化差异，说者的手势阈值可能有不同的设定点，这受到特定文化中手势表达规范的影响。例如，汉语母语者在语言表达时手势表达的频率低于英语母语者。这可能是因为汉语说者对手势表达的适切性有不同于英语说者的观点或信念，导致他们的手势阈值相对较高。然而，有趣的是，学习第二语言会导致说者手势阈值发生变化；以英语为第二语言的汉语说者，比单一的汉语说者在语言表达中显著使用了更多的手势，这表明他们英语第二语言的交流经历降低了手势阈值。此外，学习美国手语的经验也可能促使手势阈值的降低，与有一年学习第二语言经验的人相比，有一年学习美国手语经验的人在说英语时会产生更多的伴随语言性手势。

因此，基于认知技能、个性、文化和母语、第二语言经验等因素，人们的手势阈值临界点可能存在差异。除了这些比较稳定的差异之外，人们的手势阈值也会因认知过程或人际交流情境的一些暂时性特征而不同。例如，说法语和英语的双语者在说法语（通常法语交流者手势更多）时的手势要比说英语时的手势多，这表明说者的阈值可能会随着交流语境的变化而变化。除了所说的语言之外，交流语境的某些其他方面也很重要。例如，当说者感觉到他们正在交流的信息特别重要时，他们会做更多的手势，这可能发生在整个谈话过程中；当说者认为信息与他们听者的关系更为密切、影响性更大时，他们的手势更多。说者特别可能针对其信息中特别重要的方面做出手势表达。例如，当母亲向孩子讲述母亲认为特别重要的安全信息时，她们会做出更多的手势。同样，教师向学生讲述新信息时，比讲述旧信息时，表现出使用了更多的手势表达。此外，说者在向同一个听者重复旧信息时手势会变少。如果说者认为他们的听者第一次可能听不懂信息，那么他们的手势使用会随着信息的不断重复而增加。所有这些现象都可以从说者手势阈值的暂时性变化方面来解释。

当然，要使说者的手势对听者有利，听者必须能够看到手势。许多研究都考察了听者的可见性对说者手势表达的影响，其中一些研究发现，与能看到手势的听者交谈时，说者的手势频率更高，因为当听者无法看到手势时，不能从手势交流中获益。从模拟行为的手势框架理论的角度来看，这种效果的出现是因为当听者可见时，说者的手势阈值较低，从而允许更多的心理模拟超过手势表达的阈值，并以手势的形式表达出来。当听者看不见时，说者的手势阈值更高，因此他们只针对非常强烈激活的心理模拟过程而生成手势表达。事实上，可视性对说者手势的影响似乎还取决于交流的主题，在描述可操作的对象（可能包括非常强的动作心理模拟）时，即使在听者不可见的情况下，手势也会持续发生。尽管模拟行为的手势框架理论可以清楚地解释听者可见度引发的手势表达效应，但最近的一些研究也发现，手势并不显著受听者可视性的影响。正如Bavelas和Healing（2013）指出的，通过更详细地考虑交流任务的一些特定特征，有可能有助于理解研究间的这些差异。①

在以实验者同谋或自己为听者的实验中，说者一般不会收到关于其交流有效性的口头反馈。如果没有任何反馈，说者可能会认为他们的交流是有效的。然而，当说者能够看到听者时，他们可能会收到交流有效性的非言语反馈，这种非言语反馈可能会促使说者调整他们的语言和手势。因此，使用实验者同谋或自己作为听者的研究，特别有可能发现听者可见性对手势表达发生率的影响。相反，当实验中的听者是一个被允许与说者进行互动交谈的真实被试者时，说者在可见和不可见的情况下都会收到关于听者交流理解性的反馈。如果说者感到听者不理解，他们可能会降低他们的手势表达阈值——这不是为了听者观察手势，因为听者无法看到手势，手势表达的目的是服务于自己，以便自己更好地、更清晰地用语言描述，减少自己的交流认知负荷。其结果是，在这种情况下，即使说者看不见他们的听者，手势率仍然可能很高。确实，O'Carroll、Nicoladis和Smithson（2015）发现当听者看不见时，说者实际上会更多地做手势，他们认为，在看不见的情况下，说者会提高他们的手势率，以帮助自己更有效地进行语言描述。②

模拟行为的手势框架理论提出手势阈值的另一个决定因素是说者自身的认知负荷。交流中的手势表达产生了许多认知益处。因此，将心理模拟外部化为手势表达，由于可以方便说者自己的思考和语言表达，因此也可以降低手势表达阈

① Bavelas J, Healing S. *Reconciling the effects of mutual visibility on gesturing: A review* [J]. Gesture, 2013, 13: 63-92.

② O'Carroll S, Nicoladis E, Smithson L. *The effect of extroversion on communication: Evidence from an interlocutor visibility manipulation* [J]. Speech Communication, 2015, 69: 1-8.

值。比如，说者在认知要求更高的语言描述任务中表现出更多的手势表达，并且在存在外部认知负荷的条件下，表现出更多的手势表达。此外，有证据表明，当思想难以用语言描述时，说者会做出更多的手势，可能是因为交流思想在他们的语言中不容易被词汇化，比如当说者是双语者，或者说者有特定的脑损伤。虽然任务难度并不能直接决定手势率的增加，因为手势发生的前提是首先必须有一个心理模拟过程正处于语言描述过程之中，但模拟行为的手势框架理论却明确认为，认知负荷的增加会导致较低的手势表达阈值和较高的手势率。

这一讨论引发了一个问题，即手势阈值的调节是否是一种意识加工机制（说者意识到的）或一个无意识的机制。模拟行为的手势框架理论在这一点上是中立的。有证据表明，说者可以有意识地调整他们的手势阈值，例如，教师可以在讲授时有意识地多做手势。说者有时也会省略语言中的某些必要的信息，而通过手势表达或凝视他们自己的手势。另一方面，说者也可能没有意识到他们的手势，本章当前分析中认为手势阈值更多的情形下处在无意识中。根据模拟行为的手势框架理论，手势是根据动作心理模拟的强度和说话时手势阈值的当前水平自动产生的。有意识的手势可以使说者注意力集中，但即使没有意识参与，手势表达过程也会发生。当前的分析赞成Campisi和Mazzone（2016）[①]以及Cooperrider（2018）[②]的折中立场，手势可以以有意识或无意识的方式发生，这视具体的交流情况而定。模拟行为的手势框架理论对这一讨论的独特贡献是，它提供了一个可能的解释：一般的交流认知过程（在说话过程中的动作心理模拟）可以产生手势，而不刻意强调该过程是否是意识性的。

总之，语言交流互动中手势表达的发生与否，在一定程度上是由动态变化的手势阈值决定的，该阈值在特定的临界点上波动。这种手势阈值有助于解释说者之间手势发生率的稳定性个体差异特征，以及取决于特定交流情境或特定认知需求的暂时性、情境性手势发生率的差异特征。无论手势阈值的临界点在什么位置，交流中说者都可以保持较高的手势阈值，并禁止心理模拟过程被表征为手势表达过程。

① Campisi E, Mazzone M. *Do people intend to gesture? A review of the role of intentionality in gesture production and comprehension* [J]. Reti, Saperi, Linguaggi: Italian Journal of Cognitive Sciences, 2016, 2: 285-300.

② Cooperrider K. *Foreground gesture, background gesture* [J]. Gesture, 2018, 16: 176-202.

二、群体多样性背景下的交流特征

面对面的现场交流具有减轻群体交流互动问题的多种优势。

（一）现场同时发生特征

面对面交流中每个群体成员均能够同时参与交流。现场同时发生特征很重要，因为当两个或两个以上的群体成员真实参与即时交流互动过程时，有助于提高认知沟通的机会，这可以减少面对面交流中认知沟通的阻塞性。如果再具体一些，在面对面交流中，现场同时发生特征还表现为交流参与者不仅单一使用语言来沟通信息，也可以使用手势等非语言信息进行即时沟通和互动，这是有些非面对面交流所不具备的，如网络文本交流、延时视频交流等。面对面交流中，手势等非语言表达的共存，可以降低语言表达的阻塞性，并且当群体交流情境不能为每个人提供分享知识的机会时，手势可以起防止信息即时丢失的风险，尤其是当该信息具有独特的交流价值时。

（二）手势等多种非语言表达对语言表达的启动性

面对面交流中手势表达经常是先于语言而发生的，其对语言表达起预演和启动的效应，甚至是在语言表达之前，交流者可以根据自己的手势互动过程再次调整自己的语言表达特征，从而保证了接下来的语言互动是准确的、恰当的，使交流者更好地加工交流信息，以便最好地传达交流意图。

（三）手势等非语言信息为交流认知加工过程提供了重新调整的可能性

交流者可以通过即时变化的非语言表达过程，来不断适时重新审视和调整自己先前的认知过程和已经通过语言提出的知识观点。该过程为交流者提供了交流记忆的反思过程，使他们能够回过头来重新考虑先前可能没有注意到或没有深思熟虑而提出的知识。

（四）面对面交流中不仅存在显著的语言媒介，还存在以手势为代表的非语言媒介，前者以听觉信号来表达，后者以视觉信号来表达，甚至还存在其他的触觉、运动觉、嗅觉信号的同时表达

应该注意一点，广泛的意义上，交流群体中如果存在大量宏观和微观的多样

性特征，交流成员从交流认知倾向性出发，通常更关注交流中彼此间的相似性知识信息，但是反过来，这可能会导致其交流决策过程的失误，因为来自交流群体中其他人的不同知识可能被主观忽略了。因此在这种情形下，语言之外非语言媒介和线索的同时表达过程，从交流感知的不同角度提供支持性证据，有助于将交流者的交流注意焦点转移到彼此呈现的多元化知识内容中的关键之处。

Staples和Zhao（2006）研究了在文化同质和文化差异的交流决策团队中，交流的四个特征：满意度、凝聚力、人际冲突和决策质量。总体而言，交流互动的真实性和多样性有助于四个方面交流质量的提升。[①] Bhappu、Griffith和Northcraft（1997）在面对面的群体交流中发现，男性和女性对男性信息的关注程度更高，对男性交流的影响性也更大；但男性和女性使用文本交流时，将降低这些交流倾向，这表明在面对面交流中手势等非语言信息的共存共现，有助于交流认知过程的激活，交流生动性可以带来重要的认知启发性。[②]Adrianson(2001）进一步发现，女性在使用文本交流时，与面对面交流相比较，相对表达了更少的交流信息和观点。[③]这再次证实两种交流情境的差异主要体现在交流媒介互动特征上，而交流媒介的缺失和交流生动性的缺失将不利于交流认知协调过程的建立，典型表现在影响交流成员的“自我表达”和“换位思考”过程。

诚然，群体多样性背景下的交流特征表现出了多样性，对于这些多样性交流特征的探查具有重要的现实指导意义，这对于未来研究也将是一个任重而道远的过程。Giambatista和Bhappu（2010）进行了两项研究，关注了交流群体多样性特征中的种族特征、宜人性和开放性。首先探查了群体交流中的创造力——评价所产生想法的数量，团队具有一起工作3个月的经历，在面对面交流的团队中，所有三个指标的多样性与团队创造力没有表现出显著的关系，进而在连续的研究中，分析了新组建团队的创造力特征，结果发现在面对面交流互动的团队中，种族和宜人性方面的多样性特征与团队创造力呈显著的负相关，而开放性多样性特

① Staples D S, Zhao L. *The effects of cultural diversity in virtual teams versus face-to-face teams* [J]. Group Decision and Negotiation, 2006, 15(4): 389-406.

② Bhappu A D, Griffith T L, Northcraft G B. *Media effects and communication bias in diverse groups* [J]. Organizational Behavior and Human Decision Processes, 1997, 70(3): 199-205.

③ Adrianson L. *Gender and computer-mediated communication: Group processes in problem solving* [J]. Computers in Human Behavior, 2001, 17(1): 71-94.

征则与团队创造力呈显著的正相关。[①]尽管当前相关领域的研究结果结论尚不适合于从某一个单一角度，如手势交流，做出针对性的解释和归纳，但是这些混合结果的一个解释是，交流互动中媒介的多样性特征可以对多样性群体成员间的知识共享和整合产生复杂性的影响。例如，交流中缺乏某些视觉和声音线索对交流者间认知共享性的建立是不利的，视觉（手势等）和声音（语言）线索对促进交流者彼此间的知识整合是至关重要的。手势参与交流互动，对交流者彼此间消除群体差异性，以更为开放和多元的姿态促进文化多样性群体中的知识共享是重要的，这根植于交流者之间的思想共享这一前提。

交流媒介同步理论认为，交流互动中的积极和消极效应与特定交流媒介密切相关，特定交流媒介对于群体多样性、冲突性的消除能力，还需要与交流任务的特定需求相契合，这决定了特定媒介的使用是否可能导致更有效的交流过程。具体而言，交流媒介支持了交流互动中的两个核心过程——信息传递和融合。传递过程涉及交流者彼此间差异性知识的传递和再次加工，传递过程允许个人优先建立他们自己对特定交流情境的理解，体现的是对交流知识进行的个体分析和个体认知意义上的建构。融合过程体现为交流人际互动过程中，个体之间倾向于创造一个具有共同意义的认知过程，这涉及每个人对多元化、差异性知识的解释和再加工整合。融合过程有两个目标，第一个目标是达成关于知识意义的共同协议，以便达成交流者彼此间的共同性理解；第二个目标是对该协议内容的彼此共同认可、期望和以此为基础做出进一步的交流假设和实际行为反应。交流媒介同步理论认为大多数的群体交流决策任务都需要交流互动的信息传递和融合过程。因此，为了理解交流媒介的特定交流效果，必须理解它是如何促进和限制交流媒介同步理论所提出的传递和融合过程的；交流媒介同步理论的核心是强调，各种交流媒介的同步性决定了是否能够支持和促进交流互动的信息传递和融合过程，“同步性”被定义为“支持交流者同时以多种共同的行为模式协同交流的能力”。

交流媒介同步理论所强调的传递是一个两阶段的过程，信息发送者编码消息并传送它，接收者解码它并理解它所包含的信息。融合是对这一信息的共同性解释，以达到意义的共享，并进一步就交流合作行动达成一致的协议。群体多样性背景下交流特征研究的重点即知识共享和知识整合，知识共享涉及信息和知识的

① Giambatista R C, Bhappu A D. *Diversity's harvest: Interactions of diversity sources and communication technology on creative group performance* [J]. Organizational Behavior and Human Decision Processes, 2010, 111(2): 116-126.

编码和传递，以及信息和知识的接收和解码，知识整合包括针对信息和知识的共同讨论以达成共同的解释。

交流媒介的同步性与传递、融合过程之间的关系取决于交流媒介的能力。根据交流媒介同步理论，面对面交流具有比非面对面交流更高的同步性，因此应该可以更好地支持传递和融合过程。具体而言，面对面交流可以支持更多的自然交流过程，如视觉和声音线索的共存共现，并且与非面对面交流相比具有更高的传递速度。当然应该注意一点，在现实社会交流中，不适合于绝对化界定特定媒介对信息传递和融合的具体特征，如上所述，这受制于交流群体的多样化特征，交流互动的特定情境特征，以及交流互动的特定目的和需求性等诸多因素。

三、种族多样性和性别对交流的影响

社会心理学对群体多样性的讨论中，种族多样性和性别差异性具有代表性，这两个领域的研究也具有较好的现实意义。种族和性别的多样性，像群体中许多其他类型的多样性一样，是平等共存于群体特征之中的，在群体人际互动中都关联于并影响群体交流中知识的共享和整合过程。然而，多样性实际上表示的是群体成员间的异质性，种族多样性和性别差异性带来的交流分歧效应会阻碍多样性团队中知识共享和整合的程度。换句话而言，异质性团队中的人们经常共享和整合比同质性团队更少的知识信息。

（一）种族多样性与交流

从交流互动中知识共享过程（信息的编码和传递）的角度来看，研究已经表明，当团队面对面交流时，种族多样性影响到知识的共享过程，种族多样性之所以会导致交流者间知识共享性程度的降低或建立过程的困难，通常归因于社会孤立导致占少数的民族参与程度较低，少数民族成员认为自己不像团队中的其他成员，因此他们感到一种社会性的孤立感，这种社会隔离导致少数民族交流成员相信他们的知识是不被需要或重视的，所以他们在交流互动中选择不分享自己所拥有的知识，可能仅习惯性附和其他人提出的知识建议。[①]交流互动中现实存在的这种心理上的社会性隔离感，可以通过其他团队成员故意或无意识地交流互动的

① Giambatista R C, Bhappu A D. *Diversity's harvest: Interactions of diversity sources and communication technology on creative group performance* [J]. Organizational Behavior and Human Decision Processes, 2010, 111(2): 116-126.

特征来减轻或加剧，而手势交流在其中增加了交流互动的丰富性、同理心等，因此在现场面对面交流互动中，单纯的语言沟通对于种族多样性带来的认知隔阂的打破相对更为无助。现实观察可以发现，社会性隔离心理更容易被新组建的团队成员感受到，因为其缺乏成功的合作经历，在功能失调的团队中也很显著，因为他们有被隔离的经历，占少数的成员自然感到孤立。

正如在交流媒介同步理论中所强调的，面对面交流和非面对面交流比较有显著的不同之处，面对面交流在消除交流群体多样性差异带来的不利影响方面具有显著的优势，因为在面对面交流中不仅借助语言互动，还借助听觉之外更为直观的手势等视觉互动过程，这有助于增强交流的真切感和人际关系的适宜性，因此手势等非语言信息的互动对交流中社会性隔阂的消除具有积极作用。该过程中手势等非语言信息有助于即时消除交流者间的竞争性，使得语言交流不必花费更多的时间和注意来精加工交流信息，但又可以相对完整地表达交流者彼此的交流意图和期望性。手势表达的这种不言自明的特征，可以使那些认知分歧较大，交流互动中感受到更多不太自在的交流成员（如那些感觉到社会孤立感的成员），可以与其他团队成员一样共同贡献所拥有的独特知识，而不是仅仅建立意见上的分歧。在缺乏视觉和声音线索的交流过程中，比如文本交流（书面或电子文本），交流者彼此之间很难敏感感知到认知上的差异性。简言之，交流互动情境和方式调节了种族多样性和知识共享之间的关系，这在面对面交流中显得尤其显著。

当团队面对面交流互动时，团队中的种族多样性与知识共享过程是呈负相关的，因此，通过多种媒介多渠道的信息沟通可能触发选择性的感知和定型，因此有助于来自不同人的不同知识和观点的整合。例如，种族多样性与激烈的互动、情绪情感冲突有关，导致较差的知识整合，与面对面交流相比，非面对面交流更难以消除这种客观存在的认知分歧性，既表现在信息的发生和传递，也表现在多元化信息的整合过程，即共享性知识的建立和发展。手势等非语言媒介参与语言交流互动过程，可以使得团队成员更为全面地对待交流中的多元信息，“换位思考”将受到手势等无意识性表达过程的更好推动，这有助于交流共享性的高效建立。当然，面对面交流中手势对互动中知识传递和整合的净影响效应，可能取决于个人交流互动的多种特征。而且从手势媒介自身来看，其也包含在表情媒介这一系统性的领域之中（其他的如面部表情、肢体表情等），手势媒介和其他的表情媒介彼此间共同依存，存在紧密的关联性和联合性表达过程。当交流互动中缺乏视觉和声音线索时，意味着团队成员之间的种族多样性差异带来的影响将会更为突出，手势交流的存在可能有助于触发交流中的选择性注意过程，促进交流者彼此间的感知定型，这对交流信息的传递和整合是有益的。

（二）性别与交流

在面对面的群体交流互动过程中，性别差异的影响至少有两个方面。性别差异就像所有其他类型的多样性一样，可能导致交流互动中的认知分歧性。交流群体成员性别特征与交流互动中的认知冲突性存在关联。相关研究发现可以归纳为以下几个方面：男性往往语言表达得更多，表达的时间也更久，对交流同伴语言交流过程打断的次数也更为频繁，手势表达的频率也更高；男性往往比女性更倾向于主宰语言讨论过程和非语言的交流互动行为；男性也更有可能提出他们自己的观点作为交流合作的事实，更倾向于在有人不同意他们的观点时，表现出更多的对抗性交流。因此，在面对面交流中，性别差异中所出现的男性主导性、积极参与性同时表现在语言和手势的表达过程中，因为手势的伴生过程，有助于增强男性主导交流互动过程的说服力，从而降低交流同伴的质疑和对抗，有助于交流分歧的消除。

然而，在面对面的群体交流中也发现女性交流互动的适宜性更好，这有助于交流中的人际表现性，因为女性能够更好地阅读和回应他人的情绪和观点，所以在交流互动中增加手势交流有助于交流共享性的建立，如前所述，手势在对交流者情绪情感和态度的表达方面具有独特的交流优势，有助于增加交流者互动中的同理心和共情。女性在交流互动中往往不太善于争论，更容易接受别人的意见，交流互动中她们经常试图在讨论过程中通过各种表达方式委婉地证明自己的主张，并开放性对待交流同伴所提议的其他观点，因此交流互动中手势等非语言表情的表达也更为丰富细腻，女性通常在交流互动中更容易从交流同伴那里得到信息反馈。此外，女性倾向于将自己的交流注意集中在维持良好的团队内部关系上，努力通过语言和手势媒介等的联合表达，实现认知一致性的构建过程和实现联合性的交流收益。

可见，针对交流互动中群体成员间性别差异的影响性，应该注意，一方面，性别差异性对交流带来的影响与种族多样性影响性是不同的。另一方面，如果群体交流互动要从他们的性别多样性中受益，男女成员都应充分参与交流互动，反之不会从性别多样性中获益，而在面对面的即时交流情境中，手势表达是交流互动积极表现的一个方面，有助于消除性别差异对交流认知共享过程的不利影响。

当群体中交流互动发生时，性别差异与信息共享过程呈负相关关系，主要由于女性缺乏交流互动的参与性。具体而言，即时交流中，与男性成员比较，女性发送的信息相对更少，而且女性表达的信息往往比男性更短、更简单，女性在混合性别的即时讨论中的发言机会显著低于性别同质性的群体。[①]女性在交流中表达相对不积极的特征，会进一步促使男性表达过程的增强，从而加剧男性和女性交流成员之间的沟通差异。简言之，混合性别交流过程中的女性通常感到不舒适，而不能完全参与公开的交流讨论，针对此，有必要在交流互动中有意识增强女性语言表达和手势等非语言表达的积极性、参与程度，这对于交流中性别差异的克服将起重要的作用，努力促使女性平等参与交流互动。

手势非语言媒介参与交流对消除性别互动差异性的作用，逐渐受到研究者们的关注。Harrison和Klein（2007）指出，如果将交流互动中男女性别差异的消除寄希望于人数比例的变化是无效的，从当前的交流分歧理论出发，实际上由三名女性和一名男性组成群体的交流互动行为，类似于由三名男性和一名女性组成的交流群体，即交流分歧程度和特征是相同，因为人数比例的变化并不能解决男女之间沟通方式的差异。[②]男性和女性的交流社会化过程特征是不同的：男性社会化过程中倾向于积极表达他们的观点，而女性社会化过程中倾向于表现出交流互动中的不自信特征。因为女性对他人的交流意见更开放和包容，不太倾向于利用人数优势来压制少数男性交流成员。实际上，即时交流情境中基于男性的交流互动风格，自发形成了一个减少女性参与交流的环境，这对女性交流互动的积极性形成压制和扰乱，主要表现出男性对于交流媒介的利用程度更强，因此在面对面的交流中，手势等非语言媒介和非语言社会线索利用性的提高有助于女性交流者积极参与交流互动，并抑制一些男性的交流行为，因为更积极地使用非语言媒介，可以使女性更为积极地理解和回应交流同伴的情绪情感，这对于交流群体信息共享至关重要。

如前所述，即使不考虑性别多样性因素的影响，交流互动中信息的传递和整合也会受到即时交流中视觉和声音线索缺乏的影响，而当群体中具有更多的性别差异性时，缺乏视觉和声音线索可能会使交流信息整合过程变得更加困难，而女

① Lawlor C. *Gendered interactions in computer-mediated computer conferencing* [J]. Journal of Distance Education, 2006, 21(2): 26-43.

② Harrison D A, Klein K J. *What's the difference? Diversity constructs as separation, variety, or disparity in organizations* [J]. Academy of Management Review, 2007, 32(4): 1199-1228.

性不太可能参与信息整合的原因是信息共现水平更低，没有充分而积极地参与交流互动，因而高水平的信息整合不会产生。而女性一旦积极使用手势等视觉信息来表达和沟通信息，将促使其在交流中表现出更好地捕捉微妙交流线索的能力，这种表达的细微特征对交流互动过程的促进是有重要意义的。

四、群体多样性影响交流决策

综合以上，群体交流互动的最终目的是做出有效的群体决策。信息共享和信息整合（传递和融合）与交流决策质量呈正相关，这两者是大多数决策任务所需要的。群体交流互动往往比个人表现出更有效的决策，因为群体可以获得比任何单独个体更为多样化的知识。在群体中，每个成员都带来了其他成员所未知的独特知识和观点，积极参与交流互动有助于信息的共现，这影响到群体的交流表现，而信息的整合促使交流成员能够通过合并多种解释达到知识意义上的认知共享。该过程反过来又允许群体成员从交流互动中获得更多的社会认知意义；有了共同接受的共享性信息之后，交流成员又可以从中汲取更为丰富的知识，进而促进接下来的进一步交流互动，从而获得更好的交流效果。

事实上，交流互动中共享性认知的建立过程已经被用来解释有效的群体决策认知和行为。研究表明，当交流成员分享他们独特的与决策相关的知识时，群体更有可能做出更好的决策方案；当群体成员不能有效地分享他们独特的知识以及整合他人的知识时，交流群体无法实现交流对象信息的共同理解，群体最终的决策质量是有限的；手势等非语言媒介的使用间接或直接支持交流互动中信息的共享和整合过程，进而影响交流决策质量。[①]事实上，交流信息的共享和整合已经与群体的交流结果联系在一起。交流互动的信息共享和整合过程中手势互动的参与，还有助于信息的记忆和提取，降低了语言认知加工的负荷，并使群体在交流中可以更好地利用共享性信息做出更有效的决策。手势参与交流互动允许群体成员有机会检查先前错误的交流信息，而且有助于重访和回忆以前被遗忘的知识，这对于交流互动是特别重要的，因为即使是已经被整合的共享性信息也很难用人类有限的短时记忆来保留。

手势交流可以提高信息共享过程的效率，群体交流的目的是需要成员之间实

① Robert L P, Dennis A R, Ahuja K. *Social capital and knowledge integration in digitally enabled teams* [J]. Information Systems Research, 2008, 19(3): 1-21.

现知识观念的传递和聚合。种族和性别多样性已被认为是影响交流互动和信息共享过程的两种特别重要的方面，因为它们在大多数社会团体组织中都存在，并且经常表现为某种不对等性，种族和性别多样性是相对稳定的社会类别，它显著地塑造了交流中个体的独特身份，并对人们的交流互动产生了特定意义的影响。而当即时交流中可以通过手势等非语言媒介的积极利用，提高视觉和声音线索的信息沟通效率时，这有助于消除群体成员之间因种族和性别多样性而触发的交流认知定型和其他负面影响。在社会交流实践中，群体通常可以使用多种媒介完成交流，当存在由性别和种族等多样性综合混合而成的交流情境时，群体应该从多样性中得到最大的交流收益。对于种族和性别多样性强的交流情境，建议使用各种类型的交流媒介来平衡由于种族多样性和性别多样性而产生的竞争问题和利益分配问题。这意味着不仅要确保群体能够使用多种类型的交流媒介，而且要确保他们能够高效地使用这些交流媒介。

第2节　内外倾性和认知风格对交流手势的影响

一、手势在交流中的角色

说者使他们的交流适应于听者的知识。因此，当说者看不到听者时，与看到听者时的交流是不同的，主要体现在面对面交流和非面对面交流中，语言和手势的使用特征是不同的。研究已经发现交流者彼此间的可见性影响语言的使用，如描述语言的长度或复杂性，非面对面交流情境中，交流者的语言表达过程更为丰富细致。Boyle、Anderson和Newlands（1994）设计了一个地图合作问题解决任务，探查交流双方之间的可见性是否对说者的交流有影响作用，结果发现，当说者看不见听者时，为了成功完成交流任务，说者需要表达更多数量的词汇，即当说者看不见听者时，他们倾向于说得更多（语言信息量更多）。①

交流者彼此间的可视性也影响交流者的手势表达过程。不管手势表达的是表面交流义还是交流的隐含义，手势都具有交流参照性，例如当表达心或爱时，双手合并形成心形；还有涉及空间方位的指示性手势，例如指出一个特定的地点。手势对说者来说可能有许多现实交流功能，包括重复或明确澄清语言表达的特定

① Boyle E A, Anderson A H, Newlands A. *The effects of visibility on dialogue and performance in a cooperative problem solving task* [J]. Language and Speech, 1994, 37(1): 1-20.

含义等，甚至形象表达自己的交流计划。实际上，手势有助于帮助交流者实现共同一致性的理解，尤其是交流互动中发生的有代表性、有文化性的手势和便于直观表达或描摹的手势。

当说者不能看到听者时，研究发现说者在交流互动过程中也使用了大量的手势。例如，Iverson和Goldin–Meadow（1998）用录像记录了熟练使用手势的被试者在一系列交流合作任务中的表现，发现相对于正常说者，盲人说者也会以相似的速度使用手势来表达交流观点；而当听者是盲人的情况下，盲人说者和正常说者也都会使用手势进行交流互动。①这些结果和手势可以促进说者交流语言表达过程的观点是一致。然而不同的是，人们在看得见听者时比看不见听者能产生更多的交流性手势，同样，当人们认为之后会有人观看他们的交流视频时，也会产生较高的手势使用率。这些结果和手势有助于听者理解的交流互动观点是一致的。总之，交流者彼此间的可见性在一定程度上影响了交流者手势使用的具体特征，而说者手势的使用不仅影响自身的语言交流过程，还影响听者的理解过程。

二、外倾性影响手势使用的个体差异

交流手势研究结果的差异性部分可能缘于交流个体自身语言和手势的使用差异。例如，个体的工作记忆容量可以一定程度上关联于手势使用的频率，个体因素，如人格的某些特征，与工作记忆和认知执行功能的某些方面有关。其中，外倾性对于交流合作活动中交流者彼此之间的合群性和表达性行为具有积极的影响作用。一些研究确实发现了外倾性和语言、手势使用之间的相关性，并且五大人格中的外倾性这一维度和手势使用最为相关。之前的研究普遍发现当说者说得更多和更快，手势使用也更多时，其人格更表现为外倾性特征，在单词的产生量和自评外倾等级上存在正相关，但是具体单词的使用和自评的外倾等级存在负相关。

外倾性对语言和手势使用的影响可以通过比较不同条件下交流者的交流特征来观察和检验。交流者彼此之间的可见性和外倾性之间的相互作用对手势很重要。例如，Hostetter和Potthoff（2012）的研究中让被试者向听者描绘名词（解释名词的内容特征），进而要求听者猜说者正在描绘的名词是什么（表达名词概念）。②一半任务中是在允许听者和说者彼此可见的方式下完成的，一半任务是

① Iverson J M, Goldin-Meadow S. *Why people gesture when they speak* [J]. Nature, 1998, 396(6708): 228.

② Hostetter A B, Potthoff A L. *Effects of personality and social situation on representational gesture production* [J]. Gesture, 2012, 12(1): 62-83.

在用木质屏幕阻挡彼此之间可见性的条件下完成的。结果发现手势使用率和可见性、外倾性之间存在联系性：在说者看得见听者的交流互动条件下，说者的手势表达更频繁，尤其是对于内倾者而言更是如此，高度外倾者在不同条件下表现出来的差异相对很小，均有大量的手势发生。因此，可以发现外倾者使用手势不是为了引起听者的注意而是能量过剩的一种自然结果。这意味着，外倾性特征减弱了交流者彼此之间可见性的影响，语言和手势表达的差异性更小。

O'Carroll、Nicoladis和Smithson（2015）进一步更为细致地探讨了外倾性对交流手势表达的影响特征。[①]试图解释：外倾者是否可能更擅长使自己的交流策略满足听者同伴的认知需求。例如，为了把他们表达的意思解释得更清楚，外倾者在看不见听者时可能说得更多；他们也可能使用更精确、更具体的单词以使得听者能更快地理解他们的意思；语言长度和具体形象性单词的使用，以及手势使用均相应增加，视觉空间交流任务下更可能如此。具体而言，在这项研究中探查了交流者彼此间的可见性是否对语言和手势的使用有影响，尤其是考察了听者的可见性是否和手势使用率、语言表达长度及使用单词的具体性有联系，也考察了外倾性在听者可见和不可见时是否降低了语言和手势使用的差异，即外倾性的语言和手势交流特征，是否受交流同伴可视性变量的影响，可视性和人格特征之间是否存在交互作用。实验假设语言和手势的变化与交流者可见性、外倾性有关，手势和语言表达特征的差异将会在外倾性维度上消失。

图9.1 O'Carroll 等（2015）的实验材料

① O'Carroll S, Nicoladis E, Smithson L. *The effect of extroversion on communication: Evidence from an interlocutor visibility manipulation* [J]. Speech Communication, 2015, 69: 1-8.

实验结果发现，当说者看不到听者同伴时，说者语言中使用了更多的单词，尤其是使用了更多具体形象的单词和更多表征性的手势。同时发现，说者在看不到听者时，有较高的手势使用率，结果一方面可能支持了手势有助于促进说者语言中单词和概念提取过程的观点，另一方面可能当说者看不到听者时，语言和手势的使用分别增加了。在交流者外倾性特征对交流语言和手势的影响方面，也发现更外倾的交流者比更内倾的交流者在进行语言描述时，倾向于使用更多的单词，更外倾的交流者比更内倾的交流者在进行语言描述时，使用更多的表征性手势。重点是，表征性手势的发生频率特征不受语言表达信息总量的影响，这表明外倾者中的较高手势率不是由于语言描述具体特征而引发的，即外倾性交流者表征性手势显著增多的特点，与语言表达增多的特点无关联性。

手势和语言表达受到交流者外倾性的显著影响，内倾者倾向于在更低的频率下使用手势表达，而外倾者的表达频率更高，这部分缘于对听者认知需要的适应，也缘于说者自身的表达和交流需要。针对此，关于外倾性对交流者手势特征影响的一个较为确定的解释是：内倾者和外倾者在完成一个交流任务时，在手势信息表达以及对交流同伴回应方面的关注程度和能力均显著不同。从手势交流认知的角度看，和外倾者相比，内倾者倾向于表现出手势非语言信息解码能力的相对缺乏。当听者可见时，内倾说者可能相对使用更多的手势，因为他们认为自己的角色主要是通过语言完成任务，更多地提供了手势等非语言线索的同时表达；相反地，当听者可见和不可见时，外倾者一致表现出使用大量的手势参与人际互动，这更多是出于自身表达的认知需求，而不是出于对交流同伴的更多考虑，诚然，不论是可见还是不可见条件下，外倾者努力采用手势辅助语言表达，都是出自降低语言认知加工复杂性的心理需求，有效地提供手势非语言线索，同时满足了自己和听者交流认知加工的准确性和完备性。同理，外倾者对手势非语言信息的解码也更为精确和积极，外倾者为了能够更准确地解码语言信息，可能更多地借助手势信号来辅助认知理解，关于理解问题的精确探讨还需要未来研究进一步设计针对性的实验，具体考察和综合分析，结合该问题还需要同时考察交流互动认知中的工作记忆、动机和注意等特征以及相应的变化调整性。

三、认知风格影响手势使用的个体差异

认知风格是指一个人首选和偏好使用的信息认知加工方式。Armstrong、Peterson和Rayner（2012）指出：认知风格是人们信息加工（感知、组织、分析

等）中基于脑结构和认知机制使用的认知偏好。①典型的如场独立性和场依存性认知风格，场依存者使用外部参照来构建信息，心理分化水平较低，更易受到外来信息的影响；反之，场独立者使用内部信息，心理分化水平较高，不易受到外来信息的影响，因此，对于场依存者来说集中注意于独立的重要信息更加困难，尤其是当特定任务情境下存在令他们分心的线索时。简言之，个体的认知风格对其信息加工的特征具有很强的影响作用，场独立性和场依存性认知风格上的差异广泛表现于感知、思维、学习和人际互动等方面。

表9.1　场独立性和场依存性认知风格的比较

	场独立性	场依存性
1	客观取向 （如：依靠自我标准加工信息）	主观取向 （如：依靠外部标准加工信息）
2	分析性 （如：按照部分感知“场”，能区分部分和背景）	整体性 （如：整体上感知“场”，将部分和背景整体感知）
3	独立性 （如：有独立的身份感和观点）	依赖性 （如：从外部推导出个人观点）
4	缺乏社会性意识 （如：不擅长人际互动和交往）	敏感的社会性意识 （如：擅长人际互动和交往）

语言心理和教育心理领域的研究者，一定程度上分析了场独立性—依存性认知风格对语言认知和学习认知的影响特点。Rahmani（2016）研究了场独立性—依存性认知风格对于阅读理解的影响，发现学生场独立性越强，对于各种阅读策略的使用越频繁，相应地在文本阅读理解中表现得更好；同时发现并指出，场的特点无优劣之分，要保证场独立性和场依存性不同认知风格学生的语言阅读效率和效果，关键是根据认知风格的不同特点提供相应而有效的语言阅读策略。②认知风格影响学习风格，场独立性的学生倾向于独立学习，逐步有序地完成学习任务，擅长区分并抓住学习内容的中心要点，然而，对于场依存性的学生，如果

① Armstrong S J, Peterson E R, Rayner S G. *Understanding and defining cognitive style and learning style: a Delphi study in the context of educational psychology* [J]. Educational Studies, 2012, 38(4): 449-455.

② Rahmani B D. *The relationship between field dependence-independence and reading strategy toward reading comprehension* [J]. Journal of ELT Research, 2016, 1(1): 37-52.

学习信息（比如阅读内容）的呈现存在上下文背景时，以及集体学习条件下，学习表现出高效性；场独立性的学生能够独立解决问题，而场依存性的学生可以更好地在集体中工作。

然而，部分研究提出了关于场独立性—依存性认知风格对语言认知和交流互动认知影响特点的不同发现和解释。Wong和Nunan（2011）认为一个强语言能力的学习者在学习方式和策略上更具有独特性和高效性，这些优秀的学习者表现出学习中的强自主性和显著的社交偏好，因此强调爱好社交互动也是场独立和活跃人格的典型特征；不同的是，场依存学习者之所以在集体人际情境下也可以学习得很好，是因为课堂学习或交流合作学习情境下均存在某个明显或默认的权威（教师或高水平的合作学习同伴）导向。[①] Nosratinia、Mojri和Sarabchian（2014）也支持场独立学习者的语言能力更强，其更擅长于选择适合自己的学习策略和方式，学习过程中表现出高度的自主性。[②]但是Kassaian（2011）在研究中却发现场独立性—依存性认知风格对语言信息的听力理解水平没有显著影响。[③]

基于认知风格对语言和手势交流的影响性，部分观点认为场独立性—依存性认知风格对交流语言认知和非语言认知的影响性质，决定于学习者场认知风格所表现出来的“自主性”特征；场认知风格的自主性特征和语言认知、手势认知之间显著关联，自主性程度越强，语言和手势表达能力表现得越强。强自主性的交流者有能力在交流互动任务中设定自己的目标，选择最好的策略，并以意识监控整个交流过程；其语言表达和手势表达过程更为准确，配合更为默契。

但是当前由于缺乏针对性的研究来直接分析认知风格对手势交流互动的影响性，围绕场认知风格“自主性”特征的提出并没有解决观点之争。从交流人际互动性角度出发，一部分研究支持场独立性风格的交流者在没有同伴帮助的条件下，通过自己的方式可以很好地完成任务，并对每种信息进行分析，表现出显著的强自主性特征，其擅长分析、监测、控制自己的行为。另一部分研究则认为场

① Wong L L, Nunan D. T*he learning styles and strategies of effective language learners* [J]. System, 2011, 39(2): 144-163.

② Nosratinia M, Mojri Z, Sarabchian E. *Exploring the relationship between efl learners' language learning styles and strategies* [J]. International Journal of Language Learning and Applied Linguistics World, 2014, 5(2): 253-264.

③ Kassaian Z. *Field-dependence/independence as a factor affecting performance on listening comprehension sub-skills: The case of Iranian EFL learners* [J]. Journal of Language Teaching and Research, 2011, 2(1): 188-195.

依存性风格的学习者若要提高交流互动中的认知自主性，可以借助交流同伴的信息支持，但是该同伴最好具有知识权威性，如交流中来自教师和高水平合作同伴的直接性语言和手势反馈，社会交流互动背景有助于场依存性个体发展自主性，他们更为重视交流同伴语言和手势沟通的社会交往作用，如同伴通过手势和语言提供的态度、情绪、评论等，交流互动的具体环境成为其认知加工的支持性情境，换言之，他们往往会将交流互动情境看作一种参照和榜样，因此其在交流互动中更为注重语言和手势的表达过程。

综上，场认知风格对交流中语言和手势认知的影响特点之争，与研究目的和方法的差异性有一定的关联。同时，以往研究对于交流语言认知和手势认知的探讨并没有严格划定界限，如上所述，最为常见的是探查场认知风格对交流互动认知的整体性影响。尽管研究者解释和区别了场独立性和场依存性的认知风格差异或人格差异，并进一步分析理解交流互动情境对于两种认知风格交流者语言和手势表达的不同影响特点，以及初步提出人际互动和社会性情境对于彼此可能存在的不同影响效应，但是相关研究仍然缺乏系统性的实验控制和针对性的探查。换言之，如果尝试针对性探查两种认知风格对于人际互动中语言认知和手势认知的不同影响，则需要设立针对性因素控制的语言交流实验情境。

如前面所述，交流任务的典型特征是人际合作互动性以及语言和非语言媒介的共存性，交流双方在人际互动中需要联合彼此的认知，并协调彼此的行为，以实现任务目标的共同解释，这需要双方在交流过程中不断调整自己的行为促使共同交流基础的高效形成，即交流中的“听者设计”。交流互动中的听者设计综合表现于交流双方的“交流语言”“手势”“记忆”“注意”“交流情境线索利用”等多个方面。从交流语言和手势的角度来看，交流语言和手势认知的分析可以集中体现人与人的互动合作特征。简言之，交流过程中交流者会考虑彼此的共同知识状态限制语言和手势的认知加工过程，包括语言产出和语言理解。以往研究关于场认知风格对于语言和手势认知影响特征争论的焦点之一在于部分研究者支持爱好社交互动是场独立性活跃人格的典型特征，这与其强自主性特征并不矛盾，另一部分研究者则支持场依存者在集体人际情境下可以工作得更好，前提是交流合作情境下存在某个权威导向和反馈，场依存性个体可以更好地在人际互动中工作。O'Carroll、Nicoladis和Smithson（2015）创设可视交流和不可视交流的条件下，研究发现内外倾性人格特征对于交流手势的使用具有调节作用，外倾性被试者使用手势和语言信号交流的积极性高于内倾性被试者，证实外倾性被试者交流的积极性和主动性更高，合作中的合群性和表达性行为的积极性更强，个性因素可能和工作记忆以及认知执行功能的某些方面有关。[①] Hostetter和Potthoff（2012）让被试者向听者描绘名词，要求听者猜被试者正在描绘的名词是什么。一半任务是在彼此可见的条件下进行，一半任务是在木质屏幕阻挡的条件下进行，结果证实对于外倾性被试者可视条件的影响差异很小，指出外倾者在不同交流情境下均表现出积极运用语言和手势媒介进行互动沟通，积极交流不是为了引起听者的注意而是能量过剩的结果。[②]内外倾性的这些交流特征和认知风格的交流特征间也存在紧密的关联性。

本书作者以实验探查了认知风格和整体性表情对交流学习的影响特征，研究采用交流范式，安排长时间交流学习任务，创设表情和无表情交流条件，具体探查了认知风格和表情对交流学习过程的影响特征。结果发现：首先，场独立性认知风格交流者的学习效率效果优于场依存性认知风格交流者，这一交流学习优势同时表现于选择性注意水平上；场独立性交流者学习优势的一个典型表现在于其表情媒介使用的高效性。其次，表情条件下交流学习效率效果显著优于无表情条件，并表现于选择性注意水平上。研究证实：场独立性交流者的交流互动水平更高，更擅长利用语言和表情媒介沟通信息。

一方面，认知风格和表情影响交流学习过程。结果显示：从交流的中后期开始，表情交流条件下交流者的学习成绩显著高于无表情交流条件；从交流时间进程看，表情交流条件下交流者学习成绩的增速显著更快，学习效果显著更好。场独立性交流者的学习成绩显著高于场依存性组；从交流时间进程看，场独立性交流者交流学习成绩的增速显著更快，学习效果显著更好。表情和无表情两种交流条件下，场独立性交流者的学习成绩均显著高于场依存性组。并且，场独立性认知风格下表情交流的效果显著优于无表情交流条件，场依存性认知风格下则无显著差异。

首先，研究的一个重要发现是场独立性认知风格交流者的学习效率效果优于场依存性认知风格的交流者。证实：场独立性交流者的交流互动水平更高，更擅长利用语言和表情媒介沟通信息。研究的关注点之一是探查场认知风格的交流人

① O'Carroll S, Nicoladis E, Smithson L. *The effect of extroversion on communication: Evidence from an interlocutor visibility manipulation* [J]. Speech Communication, 2015, 69: 1-8.

② Hostetter A B, Potthoff A L. *Effects of personality and social situation on representational gesture production* [J]. Gesture, 2012, 12(1): 62-83.

际互动特征——社会性意识，而这又典型表现在人际交流互动的学习领域中，诚然，结果并不支持场独立性个体缺乏社会性意识而场依存性个体具有敏感的社会性意识这一观点，而更倾向于支持场独立性交流者在交流互动中的调整性和积极性水平更高。

鉴于以往场认知风格特征的探讨专注于个体认知过程分析，研究在交流互动任务中做了探查，有助于更直接和有说服力地辨别和解释针对场认知风格人际互动社会性的观点之争。但是，对于该问题的分析不应采取全或无的立场，也不应该摒弃场认知风格的其余特征而做出孤立的解释和推理。实验结果明确显示出，场独立性交流者的交流互动能力更强，这包括交流媒介（语言、表情等）的表达性。而且，场独立性交流者的人际协调能力更强，因为实验任务是交流学习任务，学习成绩是双方共同认知和行为的综合表现，如果交流互动中任何一方仅关注自己的认知过程，而忽视甚至排斥同伴互动传递的交流观点、期望和具体对象信息等，彼此间的认知和行为隔阂必将损害共同的交流学习成绩。一言概之，研究中交流学习成绩是交流者间共同理解、共同分析的结晶，是交流互动共享性的一种表现。

实际上归纳而言，以往研究针对场认知风格社会性意识的观点之争，习惯于将其与场认知风格特征的其余三个方面（见表9.1）直接联系于一体；当前研究更倾向于辩证地看待这几个方面。具体而言，场独立性认知风格个体在认知加工中擅长依靠自我标准加工信息（客观取向），擅长按照部分感知“场”，能区分部分和背景（分析性特征），认知中有独立的身份感和观点（独立性）；这些不足以直接推论场独立性认知风格个体在人际交流互动中必然缺乏社会性意识。研究者们一致认可，认知风格是个体一致性的心理特征，其对信息获取以及对感知、思维、问题解决中的认知加工特征具有质和量的影响。在这个意义上，认知风格具有双重功能，包括认知过程和相关资源的组织和控制，潜在还包括人格元素，它代表了在心理不同维度中影响信息加工差异的个体偏好的上位结构。Messick（1996）指出认知风格组织了与任务情境认知相关的资源，这些信息对个体认知过程起着调节和控制作用。[①]因此，从研究结果出发可以认为，场独立性认知风格交流者的分析性和独立性特征，并不意味着其排斥交流同伴的信息传递，实际上其更可能是将交流互动中的同伴信息作为交流情境认知中不可或缺的一部分；

① Messick S. *Bridging cognition and personality in education: The role of style in performance and development* [J]. European Journal of Personality, 1996, 10(5): 353-376.

只不过面对这些同伴信息时，场独立性交流者能够借助其更好地认知分析性、自我参照性来甄别信息，从而更有效地提取有价值的交流信息，并在接下来的交流互动中与同伴再次交换、分享、甄别。同时，由于研究创设的是长时间的交流学习过程，因此进一步在交流互动进程中，直观展现了场独立性交流者更高的交流互动能力和更优的人际社会性水平，具体表现于随着交流时间的发展，相对于场依存性交流者，场独立性交流者的学习优势显著表现和持续保持；并且从交流全程看，能够看到场独立性交流者学习成绩从交流之始持续快速增长的特征。

其次，研究的一个最令人感兴趣的发现是场独立性交流者学习优势的一个典型表现在于其表情媒介使用的高效性。在认知风格和表情的关系分析中，研究发现了场独立性交流者的学习效果不仅显著更高，而且不受表情媒介的影响。这一方面表明，在没有表情媒介参与的情形下，场独立性交流者的语言互动水平显著更高。另一方面表明，当表情媒介参与交流后，这一优势依然存在，重要的是在分析中进一步发现，场独立性交流者对于表情媒介的利用水平显著更高——场独立性认知风格下，表情交流学习成绩显著高于无表情交流，这在场依存性认知风格下并没有表现出来。综合而言，无表情交流条件下，场独立性交流者的互动学习优势主要体现了语言互动认知的优势；场独立性交流者表情条件下的交流优势（与场依存性交流者比较，以及自身表情和无表情交流条件间的比较差异性）则主要体现了其表情互动认知的优势。结合上面第一方面的阐述，这证实：场认知风格交流认知的社会性特征典型表现在语言和表情媒介的交流特征方面。

尽管以往研究没有针对性直接分析场认知风格对于交流语言认知的影响性，但是研究已经分析了场认知风格对于个体语言认知的影响特征。Nozari和Siamian（2014）探讨了场认知风格与英语文本阅读理解水平之间的关系，结果发现场独立性程度越强，阅读理解水平和英语学习水平就越高，场独立性认知风格的学生在阅读理解中表现得比场依存性学生更成功。[①]这是因为场独立性认知风格的个体比场依存性个体在语言认知加工中更具有分析性，在个体语言情境下场独立性个体面对分析性的语言任务有更多的方法和策略，也倾向于更为享受涉及分析和关注细节的语言活动，这是语言认知加工中批判性思维的典型表现。实际上个体文本阅读过程也可以认为是社会认知互动的一种特殊模式——在延时条件下，静

① Nozari A Y, Siamian H. *The relationship between field dependent-independent cognitive style and understanding of English text reading and academic success* [J]. Materia Socio-Medica, 2015, 27(1): 39-41.

态接收和理解其他人（交流同伴或文本作者）的交流信息，可以说阅读理解认知加工过程也是一个交流意义的建构过程。该特殊性的社会认知加工过程，涉及延时语言信息的反思性探究和批判性解释，也是一个认知活跃的过程。

当前探讨的研究中交流者语言认知加工过程的不同特征在于，语言认知加工过程是即时性的，交流者间的语言互动也是一个不断批判、反思和探究的过程。显然，场独立性交流者个体语言认知的优势，同样表现于交流语言互动的认知加工过程之中，直观表现为交流学习成绩显著更高。换言之，个体面对文本等语言信息时，和面对交流同伴传递的语言信息时，均需要经过认知系统的解释、推理、分析、判断和评价，最终从语言信息中主动建构出有价值的内容，从这一点出发，两种情境下的语言认知加工具有某种程度的相似性。

从研究结果中场认知风格的表情交流特征来看，尽管鉴于表情在交流中的非独立性或者说仅通过表情的交流是极为特殊的，但是，从该研究中表情变量的设定中，可以直观看出，场独立性交流者的表情交流效果显著更好。交流互动中，表情媒介主要起到两种作用：一是配合和辅助语言交流，二是补充语言交流（相对独立的交流性）。尽管理论探讨中习惯将表情媒介和语言媒介相并列，但实际上两者在交流互动中同属于一个信息沟通系统，场独立性交流者在表情交流条件下的显著优势，进一步证实了其交流互动中信息沟通的灵活性、人际协调的多元性、任务执行的创造性等特征。并且，表情交流和语言交流相比较，前者更具有无意识性特征，后者更具有意识性特征；场独立性交流者表情交流的高水平特征，既可以相对降低交流社会认知的负担，节省认知资源，这可以表现在表情媒介的使用降低语言意识性加工的努力性，又可以提高交流合作学习的效率和效果。

正如Brooks、Barner、Frank和Goldin-Meadow（2018）所指出的，表情尤其是手势表情，通常通过与交流者的内部心理表征交互作用来促进任务的执行，表情表达时形成的身体和运动表征与语言心理表征交互作用，共同推动交流认知和行为的发生发展。[①]整体而言，场独立性认知风格交流者交流互动的优势，不单纯表现在语言交流或表情交流中，而是表现在对多种交流媒介和信号、线索的综合有效利用中。另外，该研究再次证实：表情交流的效率效果显著优于无表情交流，但是，在具体交流互动中，该优势的表现需要一个交流时间过程，该研究中

---

① Brooks N B, Barner D, Frank M, Goldin-Meadow S. *The role of gesture in supporting mental representations: The case of mental abacus arithmetic* [J]. Cognitive Science, 2018, 42(2): 554-575.

表现在交流时间进程的中后期，这决定于交流者对于表情媒介的利用程度。

另一方面，认知风格和表情影响交流学习的选择性注意水平。结果显示：表情交流条件下交流者选择性注意水平显著高于无表情条件；场独立性交流者的选择性注意水平显著高于场依存性交流者。

注意是认知过程的一个重要方面，该研究中不论从交流认知还是从学习认知的角度，注意的作用均是重要的，其可以使交流者在交流互动学习认知加工中，始终保持感知、记忆、思维等过程的警觉性、选择性和保持性，显然，交流学习者注意水平的降低必然导致信息辨别、选择和任务决策的错误性。结果中表情交流条件下交流者选择性注意水平显著高于无表情条件，证实：交流互动中语言和表情媒介的综合使用有助于交流注意水平的提升。这一注意效应在部分性表情的研究领域中被广泛观察到，比如，交流者眼睛注视特征的变化，能够自觉触发同伴互动中的注意反射，这也使得眼睛注视成为一个良好的外部的注意提示线索；在各种表情因素中，手势可以说是最具有代表性的，手势不仅可以直观描摹交流信息，还可以引导注意指向，同时向同伴提供针对语言交流的反馈信息。可以说，表情媒介对于选择性注意水平的促进，缘于多种交流媒介相对于单一语言媒介沟通的优势性。当然，这并不能否认交流互动中语言媒介的显著性，交流注意的转移和变化主要还是通过意识性的语言变化来指引，语言的变化和创新是交流者思维创新的直接表现，也是交流者即时交流中注意的中心和焦点。

结果中场独立性交流者的选择性注意水平显著高于场依存性交流者，是其交流认知的高水平特征在注意过程中的一种表现。交流互动过程中，注意的参与作用实际上是监测和控制交流媒介发送和接收信息的过程，场独立性交流者的高选择性注意水平，表明在交流互动中，其能够更好地关注与交流学习有关的内容和信息，并排除干扰学习过程的无关信息，这不仅保证了交流学习内容的完整性，还做到了学习内容的准确性。这也是场独立性认知风格分析性、独立性特征在交流互动认知中的表现，场独立性个体在认知加工过程中心理分化水平较高，自主性更强，当面对不确定性信息和任务中的分心线索时，其集中注意关键信息的能力更强。该实验任务材料的设计中，不仅包含了与功能学习有关的信息，还包含了与功能学习无关的干扰信息，场独立性交流者的高选择性注意水平使其能够更为有效地辨别、排除干扰学习的无关信息。

上述研究认为选择性注意的高水平特征是场独立性交流者交流互动综合能力的一种体现：一是场独立性交流者自身的认知风格特征决定的，如认知加工的分析性、独立性、自主性和客观性特征，因为在交流学习任务中，交流开始后，交流者彼此面对的是陌生的交流对象、内容，学习过程是知识不断探索、尝试、推理、分辨和决策的过程，这不仅是由交流学习对象的陌生性决定的，还是由交流互动中彼此向同伴传递信息的不准确性决定的，也就是说，面对交流互动情境中的众多因素和信息，交流者必须随着交流进程的不断发展而发现真正有价值的内容，这一过程中，场独立性交流者自身所具有的认知风格特征将产生重要的影响和支配作用。Masita（2016）针对场独立性认知风格的学习优势指出，场认知风格间在学习能力、语言能力等方面的差异，不是一个全或无的问题，从根本上讲，场独立性认知风格所表现出来的“强自主性”特征是一个关键因素。①

二是场独立性交流者相对更为开放、积极和活跃的人格特征所决定的，研究结果表明，场独立性认知风格的独立性特征并不意味着人际互动中的孤立性，同样，场依存性认知风格的依赖性特征并不意味着人际互动中的积极性。正因为场独立性交流者开放、积极和活跃的人格特征，使其在交流互动中更能够表现出对于交流同伴传递信息的积极关注，以及自我的积极表达，这有助于促进思维的互相激发和发散，同时强有力的分析能力又有助于高效完成对多种信息的甄别和决策，所以，场独立性认知风格交流者的选择性注意水平更高，交流互动的协调性也更好。Wong和Nunan（2011）②以及Nosratinia、Mojri和Sarabchian（2014）③认为场独立性个体活跃积极的人格特征使其在人际互动中可以表现出更高水平的学习能力，具体表现为学习策略方法运用的灵活性、信息选择的自主性，以及互动参与的积极性。

三是上述结果中所发现的，场独立性交流者对语言媒介和表情媒介使用的高水平性所决定的。有一点是明确的，场独立性交流者多种交流媒介使用的高效性，有助于其更为广泛、完整地对待交流学习对象和内容，这是选择性注意指向性的基本保证。同时，这又促进交流双方能够更为全面地逐一审视各种信息的价值和意义，因而促进选择性注意集中性水平的提高，能够更为有效地抑制无关信

① Masita D D. *Efl students' ability in performing autonomous learning and their writing proficiency across cognitive styles* [J]. Jurnal Pendidikan: Teori, Penelitian, dan Pengembangan, 2016, 1(6): 1204-1215.

② Wong L L, Nunan D. *The learning styles and strategies of effective language learners* [J]. System, 2011, 39(2): 144-163.

③ Nosratinia M, Mojri Z, Sarabchian E. *Exploring the relationship between efl learners' language learning styles and strategies* [J]. International Journal of Language Learning and Applied Linguistics World, 2014, 5(2): 253-264.

息对学习准确性的影响。

总之，一是场独立性认知风格交流者的学习效率效果优于场依存性认知风格交流者，这一交流学习优势同时表现于选择性注意水平上；场独立性交流者学习优势的一个典型表现在于其表情媒介使用的高效性。二是表情条件下交流学习效率效果显著优于无表情条件，并表现于选择性注意水平上。

诚然，对于上述研究而言，并没有在交流学习互动过程中针对性和比较性创设手势和无手势交流两种条件，毕竟研究中的表情和无表情条件是一种整体性表情的操作性定义。从交流认知研究的方法论角度，对交流认知的研究始终存在一个相对两难的问题：现实交流互动中表情通常是作为一个整体而存在和表现的，比如一般性的面对面交流情境，因而对于此类交流我们无法准确去区分和比较各类部分表情对于交流认知水平的不同影响性。然而，在实证研究领域中，我们又需要考虑和分析整体性表情、部分性表情的针对性交流认知特征和作用，这便可能出现人为性的实验分割各类表情因素的情形。这一两难现象在广泛的社会心理学研究领域中是普遍存在的，一方面，研究者追求最大化的实验内部效度，另一方面，可能必然会在一定程度上损害研究结果的外部效度或现实解释程度。即便如此，针对上述研究结果，我们也应该注意到尽管研究从整体性表情的角度做了探查，而没有针对性区分出手势表情的具体特征，但是手势表情和其他表情之间的关系是紧密联系的，在交流中是密切配合共同影响交流认知的，它们的交流作用和价值是一致的，并且手势相对于其他部分表情而言又具有交流的显著性。因此，围绕整体性表情交流认知特征的分析可以为手势表情的探讨和阐述提供一个相对好的背景和更为广阔的未来研究基础。

虽然认知风格对于交流语言认知和手势认知影响特征的研究相对较少，认知风格对于语言认知和手势认知的影响性尚存在较多分歧，但是，认知风格对于交流互动中语言和手势认知的影响作用是客观存在的。尽管如此，但个体认知风格的一般差异特征不能绝对解释其在特定交流人际互动中的特点，正如上面分析的，两种场认知风格的被试者在人际互动合作过程中均有一些典型的认知和行为表现，而这将受到具体交流互动过程中多种因素的综合影响。在交流学习领域中，不同场认知风格下自主性特征不同，但自主性水平也可能对于交流互动效率不具有显著而直接的预测性，因为交流互动效率效果受到不止自主性的多种因素的影响。简言之，认知风格是交流手势表达的影响因素之一，但具体的特征有待于未来研究的进一步深入探查和分析。

第3节　惯用手对交流手势的影响

一、习惯化身体动作影响心理认知过程

人们都有自己独特而不同的身体动作经验和习惯，并通过它们来体验世界。随着经验的不同，对于外在世界的表征也可能出现变化或不同。由于这些不同的身体动作经验与物理环境相互作用的差异是系统性和习惯性的，它们对个体心理表征的影响是可预测的和稳定的。

右利手和左利手的区别提供了一种研究身体特异性假说的方法。手是人体最常使用的一部分，与环境频繁相互作用。右利手和左利手人在使用双手的能力上有不同的特征。这种手部动作的差异会影响他们在空间中左侧和右侧使用手的舒适性和体验。根据身体特异性理论（The Body-Specificity Theory）①，由于惯用左手和惯用右手的人和客观环境互动的方式不同，他们对世界的认知表征过程也可能不同。在许多文化中，身体空间的右边经常与友善相关联，而左边则与邪恶有关。语言在许多表达过程中也充满了不同的意蕴，如“right hand man”（意指：重要的人）或“having two left feet”（意指：笨拙的人）。例如，在土耳其语中，“右”字意思是“活着”“健康”和“好”的意思，而“左”意味着“破坏”“损坏”和“腐烂”的意思。这是一种普遍存在的文化模式，这种模式对于每个人都有影响性，这也可能是惯用右手的人占世界人口大多数的一个原因。

为了解释这种身体空间和认知表达之间关联性背后的机制，以往研究无论是从身体特定的映射现象，还是从简单的文化现象出发，都进行了一系列的实验。例如，当向英语母语的被试者提供两个动物，并要求其将动物放在卡通人物Bob身体两侧的两个盒子中时，他们根据他们自己的手的偏好将喜欢的动物放在Bob左边或右边的盒子中，该任务范式被称为Bob任务。尤其有趣的是，左利手的人把“好”的动物放在卡通Bob左边，而把“坏”的动物放在卡通Bob的右侧，而右利手的人则恰好相反。然而，当要求被试者将动物置于卡通Bob的上方或下方时，左右手偏好则没有任何影响，被试者更喜欢把他们喜欢的动物放在盒子上，把另一只动物放在盒子下。这项研究后来被研究者在不同文化下做了进一步的对比研究，在与荷兰人进行对比时，意在了解人们是否意识到了自己的特定选择，

① Casasanto D. *Embodiment of abstract concepts: Good and bad in right-and left-handers* [J]. Journal of Experimental Psychology: General, 2009, 138: 351-367.

研究使用了相同的程序和问题，这项后续研究的结果指出，99%的被试者不知道实验的目的，这意味着人们不知道他们基于惯用手的使用特征，被试者显著地选择将好动物放在盒子中与它们的优势侧一致的方向。[①]又使用相同的方法，研究者进一步探查了摩洛哥和西班牙右利手被试者，摩洛哥文化比西班牙文化更显著认为“右侧是好的”，但两国被试者在手的使用和理解特征上无显著差异。[②]

身体特异性效应与自然惯用性有关，还是与已建立的运动体验有关？为了探查该问题，Casasanto和Chrysikou（2011）探查了单侧脑血管意外导致一侧身体虚弱或瘫痪的患者，要求这些患者完成Bob任务以观察运动流畅性变化的长期影响。所有中风后变成右利手的患者选择把“好动物”放在右箱，而中风后变为左利手的患者选择左箱为“好动物”，这与他们患病前的利手倾向不一致。这些结果表明，选择倾向性和空间之间的关联特征不是由于自然惯用形成的（天生的），而可能是由一个人特定手优势的使用习惯形成的（后天的）。在后续实验中，实验者训练健康被试者变化优势手，以观察训练结果的影响，这也有助于对照说明中风导致手优势变化的影响结果。首先，被试者的右手或左手戴上滑雪手套完成一项运动流畅性任务（训练阶段），然后，完成了Bob任务，结果，改变人们手的使用习惯，即使是短暂的运动任务，也可能导致他们的心理表征效价或倾向性和空间的关系发生变化[③]。

二、惯用手影响手势交流过程

人们在手势的使用习惯上，似乎把善与优势的一面联系在一起，不管它是长期的还是短期的优势。这些联想是否影响人们交流中的观点采择过程呢？人们可以根据观察到的或预期的同伴手势特征来采择特定的交流观点。Kominsky和Casasanto（2013）要求被试者通过改变观点来完成Bob任务。当被试者与Bob同向（面朝的方向一致）时，大多数惯用右手的被试者选择把好动物放在Bob和自己的右侧。然而，在相反的条件下，当被试者面对Bob时，他们表现出基于对方观点采择的特征，倾向于把好的动物放在Bob的右边，即自己的左边。此外，当

① Casasanto D. *Embodiment of abstract concepts: Good and bad in right-and left-handers* [J]. Journal of Experimental Psychology: General, 2009, 138: 351-367.

② De la Fuente J, Casasanto D, Santiago J. *Observed actions affect body-specific associations between space and valence* [J]. Acta Psychologica, 2015, 156: 32-36.

③ Casasanto D, Chrysikou E G. *When left is "right" motor fluency shapes abstract concepts* [J]. Psychological Science, 2011, 22: 419-422.

他们用真实的人类照片代替卡通人物图像Bob来重复研究时，效果更为显著。人们似乎不仅把善与自己的右边联系起来，而且可以考虑他人对左右价值判断的特点。①观点采择是交流互动中的典型认知特征，即换位思考，显然，惯用手手势动作的表达对交流认知具有影响性。De la Fuente、Casasanto和Santiago（2015）针对性地做了分析，即人们在同伴观点采择过程中是否考虑自己的身体惯用特征。实验中人类照片的右臂或左臂上佩戴吊带，指示其是右利手还是左利手，结果表明，被试者确实表现出考虑他人的身体动作状态来完成实验判断，并没有将自己的身体动作特征投射到他人身上，采用视频替代照片后，也发现了类似的研究结果。②

身体特异性假说的探讨使用不同的研究指标，如反应时间研究和记忆特征研究等。例如，右利手人往往记得一个困难的地图事件中，右侧的积极事件和左侧的消极事件；左利手人的情况正好相反。③然而，在反应时和情绪辨别的研究中，结果更为复杂，研究发现在辨别屏幕左侧或右侧的情绪面孔方面，存在惯用手效应。④一个词汇决策反应时程序的实验研究中，观察了惯利手和情绪效价之间的关联性，当人们明确地解释了情绪效价判断和身体侧面之间的映射关系时，惯用手和情绪价之间存在关联性。然而，当没有明确地解释情绪效价判断和身体侧面间的映射关系时，实验反应中没有出现情绪效价判断和身体侧面之间的关联性。⑤其他研究还表明右利手被试者使用右手对积极刺激做出的反应显著更快，左手对消极刺激做出的反应显著更慢；左利手被试者的情况正好相反。⑥因此，尽管存在一些矛盾的结果，但是以往文献均强烈支持身体特异性理论的惯利手和情绪特征间的关联性。

---

① Kominsky J F, Casasanto D. *Specific to whose body? Perspective-taking and the spatial mapping of valence* [J]. Frontiers in Psychology, 2013, 4: 266-275.

② De la Fuente J, Casasanto D, Santiago J. *Observed actions affect body-specific associations between space and valence* [J]. Acta Psychologica, 2015, 156: 32-36.

③ Brunyé T T, Gardony A, Mahoney C R, Taylor H A. *Body-specific representations of spatial location* [J]. Cognition, 2012, 123: 229-239.

④ Rodway P, Wright L, Hardie S. *The valencespecific laterality effect in free viewing conditions: The influence of sex, handedness, and response bias* [J]. Brain and Cognition, 2003, 53: 452-463.

⑤ De la Vega I, De Filippis M, Lachmair M, Dudschig C, Kaup B. *Emotional valence and physical space: Limits of interaction* [J]. Journal of Experimental Psychology: Human Perception and Performance, 2012, 38: 375-385.

⑥ Kong F. *Space–valence associations depend on handedness: Evidence from a bimanual output task* [J]. Psychological Research, 2013, 77: 773-779.

三、惯用手的手势交流契合于语言交流

身体特异性理论不仅局限于自己身体的使用和认知表达领域，还可以扩展到我们与他人的社会交流互动关系，以及我们如何看待周围人的观点。探查手和认知之间关系的一个可能的方法是交流互动中手势使用的分析，手势对于面对面的交流很重要。在语言交流中，说者自发地产生支持语言内容某些方面的手势动作，当这些手势与语言内容（包括语言中提到的形状、动作和事件等）形成密切关系时，它们被归类为图符性手势（Iconic Gestures）；另一个与语言相关的手势类型是指向性的动作，被称为指示性手势（Deictic Gestures），这两类统称为表征性手势（Representational Gestures）；除了上述手势，还有一种拍打性手势（Beat Gestures），是没有意义的手部运动，这类手势通常是缓慢或快速的手部动作，其发生在上述两种手势表达不发生的阶段中。在交流互动过程中，因为表征性手势和拍打性手势在携带与语言有关的信息方面是不同的，因此对交流认知的影响性也是不同的。

Çatak、Açık和Göksun（2018）的研究探查了人们的手势偏好如何影响其对交流同伴手势表达的理解，研究控制了表达的情感、情绪内容，以及交流同伴手势表达的特征，重点分析右利手与左利手是否更专注于身体的特定一侧，交流手势信息的提取是否受语言信息中情感内容性质的影响。[①]不同手偏好个体使用他们身体不同侧面的手势来表达积极和消极的情绪，并使用优势手产生积极的与语言共现的手势。研究发现当交流信息是积极的时候，被试者花更多的时间向右看，当信息是消极的情形下，被试者花更多的时间向左看；被试者习惯于使用他们的优势手做出交流手势，具体对于表征性的手势来说右利手使用右手更多，左利手使用双手更倾向于是平等的。

身体特异性假说认为右利手和左利手个体对客观世界的看法是不同的，交流互动中人们会根据他们的手势表达偏好来感知左右之间的不同正面或负面的情绪和态度，并通过自己的惯用手势来表达相关的交流信息，进而契合于语言交流的认知过程。在交流互动中根据“换位思考”的认知特征，右利手的交流者在关注正性、积极的语言内容时，更可能倾向于关注说者的右手，反之，左利手亦然。

---

① Çatak E N, Açık A, Göksun T. *The relationship between handedness and valence: A gesture study* [J]. Quarterly Journal of Experimental Psychology, 2018, 71(12): 2615-2626.

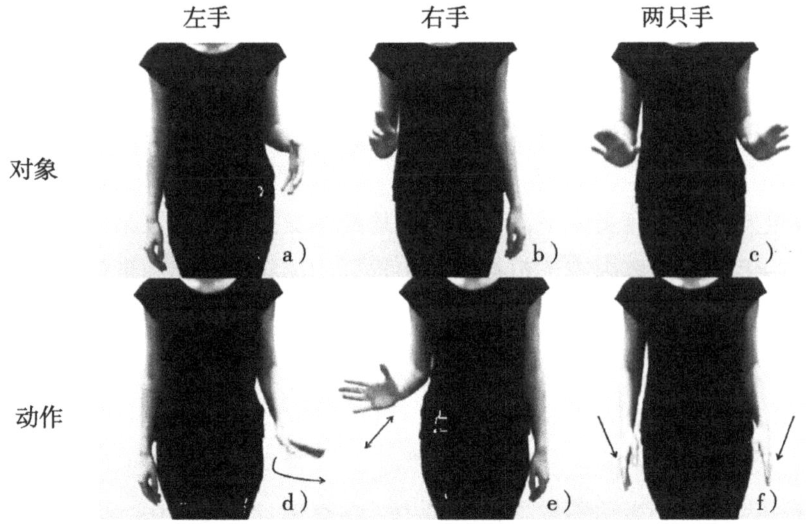

图9.2 Çatak等（2018）的实验情境

根据身体特异性假说，交流互动中人们手势表达习惯的差异特征将影响他们交流互动中的心理表征和状态。更具体地说，不同手势偏好的交流者将形成不同的情绪、情感心理表征的倾向性，这典型表现为交流互动中优势手的流畅性更好和情绪、情感的偏好性表达，手势表达的习惯影响手势中输出信息的情感效价，进而影响对于不同性质信息的选择性表达，即人们把积极的思想和他们的优势手势联系起来，在交流互动中，人们通过使用他们的优势手来指示语言表达的积极信息，同时使用非优势手指示语言表达的消极信息。Çatak等（2018）在研究中还辅以眼动观察，发现这种手势习惯性表达的倾向性体现在交流者互动中的眼睛注视特征上，语言内容中的情绪情感特征或效价影响被试者对交流信息的收集，当信息是积极的，人们喜欢注视右边，当信息是消极的，人们喜欢注视左边。

但是也应该注意到现实人群中右利手的人数远远超过左利手的人数，那么“好”与右侧空间匹配，“坏”和左侧空间匹配，这种匹配习惯是否超越了被试者手偏好的影响性，而成为一种文化倾向或习惯呢？或者说，右手或右侧的积极情绪关联性，可能是右手社会惯用性的副产品，其中大多数个体是惯用右手的；左利手的个体和惯用右手的人有更多的接触，因此，左利手的个体，也“修改”认为右手或右侧和积极情绪关联。其中还存在一个现象不容忽视，就是根据情绪效价假说（The Valence Hypothesis），右半球专门加工负性情绪，而左半球专门加工积极情绪。[1] Rodway、Wright和Hardie（2003）发现，在屏幕右侧出现积极情绪面孔，和在屏幕左侧出现负性情绪面孔时，情绪情感识别的准确性将会提高，且不受惯用手偏好的影响。[2]这些问题尚有待于未来研究的进一步思考和探索。

语言和手势构成连贯的语言交流系统。研究交流手势作用的各种研究一致同意手势对语言认知加工过程的促进作用。例如，即使环境中的噪声水平很高，当伴随语言的手势发生时，故事的提取和检索效果也显著更好；当向人们呈现的语言和手势不一致时，人们对于任务的识别和理解显著不准确。这表明语言和手势相互影响、相互作用，手势不仅有助于人们的语言理解，而且有助于他们的语言产生过程。人们用手势来辅助语言解释不同的内容效果更好；反过来，听者接受的语言信息伴随手势共现时，对于交流问题的回答效果显著更好。虽然这些关于交流中语言和手势的研究是相对众多的，但是针对手势产生的交流效价和惯用手间关联性特征的探讨还相对不足。一项研究分析了两位右利手和两位左利手演讲者的总统竞选演说视频。[3]结果分析表明，语言中的情绪情感效价与惯用手的手势表达相关联，两个左利手候选人倾向于使用他们的优势左手手势配合语言表达正面、积极的信息，反之使用他们的非优势右手手势配合语言表达负面、消极的信息；右利手中观察到相反的模式。这些结果显著地支持了交流中手势表达的身体特异性假说，证实人的手势特定表达习惯融合了人际互动的社会交流水平，具有情绪负载的手势可以表达一定的交流意图。

尽管至今关于交流互动中手势表达的习惯性对交流认知影响的探讨还远远不足，但是很显然交流中手势表达的习惯性特征涉及的领域是广泛的，如文化特征、个体认知特征、行为习惯、手势类型和脑神经机制问题等。比如，我们从交流功能性出发，习惯关注交流手势的表征特点，实际上在现实语言交流中有大量的非表征手势发生，如拍打性手势，和表征性手势比较，拍打性手势发生的频率更高，手势表达的习惯特征仅影响交流中表征性手势的互动过程，不出现在拍打性手势过程中。再比如，从实验研究范式的角度，有研究采用的是真实双向互动范式，有的是单向交流范式（固定交流中的说者和听者角色），还有的采用视

---

① Silberman E K, Weingartner H. *Hemispheric lateralization of functions related to emotion* [J]. Brain and Cognition, 1986, 5: 322-353.

② Rodway P, Wright L, Hardie S. *The valencespecific laterality effect in free viewing conditions: The influence of sex, handedness, and response bias* [J]. Brain and Cognition, 2003, 53: 452-463.

③ Casasanto D, Jasmin K. *Good and bad in the hands of politicians: Spontaneous gestures during positive and negative speech* [J]. Plos One, 2010, 5(7): e11805.

频交流方式，还有研究注重分析对象表达的相对静态手势，有的注重分析动作或运动特征的动态手势。而从脑半球分工的观点出发，Kita、de Condappa 和 Mohr（2007）比较了右利手手势者在自发手势产生任务中，伴随隐喻、具体和抽象句子所偏好使用的手势表达，发现和非隐喻条件比较，隐喻条件下图符性手势表达的右手偏好显著更弱，因为右半球与语言的一些技能性加工相关，如隐喻和幽默等，这些结果表明，在隐喻上下文中激活右半球可以减少使用左半球的手势生成的倾向，从而降低右手使用的可能性。①

通过上述分析和阐述不难看出，惯用手对交流手势的影响性是客观存在的，而且这种影响效应可能包含了更多的社会性、文化性甚至发展性等特点，对于该课题的关注具有重要的现实性和应用指导性。因此，未来对于手势交流习惯特征的探讨应该更为广泛地融合多领域的研究成果，彼此印证和补充，以便于完整地从交流互动功能角度解释该问题。

① Kita S, De Condappa O, Mohr C. *Metaphor explanation attenuates the right-hand preference for depictive cospeech gestures that imitate actions* [J]. Brain and Language, 2007, 101: 185-197.

第10章

交流手势表情与交流表情系统

实际上，交流人际互动过程是一个相对复杂的认知过程，诚然，语言是交流的核心媒介，但是语言不是在一个完全单一纯净的情境下发生的，语言交流之外存在大量的非语言因素，如交流的时空条件、交流的物理环境、交流者的社会身份特征、交流者的文化背景、交流中对象的共现共享、交流中表情等非语言媒介的同时发生性。从这一意义出发，可以说表情是语言交流中的情境因素之一，手势表情相对更为微观。在一次真实的交流互动过程中，上述的多种情境因素均会同时发生影响性而成为语言交流的背景性因素。因此，手势是一种表情，表情是非语言因素，非语言因素是语言交流的情境因素之一。

现实面对面交流过程中，手势并不是独立存在的表情媒介，实际上，表情媒介更表现为一个综合的系统，以往研究不仅从整体性表情的角度来界定和探查，也从局部表情的角度做了一定的分析。对于整体表情的实验研究可能对于表情认知加工特征的解释，会表现出更好的外部效度，但是很难解释清楚表情中不同成分间的关系；而对于部分表情的实验探查，则表现出更好的内部效度，但是对于现实交流的解释力可能相对变弱。毕竟，在现实语言交流互动过程中，手势表情不可能独立伴随语言发生，面对面交流中不太可能出现仅可以观察同伴手部动作而看不到身体其他部分的情境，因此，以往研究者对于手势交流的浓厚兴趣一定程度上在于，手势表达相对于其他表情因素而言，具有更为灵活的特征和更为积极的表现力，即手势表情的交流显著性更为突出。

从整体性表情出发，表情应该包括语言交流中身体所有可能出现的参与交流的动作，如手势、面部表情（甚至可以做出更为细致的区分，如眼睛、嘴部等）、躯体等，甚至表情也可以更为宽容地包含语言表达的语气。

因此，基于手势表情和交流表情系统的密不可分关系，本章在前面各章关于交流手势认知不同方面探讨的基础上，进一步对其他表情的交流特征做一概括阐述，以与手势表情的交流特征做出对照，便于更为完整地理解交流手势表情的认知独特性，以及作为交流表情系统一部分的一般性特征，同时阐述和展现交流互动中表情认知的丰富性和多样性特征。

第1节　交流语境认知

一、关于交流语境

交流语境是一个有争议性的概念。哲学、语言学和认知科学的研究表明，语言的交流内容并不局限于所说的内容。语境影响交流语言的语义，是语用研究中的一个重要因素，研究者们对交流认知的关注焦点也随着语境认知理解的加深，而逐渐从语义认知引向语用认知。语用认知探讨关注语言使用的意图和功能等方面，语境的内涵和作用并不局限于索引词和指示词的词汇义。一般意义上，在一个交流活动中，语境在一定程度上是交流者之间交流的共同基础（Common Ground）。

从认知的角度来看，交流是一种基于交流者心理状态和共享知识的推理过程。语境的存在和对于交流认知的影响有助于解释语言之外的交流行为，其具有更广泛的交流认知含义。直观地说，语境是交流者认知理解的背景，这种背景是交流发生的前提，具有重要的认知研究意义。事实上，语境是交流研究中不可回避的概念，也是至今研究尚不明确的一个概念。没有上下文的交流语境，就无从谈起交流语言的语用认知和手势的交流特征。

本书在当前的探讨中，并没有期望找到交流语境的最终定义或通过一句话解释清楚交流语境，此处仅对该领域的相关研究情况做出概要性分析，以帮助从不同的角度初步了解交流语境的心理学含义。

如果从对于语境的一种理解性和详细性的定义出发，可以立足于限制性分类的角度看待语境解释：局部解释，语境是当前发生的词汇之前或之后的5个词汇范畴；整体解释，语境包括所有的交流背景或整个交流情境（不仅限于语言本身）。这种解释将语境的具体内涵区分出了句法、语义和语用，但是可能存在的问题是，对不同水平语境因素的解释界限是模糊不清的。尽管该观点对语境的解释一定意义上相对模式化，但一定程度上揭示了一般性交流语境的具体结构。

为了进一步澄清语境的组成成分，García-Carpintero（2007）认为针对于共同基础的解释存在一定不足，无法解释交流语言丰富性的语用特征（仅共同基础无法完全替代交流语境），也掩盖了语言可能存在的多层次、多维度特征，语境包含共享性因素但不局限于此，García-Carpintero强调语境还应包含指令、疑问、惊讶、借口等语言表达的情绪情感特征等。①

值得注意的是，García-Carpintero强调语境应包含说者的情绪情感状态。Marques（2015）又进一步提出交流语境中的个人品位、审美和道德价值观等。②研究者们对于语境的解释存在很大的分歧。交流者的语境可以帮助消除交流语言的歧义，Marques认为交流分歧可以通过非观点语境信息的灵活运用和解释加以解决，而交流者个人独特性语境信息的增强将扩大交流者彼此之间的分歧。Frápolli和Villanueva（2016）认为Marques的观点过于相对化，指出语境的影响主要体现在两个方面：组块建构、模型组织。前者突出强调语境影响规则中的组合原则，这和Marques的观点一致，即强调语境影响的相对性；后者强调组合而成语境的独特、整体影响特征，即强调语境自身对于互动认知的表达性，而不是相对限制性或影响性。③

目前的相关研究主要着眼于分析语境对语义的影响性以及展现丰富的心理现象或认知过程，语境对交流认知影响的一般特征，语境信息在认知中是如何建构和提取的。Mazzone（2011）深入阐述了一个最具有发展性的认知语用学理论——关联理论④，重点分析了关联理论对语言理解中语境建构过程的解释；进而，Mazzone指出关联理论对于交流中特定语境信息的选择机制解释不清，因此Mazzone提出了一个自下而上的语境信息激活图式，该过程和交流目标导向的自上而下的语境信息激活图式相辅相成共同发生。Attardo（2000）较早也注意到了语境信息认知加工过程中的关联性特征，认为关联性是寻找语言理解满意解的过程，他强调关联的本质是溯因，而语言信息提取和运用的认知过程不是简单靠关联性扩展可以完整解释的，这需要考虑和分析关联之外的语境认知加工机制；Attardo认为，这种结合机制可以更好地体现满意解的寻找和辨别过程。⑤

---

① García-Carpintero M. *Bivalence and what is said* [J]. Dialectica, 2007, 61(1): 167-190.

② Marques T. *Disagreeing in context* [J]. Frontiers in Psychology, 2015, 6: 257.

③ Frápolli M J, Villanueva N. *Pragmatism. propositional priority and the organic model of propositional individuation* [J]. Disputatio, 2016, 8: 203-217.

④ Mazzone M. *Schemata and associative processes in pragmatics* [J]. Journal of Pragmatics, 2011, 43(8): 2148-2159.

⑤ Attardo S. *Irony as relevant inappropriateness* [J]. Journal of Pragmatics, 2000, 32(6): 793-826.

二、交流语境认知加工的作用

语境认知角度的探讨，即所谓的交流语境的心理理论，涉及信念、目标、对他人的感知等，然而，交流者加工语境的能力对于理解交流语言有多重要呢？Kissine（2014）①和Cummings（2007）②对此问题的解释截然不同。Kissine认为对话语相关含义提取和解释的策略，存在不同的等级或层次，像“以自我为中心的关联”，属于较低的层次水平，不需要或不涉及交流语境的心理理论。Cumming则认为，交流话语解释高度依赖语言使用者认知和情感的心理状态，进而提出交流者将结合“提取了交流语境心理理论最佳内涵”的语境，对交流语言做出理性的、特定意图的、整体性的解释。Angeleri和Airenti（2014）考察了儿童产生和理解不同形式幽默语言的能力，提出儿童对于交流特定语境或背景的理解使其能够进行幽默性人际互动，尽管其还不具备幽默性语言表达能力。③

探讨语境的认知作用，除了增进我们的理解，对于语境认知观点的概括具有重要的应用价值，一些研究关注了实验语用学领域。Agosta、Henry、Migliaccio、Neuhaus、Miller、Dronkers、Brambati、Filippi、Ogar、Wilson和Gorno-Tempini（2010）分析了词汇学习中语音韵律线索的作用，在自然情境下，学习者必须借助语言情境在一系列的声音中确定词汇含义，并将其与特定的指称对象相联系；发展性研究表明，成人使用夸张性的音高可以引起婴儿注意特定语境中的元素，从而指导其学习；研究还发现，成人处于人工语言的不同实验条件下，显著表现出利用增强的音高作为语用线索。④交流语用学领域关注了话语之间的关联性，认为隐含义关联于当前语言交流的目的性，这种关联性被称为“正在讨论的问题”，交流互动中听者使用语调来标记和强调“正在讨论的问题”，语调是语用解释的重要指标或线索，这涉及语言的不同层次的含义、假设和指代等。

Domaneschi、Carrea、Penco和Greco（2014）分析了语境带来的认知负荷对

① Kissine M. *Pragmatics as metacognitive control* [J]. Frontiers in Psychology, 2014, 6: 2057-2068.

② Cummings L. *Pragmatics and adult language disorders: Past achievements and future directions* [J]. Seminars in Speech and Language, 2017, 28(2): 96-110.

③ Angeleri R, Airenti G. *The development of joke and irony understanding: A study with 3-to 6-year-old children* [J]. Canadian Journal of Experimental Psychology/Revue Canadienne de Psychologie Expérimentale, 2014, 68(2): 133-146.

④ Agosta F, Henry R G, Migliaccio R, Neuhaus J, Miller B L, Dronkers N F, Brambati S M, Filippi M, Ogar J M, Wilson S M, Gorno-Tempini M L. *Language networks in semantic dementia* [J]. Brain, 2010, 133(1): 286-299.

交流语言认知的影响，事实上，认知努力可能会影响假设的激活过程，他们的研究表明，这影响到不同条件句的选择和理解。① Janssens和Schaeken（2013）的研究也探讨了认知努力对交流语言丰富性解释的影响。然而，他们的研究显示，工作记忆负荷并不影响包含"but, so 和 nevertheless"等词汇的语句的理解水平，他们还发现，对语境的观点或理解在语言解释中扮演重要角色，这些语境观点在语言解释过程中起着基础性作用。② Dupuy、der Henst、Cheylus和Reboul（2016）探讨了语境对交流语言不同层次解释的影响。特别是他们重点分析了交流者对于语言中"some"一词的语用解释，重点探查了两个因素：一是实际信息的存在性，这些信息有利于语境背景下语用解释的计算；二是交流语境造成语义和相关语用解释间差异的事实。他们的研究结果表明，促进语用解释的主要因素是对比的关联性，对比会提高基数的显著性。③

Bambini、Bertini、Schaeken、Stella和Di Russo（2016）使用事件相关电位（ERP）电生理技术分析语境在理解两种重要语用现象中的作用——隐喻和参照性歧义。研究在不同的语境下呈现隐喻表述，一种语境促进隐喻意义和参照性歧义的理解，另一种不影响。研究结果显示，两种语境下ERP数据结果显著不同。基于这些数据，研究者认为，支持性的语境信息降低了检索隐喻词汇含义的认知努力；但不会降低随后发生的语用解释过程的认知努力，以保证正确获得说者语言表达的本意。④

张恒超（2017）探讨了语境对交流学习双方的影响。⑤该研究中将交流语境操作性定义为交流中的共享因素特征，进而实验严格控制了交流共享因素条件并做了系统分析，探查各共享因素在交流任务执行过程中的相对作用特点。考虑到参照性交流的典型特征为语言交流，以"共享语言"为核心创设"共享语言、共享语言+对象、共享语言+对象+表情"三种方式，在参照性交流学习情境下比较分析共享因素的影响特征。鉴于学习认知中选择性注意是一个代表性因素和指

① Domaneschi F, Carrea E, Penco C, Greco A. *The cognitive load of presupposition triggers: mandatory and optional repairs in presupposition failure* [J]. Language, Cognition and Neuroscience, 2014, 29(1): 136-146.

② Janssens L, Schaeken W. *But'how do we reason with it: An experimental investigation of the implicature stemming from 'but* [J]. Journal of Pragmatics, 2013, 57: 194-209.

③ Dupuy L E, der Henst V, Cheylus A, Reboul A C. *Context in generalized conversational implicatures: the case of some* [J]. Frontiers in Psychology, 2016, 7: 381-390.

④ Bambini V, Bertini C, Schaeken W, Stella A, Di Russo F. *Disentangling metaphor from context: an ERP study* [J]. Frontiers in Psychology, 2016, 7: 559-573.

⑤ 张恒超.共享因素对参照性交流双方学习的影响［J］.心理学报，2017，49（2）：197-205.

标，在学习任务后安排选择性注意探查任务，同时探查参照性交流学习的效率效果和选择性注意特点。如前所述，交流学习过程是双方认知“冲突—协调”的矛盾运动过程，所以，双方认知和行为协调过程与特征的直观观察方式，是直接比较参照性交流学习中双方的学习成绩，以及双方的选择性注意水平。基于此，研究进一步以双方学习任务的最终成绩为标准，将双方分别分入高分组和低分组，这样，何种共享方式下双方认知协调效率高，可以表现为高分组和低分组成绩间无显著差异，或从交流学习的较早阶段彼此间无显著差异，或从较早阶段学习成绩显著更高，也可能表现于选择性注意水平的差异特点。简言之，该研究拟创设参照性交流学习任务和选择性注意任务，探查语境对参照性交流双方学习的影响特征。

首先，针对参照性交流双方功能预测学习过程的比较，研究发现有两点：第一，共享语言+对象+表情方式下，交流学习者学习效率最高；第二，共享方式间学习效率差异集中表现于低分组的学习效率，共享语言+对象+表情方式下，交流双方的协调水平最高。

研究证实了共享表情显著促进参照性交流学习的效率效果。表情是参照性交流学习中语言交流的重要辅助方式，不同文化和社会背景中的交流者在语言交流中均会自觉通过多样化的手势、面部表情等，提高语言表达的效果和准确性，这甚至存在于先天失明者的交流过程中。随着网络交流手段的出现，即使像非即时同步的视频博客交流，也伴随大量丰富的表情信息传递。表情对于语言交流的促进作用不仅表现于说者的信息传递，也表现于听者的信息接收过程。表情和语言的集成系统理论认为：表情和语言的发生具有相伴性，易于交流沟通的情境，语言相对更流畅，表情也相对更为连贯和丰富，表情的伴生有助于说者准确选择和传递信息，也有助于听者准确甄别和理解信息；反之亦然。除此，表情交流本身还具有不同于语言交流的特征，表情可以传递语言不包含的信息。比如，说者在空间任务交流中，更频繁地使用手势表情来模拟空间特征，并且该信息没有出现在语言信息中，即手势表现出独立的交流特征。儿童解释皮亚杰守恒任务时，要求做出推理，当儿童语言描述容器高度时，手势同时描摹容器的宽度。部分研究也证实了交流中听者理解过程自觉合并了表情信息和语言信息。综合而言，交流中表情沟通的独立性和辅助性，是共享语言+对象+表情方式下高效率学习的重要原因；表情因素对于交流学习高效进行具有促进作用，手势表情的存在和发生有利于学习者对学习内容的归纳概括。

表情对共同理解的促进依赖多种因素：表达的内容、与语义的重叠性等。表情的介入提供了更丰富的学习线索，精确地弥补了语言理解中的各种“裂痕”，使学习和记忆效果相应更好。心理学各研究领域已经证实表情能够传达丰富细致的情绪变化，这包含了交流者在交流中彼此的肯定、否定、支持、拒绝以及期望、鼓励等，这对于交流双方的信息辨别、确认等至关重要。

另外，共享对象表现出不利于语言交流的效率和效果。交流中被试者仅直观描述生物对象，并不能取得好的学习成绩，交流者必须在描述的基础上传达功能推理信息，即语言信息的准确性决定于学习推理的恰当性、合理性，同时由于交流中仅有说者可以观察对象，听者的功能推理完全依赖于描述语言基础上的心理推理加工，这决定了共享语言方式下交流双方对于对象的认知加工程度更深，对象的不可见性决定了说者的描述语言更为详尽，以利于听者准确表征对象，并对功能做出正确辨别和判断。可以说，当彼此共享对象因素时，语言简单化易导致功能知识推理及表述的相对不足，进而阻碍功能学习效率效果，即学习效率效果依赖于生物感知特征的准确推理，任务中功能的隐晦性决定了学习效果并不因共享对象因素的介入而提高，相反，共享对象因素的加入相对削弱了语言表达的丰富性、完整性，因此，学习效果反而显著不如共享语言方式。

其次，针对参照性交流双方选择性注意的比较，研究发现：共享语言方式和共享语言+对象+表情方式下被试者的选择性注意水平显著更高，高分组被试者的选择性注意水平显著更高。

参照性交流的顺利进行依赖于双方行为的协调，行为协调以驱动行为的注意、意图、信念等的认知协调为基础。在学习认知中，注意的作用尤为重要，学习认知过程涉及感知、记忆、思维等方面，这都离不开注意的警觉性、选择性和保持性，注意功能减弱，无关信息就会进入意识中，学习效率效果相应降低；高分组被试者的选择性注意水平显著更高，与已有研究结论和理论一致，证实选择性注意是学习认知中的重要评价指标。参照性交流学习中，语言可实现对双方注意的直接指导，以往研究指出交流中形成的语言参照惯例可以直接指导双方学习中的共同注意；特定的语言表述代表特定的共同注意，语言的变化直接诱发共同注意的转移。研究结果一方面证实：共享语言+对象+表情方式，相比共享语言+对象方式，交流学习者选择性注意水平更高，这缘于表情中多种因素对双方共同注意的引导。交流者眼睛注视特征能够触发彼此的注意转移反射，是注意的良好外部线索，当说者描述时或听者接受指导时，通常先注意对象的相关特征，和语言对注意的引导不同，眼睛注视引导注意可以不依赖精心的认知加工而自觉发生。手势也参与注意引导，如上所述，手势表情在参照性交流过程中不仅辅助语言表达，也具有独立的交流特征，可以引导同伴的注意变化，这依赖于同伴对于手势的即时捕捉和理解。手势对注意的引导同时成为听者解释语言的反馈，有助于甄别语言歧义，减轻语言推理的认知努力，这也表现于现实教学过程中的生生合作学习过程，以及课堂教学中教师手势对于学生注意的引导和知识传递。

研究结果也再次证实对象因素的加入降低了学习者的选择性注意水平。共享对象直接影响语言的表述，对象的直观性和可视性降低了语言加工的推理性和深度，相应弱化了语言对注意的指导作用，这既表现于说者的语言生成过程，也表现于听者的语言理解过程，使得语言更为简单化。而该实验条件下，语言对注意的指导是集中于感知特征背后的功能推理，因此，共享对象介入后感知特征的信息干扰相反降低了双方选择性注意水平。简言之，共享对象时，交流者更多分散注意于对象的感知特征，同时由于对象共同可视，语言加工相对更为浅表，不利于推理对象隐含的功能知识。

总之，特定语境下的交流认知反映了从脑加工到社会互动、语言实际应用（语用）的一系列复杂过程，交流语言的语义研究到语用研究反映了研究者对于哲学、语言学、认知科学、认知神经科学多领域知识、方法和理论建构的尝试探索以及综合整合运用。

第2节　整体性表情影响交流语言认知

一、交流互动的核心媒介——语言

交流界定了日常人们在人际互动中的方式与功能，即围绕特定的交流目的和问题，人们做出针对性的信息、观点沟通和反馈，实现交流对象的描述、辨别、归类和定义，从而依据交流要求进行操作和处置。交流的典型特点表现于：语言媒介核心性、同伴特定性、目的共同性、人际互动性以及集体奖赏和个人责任共存性。交流活动中的双方分为语言指导者和任务操作者，指导者有责任将拥有的信息传递给同伴，任务操作者有责任解码交流信息并以此为参照，做出符合交流双方共同意图的行为操作。

交流中语言的核心媒介性使其成为研究的焦点之一。从交流语言认知角度而言，交流过程是交流者语言解释对象和彼此传递思想、意图的过程，即语义沟通过程（语义性）；同时，完成共同的交流任务并实现共同的交流目的，即语言功能实现过程（语用性）。当前，交流语言加工研究中两个方面的问题相对突出：一是交流语言内容或信息特征，二是交流中非语言因素（如表情）和语言认知之间的关系。换言之，交流认知包含了交流语言认知和非语言认知两个方面，语言认知特征体现在交流语言互动过程之中，而非语言认知特征体现在非语言因素的认知加工过程之中；在同一交流互动过程中，两个方面彼此关联。这实际上是同一个问题的两个方面，因为现实交流和实验室交流中，不存在纯粹的单一语言交流情境，所以，交流语言认知的探讨离不开交流语境特点。

（一）关于交流语言内容或信息特征

交流语言和个人私语不同在于交流指示性，其目的是在交流者之间传递基本语义和彼此的思想，以针对性解决交流问题。著名学者Grice针对交流语言的内容特征，提出了目前理论界和研究领域中的经典理论：交流语言信息规则（Grice's Quantity Maxim）。在此，本书将其直观示例为表10.1。

表10.1 Grice's Quantity Maxim

规则1：语言信息量	规则2： 语言信息内容	规则3： 语言信息关系	规则4： 语言信息表达
以交流需要为标准提供信息（避免信息不足）	不说你认为错误的内容	交流语言应具有关联性	避免表意不明
不应超出交流需要（避免信息过多）	不说你缺乏证据的内容		避免歧义 简洁 有逻辑

Grice的交流语言规则基于交流互动合作关系，认为交流合作关系和交流质量依赖于交流中彼此对于交流语言规则的遵循，该规则不仅提出了语言信息特征，而且有助于交流隐含义的共同理解，反之，交流者违反语言规则将会出现互动关系的不协调，相应出现言外之意。从表10.1中交流语言信息量规则来看，“避免信息不足和避免信息过多”从根本上是强调交流中相对于交流对象而言语言内容应体现出“恰当性”，也就是说，既不缺少也不多余。

然而，以往的研究却在交流语言信息量的解释中存在分歧，一种观点认为，交流语言从互动性和合作性角度出发，重点应体现信息共享性和同伴特定性特征，即交流语言不仅是自我认知的媒介，而且是共同交流基础建立的重要手段，因此交流语言是对象的一种精心解释和推理，精心解释中可能包含一定的“赘余”信息，但可以在互动中为彼此提供多种理解线索，详细的语言描述还有助于消除彼此间的互动歧义；研究者进一步指出这种精心的语言认知加工过程并不需要同伴额外的认知资源来推理说者的心理状态。另一种观点认为，交流语言不是在一个绝对自由和单纯的情境中发生的，语境信息有助于语言交流和理解的易化，因此相对特定对象而言，交流语言可能并不是非常准确和精细的，同时交流者不倾向于精心解释对象是出于对同伴无关性推理理解的抑制，现实交流中语言和非语言信息的比较性推理是人们的一种习惯性思维过程。同时，交流情境中的非语言因素和线索为交流语言提供的信息参照和认知反馈，是一种非策略性的无意识认知过程，有助于降低交流语言加工的努力性，以及交流认知资源的节省。

概括而言，尽管存在交流语言内容的研究分歧，但是似乎有一点是明确的，交流语言若绝对恰当表达交流对象是一种相对理想的假设，现实交流情境多样而复杂，人际互动过程也灵活且富于变化性，交流语言在一定程度上将受其影响。同时，交流语言是一种动态语言，是交流者彼此之间思想联系和认知碰撞的一种表现，随着交流时间进程的发展，交流语言将可能表现出即时性的调整和变化，因此，交流语言认知评价不适合采用一个静态的孤立标准。

（二）非语言因素和语言认知之间的关系

从语用观点出发，交流语境限制了语言发生和理解的过程。如交流者人格特征、社会身份、交流时空条件等。O’Carroll、Nicoladis和Smithson（2015）在研究中同时控制了外倾性和内倾性、表情可视交流（任务前半期）和不可视交流（任务后半期）两个变量，分析这两个变量对于交流语言的影响，结果发现外倾性被试者交流语言信息总量显著更多，并且交流前半期中交流者面对面交流时语言显著简洁高效，后半期在隔板分开交流中语言更为完整和详尽。① Graziano和Gullberg（2013）分析了手势表情对于交流语言的影响，发现易于用语言交流的任务中，手势自然连贯，语言也流畅完整；难以用语言交流的任务中，手势混

① O’Carroll S, Nicoladis E, Smithson L. *The effect of extroversion on communication: Evidence from an interlocutor visibility manipulation* [J]. Speech Communication, 2015, 69: 1-8.

乱不自然，语言也模糊无条理。[①]Arnold、Kahn和Pancani（2012）创设了特定物品摆放任务，在面对面交流中安排同谋听者有意识地做出特定的手势反馈，当同谋操作者（听者）在被试者语言指导前就预先拿起了相应特定物品时，说者的交流语言显著快速且简洁。[②] Brennan、Chen、Dickinson、Neider和Zelinsky（2008）通过眼动仪控制交流双方彼此眼睛注视的共享性，在“O-in-Qs”视觉搜索任务中发现注视信息促使交流语言的简化。[③] Vesper、Schmitz、Safra、Sebanz和Knoblich（2016）研究采用屏幕相应对象的同步移动任务，也发现任务中无法同时观察同伴屏幕条件（hidden condition）下，交流语言表述更为复杂，可以观察条件（visible condition）下，交流语言表述相对片段化、简约化。[④]

关于表情（面部、手势、注视等）共享性对于交流语言的影响，研究者认为源于表情的交流性特点，表情和语言同为交流媒介，彼此相互作用和影响，日常交流中典型表现为表情和语言交流的共同发生特点。而交流对象共同可视性对于语言的影响源于感知特征的直观性，但是这种直观的呈现性相对于交流互动过程而言并不具有交流性。

二、整体性表情对交流语言认知的影响

（一）整体性表情对交流学习双方语言准确性的影响

张恒超（2018）探讨了整体性表情对交流学习双方语言准确性的影响。[⑤]研究考虑到先前研究的两点不足：一是交流语言最大的特征是互动性，而互动性需要借助交流时间进程而逐步展开，这也是交流双方认知“冲突—协调”过程的体现。以往的研究从交流语言认知研究的便利性和控制性出发，倾向于采用较为简单的交流任务，例如，视觉搜寻任务、卡片匹配任务、屏幕相应对象的同步移动任务、特定物品摆放任务等，这不利于在时间进程上分析交流语境对于语言的

---

① Graziano M, Gullberg M. *Gesture production and speech fluency in competent speakers and language learners* [J]. Tilburg Gesture Research Meeting (TiGeR) 2013, Tilburg University, 2013.

② Arnold J E, Kahn J M, Pancani G C. *Audience design affects acoustic reduction via production facilitation* [J]. Psychonomic Bulletin & Review, 2012, 19(3): 505-512.

③ Brennan S E, Chen X, Dickinson C A, Neider M B, Zelinsky G J. *Coordinating cognition: The costs and benefits of shared gaze during collaborative search* [J]. Cognition, 2008, 106(3): 1465-1477.

④ Vesper C, Schmitz L, Safra L, Sebanz N, Knoblich G. *The role of shared visual information for joint action coordination* [J]. Cognition, 2016, 153: 118-123.

⑤ 张恒超. 交流语境对学习双方语言准确性的影响［J］. 心理发展与教育，2018，34(5): 523-532.

影响。二是以往研究通常将交流双方作为一个交流个体进行研究，若将交流双方作为两个个体进行比较分析，更有助于分析交流语言互动性或者交流双方语言认知协调性特点。进而该研究创设了长时间交流学习任务，并将交流全程标准化为10个阶段，通过记录交流者交流全程的语言内容，以即时语言分析为基础，在交流全程中分析交流语言的准确性；以整体性表情作为交流互动中的变量因素（面对面交流、非面对面交流），同时将交流双方作为两个个体，比较分析交流过程中彼此语言准确性的一致性特点。另外，考虑到交流语言的情境约束性，研究在交流学习任务后安排了连续进行的个人迁移任务，通过比较交流阶段10的语言准确性和个人迁移任务中认知理解的准确性，进一步分析语言认知对于交流认知的代表性特点，以及表情媒介的影响特征。

具体而言，语言是交流互动的核心媒介，但不是唯一媒介，因而交流学习任务中语言信息的准确性可能不完全代表交流信息的准确性，即交流语言认知可能不完全等同于交流认知，如上所述，同语言交流意识性和策略性特征不同，交流者对非语言媒介和线索的利用具有无意识性和非策略性特征，其认知意义不仅在于交流认知资源的节省性，更重要的是其辅助甚至弥补语言信息交流的不足。基于此，实验在交流学习任务后安排个人迁移任务，一方面，通过将交流阶段10的语言准确性和个人迁移任务中认知理解准确性进行比较，展现交流语言认知对交流认知整体的代表程度；另一方面，在控制条件下对照性呈现交流语境中“表情可视性”对语言认知代表性和交流认知的影响性质和程度，以及对交流双方的不同影响特点。这有助于进一步具体理解交流语言认知、交流表情认知和交流认知的复杂性、丰富性。最终该实验研究结果显示：仅语言交流时语言准确性水平最高，表情可视性降低了语言准确性水平。结果表明：语言认知不完全代表交流认知，表情可视性辅助语言共同提高交流认知水平。

交流语境中表情降低了语言准确性水平，支持以往的研究所发现的表情因素的存在导致语言简洁化的结果。交流情境下的语言经常是不准确的、模糊的，这使得彼此互动中消除语言歧义以解码彼此的交流意图成为一种必要。然而，在许多情况下，语言交流模式之外的表情互动认知过程能支持语言的意义协调过程，同时保存彼此交流心理推理所支付的认知资源，即交流认知和行为协调模式提出的交流语言认知负担被以不同的方式分配给交流双方，之后交流者借助交流背景的外部限制来减轻交流语言产生和理解过程中的认知重担，而不是不断诉诸于语言交流的沉重资源需求和意识性推理过程，反之，如果没有共同背景的支持，交流者将求助于更复杂的认知过程，这使得交流认知协调过程更加困难。表情交流互动过程影响交流语言内容信息特征，即促进交流语言的简约化；由于表情不仅辅助语言交流，本身也具有交流性，因此表情可视性降低了交流语言准确性的绝对水平，但同时提高了交流认知整体水平。

作为交流核心媒介，语言认知加工过程是一个策略性、意识性调整过程，交流者典型使用的语言互动策略是换位思考，即彼此语言互为参照和反馈，交流者通过考虑同伴的心理状态构建言语过程，随着交流进程的发展，彼此语言共享性水平和准确性将不断提高。语言准确性的提高缘于交流互动中彼此逐渐提高的动机水平和思维启发性。在表情可视性因素介入语言交流互动过程后，表情尽管不同于语言媒介的表达方式，但交流互动中两者通常相伴发生，能够从不同的角度配合表达关联性的交流信息，交流的“共同范围模型（The Interface Model）”指出，表情和语言分别基于行动发生器和信息发生器而产生，两者计划、启动以及支配的发生机制不同，但彼此限制沟通和相互作用。[①]交流中表情配合语言交流，但不是语言的附属品，特定交流中表情经常先于语言发生，起了激活语言发生和理解的作用，并且表情具有相对独立的交流性，可以表达语言之外的隐含义。当交流互动开始后，交流双方间对于语言和表情媒介的利用特征呈现出此消彼长的相互作用关系，随着交流进程的不断发展，交流者对于表情媒介的利用程度越来越高，而相对降低了语言媒介的沟通作用。和语言交流不同，表情等非语言媒介的交流过程更体现为一个非策略性和非意识性过程，是一个相对自动触发的互动作用过程，交流中对于非语言媒介的高效利用有助于交流认知的节省性。

简言之，表情因素由于具有交流性，其对交流语言准确性降低的影响恰恰代表了交流者对于表情媒介利用性的相对提高，因而其在降低语言认知水平的同时，却促进了整个交流认知水平的提高。表情媒介可以促进交流认知水平的提高，交流语言认知是交流认知的一个代表性指标，其在交流认知中的具体作用取决于交流语境中非语言因素的认知特征以及语言、非语言因素之间的相互作用特点。口头语言的认知显著性和理解程度随着交流语境的不同而不断变化，在特定交流情境中，当存在大量非语言因素时，语言的交流性相对显著弱化，表情因素因具有交流性，因此带来语言认知弱化的同时弥补了语言交流的不足，最终导致

① Kita S, Özyürek A. *What does cross-linguistic variation in semantic coordination of speech and gesture reveal? —— Evidence for an interface representation of spatial thinking and speaking* [J]. Journal of Memory and Language, 2003, 48(1): 16-32.

交流认知整体水平的显著提高。

（二）整体性表情对交流学习语言内容的影响

围绕着交流互动中语言、非语言因素的探讨出现了大量的文献。影响交流语言认知加工的一个主要的非语言因素是“交流表情”，有研究整体上以“同伴可视性特征”来操作性定义表情变量。研究证实在“真人交流互动情境下”交流语言中包含了丰富的交流经验信息，交流者对同伴的表情细节或肢体中的细微动作显著更为敏感。近年来，以单一手势表情作为变量的研究不断出现，当人们语言交流中使用手势的时候，手势一方面可以揭示一些语言中不能明确传达的信息，另一方面具有独立的交流特征，可以在某种程度上降低语言加工的认知负荷。交流中语言和手势媒介的关系形成了两种观点：一种观点是语言和手势表达形式不同，但彼此传达的交流信息是相关联的，支持了“相互作用模型”。另一种观点是手势对于语言认知的促进和配合，表现在手势交流的相对独立性，支持了“词汇性手势生成模型”。认知实验中眼动仪的采用，使得注视因素的控制成为可能。尽管“语言优势假说（Speech Advantage Hypothesis）”认为交流中语言因素相对于非语言因素具有交流协调优势；然而，注视优势假说（Gaze Advantage Hypothesis）认为交流语言有时是模糊的，并且语言本身需要耗费时间展开，潜在地产生了一个“语言弊端”。但是现实中仅依赖注视沟通的沉默交流不是普遍现象，而且“共享注视”依赖于实验眼动仪的使用，简言之，共享注视的实验研究对于交流情境自然性的限制过于“苛刻”。影响交流语言认知加工的另一个非语言因素是交流中“对象的可视性”。当前较一致的观点认为，对象感知特征为双方共享时，交流语言倾向于显著简化，但是，对象感知特征由于不具有交流性，因此语言的简化导致交流者间交流认知和行为协调水平降低，协调过程显著变长。

综上，关于语境自然性对于交流语言认知影响特征的探讨，从根本上与研究的具体实验情境、任务特征和研究目的密切相关。张恒超（2018）进一步探讨了整体性表情对交流学习语言内容的影响。[①]从前面的分析可见，首先，就实验中交流任务特点而言，即时任务和长时任务均有其研究的现实意义，研究同时借鉴

---

① 张恒超．语境自然性对交流学习语言内容的影响［J］．西南大学学报(自然科学版)：2018，40(12)：155-162.

两种任务类型的特点，设计长时间交流学习任务，同时，记录分析交流全程中的即时交流语言。其次，交流情境中包含了众多的语言和非语言因素，研究在以往研究基础上，以语言交流为核心，不断增加“对象可视性”“表情共享性”，创设交流情境自然性不同的三种交流方式。总之，研究拟变化交流情境的自然性特征，创设长时间交流学习任务，探查语境自然性对交流学习语言内容的影响特点。

首先，研究发现，随着交流情境中非语言因素的递加或者交流语境自然性的不断提高，语言内容的信息显著减少；在交流初期语言内容信息更少，增多后随交流进程而递减。

研究设计的一个特色在于，以“交流语言”为核心，系统递增非语言因素，结果证实交流情境下，非语言因素的增加对于交流语言的影响是显著的——语言内容信息显著递减。以往研究者指出交流任务中交流者倾向于最小化他们的合作努力。研究结果从因素变化的角度证实了该观点。但是，对象的可视性并不具有交流特征，因此语言信息的显著减少并不代表交流学习效率效果的显著提高或者不变。相反，表情介入表现出的语言信息减少不代表交流学习效率效果的降低，表情因素应当促进交流语言认知。以往研究者们提出了交流认知和行为协调过程中的“最小合作努力（Least Collaborative Effort）”规则，认为交流中双方需要不断根据交流情境特点评估某种信息是否是交流的共同基础，并考虑如何使得该信息成为共同基础的一部分，交流者对于交流情境多种信息的追踪是重要的，因为当交流情境缺少某种信息时，交流者可能必须花费更多的时间和努力来建构交流基础。

研究结果显示语言信息随着交流时间进程出现：在交流初期语言内容信息更少，增多后随交流进程而递减。这证实了语言加工决策的“两阶段模型（Two-Stage Model）”，并没有支持“基于限制的语言加工理论（Constraint-Based Theories of Language Processing）”。“两阶段模型”认为，交流语言最初加工是自我参照的，随着交流进程的发展而转变为与同伴的共享性参照。“基于限制的语言加工理论”认为，交流之始，交流语言认知过程即表现出与同伴的共享参照性。针对该研究结果，具体而言：第一，在交流之初，交流者对于陌生的虚拟材料不熟悉，对于对象的注意范围相对狭窄，表现为语言描述对象特征的不完整性。第二，交流之初，交流双方彼此陌生，只能先以自己的知识为参照，将自己对于生物功能的假设向对方传达，这一试误过程表现出认知的相对保守性和经济性，因此语言内容相对不多。第三，该研究创设的交流学习任务相比以往研究的交流任务相对更为复杂，交流之初，交流者难以完整直观理解和掌握交流中的信息内容。具体而言，研究中的交流学习任务共包含10个标准化的阶段，经过学习阶段1中的多次互动后，从学习阶段2开始，语言内容出现稳步递减的特征。这一方面可能在于交流双方随着交流时间进程的发展，逐渐清晰地理解与功能有关的维度信息，并排除与功能无关的维度信息。另一方面，也可能在于随着交流进程的发展，双方对于交流中非语言因素的利用水平显著提高而导致语言内容逐渐简单化。

其次，研究发现，从交流语言内容中无关信息分析来看，共享对象对于语言中的无关内容没有影响，但是共享表情因素则显著促进语言认知加工的准确性水平。

一方面，交流语言中无关维度信息少，代表了交流者在功能学习中对于与学习无关信息的忽视或抑制；与上述语言内容信息整体结果的比较来看，上述结果未出现于共享表情和对象语言交流方式下的无关语言内容中。同时，交流学习全程中，所有学习阶段下共享表情和对象语言交流方式下语言中无关信息显著更少，这可能在于表情因素的介入极大地促进了语言交流的效率效果，双方认知的协调效率更高、过程更短。在交流学习初期，交流双方可能就已经完成了语言中无关内容认知由“自我中心参照”向“与同伴共享性参照”的转换，这正是表情因素促进了语言交流效率效果的表现之一。总之，结果证实了表情因素有助于促进交流语言认知加工水平，该研究实验条件下具体表现为提高了语言准确性。这与以往交流表情的研究发现是一致的。

另一方面，语言交流方式与共享对象的语言交流方式中，学习初期语言中无关维度内容显著更少，之后表现出显著稳步递减的趋势；所有学习阶段下，两种方式间语言中的无关维度数量无显著差异。该结果对以往的研究发现做出了进一步补充和丰富：一是从交流语言内容的整体来看，交流对象的可视性或共享性使得交流语言内容相对简化。二是这一简化过程不发生在无关维度内容上，而是简化了与功能有关维度的语言内容。以往的研究发现，交流情境中对象的共同可视性，将弱化交流语言加工，从而使得双方认知和行为的协调过程显著变长，原因在于对象可视性不具有交流性，双方对于可视对象理解的协调性或一致性最终还要依赖于语言和其他非语言信息的交流互动过程。但该研究的实验结果可以在此基础上进一步说明，对象可视性对交流语言的不利影响具体表现在弱化了交流双方对对象有关维度信息的语言沟通和理解。总之，针对对象可视性或共享性对交流语言整体内容和无关维度内容的影响性差异，可以看到，与语言交流相比，共享对象的语言交流弱化了语言中与学习有关的内容，而有关内容涉及学习的正确性和理解的完整性。同时，没有显著影响语言中的无关内容，又表明对象可视性并不会促进学习中语言的精确性水平，综合而言，该研究实验条件下，交流对象的可视性对于交流语言认知加工过程表现出阻碍性；支持交流情境中对象的共同可视性弱化交流语言加工的观点。

总之，该研究通过创设交流学习任务，根据交流语境自然性特征，设立三种交流方式——语言交流、共享对象的语言交流、共享表情和对象的语言交流，探查了语境自然性对交流学习语言内容的影响。结果发现：随着交流情境中非语言因素的递加，交流语言内容显著减少；结合语言中无关信息的分析，对象共同可视性阻碍了语言认知过程，整体性表情因素显著促进语言认知加工的准确性。证实：交流语境的自然性影响交流语言认知加工过程。具体而言，非语言因素（对象可视性和表情可视性）促使交流语言内容减少，但对象可视性对于交流语言认知产生阻碍性，而整体性表情对交流语言认知产生促进性。

基于上述可以看到，交流语言认知过程相对复杂而表现多样，一定程度上缘于交流语境的特定性和多样性，这为实验研究带来了困难性并提出了更高的要求，单一的因素控制实验不能完整展现交流语言认知和交流认知的丰富性，未来研究应当在保证实验研究内部效度的前提下，力求提高实验情境的自然性和现实性，这才有助于更为深入和真实地观察交流语言的特定语用特征，比如，现实教学情境下教师语言“教”的过程中交流语言的认知特征，学生“学（合作学习）”的过程中交流语言的认知特征等，更进一步还将涉及“教与学语言交流”中更为复杂的情境认知特征，像面对面的交流、远程多媒体交流等。另外，尽管交流语言认知和个人语言认知间的差异明显，但交流语言认知过程也涉及认知的不同层次，如感知、注意、记忆、思维，甚至个性等，因而，未来研究需要从多种研究思路出发，广泛扩展研究设计，立足于不同的子加工过程来完整理解交流语言认知和表情认知的具体特征。

第3节 瞳孔变化对交流认知的影响

一、面部表情加工的个体差异

在现实生活的许多交流情境中，人脸识别对交流认知加工是至关重要的，甚至如目击者的识别、护照或身份证的检查。在这些任务中所涉及的能力至少有三方面：感知陌生面孔的身份的能力、学习新面孔的能力，以及识别熟悉面孔的能力。先前的研究显示了这些能力的个体差异。

感知和识别面孔身份的能力对于目击者识别、护照识别的现实生活任务都是至关重要的。以往的研究表明，这些任务揭示了正常人群的一般能力，并且训练和经验不会改变这一能力。因此，该能力个体差异的起源和性质成为一个既有理论意义又有现实意义的问题。

在基本理论方面，理解人脸身份识别的一个关键问题涉及它被视为一个统一过程的程度。面孔识别已经被认为是非单一的认知方式，涉及感知和记忆个体面孔身份，以及在熟悉和陌生面孔加工之间的差异等。这两个方面已被纳入广泛讨论的实验范式、标准化测试和认知模型之中。

先前的许多研究集中在个案研究方法上，如脑损伤后认知能力的损害。在这些研究中，对熟悉和陌生面孔身份加工的个体差异是显而易见的，影响不熟悉面部匹配的神经心理过程和熟悉面孔识别的神经心理过程，表现出了一些研究中的分离性特征。同样，从神经心理学的角度，新面孔学习的重要性是显而易见的，对交流互动认知的发展变化也极为重要。标准化测试的发展，促进了个体差异分析的方法，研究者们关注了陌生面孔身份的感知、人脸记忆等。

McCaffery（2018）研究了面孔身份加工各个方面的个体差异，使用“The Glasgow Face Matching Test”探查陌生面孔的感知，使用“The Cambridge Face Memory Test”探查新面孔的学习，使用“The Before They Were Famous Task”探查熟悉人脸的识别。这些方法被整合到两个研究中，研究面部加工和其他任务之间的关系。[①]在这两项研究中，三个面孔身份任务之间的结果显著相关，表明存在某种程度的共同机制。在研究一中，使用了一个小的样本，以探讨不同的面部测试之间的相关性，而在研究二中，使用了一个更大的样本，加入了面部知觉、视觉感知、

① McCaffery J M, Robertson D J, Young A W, Burton A M. *Individual differences in face identity processing* [J]. Cognitive Research: Principles and Implications, 2018, 3(1): 21-35.

认知能力和人格因素等附加内容，在更广泛的背景下探查了个体差异。

实际上截至目前，各研究结果都是相对零散和参差不齐的，如研究发现不熟悉面孔识别的测试成绩与目标匹配能力相关，和场认知风格相关，并与空间感知能力有关。外向性和移情的人格特征被发现与陌生面孔识别能力呈正相关，而焦虑和神经质人格特征与陌生面孔识别、陌生面孔匹配呈负相关。

综合而言，应该注意交流人际互动中交流者彼此之间对面部表情的识别，对交流认知的发生发展具有影响性，而这一影响性可能更为灵活多变，如受年龄影响、人格特征影响和文化交流习惯的影响等。未来需要在交流互动情境中，针对性地用实验控制和操纵面部表情变量，以观察表情认知对交流认知的具体影响特征。

二、瞳孔变化特征影响交流认知

交流中通过观察他人有意或无意的身体信号，可以推测其内部心理状态，这是社会认知的一个重要方面，有助于为形成一个健康积极的社会互动提供建议。在社交活动中，我们首先关注的是对方是否注意到了我们。这个技能从人出生那一刻便出现了。当我们发现有人专注看着我们时，我们将无意识地感知其瞳孔的大小。瞳孔大小的变化是由自主性神经系统调节的，我们无法主动控制，但可以反映持续性的认知努力、社会兴趣和注意、惊奇或不确定性，以及唤醒与之匹配的情感认知。正是因为瞳孔变化是无意识的，他们提供了一个人内在状态的真实反映，从而成为一种特别的交流信息源。

在一项早期的研究中，Hess（1965）通过向一群男人展示2张迷人的年轻女子照片，其中一张瞳孔很大，另一张很小。尽管被试者没有意识到这一细节，但均表现出喜欢大瞳孔的女性，认为她比小瞳孔的女性“更女性化”“更漂亮”“更温柔”。[①]然而，这种来自大瞳孔的积极的社会印象是否像人类微笑一样是天生被理解为积极的呢？或者是基于社会性学习获得的呢？这至今尚没有得到准确的解释。

关于瞳孔的交流特征有两种可能性。首先，对一个有大瞳孔的人进行正面评价，有可能是在社会互动中通过交流经验和曝光程度，不断反复尝试学习而来的。其获得机制可能类似于潜在的种族、群体偏见的获得过程：人们更喜欢加入

① Hess E H. *Attitude and pupil size* [J]. Scientific American, 1965, 212(4): 46-54.

和自己相似的群体，少与不同群体的人接近，因为他们没有反复接触不同群体人们的亲近感，所以消极经验和印象便随之产生了。与此过程相似，人们可能在反复的社会交流互动接触中逐渐建立起大瞳孔与信任、关心、受注意等积极认知之间的关联性，这源于其与人际交流同伴之间多次互动的积极经验。其次，可能将喜欢、信任的人和大瞳孔建立联系，源于天生的能力，就像当人们注视我们时，我们也倾向于自觉正视其眼睛的行为一样。

眼睛对于交流非常重要。眼睛周围的肌肉表达情感状态，瞳孔大小表示一个人是否被唤醒、警觉、厌烦或疲劳。瞳孔大小经常是一个被忽视的社会性交流信号，但很容易被观察者发现。观察者自己瞳孔大小的反馈，体现了其社会性的印象。在行为研究中也发现，要求被试者在脸的轮廓图中绘出眼睛时，被试者以大瞳孔表达快乐的情绪，而以小瞳孔表达愤怒的情绪。Kret（2018）的一项研究对579名年龄在4~80岁的被试者进行了探查，并分析大（小）瞳孔和正面（负面）印象之间的联系，以及随着年龄的增长而发展的特点，具体而言，在实验中向被试者展示了快乐和愤怒的两张脸部线条画。这些线图的眼睛中没有瞳孔，要求被试者画出来。[①] Hess（1975）的早期研究发现，被试者在快乐的脸上画大的瞳孔，在生气的脸上画小的瞳孔。[②] Kret（2018）的研究结果进一步发现个体将大瞳孔和关心、兴趣和注意相联系，而将小瞳孔做相反的解释，研究证实，瞳孔的大小和情感认知相联系，这种联系随年龄的增长而不断发展。

图10.1　Kret（2018）实验材料示例

当我们说某人的眼睛是软的或硬的，明亮的或晦暗的，冷的或暖的时，我们在大多数情况下仅是针对该人眼睛的某一个方面的特征——瞳孔的大小。大的瞳孔通常被认为是正性的，而小瞳孔被认为是负性的。从发展的角度来看，Kret

① Kret M E. *The role of pupil size in communication. Is there room for learning*? [J]. Cognition and Emotion, 2018, 32(5): 1139-1145.

② Hess E H. *The role of pupil size in communication* [J]. Scientific American, 1975, 233(5): 110-119.

（2018）认为这种联系有可能是习得的，而不是天生的，比如，当不同年龄的被试者在画出快乐和愤怒脸上的瞳孔时，总的来说，与愤怒的脸相比，被试者在快乐脸中画的瞳孔更大，有趣的是，在快乐和生气的脸上，瞳孔大小的差异性随个体年龄的增长而持续增大，儿童被试者中无显著性差异。

针对瞳孔变化特征对交流认知影响性的探讨，以下几方面值得研究者们关注："大瞳孔"和"积极状态"，"小瞳孔"和"消极状态"之间的联系；为什么这些联系会随年龄增长而持续加强；为什么Kret（2018）发现年龄效应主要出现在愤怒情绪下，即随着年龄增长被试者所画的瞳孔尺寸变小。大瞳孔整体上被认为更积极和小瞳孔被认为更消极，可能是因为大瞳孔是婴儿的典型特点（人们所拥有的"婴儿图式"，儿童往往比成人有更大的瞳孔，关联于其天真的品性），所以人们把大瞳孔与无害性相联系。另一种可能的解释是，人们处于积极状态时，经常表现出大瞳孔，反之亦然。瞳孔大小变化受交感神经和副交感神经系统支配。特定情境下瞳孔放大是由身体努力（如举重）或心理努力所引发的，这些任务中包含了高工作记忆负荷。此外，情绪唤醒也反映在瞳孔的大小方面，与交感神经活性和去甲肾上腺素的水平有关。然而，最初的瞳孔特征可能和生理过程有关，实际上刺激属性，如颜色变化、空间结构变化或连续性运动等，也会导致瞳孔收缩，甚至瞳孔大小还可以表示疲劳状态等。因此，仅凭人们的瞳孔大小，很难完全说出他们思想状态的积极或消极特征。但如果有特定的交流背景信息，则有可能解释清楚该问题，在交流互动过程中，瞳孔线索可能具有特别的社会意义。

先前的研究表明瞳孔大小在社会人际交流过程中确实起作用，例如，大瞳孔和感知的积极状态相联系，并且这种效应在社会人际交流互动中将进一步加强。相反，被限制交流互动的同伴的瞳孔将传达出一种消极的印象。一种可能是，瞳孔变化和其神经机制将直接或间接地为大脑中的高级心理过程提供反馈。很可能大瞳孔传递了积极互动的信号，交流互动同伴也因此被激发，兴趣和注意水平相应提高，进而提高彼此信任性的亲社会行为或交流合作的积极性。小瞳孔则表示交流互动同伴疲倦、悲伤或厌烦的心理状态和情绪，容易激发合作中的退缩行为和心理。有确凿的证据表明，这与副交感神经机制的作用有关。事实上，一项研究结果表明，当瞳孔大小和心理状态不匹配时，大脑中杏仁核等的生理变化特征也显著不同，这表明在具体的社会交流互动中人们的认知会不断地评估"瞳孔大小和心理状态的匹配特征"，这一变化特征可能预示着社会交流互动中人们社会性动机状态的变化和转移特征。①

发展性的研究文献已经证实，与社会性有关的心理结构和活动模式在成年期还是不断发展的。瞳孔表达和识别模式已经出现在6个月的婴儿中②，此时的瞳孔模式可能是天生的，也可能是通过模仿亲人而习得的，比如通过关注父母、兄弟姐妹等而习得，潜在理解亲人的大瞳孔表示爱、关心和注意，而小瞳孔则相反；如果是这样的话，瞳孔模式将得到后天影响的加强，进而随年龄的发展而不断发展。儿童可能对父母的情感线索更敏感，比如在与前语言期儿童的交流中，儿童就已经学会注意父母的情感线索了，这也将是未来瞳孔表情研究中一个有趣的值得进一步探讨的方向。

Kret（2018）的研究表明，年龄效应主要表现在对于愤怒情绪下小瞳孔模式的识别。快乐情绪下年龄效应不显著。这个结果与先天性因素无关，先前的研究已经表明，相对于年幼的人，年长的人对于积极信息的记忆效果显著优于消极信息。例如，与年幼的人相比，年长的人直接向积极表情的面孔凝视，而远离负面表情。这种效应现象与认知或神经功能无关，而与自上而下的动机性解释有关。也有研究表明，瞳孔放大是为了响应面孔的积极情绪，但是这种对于积极情绪的反应能力随年龄而下降。总之，人们在交流互动中倾向于把积极的脸与大瞳孔、消极的脸与小瞳孔相关联，这对于交流互动认知过程的发展具有重要的人际功能意义。

第4节　眼睛注视对交流认知的影响

一、注视共享促进交流者之间的认知共享水平

认知过程传统上是在单人操作中进行研究的，这些人被孤立在一些机会之外，不能与他人互动或合作。但许多认知是位于社会情境中的。来自记忆文献的一个清晰的发现是，群体记忆产品并不是简单的个人产品的组合。当“真正的”群体记忆产品——人们一起交流互动回忆的内容，同那些“名义上的”群体记忆产品——通过汇集由相同数量的个体单独回忆形成的产品对照比较时，名义上的

---

① Harrison N A, Gray M A, Critchley H D. *Dynamic pupillary exchange engages brain regions encoding social salience* [J]. Social Neuroscience, 2009, 4(3): 233-243.

② Fawcett C, Wesevich V, Gredebäck G. *Pupillary contagion in infancy: Evidence for spontaneous transfer of arousal* [J]. Psychological Science, 2016, 27(7): 997-1003.

群体能比真实群体回忆的内容更多，也更为分散。

当前，有大量的研究讨论分析了交流互动合作任务中人们彼此之间协调认知的程序和方法。在一个特定的交流互动任务中，交流者彼此间监督和协调他们的认知和行为来最小化彼此的合作努力以及联合活动中的成本。视觉搜索任务的完成需要高效协调的交流互动认知过程，对实验研究较为理想，因为它是一个时延敏感（限时）任务，有助于较好地理解交流互动的时空动态过程。很多人一起搜寻目标的现实任务较为普遍，如两个儿童共同浏览一本画册，或执法人员试图在人群中找到一名嫌疑犯。在共同搜索的交流任务中，交流者的注视共享特征对于了解交流认知的协调过程，具有实验探查的针对性。

共享注视优势假说认为，当交流者彼此间能够共享同伴的注视信息时，交流合作的成绩上将有更多的收益。尤其是在空间任务的交流互动中，观察交流同伴的注视信息可以很容易地交流沟通与任务相关的空间信息。某种程度上人们可以更为精确地监督和使用这种注视信息，注视优势的一种表现是交流双方可以默契划分搜索任务的空间区域。然而，如果交流互动中交流者彼此监督注视信息出现困难或令人分心，那么共享注视的认知协调成本也可能会大于认知收益，从而导致一种"注视劣势"。

Brennan、Chen、Dickinson、Neider和Zelinsky（2008）探查了远程交流合作任务期间，交流者彼此之间注视共享性，对合作搜寻任务的贡献。①事先设计了一个O-in-Qs视觉联合搜索任务，借助眼动仪实现交流双方间的注视共享，主要探讨了以下三个方面的问题。

第一，合作搜索比单人孤立搜索能产生多大程度的收益。合作搜寻一个靶目标必将招致一些双方间认知协调的成本，较大的协调成本可能导致交流合作同伴放弃合作而单独搜索，或者交流者彼此之间也可能完美地划分合作任务，这意味着合作搜索在最有效的情况下，可能需要孤立搜索时间的一半。

第二，人们在合作搜寻中是怎样协调彼此认知和行为的。交流互动中认知的协调不仅依赖于如交流先例、惯例这样的策略，还需要时刻监督交流同伴的行为，但高效的交流合作搜索任务中，不仅需要监督同伴，同伴也必须就谁搜索什么地方达成协议，来划分这些区域设立一个虚拟的界限，并对停止一个无目的的搜索设定规则，如到达边界时立即停止或部分地搜索了同伴区域后立即停止。

① Brennan S E, Chen X, Dickinson C A, Neider M B, Zelinsky G J. *Coordinating cognition: The costs and benefits of shared gaze during collaborative search* [J]. Cognition, 2008, 106(3): 1465-1477.

第三，什么样的交流媒介能最好地调停时延敏感性（限时）的合作搜索过程。在合作搜索中，语言是听觉感知信号，注视是视觉感知信号，彼此具有独立收益和联合性。“语言优势假说”认为任何口语交流所招致的成本都是低于收益的，最终导致了合作成绩的纯粹提高。这个假说源于在各种媒介中，增加一个语言途径会增倍合作效率的早期研究发现。然而，用语言可能难以协调视觉搜索过程，因为空间信息很难口头交流；同时，也应该看到，语言本身又是以语法规则为基础连贯发生的，需要耗费时间去展开，在时延敏感（限时）合作搜索中潜在地产生了一个“语言弊端”。

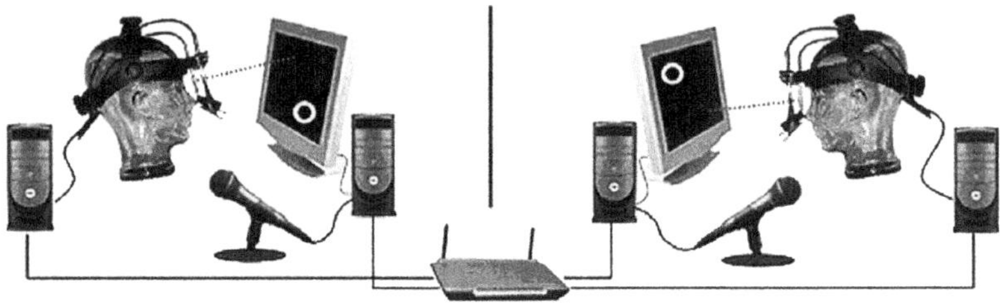

图10.2　Brennan等（2008）合作搜索任务实验情境

Brennan等（2008）的实验结果最终发现，首先，合作搜索比个人搜索更快更有效，实际上个人搜索的效率已经很高了，合作搜索的效益依然显著突出，尽管不清楚共享注视的合作收益是如何抵消合作成本的。实验任务中发现了共享注视的实质性收益，而且发现当交流双方仅共享注视交流时，这些收益的程度几乎是最理想的，两个人的收益几乎是一个人的两倍。其次，人们仅通过共享注视就可以很好地协调集体合作行为。但是应该注意该研究中的共享注视，不同于现实生活中面对面交流中体现的共享注视，共享注视的光标是通过眼动仪直接呈现在交流者的电脑屏幕中的。尽管如此，现实中人们在没有明确辅导和训练的情况下也会自发地学习运用这一交流媒介。最后，在一个空间任务中共享注视对于调节合作关系是高效的。搜寻者不仅能够使用共享的注视交流，而且单独共享注视也证明比单独共享语言更有助于促进搜寻中的协调性。这种优势的一个原因是通过共享注视合作者更好地进行了搜索空间区域的分割。共享注视的搜寻者将分割空间表达为“你向左看，我向右看”，使用了“看着我没有注视的地方”的策略，这允许彼此使用一个更加灵活和动态的交流合作分割协议，来调整彼此的合作搜索行为。另外，在合作分割协议之外，搜寻者在任务中也表现了彼此为同伴提供额外帮助的表现，如果搜寻者A在B之前完成了自己一面的搜寻，他从B的光标中可以准确知道自己应该怎样帮助对方完成搜寻，对方也明确地知道A正在帮助自己。

诚然，Brennan等（2008）的实验结果发现，在共享注视中加入语言媒介比单独共享注视产生了一个认知成本的额外消耗。然而，语言在需要一致或联合决策的任务中依然是一个有效的媒介，未来研究需要探查交流者彼此之间是怎样使用注视来协调更复杂交流任务的，如，在注视提示交流同伴一个靶目标已经被侦测到之前，一个搜寻者必须稳定注视多长时间？实际上，在Brennan等（2008）实验中，提供的是一个连续发生的注视的直观视觉流，从注视信息开始后有助于自动捕获交流同伴的注意信息，当任务执行中需要这一信息时，搜寻者表现出能在他们的视觉外围隐蔽地注意同伴的注视光标，当再次关注自己的搜寻任务时他们迅速地忽略该光标，这表现了一种基于时间动态不断调整的注意控制能力。

另外，不容忽视的是，Brennan等（2008）在实验中的注视共享方式比现实交流中的注视共享方式更为直观和显著，毕竟现实交流中交流同伴的注视信息不可能为交流者直观感知，也无法知晓交流同伴对交流对象准确的注视定位。诚然，这种实验控制情境和现实交流情境的差异是客观存在的，但不应因此否认注视共享性对交流认知共享性带来的影响。未来研究应注重思考实验任务和方式的针对性创新，以在保证实验外部效度的同时，针对性地、更为深入地探查和解释眼睛注视表情的认知特征。

二、注视共享促进交流认知校准过程

交流认知的实验研究表明，当说者和听者的认知过程校准时，彼此的认知和行为变得相似，有效的交流随之发生。交流语言互动中的校准体现在许多方面：交流者使用相同的句法结构，描述对象或空间特征的相同方式，集中在同一交流焦点上。校准也可以发生在非语言行为中。例如，两个人以相似的方式移动身体、使用相同的手势，以同样的方式分配他们的视觉注意，并且表现出广泛的非语言反应，比如点头和微笑等。其中交流者彼此之间的注视校准是彼此共享视觉注意的一种方式。

当交流者使用语言来帮助彼此识别不熟悉的对象（如七巧板的拼接和匹配任务）或共同完成迷津任务（迷宫或地图任务）时，如果他们集中于一组共同的语言表达式或重复使用相似的句法结构，交流过程将表现出成功特征。然而，并非所有类型的语言校准过程都可以预测交流任务的成功性。例如，Fusaroli、

Bahrami、Olsen、Rees、Frith、Roepstorff和Tylén（2012）研究显示交流者在合作搜寻任务中不加选择和广泛的语言校准，和特定适当性的语言校准相比较，任务效果更差，典型表现为交流中过多的词汇带入将导致七巧板任务中出现更多的交流错误。[①]Ireland和Henderson（2014）提供了一个相关的结果，他们发现语言风格匹配水平更高的交流同伴更具有参与性，但也不能绝对预测交流任务的成功性和认知协调的真实水平。[②]

交流互动性决定了交流者彼此之间提供反馈的可能性，这在交流媒介的校准中起着关键的作用。尽管交流互动性对于交流者认知协调过程来说是至关重要的，但目前还不清楚它是如何影响交流过程和结果的，或者当双方合作解决任务时协调性行为的益处具体表现为什么。例如，在七巧板交流任务中，当交流者双方能够交换反馈时，彼此将减少语言表达，并从对象的物理感知共现中受益，这有助于加强共享性交流知识的基础，并因此增加任务的成功性。从交流互动的反馈特征出发，互动的能力对于任务的成功性是至关重要的。然而，更多的互动性并不自动意味着更强的交流认知和反应校准。可以想象，特定任务下，交流双方可能利用反馈来不断调整行为而非反应的校准过程，或者说交流互动中的反馈互换有助于交流双方通过多样化的方式提高他们的行为表现，但对彼此的影响程度可能是不同的。

以往的研究中一个有趣的结果是，大多数交流互动认知模型假设互动性促进校准，校准将促进任务的成功完成。研究领域中已经提出了几种互动的校准模型：互动校准模型、交流互动中的同伴定向调整、交流双方之间的彼此调整，以及交流互动协调模型等。当前争论的焦点是成功性交流背后的各种机制可能涉及多个方面的认知解释，而不仅仅是一个主流理论；尽管各种解释有不同之处，但所有这些理论都假设交流互动在交流动态中起着基础性的作用，共同假设交流互动性调节交流者间的认知校准，并提高交流任务的成绩。

当前，阐述和关注的焦点是交流互动中交流者之间眼睛注视的校准。当人们交流时，他们协调各种各样的语言和非语言行为。这种协调过程称为校准，并且

---

① Fusaroli R, Bahrami B, Olsen K, Rees G, Frith C D, Roepstorff A, Tylén K. *Coming to terms: an experimental quantification of the coordinative benefits of linguistic interaction* [J]. Psychological Science, 2012, 23(8): 931-939.

② Ireland M E, Henderson M D. *Language style matching, engagement, and impasse in negotiations* [J]. Negotiation and Conflict Management Research, 2014, 7(1): 1-16.

被认为是成功交流的基础。人际互动中的校准是一个成功的交流策略，但是只有当交流处于真实人际互动中，校准才与交流任务的成功性相关。Coco、Dale和Keller（2018）的研究中创设了“靶对象的位置差异任务”，使用了双方交流互动范式，实验操纵了交流者允许交换的信息量：没有互动（听者仅即时听取说者的指令）到完全对话（自由交流），还包括中间条件——反馈被限制为反馈语言。具体而言，任务中要求交流双方判断彼此观看的视觉情境是否相同，在三种实验条件下操纵了互动性，三种条件依次增加了交流者之间共享的信息量（无反馈、最小反馈、完全对话）。使用递加的量化分析来探查交流者之间搜寻模式的校准特征。结果发现，无反馈的交流者更倾向于校准彼此的注视，并且在这种情况下增加注视校准并不提高任务成功性；相反，当有反馈时，交流者利用反馈，通过多样化的视觉注意，更好地组织了他们的联合搜索策略。最小反馈和完全对话条件的比较进一步证明了这一点，只有在完全对话条件下的交流者，在交流时间进程中增加眼睛的注视校准，最终获得了更好的成绩。这些结果表明，校准本身并不意味着交流成功，大多数交流模式均是如此假设的；校准的效果取决于校准的类型、任务的目标和互动中反馈的存在。①

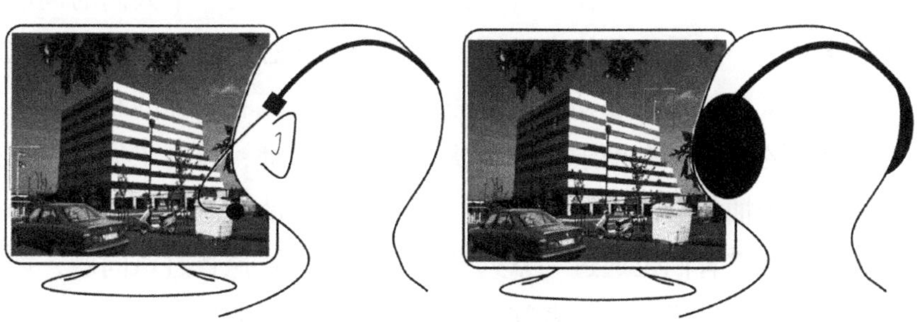

图10.3 Coco等（2018）的交流互动实验情境

基于校准的认知理论，如互动校准模型的核心观点，更多的校准应该导致更多的任务成功性，在相关的文献中，该理论的预测主要是针对语言反应而言的。如果单纯从视觉反应的校准出发，在搜索任务中实际上注视校准可能是有害的，而多样化的视觉注意才能够增强双方发现差异的可能性。交流互动任务中，交流双方可以通过完全互动来建立交流的共同基础，那么校准可以预测任务的成

① Coco M I, Dale R, Keller F. *Performance in a collaborative search Task: the role of feedback and alignment* [J]. Topics in Cognitive Science, 2018, 10(1): 55-79.

功性，所谓的共同基础是指交流者对彼此知识的知晓和共享。如果交流者在交流过程中发展出了有效的注视搜索策略，那么其对于共同基础的建立和增强是必要的。这就不难理解，在非真实互动情境中，注视校准也是可以实现的，但是这种单一的对同伴注视信息的追踪和盲目校准，不利于交流认知整体共享性的建立，因此单一的注视校准不利于交流任务的成功实现，因为彼此可能更容易错过认知理解中的关键性差异。相反，交流互动性的增加，尤其语言是主要交流媒介，语言和行为反馈越多，交流双方的搜索策略才能够越趋向于多样化，此时的注视校准是以交流互动性和认知共享性为前提的，注视校准将进一步促进共享性的水平，交流任务成绩必将随之提高，特别是当交流双方能够完全参与到交流互动和反馈中时，即完全交流条件时。完全交流条件下交流者能够充分互动，随着交流时间进程的不断发展，他们可以逐步增量构建和保持注视的校准过程，这是交流任务成功的关键标志。实际上围绕交流互动性来探讨眼睛注视的交流作用时，有一个问题不能忽视，即现实交流中没有语言和其他非语言交流线索伴生的，纯粹的注视交流似乎是不容易出现的。

交流认知研究经常假设交流者将他们的认知过程校准以最大化相互理解和彼此接纳的过程。校准可以出现在语言媒介方面，如汇聚在一个共同的词汇，以及在非语言的反应中，如手势的特定摇摆，或在视觉注意的分布方面，如彼此注视的引导。当前大多数的交流互动模式都一致接受，交流者之间的互动线索有助于双方间共同基础的形成，有助于交流者认知努力的管理，有助于彼此感知运动的协调，以及有助于抽象交流系统的发展。交流者之间的互动性也因此成为任务成绩的重要前提，研究者们也通过一系列的实验控制方式探查过该问题，如通过观察旁听者的认知理解过程、交流者间物理感知共现的影响性，以及使用不同反馈种类的影响效应等，结果大多显示了交流互动性与任务成绩之间的正相关。

交流互动中更多的校准，有助于彼此更好地相互理解，导致更有效地联合行动。因此，在交流双方需要共享信息以进行联合决策的任务中，增加校准过程应该可以预测更高的任务成功性，这体现在语言媒介的使用过程中，也体现在眼睛注视过程中。交流语言的分析表明，特定词汇的带入过程和重复使用，使得双方交流过程更快，错误也更少；但是，过度的词汇带入将导致交流双方知识的大量重叠，进而导致彼此犯更多的交流错误。而眼睛注视的研究发现，在语言交流背景中，增加注视共享不仅降低认知努力程度，而且增进交流互动的效率效果；交流互动合作行为比个体行为更有效，并不单纯反映在语言使用中，也表现在非语言线索的使用中，典型的如眼睛注视线索。更多的互动性和校准过程将自动暗示出更精确的任务成绩，交流互动中多元化的反馈可以促进双眼注视校准的有效性和参照性，使得交流双方搜索策略不仅多样化，而且增加了联合发现目标的一致性。以往大量研究已经在对交流者眼睛注视数据的分析中发现，当听者不能与说者互动时，注视校准水平更高，至关重要的是，无反馈条件下注视校准增加了，但任务成绩下降了。反馈的存在促使双方搜索策略变得多样化，只有在完全互动条件下，交流者才能够最好地形成和保持注视校准的有效性。

当交流双方的策略多样化时，在视觉搜索任务中的表现也是最优的，即听者在某种程度上脱离了说者语言表达中的特定信息，辅以借助注视等非语言信息来进一步增进彼此之间的共同交流基础，共享注视的作用表现在交流者可以更有效、更好地划分视觉场景中的搜索空间，并获得更有组织的视觉注视校准。可以说，交流互动性直接协调交流双方的认知校准过程，这是通过协调语言和注视等非语言信息来实现的，最终促进任务的成功实现。

交流互动中交流者彼此之间的注视校准，尽管不能成为有效交流的完整代表，但是双方注视校准可以弥补交流互动中信息反馈的缺乏，这种补偿机制的重要性对人际互动协调过程起了显著的影响作用。换言之，我们可以把语言交流想象为一种流畅性的认知表达过程，其中语言信息校准和不校准都可能成为双方认知加工中的策略，而影响任务的成功执行特征。眼睛注视对交流认知的影响性体现在，交流者之间的信息互动类型是至关重要的，因为这决定了其是否能够为双方正在尝试解决的任务制定出最佳的策略。很显然，在自由交流互动条件下，眼睛注视信息使得交流同伴能够直观采集，并根据语言和其他非语言线索的共现特征，决定采取一个有效的人际分工策略，从而使得交流合作互动任务，尤其是视觉场景的搜索任务执行得更为高效。在这种情况下，注视信息和校准特征对任务的促进性是人际互动类型和任务类型特定结合下的结果。

当前，阐述中的重点是针对眼睛的注视特征，实际上校准过程也发生在众多的其他领域中，影响人们的各种交流互动协调行为，这包括诸如战争之类的大型集体活动。此外，越来越多的交流认知研究文献正在寻求实验室研究结果外部效度的一种解释途径。因为以往实验在交流认知的探讨中涉及的领域范围相对宽广，例如，音乐集体演奏中的协调过程和特征，像在二重奏中，不仅是“获得正确音符”的问题，还涉及使用各种多模态的信号来引导和构造彼此音乐行为的问题。[①]但是在这些非语言交流领域中的认知协调特征和语言交流互动情境可能显著不同，然而有一点应注意，不同类型的交流互动任务可能均需要特定的校准过程，这表明交流任务的成功取决于交流者间行为和认知策略的特定混合。例如，在音乐活动中，校准太多可能听起来很奇怪，像爵士乐即兴创作过程中，通常不仅强调在特定音乐模式上的校准，即兴创作的成功还包括采用新的和不同的方式，表现出相对远离简单的校准模式。[②]实际上，在完全自由的语言交流条件下，交流者共享注视的优势还体现在对包括词汇、句法类别、语法规则或整体语言结构等的再利用和再加工过程。语言校准的行为完全不同于注视校准，但是两者可以在同一交流过程中默契配合和共同表达，这体现了非语言信息和语言信息间的相互作用关系。

诚然，出于阐述问题的便利性，可以将不同非语言因素的认知过程分别探讨，但是实际上现实交流互动中多种非语言线索和语言媒介间的复杂联合效应，可能远超出我们直观性的想象，未来的研究工作不仅需要进一步分析交流认知随时间而发展变化的特征，还需要使用相对复杂的交流任务，因为复杂的交流任务对于交流决策过程而言可能需要更多信息线索的同时校准和彼此配合。这对于语言认知和注视等非语言认知的深入理解是有帮助的。总的来说，交流中的校准问题涉及交流互动性，未来需要有针对性地沿着这一线索进一步展开多角度的探讨。

概言之，尽管实验中研究交流注视表情的技术难度相对更大，不仅需要考虑注视信息的操纵和控制，还需要考虑注视信息变化特征的即时捕获，但是这使得注视表情在交流互动认知实验研究中的外部效度受到挑战。但是有一点是明确的，作为面部表情的一部分，交流互动中交流者的注视信息能为交流同伴在面对面的参照性交流中，提供消除语言歧义的重要线索，这对于解释现实社会中，交流表情媒介对语言认知的影响特征是重要的。

① Kawase S. *Gazing behavior and coordination during piano duo performance* [J]. Attention, Perception & Psychophysics, 2014, 76(2): 527-540.

② Walton A E, Richardson M J, Langland-Hassan P, Chemero A. *Improvisation and the self-organization of multiple musical bodies* [J]. Frontiers in Psychology, 2015, 6: 313-321.

第5节 语音和可视语言对交流认知的影响

一、语音对交流认知的影响

（一）语音特征的跨感知映射

语言表达中的语音特征也是一种表情线索，可以表达交流互动中特定的情绪情感。语言中的韵律、节奏和语调等，传达了口头语言交流中丰富而重要的信息。传统上，韵律已经被表征为多种类型的信息，包括说者的情绪状态、句法结构、断句标记，以及着重强调等。一般来说，韵律提供了与语言内容相契合的重要交流线索，以促进听者对语言的理解。然而，韵律也可以传达与交流对象和事件有关的参照性信息。虽然这通常是通过语用推理来实现的，但有些韵律也可能更直接地通过声音形态连接到语言内容和意义的联想过程。例如，使用较低频率的声音表达较大的物体时，这种音调的变化性可以用来传达交流对象的大小信息。

越来越多的文献表明韵律线索和交流内容之间可能存在直接关系。例如，Nygaard和Lunders（2002）发现与情绪关联的语言韵律有助于听者辨别同音异义词。[①]与情绪关联的语言韵律可以使听者辨明这些词的情绪效价或性质（积极或消极），从而准确辨明词义。说者用愉快、悲伤或中性的语调表达这些词时，对于听者而言，这些韵律（包含的情绪性质）或匹配或不匹配特定的同音异义词；当韵律表达匹配特定词义时，听者可以准确辨明其中的情绪特征，以及对应的词汇。综上所述，这些发现表明，不仅韵律线索被整合在口语词汇的表达中，而且这些线索也影响听者词汇的辨别、选择和理解。

韵律线索传达语义领域以外的情绪情感特征已被证实。Nygaard、Herold和Namy（2009）发现，说者针对新形容词的意义产生了可靠的韵律线索。例如，相比表达“小的”形容词而言，当说者产生的新形容词意指“大的”时，语音上表现出更大的幅度、更慢的速度和更低的音调。尽管这是说者语音上的变化差异特征，但这些特征却部分反映了词汇意义上的系统变化特征。说者产生的语言针对每个词汇的意义，均具有独特的音高、音调、振幅和持续时间的变化特征，这

---

① Nygaard L C, Lunders. *Resolution of lexical ambiguity by emotional tone of voice* [J]. Memory and Cognition, 2002, 30(4): 583-593.

表明说者使用特定的韵律特征方式来传达语义内容。①

听者对韵律中的这些差异很敏感，并用它们来消除词义的歧义。Nygaard等（2009）证明听者使用韵律线索来识别口语中新形容词的正确含义。听者在两个反义图片间做出选择（例如大花和小花），当韵律线索与一个图片匹配时，听者选择出正确的图片。这一发现表明，听者借助了独特的语言声学特征，联系于每个词的含义，进而推断语义所指。重要的是，听者借助韵律映射语义的过程，不仅仅限于语音的情绪情感特征，这表明韵律中传达的与语义关联的信息，远超出简单的情绪情感内涵或性质。

韵律通过提供了说者的感知特征信息，从而促进听者交流中的词义辨别过程和交流学习过程。Shintel、Nusbaum和Okrent（2006）认为韵律是一种模拟声学表达的形式，使得语音超出了基本音素自身的特征而向听者传达交流信息，语音和语言的其他方面共同编码了交流对象和事件的信息。重要的是，韵律的这种特征意味着，韵律不仅仅可以传达情绪情感或语言结构信息，也可以传达与语义关联的信息。②

例如，Shintel等（2006）发现说者使用韵律来传达词汇中的视觉空间信息。被试描绘一个动态点的运动方向："它正在上升"或"正在下降"。但描述向上时，说者使用了更高的声音，反之音高不断下降。这里，韵律为描述内容提供了额外的参照性信息。当他们描述移动点的水平轨迹（例如"它向左或右移动"）时，说者根据点移动的速率相应调整了他们的语音速率，即他们描述快速移动点的语速更快，反之更慢。这些描述中的韵律变化传达了与语言内容无关的信息，这表明韵律在语言内容之外提供了另一种交流信息的渠道。韵律差异对听者来说是显著的，有助于其解决交流内容的歧义。在两个点对象的迫选任务中，听者基于语音特征可靠地选择出了正确的点。总之，这些结果表明韵律直接表达了与交流对象有关的视觉空间信息。

韵律和语言内容间的跨形态关联，是影响交流感知信息加工的有力证据。听觉—视觉的一致性对应已被在多个领域中发现证实，包括响度和大小、音高和亮度，以及音高和形状，交流者也将更高的音高与更亮的颜色相匹配或映射。语言

---

① Nygaard L C, Herold D S, Namy L L. *The semantics of prosody: Acoustic and perceptual evidence of prosodic correlates to word meaning* [J]. Cognitive Science, 2009, 33(1): 127-146.

② Shintel H, Nusbaum H C, Okrent A. *Analog acoustic expression in speech communication* [J]. Journal of Memory and Language, 2006, 55(2): 167-177.

内容外的跨形态对应性的证据和说者使用韵律来传达和推断语言指示物的视觉空间特性的证据，均表明口语中的韵律线索存在跨形态的映射。口头语言中视听系统间映射的证据，与语言交流是以多形态体验为基础的理论假设相一致。韵律关联的视觉特征是一个有力的证据；音调和亮度水平之间的关联提供了韵律在交流中跨形态映射的一个代表性的证据，音调是非语言信息的听觉刺激，其对视觉信息的映射特征被广泛关注（例如其是纯音调，而不是语言内容的表达），也成为进行音高—亮度关联映射研究的可靠基础；音高和视觉空间高度之间的映射也已被证实。语言交流中通过借助这些映射过程，说者可以扩大语言传达信息的范围和效率，而不限于语言内容所提供的信息。

Tzeng、Duan、Namy和Nygaard（2018）在三个实验中探查了说者在何种程度上使用听觉—视觉映射传达交流语言中的感知细节，特别是色彩亮度（实验1和2）；听者从这些韵律线索推断参照性信息的程度（实验3）。虽然以前的研究已经表明，听者系统地将特定的听觉或声学特性与特定的亮度水平相关联，但是语言使用者是否从口语词中产生和推断这些线索信息还有待进一步查证。虽然韵律主要被认为是传达关于语言结构和说者的情绪状态的信息，但越来越多的证据表明韵律也传达参照性信息的细节。①

基于此，Tzeng等（2018）探查在视觉情境下，特别是色彩亮度条件下，语言使用者从韵律相关的感知细节产生和推断信息的程度。具体而言，在实验1和实验2中，说者使用熟悉的颜色名称（实验1）或新颖的单词（实验2）来标记颜色的亮度。和使用熟悉词汇相比较，说者使用新词汇表达亮色调时，表现出更高的音高、更短的持续时间，以及更高的幅度。实验3中的听者从实验2录制的语言中，可靠地推断出语言所指的对象。研究结果表明语言韵律反映出听觉和视觉领域之间跨形态的对应，并且像一种声音性的手势，为交流者解决交流参照的模糊性提供了额外的信息渠道或方式。

也许语音韵律线索更可能在语言内容表达不明确或含糊不清时才显著发生参照性作用。正如手势表情一样，当语言表述不清楚时，说者倾向于产生伴随语言的手势，来澄清语言表达中的歧义。例如Holler和Beattie（2003）使用故事讲述任务发现，在产生口语同音异义词时，被试者产生了更多的表征性手势，以辅助

① Tzeng C Y, Duan J, Namy L L, Nygaard L C. *Prosody in speech as a source of referential information* [J]. Language, Cognition and Neuroscience, 2018, 33(4): 512-526.

澄清语言对象间的歧义，即说者使用手势作为解决模糊语言内容的手段。[①]也可能是对于高度常规化的交流，例如颜色，说者日常已经获得了相对固定的韵律表达方式，这使得韵律随任务中所描绘亮度的变化而变化的特征是相对自然发生的。Tzeng等（2018）的实验中被试者在语言表达中，因亮度水平而不断改变语音的韵律特征，相对更亮的颜色，被试者使用了更高的音高、更高的振幅和更短的时间。实验并没有明确要求被试者改变他们的语调以指示不同的亮度水平，因此，这些结果表明说者自发地使用韵律来传达口语语言内容中无法表现的感知信息。这些发现表明说者正在同时调用听觉（语音）和视觉（亮度）感知信息，并实现两者之间的对应，以及实现语言表达的共享。

说者的语音韵律随着亮度变化而变化的结果，与以前的研究结果相一致，表明韵律的使用表达了对象视觉空间特性。说者可靠地使用韵律线索来消除颜色亮度水平之间的歧义，暗示出韵律是语言表达的附加细节。在这个意义上，韵律可以被认为类似于与语言共现的手势。语言使用者产生手势传达的信息是非冗余的，且伴随语言共现，当听者观看伴生语言的手势时，会理解和记忆手势表达的具体含义。例如，Beattie和Shovelton（1999）发现，观看说者讲解卡通故事视频的听者，记忆了故事对象的相对位置和大小，但是仅听故事音频的听者，无法理解这些信息，这表明听者编码了手势等非语言信息表达的附加信息。[②]同理，说者也产生额外的语音线索来澄清伴随语言内容的歧义。韵律和手势一样，不是提供冗余的语音信息，而是提供了补充性或非冗余性的参照性信息。

交流中说者的音高、持续时间和振幅值在亮句子和暗句子之间的映射关系，可靠地表现于听者选择反应的准确性中，这表明听者从韵律线索推断出语言指示的意义。[③]这些结果增加证据支持了韵律传达语言信息以外的语言结构和说者的情绪状态。重要的是，该过程不仅表现在说者语言表达中，还表现在听者的互动反应中；当语言内容含糊或不明确时，交流者引用韵律来帮助参照和澄清。交流语言语音的跨感知领域的映射作用也与使用韵律来表达语言对象物理性质的研究结果相一致，包括视觉空间高度、对象的速度，以及大小和强度。这提供了一个

---

① Holler J, Beattie G. *Pragmatic aspects of representational gestures: Do speakers use them to clarify verbal ambiguity for the listener*? [J]. Gesture, 2003, 3(2): 127-154.

② Beattie G, Shovelton H. *Do iconic hand gestures really contribute anything to the semantic information conveyed by speech? An experimental investigation* [J]. Semiotica, 1999, 123: 1-30.

③ Shintel H, Nusbaum H C. *Moving to the speed of sound: Context modulation of the effect of acoustic properties of speech* [J]. Cognitive Science, 2008, 32(6): 1063-1074.

解释机制：口语交流中，特别是语音的韵律特征，被交流者利用以实现跨感知形态的意义映射，这是交流中一种非语言意义上的认知加工过程。

Ramachandran和Hubbard（2001）已经提出，跨感知形态的映射是大脑神经系统跨皮质激活与整合的结果，因此语音激活的神经区域与对象的感知区域间建立了关联性。[①]研究自然语言中语音和意义之间的非任意映射神经基础的证据，为这一观点提供了支持。例如，Revill、Namy、DeFife和Nygaard（2014）发现相对于非声音表征的外来词，声音表征性词语引起了左上顶叶皮质激活的增加，该区域是与多感觉统合相关的区域，这也是韵律和口语语义映射关系的神经基础。[②]另一种观点不反对上述观点，但认为像音调—亮度映射这类的跨感知领域的映射关系，是弱通感的一种形式。一种多感知刺激同时出现的条件通常是跨感知领域的，与强通感不同，弱通感不引起精确的、特质性的跨领域感知觉。相反，弱通感的特征是一般人群所共享的跨感知领域关联性的表现，并且在特定的感知模式中不表现为特定的和绝对的感知。还有一种机制解释观点认为，跨感知形态的映射源于，认知神经系统基于刺激幅度或强度表征等的维度匹配。例如，响亮的声音到大对象的映射也可以表现在振幅强度和大小的映射中。

语言中听觉—视觉映射的证据与假设语言认知以多形态感知体验为基础的理论相一致。语言的共同基础理论认为语言符号会引起与参照性指称相关的知觉体验方面的模拟。这些知觉经验的表达在语言加工过程中被重新激活，并有助于理解口语。跨感知形态的映射已经被发现涉及多感官感知的协调和集成，使得认知加工在跨感知形态的表现中存在一致性与不一致性，但是有一点，这种跨感知形态的映射具有一定的自动加工效应。更确切地说，这些映射均服从于交流目标的导向。只有当交流者认为韵律线索的语用意义是具有现实交流价值的，其才会自觉加工和使用。语言交流中手势研究的文献认为，语言表达得不太明确可能将激发韵律的变化性特征，以服务于语言内容的准确表达。[③]因此，Tzeng等（2018）在研究中发现熟悉的传统英语词语和新颜色词语在熟悉程度上不同，这导致两个实验间在语言发生过程中的运动编码方式是不一致的。与交流语言的共同基础理

---

① Ramachandran V S, Hubbard E M. *Synaesthesia- A window into perception, thought and language* [J]. Journal of Consciousness Studies, 2001, 8(12): 3-34.

② Revill K P, Namy L L, DeFife L C, Nygaard L C. *Cross-linguistic sound symbolism and crossmodal correspondence: Evidence from fMRI and DTI* [J]. Brain and Language, 2014, 128(1): 18-24.

③ Holler J, Beattie G. *Pragmatic aspects of representational gestures: Do speakers use them to clarify verbal ambiguity for the listener?* [J]. Gesture, 2003, 3(2): 127-154.

论相一致，被试者在日常的交流中已经就传统颜色词汇建立了共享性的认知，因此，相对不容易产生语音的跨感知映射。还有一个原因是，人们倾向于将习惯性的概念标签和概念原型建立特定的联系，因此，当用熟悉的英语颜色标签标记颜色时，概念原型潜在的稳定认知理解和影响，可能使得语音的跨感知映射被掩盖掉。

研究者在分析说者通过语音的变化来映射对象的垂直运动特征时，发现说者即使在没有任何问题解决目的的需求时，也相应地调整了韵律变化特征。①然而，这一发现并不完全与亮度映射的研究结果一致，也许这种差异可以解释的事实是，高度映射不同于亮度映射，因为音高和高度都被描述为高和低，因此音高对应亮度可能具有某种独特性。事实上，跨文化探查跨感知形态映射的研究结果表明，这一现象具有跨文化的一致性，如音高和视空高度之间的映射。即使是处于前语言期的婴儿也已经表现出对音高和高度、音高和厚度间映射的敏感性，这表明对感知形态联想的敏感性不一定需要专门的语言知识。未来研究的一个潜在方法是系统地操纵交流背景，探查不同感知领域之间的映射关系；未来还应该在更精细的时间动态过程中，探查语音韵律的映射效应，以及语音韵律的映射是否受交流语言语境特征的影响。

（二）语音表达和语言表达

当人们交谈时，他们会借助各种各样的表达手段来进行互动，从叹气、嗅闻、咔嚓声和口哨声到其他辅助语言的行为。这些媒介资源被用于对象运动的转向和顺序性等的管理，以及标记交流中的态度和情感，它们代表了交流互动机制的一个方面，它们既强大又难以固定性界定。长期以来被认为超出语言学研究范围的交流现象是随着交流实践而出现的，这些多样化的交流实践，允许交流者在灵活多样的语言交流中，进行微妙的非语言互动。虽然这些媒介资源被定性为非词汇、非语言或非常规媒介资源，但此处探讨中认为它们在特定的交流互动情境下是统一的：它们之所以能很好地契合并实现共同的交流目标，是因为它们在声音和言语之间体现出一种模糊性的表达特征。对交流中各种限制性信号的实证研究表明，可以通过序列性分析在交流互动的基础上建立交流语言科学。

---

① Shintel H, Nusbaum H C, Okrent A. *Analog acoustic expression in speech communication* [J]. Journal of Memory and Language, 2006, 55(2): 167-177.

从生理学上讲，语言表达过程是一种多信号重叠表达的过程，或者更准确地说，是一组信号重叠表达的过程。它能从神经和肌肉的器官、功能中得到交流表达的辅助，这些器官和功能的表达特征与语言表达完全不同。日常语言的使用过程中通常充满了叹息、嗅闻、哨声、咔嚓声和其他辅助语言的行为，很长一段时间以来，这些非语言的声音和动作信号都没有引起研究人员的注意。一个原因是研究技术上的：记录和转录的方法不能有效记录这些内容。另一个原因是理论上的：对语言交流理想化的关注和理解，导致语言学家认为这些信号是无用和赘余的。但最有趣的是，为了使交流互动中的对话顺利进行，也许语言交流的某些方面看起来不像说话。

此处的分析和讨论尝试从多个方面提出了社会交流互动中语言研究的目标，展示研究技术和转录的新方法及启示，这有助于系统探查和理解语言交流认知的相关领域。研究者们重新确定了相关的概念基础，以澄清人们对语言是什么以及什么不是语言的看法，进一步还将语言在日常使用中的一些更难以捉摸的方面带进了我们的研究视野和思考范畴。本节中在这里探讨的交流互动媒介资源是语言交流机制的重要组成部分，它是“非常强大的”，它是最复杂语言使用的基础。

我们可以做一个隐喻性的说明，这非常适合理解当前讨论的互动媒介资源和契合结构。在对日常交流互动的精细化技术分析中，我们可以感受到呼呼作响的机器发出的嗡嗡声、齿轮转动和机械咔嚓的声音。隐喻应该关注交流中的这些方面，如果将交流比喻成一台机器在工作，那它就是一台有血有肉的机器，各部件彼此间可以相互作用，实现最终的交流目的，该过程是由交流者本人来操作的。当前讨论是在广泛的日常活动中理解交流互动：从啤酒品尝到棋盘游戏，从真人秀到户外跑步，从厨房到建筑工地。它们共同描绘了一幅令人信服和接受的画面：身体的声音和动作被借以作为人类建立交流互动秩序的各种相互联系的元素。

基于对声音对象、互动中的韵律与效应的研究，Reber和Couper-Kuhlen（2020）描述了对话中语气词的一些表达形式和功能。[①]他们发现语气词可以帮助识别交流互动的韵律特征，而且通常以一些重叠的形式出现，比如不是单一的“哦、哇”等。Reber和Couper-Kuhlen根据声音中词汇的表意程度，提出了一个连续性的声音统一体，一般性的语气词更接近于非词汇和非语言的这一端，但像

① Reber E, Couper-Kuhlen E. *On 'whistle' sound objects in English everyday conversation* [J]. Research on Language and Social Interaction, 2020, 53(1): 164-187.

“hey”或“wow”这样的词更接近于语义的另一端。

在许多非洲语言中，敲击也被视为一种独特的音素，但在英语和汉语中，敲击不具有音素的特征。相关研究关注了一些经常性的和可识别的涉及敲击的现象，其研究目的是推动“less logocentric view of language”，研究目的也反映在早期的关于交流互动中的副语言现象的研究中。此类研究的关键设计是：敲击出现在语言交流的后期，其关联于一些先前的交流行为，表达了交流中的立场，即敲击表现的是对先前行为的评论、态度而不是回复，或者说，这种交流表达方式为一种“不说话而听得见”的交流媒介资源。有研究中使用咔嗒声标记连续运动轨迹中的转弯，在一个连续运动的情境下，这种敲击也表现出参与了交流互动过程。在这种情况下，敲击无任何实际语义，而仅作为语音中的一部分，提示着一个连续运动轨迹的变化特征。上述的研究为我们提供了启发性的观点，即敲击作为声音符号具有交流互动的特征和功能。至少在英语和汉语中，类似上述敲击的声音可以很好地出现在语言交流过程中，并发挥着特定的交流作用，尽管这些声音信息不表达明确的词汇信息，却可以提供特定的交流意图或表意。在上述研究的基础上，研究者延续了转向和序列组织的研究主题，将嗅觉动作描述为对对象运动特征的标记。研究发现交流者在运动对象转弯之前或过程中，通过两次快速吸气或一次吸气动作来表达这一特征；嗅闻动作还出现在运动结束的时刻。很显然，嗅闻的动作关联于交流的实际过程。也有研究者指出嗅闻动作在表达“延迟或持续特征”方面的作用显著。

也有研究关注了业余饮酒爱好者在品尝啤酒时闻的动作和声音，认为这些品酒活动中的声音信号资源的融合，展现了人类语言交流互动中的多模态和多感官参与性，研究中被试者的嗅闻是啤酒品尝活动的一个组成部分，被试者在嗅前先是语言描述了啤酒的香味，嗅闻是回应同伴的询问或之前的语言描述。进而研究者描述了声音“huh huh”发音的一些结构和顺序，他将研究中的“huh huh”声音分析为呼气或叹息声音的一种变式化的表意方式。研究中一个父亲举着他的女儿（2岁和6岁）爬山，同时发出“huh huh”的声音，之后在沉默或不发声的1.3秒后，6岁的孩子说：“呃，你爬那座山的时候，会感到很热吗？”父亲表示肯定。实验中“huh huh”发音向孩子传达了“感到热”的交流信息。另外，研究中还发现发出“huh huh”时，会伴随着一些其他身体动作的同时出现。在棋盘游戏活动中，玩家感到痛苦时也会产生交流声音。游戏与想象理论（Theory of Play and Fantasy）认为这些“呻吟”声在游戏中表达了痛苦的感受，也可以表达继续游戏的意愿。在对呻吟声音出现的序列进行分析后，发现它们的发生和加工过程都表达了两面性：发出者服输，交流同伴可以感受到和理解；发出者可笑的形态。“呻吟”作为游戏中痛苦感受的表达和个人情态的表达，具有交流互动的特征，这种声音的使用可以避免个体使用词汇表达时出现的一些附带和尴尬的交流互动效应，因为语言表达这种感受更容易被解释为个人的直接抱怨，甚至导致彼此之间交流互动中的冲突。

当前所针对的互动对话领域声音的探讨，也被一些研究者的观点所不支持，他们将这些现象描述为非词汇发音、非言语声音反应或非常规声音，具有非音素的声音结构、非随机形式的意义映射和含糊不清的意义。实际上，我们可以折中性地看待这一交流现象和特征，交流中的声音表达经常被描述为模糊性的限制性信号，因为它们的表达方式具有模糊性，必须结合语言信息来共同理解，因此可以将这些声音信号定义为限制性信号。声音信号的这一模糊性中间状态是其形式和功能的重要组成部分，因为其占据着语言对话的间隙，并且经常在语言互动中界定交流互动的界限。除了当前阐述中所描述的现象外，这些限制性声音符号在语言交流中还可以表现为咳嗽、叹息和吸气以及视觉行为，如眨眼、皱鼻子和“思考”面部表情等，其中一些信号可能在手语互动中起着大致相同的互动作用。

在这一研究领域还有其他的解释和术语。一种解释是“声音态度”，最常用于情感和态度反应。这符合本节此处对声音信号的一些解释思路，但声音在交流中表达情感和态度仅是其交流功能的一个方面，不能充分展现声音的完整性交流符号特征，以及与交流主体间的关系。另一种解释是“附带信号”，这是一个更广泛的概念，可以包含交流中的声音信号，甚至延续到某些手势信号和注视模式等。本节在当前分析中将这些声音信号称为“限制性信号”，比第一个概念更一般和概括，但比第二个概念又更具体，它更强调了声音信号在社会交流互动中的限制性、模糊性特征。

为什么限制性信号会有这种声音形式？在此进一步提供一些非排他性的解释。特定情态的表达是一个原因：口哨声、紧张的呼噜声和“呻吟”可以携带情感韵律特征，并与言语过程重叠契合。咔嚓声和嗅闻声在生理上独立于言语过程，可用于表达上述的转弯等运动特征。与此相关的是，交流中至少有些限制性信号起源于无互动作用的身体行为。这赋予这些信号一种似是而非的信息：他们可以是引人注目的，也可以被忽略。一般来说，这里讨论的所有限制性信号都明显不同于其他词语。这是它们被忽视用于限制语言的原因之一。但这与其互动作用有着直接的关系。这不仅仅是因为它们不同于其他词：它们中的大多数在特定的语言顺序环境中表现出与其功能间的紧密配合。口哨在言语表达不畅的地方发泄惊讶，嗅吸可使呼吸行为得到规范或表达特定的运动变化特征，一声咔嗒声就意味着什么也没说，一个有趣的“呻吟”体现了继续玩或不玩的态度。信号形式的绝对适切性激发了人们对互动中语言理解的准确性，在更大的范畴上，这些限制性信号还具有文化进化的特征。未来应进一步扩展对限制性非语言信号的研究探查。

最近关于人类交流互动的研究体现了研究者们对人类语用和元认知能力的重新关注：我们在社会交流互动中监控自我和他人的认知过程。这一领域的一个基本方法论难题是缺乏对潜在认知过程的直接探查和了解。对于交流语言认知研究人员和被试者来说，我们在这些领域中面对的语言互动和限制性信号是解决问题的关键部分。限制性信号是元认知的载体性符号：限制性信号通过提供对心理状态的连续评论，来帮助简化社会交流互动中认知资源的配置。

本节当前所讨论的是多模式语言交流互动新研究背景中的一部分，该领域的研究在语言交流互动研究领域中正取得稳步的进展。以嗅闻表达为例。尽管许多研究中在转录中将其标记为类似于“sniff-闻”的描述，但为了更好地进行分析，有的研究者已经提出了更精确的转录，将其标记为“>.nh< (声音模拟)”，此举也唤起了研究者对笑声转录编码的不断完善。编码为“>.nh<”的一个重要好处是它不依赖于分析者的态度取向，而这种态度可能带有关于交流形式和意义的自身含义。或许更重要的是，“>.nh<”更直接地描摹了吸气的声学特征，为比较性分析开辟了可能性。比较“renifle-闻”和“.nh”，前者的编码还需要研究者进一步地译码，但是第二种编码则更为直接和透明可读，类似于吸气的直观描摹。一个相关方法的发展是采用国际音标中的符号来记录语言交流中的声音信号，如敲击和“呻吟”等。这种转录方法的创新结合了上述转录的优点，并具有跨语言可比性。

其他的方法进步在于捕捉声音的精细时间结构。语言互动的参与者能够与其他人精确地协调他们的发言时间，而在对语音的时间和声学结构的图形化描述中能够展示这种精确的计时。重要的是，这不是取代而是补充先前的观点。关于会话语言中夹带现象的研究表明，可以相对看待语言和声音发生的时间问题，这完全符合将节奏视为“共享时间单位”的观点。视觉化的声学结构使这种夹带可以被直接感知。这为研究开辟了一个新的领域，并延伸到相邻学科中，从语音学到会话定量研究，都可以建立在语言和声音分析结果的基础上。对待这一问题需要认真梳理以往的研究时间方面的进展，但是面对这类交流现象，如果不进行系统的序列分析，研究所揭示的关于声音伴随语言的重叠性表达，及其交流作用的微妙事实是不可能被发现和澄清的。

关于敲击或点击的交流功能，可以归纳为两个方面：情感的，表达积极或消极的情感；逻辑的，表达肯定或否定。这类研究基于与大量实地研究者和语言学家的个人交流，表明至少在世界上的语言中，敲/点击的一些互动用法可能相当普遍。当然，这样的研究从日常会话的实际数据中去掉了几个步骤，并且受到元语用意识的限制。精细化的时间序列分析可以揭示声音的更精确的互动用途，并展示如何在互动对话中转录、编码和研究它们。除了技术，Sacks（1989）还认为“概念”可以塑造我们可以要求的东西，为了开发限制性信号这个概念，Sacks从广泛的领域中获得灵感。①恰当地说，对这一问题的贡献也显示出，与其他注重互动学科的富有成效的接触，从控制论到社会学，从语言学到生理学。例如，对使用交流互动非语言资源的交流者进行了严格分析，与语言和认知科学的方法直接相关，关系到从材料符号的研究到交流互动意义创造的研究。这些研究路线和理念使得研究者们在会话分析和互动语言学探讨中找到了某些相关性。

这一问题的研究可以澄清部分对限制性信号这一概念的质疑。一个重要的观点是，我们可以描述和分析观察到交流现象的顺序和结构组织，而不会过早地被已有的意向性或惯例性的问题或观点所困扰。例如，我们不需要对参与者的心理状态进行推测，以区别和关注参与者自己是如何加工诸如“玩/不玩或严重/不严肃”这样的问题。同样，在研究嗅闻、叹气或“呻吟”等声音时，是否将其视为语言的问题根本就是不重要和不必要的，而实际情况是在交流互动中交流者有序地组织这些信号的常规方法。事实上，这样的研究很可能会改变我们对限制性信号的理解，例如这里描述的一些限制性信号，使得我们可以把它们看作属于多种音位系统，它们为语言和声音以及表达功能服务。这种方法是在语言研究中采取的一种建设性的认识论立场，尤其是可以确保我们没有循环地将研究对象定义为以往理论所定义的对象。

清楚地说，问题的关键并不在于绝对化认为以往该领域已经形成的意向性或惯例化观点或问题是无关紧要的。但是，过于坚持先前的理论界限会让我们忽视所有有意义的交流行为，以及忽视能够帮助我们阐明它们的概念工具。同时，我

---

① Sacks H. *Lecture four: An impromptu survey of the literature* [J]. Human Studies, 1989, 12(3/4): 253-259.

们未来研究也需要系统化的语言研究方法来加工这类语言交流中混合了限制性信号的交流问题。

本节中当前的阐述，可以被看作对交流互动实践的精细化描绘，这些实践构成了我们日常使用语言的背景，即使它们往往不在我们的意识范围之内。这是通过从语言结构开始的，语言结构直接呈现给我们的是意识性和责任性的行为，在该领域语言学已经取得相当大的研究进步。但是，对语言交流互动中各种信号的记录和精细化分析，现在也使我们能够接触到更多的与语言交流有关的限制性信号，这些信号的存在和理解简化了我们的语言交流时间。如果我们忽略了这些限制性信号，那是因为它们本来就不是特别明显的，而且它们看起来是在最不喜欢说话的时候交流的效果最好。对该问题的重新审视，需要我们克服以往语言科学先入为主的观点。

（三）语音表达和手势表达

语音韵律作为附加的参照性交流细节，伴随语言信息同时发生。在这个意义上，韵律可以被认为类似于与语言共现的手势，与语言共现的手势提供了影响听者对说者信息理解或记忆的交流细节。这些手势常常伴随着语言传达某些非冗余的信息，而说者产生额外的语言线索也是为了澄清语言内容。语音韵律如手势一样，不是提供伴随语言内容的冗余信息，而是提供辅助或非冗余的参照性信息。事实上，视觉表达线索，如面部和头部运动已被发现与声学线索，如振幅和音高一样，伴随语言内容共现，加强了跨感知形态（如听觉和视觉）交流线索共同的表达力，这些线索和语言内容互补。

手势和韵律之间的另一个共同点是，信息源都是由说者编码的，并且可以促进或干扰听者对口语的理解。例如，当一个演讲者讲述故事的同时产生匹配性手势，和不匹配条件相比较，听者复述故事更准确和更详细。当韵律和语言信息匹配时，类似的发现已经证实，和不匹配条件相比较，听者能够更准确地识别口语中新形容词的正确含义。Tzeng、Duan、Namy和Nygaard（2018）的研究中，听者的反应准确性随着韵律线索强度的增加而增加，这也与韵律直接影响语言推断义的观点相一致。[①]因此，手势和韵律都是影响口语信息理解的参照性信息源。

---

① Tzeng C Y, Duan J, Namy L L, Nygaard L C. *Prosody in speech as a source of referential information* [J]. Language, Cognition and Neuroscience, 2018, 33(4): 512-526.

虽然手势和韵律都可以消除语言内容歧义（例如，快速语音速率或快速手势运动来传达运动对象的速度），但是两者来源于不同类型的感知通道。例如，手势作为表示空间信息的手段显然是有效的，语音韵律则可以向听者传达价值、强度和热度等相对抽象性的信息，这些指称细节可能更容易通过韵律线索而不是手势来传达。韵律和手势可以表达不同方面的交流思想，特定交流情境下，这两个信息通道哪一个是最有用的，取决于语言信息涉及的领域。

探讨中出现的一个关键的问题是，为什么韵律和手势可以成为交流中的参照性信息源，成为人类交流的一部分呢？即使至今语言已经演变成一个高度功能化的交流系统。一种可能是，韵律和手势本身都不足以提供足够的交流精确性，因而共同发展成为辅助消除语言内容歧义的非冗余、补充性交流手段。作为口语中的参照性信息源，韵律一直保留在语言进化过程中，表明它在有效的人际交流中继续起着一种完整的消歧作用。韵律的交流性扩展了语言所表达信息的可能性范围，超出了语言命题内容提供的字面信息范畴。虽然目前的研究尚不能为上述观点提供直接的证据，但有一点可以确切证实：语言声音方面的韵律变化特征可以优化语言交流的效率，并有效地传达语义领域的参照性细节信息。

归纳以上，语音韵律可以被认为是一种“声音类型的手势”，其在交流中跨越不同感知形态或领域，传达了交流对象的完整信息。说者运用韵律变化特征可以辅助消除语言交流意义中的歧义，并且听者也将利用这些线索推断准确的语言交流意义。语音韵律固有跨感知领域的映射特征，这种映射可以优化交流的效率和灵活性。

二、可视语言对交流认知的影响

自然交流状态下，面对面的交流经常包含视听信号的结合，视听结合中集成了来自多种输入的信息，如语言、可视语言和伴随语言发生的手势。可视语言在交流认知研究领域中被操作性定义为：语言表达过程中发生的嘴唇运动、舌头运动、牙齿运动等的视觉信息。可视语言和同语手势这两种视觉信号和语言信号间的关系似乎是不同的：手势是手的动作，可以表达对象的属性、运动和空间，在语义水平上与语言相关联，手势表达的对象、时间、空间关系和语言表达的相似，是处于同一个语义层次上的。与此相反，可视语言是由唇动、舌动、齿动和语言共同组成，其包含了语音水平上语音音节和可视语言间的映射。先前研究认为，手势和可视语言能够促进语言理解，特别是在不利于听者的条件下，如因噪声干扰降低了语言的理解性。然而，在不利于听者的条件下，手势和可视语言对语言视听加强作用的研究，主要是在分开条件下进行的。因为自然的、面对面的交流中同时包括手势和可视语言，所以这引起的问题是，两种形式是否以及在何种程度上共同影响语言理解，并且影响的机制如何。

手势在面对面的交流中是普遍的，手势和语言之间存在语义的即时关联性，没有语言其作用便难以显现。手势是语言的一个组成部分：语言和手势在语言理解过程中不断联合，集中于语言加工的语义、句法和语用水平。研究已经表明，来自手势的语义信息确实被听者加工了，手势在行为和神经层面上影响语言的理解加工。例如，在一项脑电图（EEG）的研究中，Holle和Gunter（2007）让被试者一边表达语言一边使用手势，当手势和语言一致或不一致时，听者脑电数据结果显著不同，听者使用手势的语义信息来消除语言理解的模糊性。[①]在不利于听者的条件下，手势更频繁发生，与声音清晰的条件比较，听者给予手势更多的关注和考虑，这种效应也出现在听力受损被试者的研究中。简言之，语言和手势的整合可以通过交流情境的特定特征来调节。

Holle、Obleser、Rueschemeyer和Gunter（2010）做了一项功能磁共振成像的研究，研究表明，在不利于听者的条件下，手势可以显著提高语言理解能力，并有助于消除语言歧义。[②]该结果和Rogers（1978）的研究结果一致，Rogers操纵噪声水平发现，当在语言信号之上增加噪声时，手势将有助于语言理解。[③]然而，如Holle、Obleser、Rueschemeyer和Gunter（2010）的研究，只探查了单一的手势视觉信号，其他的视觉信号，如唇动，通过遮挡说者的面部而人为排除掉。然而，这些唇动天生是面对面交流的一部分：嘴唇运动可以提供语言信号的即时信息（例如，语言信号的振幅）和语言信息的空间位置（如，发音位置和方式），这在不利于听者的条件下可能特别有用。此外，嘴唇运动，可以传递发音信息，因为唇动和语音流中的音节分隔存在关联。

可视语言（包括嘴唇运动，舌头的运动，以及来自牙齿的信息）在声音清晰

---

① Holle H, Gunter T C. *The role of iconic gestures in speech disambiguation: ERP evidence* [J]. Journal of Cognitive Neuroscience, 2017, 19: 1175-1192.

② Holle H, Obleser J, Rueschemeyer S A, Gunter T C. *Integration of iconic gestures and speech in left superior temporal areas boosts speech comprehension under adverse listening conditions* [J]. NeuroImage, 2010, 49: 875-884.

③ Rogers W T. *The contribution of kinesic illustrators toward the comprehension of verbal behavior within utterances* [J]. Human Communication Research, 1978, 5(1): 54-62.

和不利于听者的条件下，对语言理解的促进效应，得到许多研究结果的证实。在噪声背景下，相比单一语言信号条件，视觉线索使得语言识别更为容易；视觉线索将提高识别的准确性，这种效应已被证实随着信噪比的降低而提高。相关研究领域进一步发现，唇动视觉信号对于语言的促进性似乎在“缓和”的信噪比水平上是最大的，此时语言信号的听觉输入处于“完全听得见”和“完全不知所云”的水平上。Holle等（2010）的研究也证实，手势对于噪声背景下语言的促进性也具有这一特点。然而，大多数唇动研究在实验中仅呈现嘴唇和脸的下半部分，这是为了消除面部或身体其他部分的影响性。与此相似，研究手势对于语言影响的研究通常遮挡说者的面部、嘴部或者只露出说者的躯体部分，以消除无关视觉信息的干扰。

在对两者分别研究探查中。Skipper、Goldin-Meadow、Nusbaum和Small（2009）在*f*MRI研究中发现，当清晰的语言伴随着表意手势时，在运动计划区和运动发生区之间出现强烈的功能性连接，这些区域被认为调节语言理解的语义方面①。这表明，运动系统与语言区联合加工，决定了这些手势的意义。当可视语言被呈现时，在运动计划区和运动发生区之间也出现强烈的联通模式，这些区域被认为与语言的语音加工有关。这些结果表明，可视语言的信息与语音信息相关联，而有意义的手势则和语言理解的语义方面相关联。

然而，针对手势和可视语言对于语言理解的促进性是否存在联合效应。各研究尚存在一定的分歧。Kelly、Manning和Rodak（2008）②以及Hirata和Kelly（2010）③的两项研究，探查了嘴唇运动和符号性手势对第二语言听力学习的影响（日本语）。他们假设，两种方式共同存在将最有利于学习，但结果却发现只有嘴唇运动促进听力学习。他们解释认为，手势可能不适合学习低水平的听觉信息，如音位对比。

Drijver和Özyürek（2017）也针对性地探查了这两种视觉信息在共同语境下

① Skipper J I, Goldin-Meadow S, Nusbaum H C, Small S L. *Gestures orchestrate brain networks for language understanding* [J]. Current Biology, 2009, 19(8): 661-667.

② Kelly S D, Manning S M, Rodak S. *Gesture gives a hand to language and learning: Perspectives from cognitive neuroscience, developmental psychology and education* [J]. Language and Linguistics Compass, 2008, 2(4): 569-588.

③ Hirata Y, Kelly S D. *Effects of lips and hands on auditory learning of second-language speech sounds* [J]. Journal of Speech, Language, and Hearing Research, 2010, 53: 298-310.

对交流语言理解的贡献。[①]研究旨在探讨手势和可视语言对于语言理解的联合促进作用。特别是手势是否在可视语言基础上进一步产生增强效应，实验假设两者共同呈现（语言+可视语言+手势）的促进作用，将超过单一呈现条件（语言+可视语言）。因为手势传达语义信息，可以促进语言的理解，并且手势会在可视语言基础上进一步产生促进效应。结果发现，与仅有语言条件相比，可视语言的增强效应（语言+可视语言与语言间的比较）表现为降低噪声对语言理解的干扰，此时听者可以更好地将可视语言的语音信息映射到语言信号中，手势将产生进一步的增强效应（手势增强效应：语言+可视语言+手势与语言+可视语言间的比较），也将进一步降低噪声对语言理解的干扰，表明当有更清晰的听觉线索时，手势信息将进一步映射语言信息，听者相应将从手势语义信息中获益更多。最后，这两个可视因素的组合增强效应也将在噪声干扰条件下表现出来，即听者可以从可视语言传递的语音信息和符号性手势传达的语义信息中同时获益。

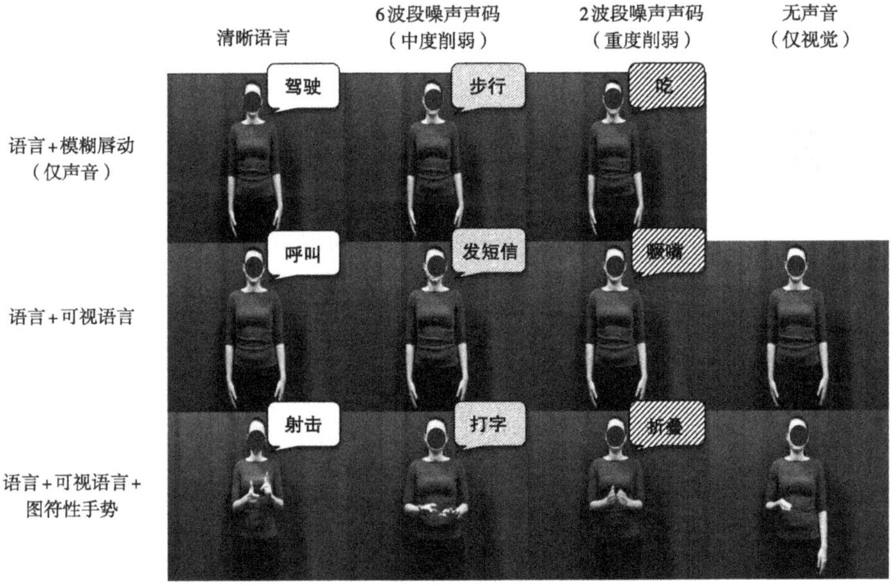

图10.4　Drijver等（2017）的实验情境示例

以往研究探查了手势对语言理解的促进作用，以及可视语言对语言理解的促

① Drijvers L, Özyürek A. *Visual context enhanced: The joint contribution of iconic gestures and visible speech to degraded speech comprehension* [J]. Journal of Speech, Language, and Hearing Research, 2017, 60(1): 212-222.

进性，Drijver等（2017）研究的推进之处在于，探查手势和可视语言产生的双增强效应，因为我们的语言系统可以平衡语音输入（语言）和可视输入（手势和可视语言），进而在噪声干扰水平上产生最佳效应。结果证实当两种视觉方式（手势、可视语言）共同呈现时，比仅有一种方式条件下，语言理解的精度水平更高。在一个视觉情境下当噪声降低语言信息的感知和理解时，听者在两种视觉条件下（手势和可视语言）比一种条件获益更多，听者可以从可视语言的语音线索和手势的语义线索中同时获益，以消除语言理解的歧义。

显然，语言交流互动中，多种非语言线索的共存可以起联合增强效应，手势有助于在可视语言的基础上进一步增强语言的理解；手势和可视语言的双重增强效果优于单一因素（手势或可视语言）效应或没有视觉信息条件。由于手势可以提供语义层面的信息，而可视语言能提供语音层面的信息，因此两者在语言的理解过程中起互补性作用。这与手势在语言加工中的贡献作用，以及交流理论所假设的和语言同时发生的多种信息有助于语言理解的观点是一致的。重要的是，双增强效应本身是听觉（语言）和视觉（手势和可视语言）联合输入的结果，而不是被试者单纯只专注于视觉信息输入的结果。可以说，手势和可视语言的增强效应，必须以语言信息一定的可靠性为基础，这才便于联合手势、可视语言、语言三方面的信息，超过一定的阈限值，进而才会出现联合增强效应的最大值。

在关于手势和可视语言对非母语学习影响性的早期研究中，Kelly、Hirata、Simester、Burch、Cullings和Demakakos（2008）发现，唇动和嘴动有助于语言的语音编码，而手势仅能在语音信息被正确编码的前提下，帮助理解语音流中的词汇意义。基于这些结果，Kelly等认为，在语言加工的不同阶段，以多种方式输入信息对于语言理解具有促进作用。[①]在这里，嘴的运动似乎在语音加工阶段产生促进作用，而手势是在语义加工阶段产生促进作用，两者相辅相成。这支持了语言和手势在语言理解过程中形成了一个完整的联合交流系统的观点。

总之，语言和手势形成了一个完整的交流系统，与在语言加工的不同阶段，以多方式输入信息是有益的观点是一致的。事实上，可视语言可能在语言听觉编码期间起了重要的作用，但根据以往的研究结果，手势不仅在听觉信息被正确编码和理解时促进语言理解，在不利于听者的条件下也促进语言理解。当听觉信

① Kelly S D, Hirata Y, Simester J, Burch J, Cullings E, Demakako J. *Effects of hand gesture and lip movements on auditory learning of second language speech sounds* [J]. The Journal of the Acoustical Society of America, 2008, 6(10): 2357-2362.

息编码困难或当听觉线索很大程度上是不可靠时，听者主要通过源于手势的语义信息来引导语言理解，它有助于消除听觉线索的歧义。然而，当听觉线索适度可靠，以及有足够的听觉线索和可视语言的语音信息产生映射时，听者可以从手势和可视语言上产生双增强联合效应，即联合了语音和语义信息。也就是说，在可视语言语音信息之上，手势的语义信息进一步提供了加性效应。或者说，至少在听觉不利的条件下，听觉线索不再可靠，语言加工可能更多地受到来自手势语义信息的驱动。

语言交流互动中，手势的使用可以自然地在面对面交流中发挥举足轻重的作用，手势信息可以帮助访问一个词汇的意义，进而在听的情境面临挑战时，如噪声情境，解决语言信号的认知加工问题。而在现实交流中当存在如噪声干扰等的不利于听者的条件下，说者可能调整自己发音器官的运动方式，以最佳地传达交流的信息。这种效应被先前研究描述为“Lombard效应（以人名命名的效应）”，指的是说者在噪声条件下努力增加声带的发声，以增强和提高声音的可听性（这不限于响度，还包括音位、音节长度、语速和音高等方面的增强性变化）。因此，这也会对同时发生的手势互动产生影响。例如，在一个不利于听者的条件下产生一个更大的手势，而清晰语言条件下不会这样。未来的研究可以通过在不利于听者的条件下记录现实交流刺激，并将这些视频呈现给被试者，以提高生态效度来检验这种可能性；未来研究可以探讨在句子语境中呈现特定词汇，探查不同视觉信息的影响效应；此外，未来应该考虑到，现实自然的面对面交流中不仅包括语言和来自手势、可视语言信息的联合，研究可以挖掘其他非语言行为的影响和联合效应（如头部、额头的动作），将这些因素和手势、可视语言等综合考虑，有助于完整理解不利于听者的条件下的综合性增强效应。最后，未来研究还可以采用听障人群作为研究对象，这有助于提高研究的生态效度；对照研究结果的解释，为临床人群和教育教学提供视听方面的训练和指导。

第6节　交流者间的模仿和预测是表情交流的基础

一、交流者间的模仿和预测具有社会认知基础

交流互动中，个体间存在交流行为的彼此模仿，例如，面部表情、语言特征、情绪、身体姿势、手势、复杂或简单的动作模式等。在以往研究中，心理学

研究者们研究了这种模仿行为的社会功能，并证明模仿在社会关系意义上是一种人际互动的黏合剂，它将交流者彼此间更紧密地结合在一起。例如，个体有更强的倾向来模仿亲社会而非反社会的交流手势。此外，模仿交流同伴会增加亲社会行为、从属感情或相互喜欢的程度。

在自然的社会交流背景下，模仿通常借助所谓的“感知—行为”链接来促进交流互动的认知发展过程。“感知—行为”链接假设模仿是基于感知和执行动作的共享性心理表征。也就是说，观察和模仿交流同伴的动作，从而有助于执行与之兼容的动作，因为观察到的动作和执行性模仿动作的激活需要相同的感知动作表征。事实上，交流互动中在说者和听者之间存在共享性心理表征的激活，人们不仅可以模仿别人的所作所为，还可以通过这种交流互动中的模仿过程来预测别人将来可能会做什么。例如，预测编码理论（The Predictive Coding Accounts）认为，预测他人的行为是一个先天固有的过程，不断发生在人类的大脑中，以随时为自己的行动做出准备。Wilson和Knoblich（2005）提出了一个所谓的仿真器，其在内部模拟他人的行为执行；然后，该模拟过程提供了所观察行动的过程以及其可能发生的未来即时信息；内部建模允许观察者快速地解释感知信号，并快速反应，以消除不确定的情况和信息，并解释可见的运动。①

进一步而言，个体会根据他人行动前的非语言信号来解释和预测他人的行动，并且这种预期让人们产生预期的自我行动。在Genschow和Brass（2015）的研究中，被试者观看一个视频，其中视频中的一个人正在翕动鼻翼或者她的头发掉在她的前额上，并停留了几秒钟；当被试者在观看该视频时，记录被试者在观察到鼻翼翕动或头发脱落时，触摸自己鼻翼或前额的动作频率。结果表明，当观看鼻翼翕动视频时，被试者比在观察头发脱落视频时，更频繁地用手触摸鼻翼，反之亦然，当观看头发脱落视频时，被试者比在观察鼻翼翕动视频时，更频繁地接触前额。②

有趣的是，对自己行动的预期类似于观察模仿，个体需要感知、加工和解释他人的行为，以产生他们自己的行为预期。换句话说，对于这两种现象，追踪他人的行为是一个至关重要的先决条件，这也使得如何追踪另一个人正在发生的行

---

① Wilson M, Knoblich G. *The case for motor involvement in perceiving conspecifics* [J]. Psychological Bulletin, 2005, 131(3): 460-473.

② Genschow O, Brass M. *The predictive chameleon: Evidence for anticipated social action* [J]. *Journal of Experimental Psychology:* Human Perception and Performance, 2013, 41(2): 265-268.

为至为重要。观察模仿动作是由动作观察触发的，预期动作是通过对背景事件的解释来触发的，例如在动作之前的非语言线索。因此，观察模仿动作可以看作一种无意识性的反应现象，而预期行动本质上是意识性的预测行为。综上所述，交流互动中模仿和预期动作的认知过程，密切关联但又显著不同，两种现象又均依赖于追踪他人行为。这就提出了一个问题：模仿和预期行为是否和某些与社会行为加工有关的人格特征有关。

二、交流者间的模仿和预测关联于社会智力特征

追踪他人的行为显然需要准确地加工非言语信息，这是社会智力的一个重要组成部分，可以区分出社会技能、社会意识和社会信息加工三个不同的社会智力因素；社会技能（社交技巧）涉及一个人在社交场合与他人相处的轻松感，社会意识与人们对自己在社会交往中角色的一般意识有关，社会信息加工包括对内隐和外显的语言和非语言信息的理解，以及对某人的感觉和行为的预测能力。社会智力是指在心理状态（思想、意图、期望和信念）方面解释他人行为的能力，在复杂的社会群体和亲密关系中相互作用，从而对交流互动中同伴的心理状态产生共情，并预测他人的感知、思想和行为。

Genschow、Klomfar、d'Haene和Brass（2018）探查了预期行为是否与社会智力的亚因素有关，目的是分析模仿行为、预期行为、社会智力间的关联模式。① 解释社会互动中交流者之间的彼此模仿和预期，对于交流认知行为协调性所起的重要作用，众所周知的一点是，个体在社会情境中经常相互模仿，这种模仿起着重要的社会人际作用，个人不仅模仿他人，而且在观察者开始参与该互动行动之前，会先预期行动特征。有趣的是，这两种现象（模仿和预期行为）依赖于对他人社会行为的追踪和理解，基于此Genschow等（2018）分析了模仿和预期行动是否与社会能力有关，如社会智力，结果表明了模仿和预期行为与社会智力，即加工社会信息的能力有关。

虽然社会人际互动中模仿和预期行动有着相似的认知过程，但在重要的方面却有所不同，对于这两种认知和行为现象，追踪他人的行为是一个至关重要的先决条件，这个过程是交流者以不同的方式触发模仿和预期行动的过程。模仿动作

① Genschow O, Klomfar S, d'Haene I, Brass M. *Mimicking and anticipating others' actions is linked to Social Information Processing* [J]. Plos One, 2018, 13(3): e0193743.

是由动作观察触发的，预期动作是通过模仿动作前的非语言表达来触发的。这两种不同现象与某些和社会行为加工有关的人格特征有关，也与社会智力有关，社会信息加工作为社会智力的一部分，与预期行为以及模仿过程相关联，其他社会智力亚因素与模仿和预期行为的关联性相对更低。

以往研究发现，社会因素在模仿行为中起调节作用。例如，移情、观点采择、亲社会取向、依存性自我建构或场依存性等，均与模仿行为存在关联性。事实上，模仿他人会产生强烈的社会人际互动后果，使人们更加紧密地联系在一起。考虑到预期行为和模仿行为共享某些认知过程，这两种现象可以通过社会信息加工过程而协调，预期行为很可能具有和模仿行为相似的社会认知加工特征。模仿是基于对他人行为的直接模拟，观察一个人的动作可以激活自己类似的行为动作表征，以促进相似动作的执行，这在交流认知加工过程中对于促进交流者彼此间认知和行为的协调一致起着关键性的作用；同时，交流者在人际交流互动中彼此间的模仿和预期，是以非语言线索的提示性为基础的，表情（手势、面部、肢体等）因素是一个重要的核心影响因素。简言之，交流者间的行为模仿和预测是表情交流的基础，而表情交流可以提高彼此间模仿和预测的恰当性和准确性。

第11章

交流手势认知与现实中虚拟说者设计

当今社会随着科学技术手段的不断创新和应用，人际交流呈现出多元化的特点，例如，行业咨询可以采用网络交流的方式，通常情况下，各行业部门可以创设一个网络主页平台，该平台不仅体现了自身向外界的宣传和推广，而且我们注意到主页的显著位置上都会安排一个可以实现访问者咨询和互动交流的窗口，常见的方式是一个接受咨询的人物头像，当访问者点击该头像时，可以实现自动或实时的交流互动。

围绕本书中所探讨的交流手势认知特征，我们可以理解现实网络中咨询人物形象的不同设计特征，将影响访问者与之交流互动中的认知加工过程和交流的效率效果。典型地，这类虚拟人物形象——本章中我们称为“虚拟说者”，因为其主要的功能是接受并回答访问者的咨询和提问——体现了两个维度上的变化特征：一是对于现实中人的模拟效果或真实性，如真实人物形象和简化的卡通人物形象，二是虚拟说者的生动性，如静态地传递语音信息，还是动态地模拟现实人的互动交流。从这两个维度出发，相应产生了本书主旨所探讨的表情交流，重点是手势交流的问题。

本章探讨的是，当说者是一个虚拟说者时，言语理解过程将受到何种影响。在前面的章节中，重点是从现实交流互动情境出发，阐述了交流手势认知的一些具体方面和特点。现实交流中交流参与者通常都是面对面的，视觉上拥有共同呈现的中心或关键场景，一个人在说话的同时，另一个人在倾听，该过程中交流双方间的表情互动将是极为丰富和多样的。而现实中虚拟说者是一个交流中的特殊情形，可以推测如果真实交流者互动中手势具有重要的认知作用，那么虚拟说者在交流互动中若拥有丰富的交流视觉线索（当然，在广泛的意义上设计手势、面部、头部、肢体等的联合表达），也将影响交流同伴的认知过程。同时，应该注意一点，现实交流中情境可能是复杂的，比如物理环境的宜人性或者噪声、温度等的变化性等，不难理解鉴于这些多变的交流情境，虚拟说者是否具有丰富的表情视觉线索，将表现出显著的交流互动影响性。直觉上，当一个人面对虚拟说者和面对真实说者的认知理解过程是否一样时，一定程度上取决于虚拟说者对真实说者的模拟效果。具体从手势交流的角度出发，虚拟说者设计中，语言和手势时间上的协调性将影响听者的交流理解性，以及对话语信息的记忆编码；虚拟说者语言和手势表达的协调性，如前所述的序列、时间和重叠特征等，都将影响听者的认知理解；同样，虚拟说者交流中手势和语言表达信息的匹配特征，也将影响交流信息的传递和记忆过程。

总之，在现实交流领域中，虚拟说者形象特征的设计是有必要的，交流中能够看到虚拟说者，虚拟说者生动逼真且表达自然贴切，将有助于真实听者的认知理解和信息接受，因为这关系到真实听者对于虚拟说者交流内容的信任程度。未来虚拟说者的合理设计，在教育咨询领域以及其他行业领域中的现实应用前景将可能极为宽广。

第1节 交流中的虚拟说者和可视化特征

一、交流中的虚拟说者

在前面的章节中已经探讨了，交流互动中听者的语言理解过程是如何受到说者特征的影响，尤其是受到说者同语手势表达的影响。同样，当交流中说者是一个动态的虚拟人物时，也可以实现特定的现场交流，两个人同时在场，一个人讲述（虚拟说者），另一个人倾听（真实听者）。这种特殊的交流情境下，听者也能够观察到虚拟说者表现出来的手势视觉信息。交流中的言语理解过程是复杂的，取决于许多因素，包括说者、听者和交流环境。关于真实说者视觉信息对听者语言理解的影响，研究者们已经了解了很多，但是还有很多问题需要放置在现实的多样化交流情境中去逐一探查和检验。当前，从交流的现实应用和表现来看，虚拟说者存在的交流情境仍然是一个相对活跃的研究领域，涉及多个学科的不同研究领域。

为什么关注虚拟说者是有趣而现实的呢？答案有两方面。第一，可以更好地理解人类在交流中如何理解虚拟说者本身，毕竟日常应用中虚拟说者无处不在，相关研究将具有直接的指导性。第二，通过在交流互动中采用虚拟说者，可以更为方便地开展交流认知研究工作，这有助于采用某些以前不可能实现的研究方式，来探查和解决真实交流双方互动中语言理解方面的相关问题。进一步探查清楚一个人对虚拟说者的认知和理解是否与面对真实说者时不同，以及我们是如何理解虚拟说者的，又是如何理解真实说者的。再进一步可以更好地指导我们在现实的交流领域中更好地设计虚拟说者，更好地实现交流互动中的交流期望、态度和策略，这一点对于当前的交流手势研究领域是非常重要的。未来这些研究的结果和指导方法可以应用于不同的现实领域。

本章中重点关注了有关与虚拟说者交流的相关研究，分析阐述：真实听者如何理解真正的说者？交流中听者在理解虚拟说者与理解真实说者方面有何不同？但是，在此必须一再澄清一个问题：真实交流互动中语言的理解过程是复杂的，在国内外的研究领域中也出现和汇集了一系列不同的研究课题。本章仅是关注了一个相对小而重要的方面，即使用虚拟说者作为一个工具来分析和阐述说者影响听者理解的可能方式，重点则是放置在虚拟说者的可视化线索和特征方面，如手势表情的使用和表达。其中的关键问题是，当语言发生时，同时同步整合的视觉线索将如何在不同的环境下影响听者的理解过程，例如纯粹听觉的交流背景以及包含了视觉线索的背景。另一个问题是，听者理解受手势表达时间的影响特征，与语言表达相协调的手势如何帮助听者更好地理解并记住所听到的内容。另外，还将阐述一些与言语理解相关的更间接的因素，如在视频中看到虚拟说者将如何影响听者使用的元认知策略，听者对虚拟说者的信任，以及对虚拟说者社会特征的感知将如何影响交流的理解过程。简言之，围绕三个方面展开：视觉线索、手势和产生的间接效应。

关于交流中的虚拟说者，有多种相关的术语，概括而言指的是计算机可视化的、动画的、或多或少模拟现实人的角色，他们能够以某种方式与人交流，也被称为具体化的交流替身/代理、虚拟人、动画教学替身/代理。一个最为基本的共同点是，均涉及对人类或真实说者的动态、视觉化呈现，其言语要么以文本的形式呈现，要么以声音的形式呈现。实际上，在上述的各种概念表述中，存在一个细微的差别，尽管外行人通常使用替身来指代基于计算机的人物角色，但实际上在虚拟人和替身之间有一个重要的区别。严格地说，替身是一个特定的人物角色，其行为由人类最终用户（比如游戏玩家）通过某种输入设备来控制。相比之下，虚拟人的行为是由软件决定的。在计算机游戏中，替身如果被设计成模仿人类玩家的行为，则称为机器人。另外，还有一种混合角色，结合了替身和虚拟人的各个方面特点。许多教育软件中都设计了教学替身角色，使用该特定软件时，学生可以扮演成教师的角色，指导“游戏”中自己的学生（教学替身角色）；教学替身角色在参加测试或解决问题情境时的行为，反映了“真正”学生向教学替身角色教了什么，以及教得好还是不好的程度。在研究领域中，将具体化的交流替身定义为：真正的说者知道如何使用交流替身进行对话，具有表达情感、个性和社会习俗的功能。虚拟人是由Swartout、Gratch、Hill Jr、Hovy、Marsella、Rickel和Traum（2006）定义和提出的：软件设计的形象看起来像人，行为像人，并与人交流互动，但存在于虚拟环境中。①

这两个定义都强调了人际互动性，以及相关行为是由模拟人类行为的算法产生的。算法按程序生成动作，通常是实时发生的，并响应与人类用户的交流互动。可以使用人为设计的动画、运动动作的模式，也可以基于人类演员的动作来设计。其中任何一个都可以单独使用，亦可相互结合，或与算法结合使用。在教育领域，动画教学替身形象这个词经常被使用，他们可以表现一些交流细节：从静态图像和书面文本，到逼真的动画人物讲解。动画教学替身形象可以在视觉外观上被设计的各种各样（例如，可以是像人一样的自然化形象，也可以是程序化的形象），同时使用视觉文本与语言，以及动作性表现（包括嘴唇动作、面部表情、手势、肢体动画和注视行为等）。互动的级别从响应用户操作的高度自主控制，到完全非自主控制以预先程序定义的顺序展示内容。教学替身形象还可以突出其他非视觉方面的特征，例如在教学角色方面设计出专家、激励者、导师，或者同伴、施教的替身形象等。

本章中，虚拟说者这一术语强调了主要目的是交流说话，而不是仅以视觉方式显示文本，交流说话反映在人物动画方式之中。当前所探讨的虚拟说者主要是非互动式的——他们的言语和动作是预先确定的，他们不需要也不能回应听者的交流反馈；此处讨论的目的是关注其对交流中听者一方的影响。因此，准确地说，虚拟说者不是根本意义上的交流互动角色。针对虚拟说者，基于“细节和互动性”的级别可以创设一个二维空间来直观展现和描述。

---

① Swartout W R, Gratch J, Hill Jr R W, Hovy E, Marsella S, Rickel J, Traum D. *Toward virtual humans* [J]. AI Magazine, 2006, 27(2): 96-108.

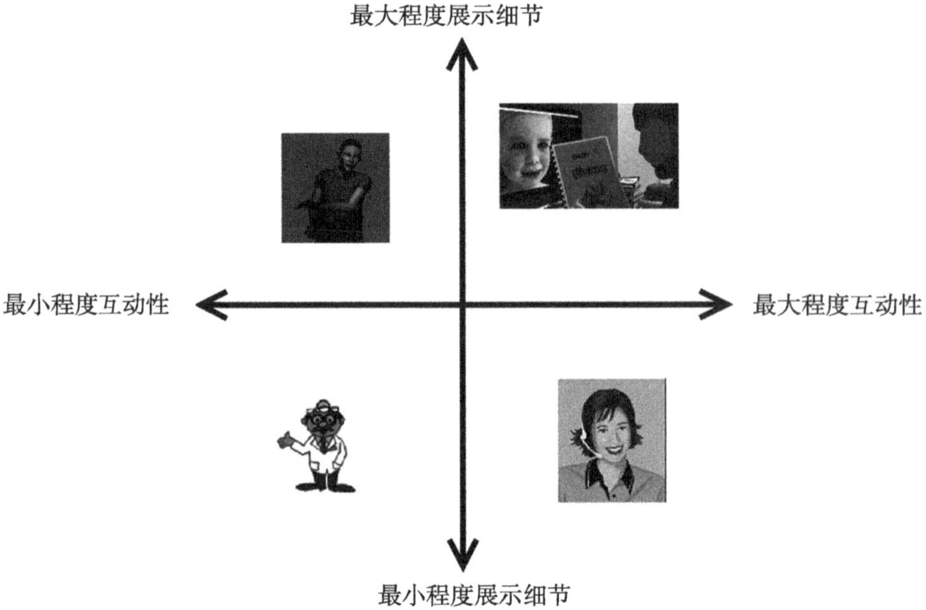

图 11.1　基于交流中细节和互动性特征在二维空间中展现虚拟说者[①]

图 11.1 中的二维空间可以分为四个象限。在右上象限，我们可以看到虚拟说者既有丰富的展示性细节，也有丰富的互动能力。在右下角的象限中，呈现的是客户服务替身形象，她有一个静态和简单化外在形象，但能够基于文本实现自然真实的语言互动，进而了解顾客的交流意图。在左下象限中，是一个博士形象，这个卡通人物是一个简单的动画形象，可以仅被用于指出幻灯片演示中的某些特定元素。本章阐述的中心是左上象限中的虚拟说者，具有最小的互动性和最大的呈现细节特征。

当前围绕虚拟说者所探讨的听者“理解”，是指某人从口语中提取的意义，并将其应用于后续的交流任务中，最基本可以体现在交流中正确回答与口语内容相关问题的能力。假设听者的理解包括两个子过程。一个是语言识别：对语言信号中的单词进行感知和识别。另一个是记忆编码：代表口语内容的形式和意义。当然，这些显然不是听者理解所涉及的唯一或全部的子过程。全面地解释听者的理解将取决于特定实验研究中的具体材料和任务的特定性质。

① Nirme J, Haake M, Åhlander VL, Brännström J, Sahlén B. *A virtual speaker in noisy classroom conditions: supporting or disrupting children's listening comprehension*? [J]. Logopedics Phoniatrics Vocology, 2019, 44(2): 79-86.

二、交流中虚拟说者的视觉信息

现实中，没有视觉障碍的人在社会活动中将会严重依赖自己的视觉。几乎50%的大脑直接或间接参与了日常的视觉信息加工。当看到有人说话时，一个人可以立即获得大量的视觉信息，语音和视觉信息的整合发生在多个加工层次的多个阶段。典型的信息来源有两个：视觉口语线索和手势，此处排除了面部表情和身体姿势等说者表现出来的广泛的视觉线索信息，如图11.2所示。

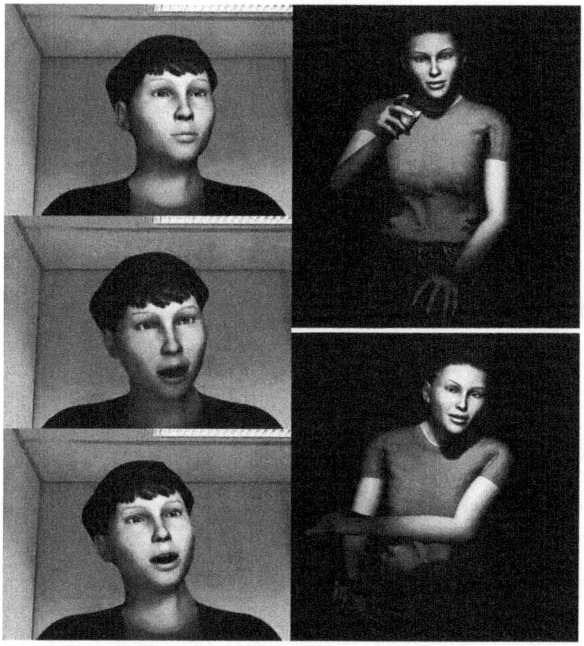

图11.2 虚拟说者交流中的视觉口语线索（左边）和手势（右边）①

此处所阐述的视觉口语线索指嘴、唇、齿、舌等方面的可视性线索。视觉口语线索包括嘴唇的可见运动，在某种程度上，还有舌头和牙齿，其与语言发音同步；眉毛和头部的运动与语音韵律峰值变化同步。这些线索也被称为语言交流中的副音素，这是一组视觉上表达一致的音素。这意味着交流中视觉口语线索和语音之间存在一对多的关系。彼此间映射的具体特征和可接受的形式范围因文化和语言而异，甚至可能仅出现在特定交流者之间。考虑到口语表达中的协同效应——一个事物的发音方式取决于它前面或后面的内容——视觉口语线索和语音

① Nirme J, Sahlén B, Åhlander V L, Brännström J, Haake M. *Audio-visual speech comprehension in noise with real and virtual speakers* [J]. Speech Communication, 2020, 116: 44-55.

之间的映射可以用很多种方式来描述。然而，在所有的视觉口语线索中，嘴唇的运动与语言的联系尤其紧密，这对于语音识别很重要，特别是在噪声环境下，它们的信息量非常大。

与语音韵律相关的头和眉毛运动可以称为视觉韵律线索。视觉韵律线索有助于语音的识别；它也有助于听者感知那些被其所强调的词汇。虽然说话总是涉及嘴的可见运动——除非是口技表演者，但说话时不移动头部或不做任何面部表情都是可能的，尽管这些情形并不常见。事实上，视觉韵律线索与语音韵律的联系已经被证明在交流互动中是既有强烈的表达性，又有表达的规律。例如，眉毛的运动和说话频率的变化有很强的相关性。视觉韵律线索与情绪状态的表达相互作用，有助于感知压力特征或使具有信息性的关键词更加突出。

本章中关注的虚拟说者可视化信息的一个重要来源是手势。更具体地说是伴随语言的手势：与言语一起进行的手势表达。除了生活中常见的一些传统的表征性手势，如拇指向上（很棒）和OK手势等，手势与语言的关系比视觉口语线索更为复杂。虽然研究者们做了大量的探查研究工作，但目前还没有建立手势表达中的所谓等效语法规则。一个重要的原因是，我们分析的手势是特殊的，因为它不符合良好的形式标准，相反，它们是由说者在说话时即时创造的。交流中的手势常见的有四种形式，当然这些形式也存在一定的重叠性特征。图符性手势捕捉和展现具体的动作或物体的特征；隐喻性手势通常会引起语言信息的隐含性表达，比如手势做出“擦除的挥动动作”，表达了拒绝晚餐订婚的提议；指示性手势指的是在环境中某个特定位置存在的实体，或者抽象的指示性手势；节拍性手势是一种简单的有节奏的动作，它本身不表达特定意思，但与语言同步，可以用来强调语言表达的一些具体化特征。

在现实交流中，通常很难将说者用一个单独的手势表达的内容明确区分为一件事或另一件事。例如图11.2中右上角所示的手势，它与语言表达的“[卡通猫]看到[卡通鸟]”相关联，它是图符性的手势，因为它能追踪从鸟到猫的视线，并通过指出鸟的位置来展现。图符性的、隐喻性的或指示性的手势都可以被视为表征性手势。这区别了以不同方式传递信息的节拍性手势，以及以某种方式调节对话的语用手势。也有研究者将图符性手势和指示性手势称为“交流的基本方法”，但是其使用的术语有所不同。交流中手势的表达所涉及的动作可以分为几个阶段：准备、挥动、保持和收回。其中表征性的挥动可以说是最重要的。表征性的挥动可以通过一只或两只手来完成，可以是动态的也可以是静态的，如图

11.2中右下角的图示，一只手提供了一个信息参照。虽然大多数情况下手势是用来描述的，但是挥动可以而且经常涉及整个身体的运动。本章将局限于分析和阐述伴随语言发生的手势，并且限制在虚拟说者存在的单向交流情境中，即说者和听者均有固定的交流角色，因此暂不涉及交流者之间的自由互动，同时分析了虚拟说者所使用动作对真实说者讲话和相关动作的模拟，重点是手势表达。

三、交流中虚拟说者视觉信息探讨的意义

如本书前面所阐述的，当前针对面对面交流的相关研究，倾向于将语言交流过程作为一种多模态现象来看待。同样，在存在虚拟说者的情形下，仍然是对现实面对面交流的一种模拟，因此面对面的交流情境是听者认知理解的基本语境。

将语言交流视为多模态过程，摒弃了传统上对交流语言或书面文本的简单关注，这种观点已经得到了不断的发展，并将继续受到越来越多的关注。面对面的语言交流，结合了可听和可见的多种元素，是语言使用的主要语境。现实交流中我们习惯于看着我们面前的说者进行互动。人自出生开始，大多数视力没有受损的孩子就开始通过与父母或其他看护人面对面的交流来学习和了解周围的世界。儿童是如何具体性理解交流语言的呢？Kuhl（2007）提出儿童的语言学习是由社会互动“把关”的，该过程中包括了儿童和他们的看护者之间共同的视觉注意。[①] 一些关于语言进化的解释强调了感知他人身体行为的重要性，尤其是那些涉及手部的动作。人类在没有外部线索的情况下模仿他人的动作，并故意触发动作序列的能力，是进化上的突破，也是发展语言的关键一步。神经镜像系统，即在执行和感知他人行为时激活的镜像神经元的分析，支持了对交流意图和行为的理解。这反过来又支持了交流互动的模仿，并可以扩展到哑剧表演等情景。在哑剧表演中，手、脸和声音等动作的简化形式为原始语言提供了基础，也就是说，描述完整动作的单一话语被简化为表征性语言所必需的其他组成部分。一定程度上，可以说语言与交际手势是共同进化的，甚至手势交流是口语交流的前身，尽管其在交流中的地位已经失去了一些显著性。

关于语言进化的理论以及手势表达和语言表达之间紧密联系的相关解释和知识，很难与认知科学的早期理论相一致。认知科学认为语言涉及的大脑模块，独

① Kuhl P K. *Is speech learning 'gated' by the social brain?* [J]. Developmental Science, 2007, 10(1): 110-120.

立与世界交互作用，其加工各种各样的符号表征。语言交流的多模态语境，特别是手势在其中起的作用，可以通过语言的定位和表征理论得到更好的解释，这些理论强调人的身体和感觉运动能力如何塑造了认知过程。

交流互动中视觉信息在语言理解中起着重要作用的观点是没有争议的，并且已经产生了大量的相关性研究。研究技术的进步使得产生、收集和管理视觉数据的方法变得越来越容易。比如研究技术的发展和日益增长的研究兴趣，可使研究者们恰当使用视频技术研究幼儿的语言习得过程。实际上在研究交流手势认知中使用虚拟说者时，虚拟说者一定程度上成为众多研究方式中的一种，其价值之一在于其在交流互动实验中的可控制性。研究人员可以系统地操纵和控制感兴趣的一些交流特征，同时保持其他交流特征不变。这就像他们对真正的说者所做的实验控制那样，甚至更为方便和高效，一个真正的说者不能在多个实验过程中再现相同的音质、语调、面部微表情，或不自觉的眼球运动，或相同的手势和视觉口语线索，但是当采用虚拟说者时是可以做到的。人类听者对不同种族或其他群体说者的偏见，也可以通过使用虚拟说者更容易地得到控制。

听者可以根据他们与真实说者的交流经验来理解虚拟说者。因此，虚拟说者是如何被正确理解或误解的，涉及很多关于人们如何理解交流语言的问题。语言理解是一个复杂的话题，虚拟说者通过专注于行为和表达的特定方面，可以提供一种更为便利的方法展现言语理解的不同组成部分。有些方面可以被研究者精细地重新创造和设计，有些可以被夸大，有些可以被简化，还有一些则可以被弱化或完全忽略。例如，Rosenblum、Johnson和Saldaña（1996）的研究中将说者的脸作为一组点来呈现；[①]Alghamdi、Maddock、Barker和Brown（2017）的研究中使用了夸张的嘴唇动作。[②]本章重点关注使用虚拟说者所呈现出的不同自然化程度的视觉特征，总的策略是尽可能接近真实说者的声音和动作方式。

当然，虚拟说者和真实说者之间也有区别，听虚拟说者表达和真实说者表达之间也有区别，因此虚拟说者和真实说者之间的差异性必然导致听者理解上的差异。事实上，探索这种差异是研究领域中一个反复出现和关注的主题，也因此产

---

① Rosenblum L D, Johnson J A, Saldaña H M. *Point-light facial displays enhance comprehension of speech in noise* [J]. Journal of Speech and Hearing Research, 1996, 39(6): 1159-1170.

② Alghamdi N, Maddock S, Barker J, Brown G J. *The impact of automatic exaggeration of the visual articulatory features of a talker on the intelligibility of spectrally distorted speech* [J]. Speech Communication, 2017, 95: 127-136.

生了研究结果的现实指导价值。当真实说者被虚拟说者取代时，重要的是，要知道什么是容易失去或得到的，并考虑什么是最重要的，以获得正确的认识。平衡严格实验控制和生态有效性间的关系是认知科学研究领域中的普遍挑战，对于任何研究人类行为的领域而言都是具有一定矛盾性的，这也激励研究者们不断探索研究交流语言和手势认知加工的独特方法，并解释其潜在的现实意义。

本章主要从交流中听者的角度出发做进一步的分析。这类研究中所使用实验任务的一个重要限制是交流任务在很大程度上不是交流者之间彼此互动的，即没有双向性互动交流，听者和虚拟说者的角色都是固定的，没有话轮的轮换，个别研究也尝试采用了真实听者和虚拟说者一定程度上的彼此自由互动。鉴于人际互动对交流的核心作用，研究中互动的相对缺乏是非常值得关注的，严格地说，这关系到如何评价虚拟说者的语言交流特征和听者的理解特征。人类的现实交流依赖于社会环境特征，它塑造了交流者彼此的认知和行为，例如通过在两个交流者之间建立融洽的关系。当然在一定程度上通过向交流一方呈现非互动甚至不具明显表现力的交流同伴角色也有可能触发社会交流图式。比如学习性交流中，有些情况下学习者必须感知、理解和学习语言信息，而不能进行自由的人际互动，典型的如大学讲座的特定交流情境。

随着当前社会科技的不断创新，科技产品已经开始可以和我们说话了。他们的声音可以是从人声中录制的，也可以是合成的。儿童和成人都可以从与说话的应用程序或人工制品的互动中学习，它们甚至可以在与人交谈时做出一定范围和程度上的反应和回应。人们对言语过程的理解，无论是自然的还是人工的，都有好几个层次，比如他们能够自觉地区分出熟悉的词义，有时还能推断出不熟悉的词义，这是一个基本和必要的交流技能，实际上人们在交流中往往忘记了交流理解过程是多么复杂的。听者会不断地随着交流进程的发展，将说者的声音与其他声音或背景声音区分开来；消除歧义并识别句子结构；提取语义，同时跟踪短暂时间前所说的内容；将提取的意思与已知的信息联系起来。所有这些都必须实时发生，以微妙的同步方式进行，甚至在不太理想的交流条件下，如忙碌、疲劳或分心的情形下也是如此。因此，一些交流认知技巧，对于成功的语言理解是至关重要的：定向注意，抑制干扰性刺激，记忆编码，适应每个新的说话者，以及元认知自我调节等。

听者如何理解虚拟说者所说的话，以及他们如何理解虚拟说者本人的特征？我们可以提出这样一种观点，即口语产生和解释的主要模式是面对面交流，听者既能看到也能听到说者，听者对虚拟说者的理解将取决于过去的经验以及基于与真实同伴互动而产生的当前期望。人们倾向于把交流意图和特征归因于说者，不管其面对的是真人还是程序化的人工人物形象，尽管他们完全知道他们的交流同伴并不是真实存在的。人们如何理解一条交流信息，与它是如何呈现的，以及他们想象的是谁在表达该信息均有很大的关系。当交流参与者被要求评估电视新闻的可信度时，他们受到新闻主播可信度的影响最大，尽管他们知道他的故事是由其他几个人的团队撰写而成的。

归纳而言，当一个虚拟说者被呈现在交流情境中时，听者能够利用可用的视觉信息来服务于交流认知理解，无论此时其所面对的说者是一个最小的动画棍子人物，还是一个具有自然外观和行为的详细的三维人体模型，或者介于两者之间的任何形象。现在，虚拟说者的使用在人们的日常生活中越来越普遍，人们为了娱乐（视频游戏）和实际目的（自动化客户支持、公共服务、教育和培训应用中的学习目的）与虚拟说者互动并收听信息。虚拟说者充当真实说者的代理人（在线虚拟环境中的化身）。在某些特定的现实应用交流情况下，他们可能比真正的说者更适合。一家瑞典公司最近开始通过Tengai（一个带有面部动画的人工智能机器人头像）进行所有的面试活动，以向所有的来访者提供所谓的“无偏见的招聘”。也有的采用虚拟说者治疗社交恐惧症。虚拟说者也可以被用于教育环境中，因为它们可以不受疲劳之苦的干扰，也不受学习者可能犯的错误的影响。例如，语言学习者可以与一个有无限耐心的虚拟同伴练习他们的口头语言技能，医学生可以通过访问虚拟患者来训练他们的临床诊断技能。

扩展思维假说指出，在上述的特定交流情境中，交流认知不仅涵盖了我们头脑中发生的事情，还涵盖了我们所处环境中的人工产品。如果这是客观事实，那么增加对虚拟说者和特定交流环境的接触，将可以改变人类的认知，甚至进而影响人们在现实世界中理解交流言语过程的特征。随着虚拟说者越来越普遍地被应用于我们社会中的各个领域，尽可能多地了解他们如何影响我们的交流理解过程，以及他们对交流认知潜在的更广泛的影响性，将具有重要的研究和现实应用价值及意义。这些问题不仅关系到对交流语言的加工，还涉及对交流背后认知过程的探讨，也关系到与交流有关应用程序的开发，例如教育应用程序的开发。总之，相关的研究发现将能提供关于交流语言理解过程是如何发生进行的详细性解释，以及解释来自不同感知方式的信息是如何被交流者所整合加工的。

第2节 虚拟说者手势等视觉线索的交流认知特征

一、交流中虚拟说者视觉线索效应

通过前面各章的阐述，众所周知的是交流互动过程中的视觉线索支持在背景噪声中对语音的识别。对于交流者视觉线索的研究是一项相对复杂的任务，需要在多个层面上分析信息加工具体特征，当前，仍不清楚其对听者语言理解的明确影响特征。实际上，交流中的视觉线索也可能会在已经具有困难性的听觉条件下增加额外的感知负荷；而对于虚拟说者来说，这更是一个特别值得关注的问题，其与真实的说者相比，听者对虚拟交流同伴通常是不熟悉的。

研究者设计了有/无自然性背景噪声的交流实验情境，听者（学生）能够看到或无法看到虚拟说者交流中的相关视觉线索，要求学生听一个语言理解测试并完成一个选择性任务。[①]数据显示，在存在噪声干扰的交流环境下，可以看到虚拟说者可能有助于听者的理解过程。只不过该实验结果与以往发现的背景噪声的强显著主效应以及视觉口语线索对语言识别的影响效应相比较，效应相对较弱。

而在后续的研究中，使用了更大的被试者样本。每个交流参与者在一种背景噪声条件下听三个口语叙述材料中的一个：真实说者的视频，动作与真实说者相匹配的虚拟说者的视频，以及仅音频录音。[②]叙述材料是随机化的，并且在不同的背景噪声条件下保持平衡，以便探查可能存在的实验效应。该研究设计了对自我报告努力程度的评价、测量，以及对可感知的说者的社会特征的评价、测量。证实了在交流中可以观看到虚拟说者将提高语言的理解水平，并且显示虚拟说者与真实说者的视频条件下实验结果无显著差异。研究认为虚拟说者的交流优势取决于某种程度的交流互动适宜性。此外，与纯音频实验条件相比，实验参与者表现出选择了更多的负面词汇来描述虚拟说者；尽管虚拟说者也被听者认为其在交流中显得更为消极一些，但是这种印象态度似乎并不妨碍听者语言理解水平的提高。

具体到手势视觉线索方面，研究领域中大多数关于手势的理论解释都认为语

① Nirme J, Haake M, Åhlander VL, Brännström J, Sahlén B. *A virtual speaker in noisy classroom conditions: supporting or disrupting children's listening comprehension*? [J]. Logopedics Phoniatrics Vocology, 2019, 44(2): 79-86.

② Nirme J, Sahlén B, Åhlander V L, Brännström J, Haake M. *Audio-visual speech comprehension in noise with real and virtual speakers* [J]. Speech Communication, 2020, 116: 44-55.

言和手势之间有着密切的联系，这一点可以从两者表达时间上的协调特征来证明，即手势笔画先于或同时与相关词的发音一致出现。但是以往对于手势表达研究得相对较多，而对手势理解的研究相对较少，部分原因是研究手势理解的实验方法相对更为复杂和困难。如何创造精确控制的实验刺激，同时保证能够对应于自然发生的语言表达过程和手势表达过程？这是手势交流认知研究领域中的一个开放性问题，进而在没有公开和正式参与交流的情况下，手势是否也会影响听者对语言的编码方式呢？另一个问题是，听者对交流互动中语言和手势的加工是否依赖于上述的时间上的协调性表达，即是否仅早于语言或同时出现的手势才会具有特定的交际目的和效果？最后，使用带有手势的虚拟说者作为研究手段的可行性如何？

研究人员开发了一个特定的研究流程，利用虚拟说者创建交流刺激，并根据运动捕捉技术在自然交流中操纵手势。一项实验结果显示，交流参与者不认为在发生时间上不自然的手势是不自然的，只要它们与语言表达过程是一致的，并且在语言停顿时也相应地不再出现就可以。实验中的自评得分表明，在这种手势表达不自然的情况下，交流参与者可能已经明确意识到虚拟说者的手势是有问题的。[①]总的来说，结果证明了使用虚拟说者创建交流刺激的方法是有效的，其核心思想是在自然交流语境中精确地操纵以虚拟说者为核心的某些变量，可以探查语言发生过程和手势表达之间在时间协调性方面的内隐性效应。

在前面的章节中已经阐述过，现实交流互动中手势表达和语言表达的时间协调性能够促进语言认知理解过程，在自然语言交流过程中相对稍早于语言出现的手势与“恰当而正确”时间出现的手势之间没有实验结果上的显著差异。听者能够一定范围内适应语言和手势间的自然协调关系，并且时间方面的协调特征对交流信息的记忆编码有明显的影响性。

交流互动中虚拟说者和真实说者一样，提供了直接的、实时的视觉线索，这些视觉线索可以促进交流语言的理解过程。听者对说者的感知也可能产生更多的间接性语言理解效果。例如，对说者的信任影响听者对说者所说内容的评价特征。在学习情形下，同时呈现虚拟说者和合成的语音叙事，可以为学生独立学习提供支持，这通常显著出现在那些阅读能力较差的学生身上。在当前的探讨中有

① Nirme J, Haake M, Gulz A, Gullberg M. *Motion capture-based animated characters for the study of speech–gesture integration* [J]. Behavior Research Methods, 2019, 1: 1-16.

一个值得思考的问题是，听者对各种交流媒体（包括虚拟说者）所提供信息的理解，更多地取决于媒体的信息内容，还是更多地取决于听者如何接触媒体呢？先前的研究表明，在许多领域中人们面对数字交流媒介的反应和互动，都与公认的现实社会模式相一致。未来研究中精确控制虚拟说者的外表和交流行为，并在行为实验中将其作为刺激物或交流指导者，将具有很大的研究潜力和价值，也就是说，首先要了解交流实验中任务情境设置和虚拟说者特征的控制，是如何影响听者理解的。

以中学生为被试者对不同媒体传递的事实性文本理解差异的研究中，使用了合成语音的动画虚拟说者的视频，并且导航界面、重复的可能性和信息的短暂性在不同媒体上被设计得尽可能相似。与无文本合成语音（在这种情况下没有背景噪声）相比，虚拟说者提高了学生的理解水平。一方面在于合成语音的影响，另一方面在于元认知过程，面对虚拟说者的被试者比仅听语音条件下的被试者，更有可能正确回忆和重复出交流的内容。然而，关于元认知策略差异的具体解释，尚无法得出任何准确性的结论。

在创设虚拟说者的交流情境中，已经证实虚拟说者的设计特征，如详细化的三维模拟、人物形象的纹理特征、自然化的面部动画和语音等，均会影响听者对其提供信息的信任度。这类研究通常会在交流实验之后安排一个问卷调查，要求听者评价虚拟说者的存在性或对其形成的交流印象等，即听者在虚拟交流环境中的体验，为此可以在交流实验任务中设置一种单盲实验操作，即在不告知听者被试者的情形下，由实验者在不同的虚拟说者条件下，操纵控制交流过程的某些具体特征，这样有助于在盲实验条件下提高听者对虚拟说者信任度的检出水平。此类相关该研究一致性的结论是，低质量和高质量的虚拟说者将导致相应低和高的信任性，即虚拟说者的真实程度影响听者被试者对其交流信息的信任度和对其真实存在的信任度，这种影响是由听者对虚拟说者行为一致性或对其社会反应期望所导致的，虚拟说者在交流中表现出的更丰富的视觉刺激将影响听者的交流注意和记忆特征。

二、虚拟说者和真实说者的交流视觉线索

当前主要是讨论与语音产生密切关联的视觉线索的交流作用，重点是视觉线索如何以及何时促进言语理解的，简言之，看见说者对交流语言的加工和理解有影响吗？答案是肯定的。与单纯闭着眼睛听演讲相比，听者看到说者时，交流

情境中会有更多的丰富性信息，即便说者提供的视觉线索信息和当前交流内容的关系不是那么紧密和重要。比较性的研究已经表明，通过视频交流或虚拟说者交流，可以对语言信息的识别和理解产生积极的影响，说者可见性对交流语言理解具有积极性的影响。

然而，考虑到交流语言理解过程是复杂的和多方面的，不可能总是准确地指出哪些视觉线索是有用的，听者是如何利用它们的，或者在什么条件下它们是有效的。例如，Mishra、Lunner、Stenfelt、Rönnberg和Rudner（2013）报告指出，在言语记忆任务中，对可见说者语言信息的回忆分数有所提高，但工作记忆负荷也更大。[①]实际上语言交流中有太多的因素在起作用，这些因素与环境、听者的感知和认知能力以及听任务的特征均有关联性。考虑到这种复杂性，各种交流语言理解模型间都不存在解释和观点共识，这一点也不奇怪，尤其是考虑到语言交流是一个多模态的情境这一前提。尽管以往已经进行了大量的相关研究，但仍不清楚什么时候看说者对语言理解是有利的还是不利的。同样的不确定性似乎也体现在听者某些交流自发性行为的出现，例如，当遇到需要仔细倾听的任务时，学生和成人交流被试者有时都会闭上眼睛或将目光从说者身上暂时移开，以凝聚自己的注意力。以往研究的一个事实是，凝视行为会根据任务所需的认知资源进行策略性和意识性的调整；至少在某些情况下，听者的注视行为会有利于听认知过程；注视也在记忆编码和检索中起着重要的作用。

在对说者视觉线索交流认知作用的探讨中，更为大量的研究分析了真实说者的视觉线索效应。在理想的交流条件下，说者的语言是清晰可听的，此时似乎视觉线索并不重要。但是在其他的一些不良的交流情形下，视觉线索可以有效地补偿某些丢失或残缺的信息。Mattys、Davis、Bradlow和Scott（2012）综述了探查各种因素对交流中语音识别、理解、工作记忆和注意负荷影响的相关研究。[②]他们将造成不利影响的因素分为来源退化（如沙哑或不自然的声音）、环境退化（如混响、背景噪声或视觉干扰）或听者限制（如听力障碍、工作记忆或注意功能减退）。努力性听理解框架提供了一个解释性的模型，其中交流任务需求与听者动机和努力程度相互作用，共同影响交流信息理解的效率和效果。

---

① Mishra S, Lunner T, Stenfelt S, Rönnberg J, Rudner M. *Visual information can hinder working memory processing of speech* [J]. Journal of Speech, Language, and Hearing Research, 2013, 56(4): 1120-1132.

② Mattys S L, Davis M H, Bradlow A R, Scott S K. *Speech recognition in adverse conditions: A review* [J]. Language and Cognitive Processes, 2012, 27(7-8): 953-978.

当前阐述和讨论中应该注意更为细致地区分一个细节，即交流中语言识别不完全等同于语言理解。尽管说者的视觉线索对噪声环境下的语言识别有更为积极的影响，但这不完全等同于语言理解。语言理解比语言识别更复杂，涉及更广泛的交流线索和因素。目前一致的观点是交流中的视觉线索在语言交流早期阶段、前注意阶段和词汇加工阶段中已经被整合到听者的认知理解过程中，理解始终同时依赖自上而下和自下而上的认知加工过程，交流语言的视听整合是在许多认知加工阶段的多个层次上进行。比如声音（音位）和视觉（视位）的相似性，以及它们之间的相互重合，为交流情境下的单词识别提供了上下文线索；视听语言信息的整合会受到自上而下的认知过程的影响；视觉线索只会在交流者期望听到实际语言时，影响对语音中音素的识别，该过程是自上而下地整合影响效应。从交流互动中听者限制因素来看，总体而言不同人群或个人的感知和认知能力是有限的，这与听任务的具体需求（知觉或认知负荷）有关，工作记忆和执行功能与听者加工这些需求的能力，以及他们在这种情况下成功整合和利用视觉线索的可能性之间的关联性很大。

由于交流中听者的感知和认知能力有限，加工更丰富的感官信息是有代价的。在嘈杂的环境中，当听者能够看到说者的脸（视听条件）时，与他们不能看到说者脸（音频条件）时相比，语音识别水平得到了改善，而且不那么费力；然而，当调整噪声水平时，听者无论是否能够看到说者，对于语音识别的准确度都是一样的。当前对此的较一致解释是在视听交流环境下，听者的认知努力更大，反应时间更长。视觉线索的整合并非“免费”的，有时可能需要自上而下的直接性注意，即使在某些层面上的视听整合是自下而上的感官驱动也是如此。比如众所周知的口技表演，即同步的嘴唇运动由于改变了明显的语言来源特征而不需要再被直接注意，同时自下而上驱动的对干扰性视觉线索的注意，会干扰听理解过程。众所周知的麦格效应——不协调副音位调节发音音位的听觉感知，已经证明听理解过程依赖于视觉注意。在语音识别任务中，以视听形式呈现的具有干扰性的语言比仅使用音频，更容易分散和干扰听者的注意力。

当采用虚拟说者参与交流时，视觉线索对听理解过程的影响特征，与上面所述的真实说者交流情境是相似的，同时，在交流实验中使用虚拟说者更方便实验控制和操纵。虚拟说者面部动画与语音匹配精确度和细节程度的不同，这些不同的匹配特征在娱乐和教育应用领域中是很常见的。语音和动画的同步使用户将语音归因或联系于说者的视觉表现。如前所述，在有些现实交流互动环境下（比如非常有利于听的交流条件下），视觉线索实际上也有可能对听者的理解过程产生某种损害性，冗余原则的观点认为多余刺激信息将干扰而不是促进认知。对于该现象我们似乎又可以孤立地理解这两种交流信息来源，也就是说当与虚拟说者交流过程中，如果两种信息来源（音频和视觉来源）都使用，一个信息来源有可能是多余的，此时听者若是必须加工两个来源的信息，将导致额外的认知负荷的发生。

值得注意的是，相关的研究证据多来自所谓的多媒体学习领域，即通过图像、动画、文本或音频等媒介交流，而不是面对面地呈现重叠或互补性的信息，如采用虚拟说者角色。Craig、Gholson和Driscoll（2002）发现，当虚拟说者出现在多媒体学习环境中时，与单纯的语音学习相比，过多地同时呈现文本和语音会阻碍学习。[①]这一发现与多媒体学习的情态效应观点一致：当存在竞争性的视觉刺激时，单纯的音频呈现语言信息更适合于学习。虽然关于该问题的探讨目前为止尚没有一个定论，但多媒体学习研究的结果似乎表明，视觉线索对交流理解和学习的影响，并不等同于冗余的文本呈现。Dunsworth和Atkinson（2007）直接比较了有/无动画说者条件下，讲述心血管系统的交流差异性，结果发现虚拟说者的视觉存在对学习有积极的影响。[②]归结而言，对于虚拟说者视觉呈现存在两种声音和观点：一种观点认为由于动画虚拟说者展示的视觉信息对语言加工来说是不必要的，比如面部表情和纯粹的视觉外观特征，其有可能增加学习环境中的认知负荷；一种观点认为虚拟说者的视觉外观、动画和声音的自然整合呈现可以避免认知负荷的增加。

当前，在虚拟说者视觉形象促进或不促进听者理解的问题上还没有达成共识。但是，有理由认为，看到虚拟说者可能会分散注意力或突出相关信息。现实应用或理论研究中，一方面，虚拟说者可以被设计成去掉一些特征，也就是说，可以去除视觉方面的多余细节，同时夸大诸如嘴唇运动之类的关键细节。另一方面，作为刺激的虚拟说者比真实说者更让人觉得不熟悉，而且他们在外表和行为上与真人存在一定的明显差异，这可能会让听者感到厌烦或分心。在采用虚拟说

① Craig S D, Gholson B, Driscoll D M. *Animated pedagogical agents in multimedia educational environments: Effects of agent properties, picture features, and redundancy* [J]. Journal of Educational Psychology, 2002, 94(2): 428-434.

② Dunsworth Q, Atkinson R K. *Fostering multimedia learning of science: Exploring the role of an animated agent's image* [J]. Computers & Education, 2007, 49(3): 677-690.

者的交流实验研究中，利用不熟悉的视听线索可能需要听者做出一些交流习惯的调整，为了识别交流语音信息，听者可能需要不断适应和习惯新的视觉刺激。该适应过程是一个要求很高的过程，不同人群的适应能力各不相同，即使听者能够理解并适应一系列非真实的视觉线索，但这些线索何时有用也是有限度的。麦格效应就是一个例子，不规则的嘴唇运动会导致听者产生错误性的理解。例如要观察到手势信息与语言信息相结合的优势，需要手势必须符合现实自然发生中的时间匹配和协调模式。这相应地又为研究工作带来了另一个问题，即制作虚拟说者的动画的困难性和耗时性。运动捕捉或自然运动自动生成新技术的发展可以促进这项工作，特别是在制作动画时有必要平衡和抵消任何夸张性的视觉线索，以保证其与现实自然发生的特征一致且具有连贯性。

三、虚拟说者和真实说者的手势交流

本章探讨中的一个关键领域是手势对口语交际的影响。手势研究是一个多学科的研究领域，其贡献来自人类学、语言学、心理学、历史学、神经科学、传播学、艺术学、表演学、计算机科学、音乐、戏剧，甚至舞蹈等。我们探讨和阐述的目的是了解手势是如何产生和被理解的。鉴于手势和口语的紧密联系以及与手语的概念表达上的重叠特征，大多数手势研究者与语言学有一定的联系并不令人惊讶。

交流中手势很吸引人，因为它在某种程度上隐藏在交流注意之外。人们在说话时会做很多手势，而听者也会用手势来理解交流信息。同时，似乎说者和听者都不太了解或没有意识到手势的存在。眼动追踪研究表明，交流中听者主要看说者的脸，只关注特定情况下的手势，比如当一只手在手势表达的最后位置上持续保持时，或者说者语言表达中看着自己的手势时。以往的研究中发现了这样一个有趣的现象，当研究者告诉被试者刚才的实验是研究交流中的手势特征时，被试者倾向于狭隘地理解为描摹性的手势，被试者也会表示很遗憾自己在刚才的实验中没有做出更多的手势交流，然而当研究者和被试者随后共同观看实验录像时，被试者惊讶地发现实际上自己在刚才的实验中使用了大量的手势。事实上，似乎交流中手势总是存在的，无论何时何地说话，甚至在打电话时都是这样。手势的神秘性和隐蔽性可能是研究人员对其感兴趣的一个原因，其可以揭示出交流语言产生和理解中涉及的认知过程细节，而这些细节通常是交流者无法通过内省发现的。

与前面所述的一样，研究者们已经大量研究了真实说者交流互动中的手势表达现象。手势有时被认为是一个人非语言行为的一部分，然而，当涉及伴随语言共同发生的手势时，这种说法似乎又是有争议的，因为它与言语过程有着更为密切的联系。人们普遍认为，手势表达和言语过程是紧密联系在一起的，但围绕话语准备阶段的手势发生和表达特征，研究者彼此之间的观点存在分歧。De Ruiter（2007）提出了三种观点：手势是大脑认知的窗口，与语言同时直接表达思想；手势是由说者语言中信息的组织方式形成的；手势是“思想的明信片”，它揭示了一个认知协调的过程，在这个过程中，话语是同时由手势表达和言语过程计划的，这两种信息有时是冗余的，有时是互补的。[①]增长点理论也认为手势和语言的早期结合是通过将视觉空间信息分类为语言形式来表达思想的起点。相比之下，模拟行为的手势框架理论，却没有如此强烈地强调手势和语言间的这种联系，而是提出手势产生于语言和思维的感觉运动模拟。

支持手势和语言紧密联系的研究证据部分来自语言和手势是如何自然地同步发生和进行的。Graziano和Gullberg（2018）对相关研究进行了分析，结果表明，无论是使用第一语言还是第二语言，儿童和成人均表现出语言停止时，手势即停止的现象。[②]如前所述，手势表达不仅与言语过程一致，而且按照某种模式发生和进行。这种模式导致了语音同步规则的提出：手势先于或结束于语音峰值的音节，但不在语音峰值音节之后出现。

交流手势理论主要关注的是语言和手势的产生，而较少关注手势在交流信息理解中的作用。尽管如此，大量的证据表明，手势交流对说者和听者都是有价值的。直接研究手势和语言表达时间方面的协调性在交流信息理解中作用的研究相对较少，因此结果的解释和预测也具有不确定性。但是可以肯定，手势和口语所表达的信息在听者和说者的头脑中是紧密相连的，在存在虚拟说者的研究中已经发现，看到虚拟说者的手势与语言同步，这有助于之后对交流信息的回忆，因此真实说者条件下理应也是如此。这是一个例子，说明手势如何为听者服务，使所听语言更容易被记住。与同步状态相比，迟发性手势将导致记忆水平的下降，而晚期发生的手势则没有这种影响。为了让语言信息更容易被记忆，手势确实需要

---

① De Ruiter J P. *Postcards from the mind: The relationship between speech, imagistic gesture, and thought* [J]. Gesture, 2007, 7(1): 21-38.

② Graziano M, Gullberg M. *When speech stops, gesture stops: Evidence from developmental and cross linguistic comparisons* [J]. Frontiers in Psychology, 2018, 9: 879-895.

遵守与语音同步的规则，更准确地说，听者在手势自然产生过程中注意了说者手势在时间方面的协调模式。Obermeier和Gunter（2014）的研究中使用了脑电测量技术，已经表明听者可以在对说者早期手势的理解中整合非冗余信息，但这种整合不是自动加工的，需要付出更多的认知努力。①

对语言理解具体化理论的一个常见批评是，抽象概念与行动、感知的联系不那么明显。那么其是如何被理解的呢？有研究者提出抽象概念通过具体概念化来理解，语言的发展依赖于对空间术语的过度概括，手势在抽象概念理解的基础上扮演着重要的角色，因为它们处于具体的感官运动表征与抽象语言表征的交叉点。自然语言发生和手势产生中典型的时间模式，会促进手势对语言记忆的编码过程，一种可能的解释是手势帮助听者让自己更关注说者的思想，而不需要清楚地表征说者心中的抽象概念。对于虚拟说者来说，这很大程度上取决于手势的自然表现。手势所采用的形式往往是特殊的，可能使交流复杂化。尽管同步手势对回忆有着显著影响的现象很难精确地做出解释，但它增加了听者对说者语言表意理解的丰富性，或者对说者语言表达中这一特定部分的重视程度。

虚拟说者交流中手势的合理设计也是必要和有现实意义的。而着眼于探查听者对虚拟说者交流信息理解方面的研究，如前所述，是相对困难的。一个人可以观察到说者在说话，但看不见听者心里在想什么。鉴于设计刺激材料的难度，很难在实验研究中直接探查听者的理解。以往研究中生成刺激的传统方法通常分为两类：一是说者在讲话时被要求改变他们的手势；二是对说者的视频进行编辑，其中视频和（或）音频轨迹被操纵，以改变手势与语音的结合方式。后者通常需要遮住或以其他方式隐藏说者的脸，以免暴露出实验操纵的特征，单一的手势通常是孤立地呈现的，几乎没有其他视觉效果。正如之前所探讨的，鉴于手势很少被意识性关注或给予明确的关注，传统研究方法对日常生活中交流手势加工方式的解释是值得质疑的。实际上，使用动作捕捉技术制作动画的虚拟说者，有助于以一种更生态的方式探查手势交流的深层效果，同时能精确地操纵交流手势。语言交流中看到手势可以通过使口语内容更容易记忆，进而影响语言的理解，这种效果并不需要实验中向被试者强调需要对手势给予明确的注意，而听者似乎没有意识到手势的同步性特征，即使它客观上确实影响了对交流信息的编码。

虚拟说者常见的是在教育应用领域中的使用，其手势表达也极为常见。手势

① Obermeier C, Gunter T C. *Multisensory integration: the case of a time window of gesture–speech integration* [J]. Journal of Cognitive Neuroscience, 2014, 27(2): 292-307.

通常用于表达以图形方式呈现的信息或强调语言表达中的关键词。使用虚拟说者可以减少多余的视觉细节，例如，通过简化他们的动作来实现。这可以有效地限制冗余信息和所谓的“外部认知负荷”。但是一个潜在的风险是可能把“婴儿和洗澡水一起倒掉了”，也就是说，我们设计中人为简化掉的一些视觉细节和线索对于交流认知过程特征的理解可能是必不可少的，而且这些视觉细节可能和手势表达存在不同程度的关联性。在制作动画虚拟说者的过程中，很明显，手势很少是孤立地发生和进行的，通常不仅仅是手和手臂同时发生的动作，而且手势动作与其他动作需要无缝结合，如在椅子上转移重心，转移视线，与听者建立眼神交流，或与视觉韵律相关的动作，如有节奏的头部动作。作为实验刺激的虚拟说者的手势通常被简化成离散的动作，用单独的手臂和手来完成。

在采用虚拟说者的研究中，当制作虚拟说者刺激时，一定程度上都会减少虚拟说者的手和手指运动的细节，当然这也是建立在真实的手势动作基础之上的，因此虚拟说者的手和手指运动的细节有所减少，但仍然具有加强语言信息编码的效果。事实上，交流中听者仅仅从几个代表主要关节运动的动画点就可以识别出人类的行为。在某些情况下，精确的手指运动或手的实验设置可能对手势很重要，减少一些细节可能会降低听者交流互动中的整体性认知体验。使用虚拟说者时，栩栩如生的外表和行为通常被认为是推动刺激材料接触和理解的决定性因素，人们对不太详细、不太自然的虚拟说者的信任度会降低，即虚拟人物交流中的自然性可能会影响同伴的交流认知过程。

四、虚拟说者手势等视觉线索交流的元认知与社会效应

上述已经举例说明了如何利用虚拟说者视觉线索（包括手势）中的信息来理解语言表达过程，看到虚拟说者也会通过触发听者的态度或行为模式而间接影响交流信息的理解。接下来关注和分析听者如何看待自己的听理解过程。

这首先涉及听者的元认知策略。阅读课文和听别人说话有着至关重要的区别。当文本被打印（在纸上或屏幕上）时，它具有一种永久性特征，而交流语言由于其时间上的依赖性而没有这种持久性。为了使读者在理解一篇文章的过程中能够获得词汇和思想，它们不需要保存在工作记忆中。如果长时记忆失败，只要记住在文本的哪些部分可以寻找到它们，就可以随时访问它们。在日常生活的交流互动中，听者可以通过要求澄清、重复或后续回答等，直接与说者互动，但谈话不能暂停或倒转。对于虚拟说者来说，他们的互动能力有限，但他们的行为是

高度可操纵和控制的，反之亦然。

在研究虚拟说者对语言理解的影响时，研究者们面临的问题是，交流实验参与者很少有可能控制自己的节奏或重温他们无法理解的东西。信息暂时可用的程度称为信息短暂性，实证研究表明，信息的短暂性增加了工作记忆的负担，因而可能不利于语言理解。相关研究通常通过改变信息内容的片段长度来证明实验效果。信息短暂性的差异给使用虚拟说者的实验研究结果带来了分析和解释的复杂性，使用虚拟说者的教育领域的应用中，听者理解过程所采用的元认知策略，与信息的短暂性特征有关，如果听者选择不重温交流材料，任何信息永久性的优势就不那么明显了。听者在交流中采取有效的元认知策略需要能够评估自己的理解力或记忆力。这种元认知自我评估对于理解能力不够完整的人来说是天生的困难。交流者的另一个元认知技能是选择最佳的学习媒体。Salomon（1984）的一项研究发现，在学习理解任务中，更多的学生选择电视节目而不是印刷文本，尽管印刷文本通常会产生更好的学习结果。①

为了探讨元认知策略对于交流理解本身的影响是否依赖于通过重复或跳过的方式来导航材料的可能性以及参与者对媒体的先入为主的观念，有研究者尝试构建了一个交流条件变量，尽可能地减少呈现格式之间在这些方面的差异：单独的文本、同时出现文本和语音、有虚拟说者的语音、没有虚拟说者的语音。在四种条件的比较中，毫不奇怪，仅阅读时的重温倾向最强。此外，在听和看虚拟说者的条件下，参与者也表现出倾向于重温材料。然而，方法上的特定性和局限性妨碍得出任何明确和广泛性的结论。选择最佳策略需要足够的元认知能力，因此一些元认知有困难的学习者最终可能会做出系统性的错误选择。比如使用历史学习应用程序对学习者进行探查，学习者经常拒绝或忽视与错误答案直接相关的反馈，从而导致他们的不良学习风格长期存在。另外，需要提及的是听者具有的如何与说者正常互动的习惯性图式，可能会阻止听者重温材料现象的发生。虚拟说者可能会给人一种错觉，即不论任何交流条件下，都会对听者的反馈做出反应。这将关系到听者如何将虚拟说者视为真正说者的代理或替身。

社会建构主义者维果茨基提出人们通过与他人互动和交流来学习，强调学习应该成为一种社会活动。在正式的教育环境中，这表现为与老师和同学（同龄

---

① Salomon G. *Television is "easy" and print is "tough" : The differential investment of mental effort in learning as a function of perceptions and attributions* [J]. Journal of Educational Psychology, 1984, 76(4): 647-658.

人）接触，促进社会学习的一个方法是让学生一起合作来解决任务。班杜拉的社会学习理论强调了角色塑造的重要性：观察和内化他人的学习行为。许多教育技术应用程序都是以一个学生单独与学习材料互动、解决问题以及自己参加测试为模型的，一定程度上忽视了社会背景的影响和作用。当前，大规模的慕课不断出现，而且通常是一些开放式的课程，允许无限量的学生完全在线学习大学水平或大学预科课程。考虑到人数规模的要求，学习中不可能实现与教师的直接接触。学习材料通常是通过预先录制的视频讲座来传递的。尽管慕课最初和当前被视为高等教育的一场潜在革命，但它面临着某些共同的问题。比如很少有学生认真完成课程学习，而那些完成课程的学生并不总能达到我们所期望的学习水平和知识水平。立足于当前所探讨的课题，这背后的一个因素是，如果没有教师和学生的在场和互动，就很难创造一个真正意义上的社会学习环境。

社交存在是指通过不同的交流媒介与他人相处的感觉。元分析表明社会存在与学生的学习和满意度有很强的正相关。虚拟说者能帮助创造一个有利于学习的社会环境吗？有研究者认为是这样，将在学习中满足个人关系的需要列为将虚拟角色纳入教育应用程序的一个潜在好处，但是相关的文献回顾中也能够发现一些不确定的结果。实际上这存在一个所谓的人格效应，即逼真的教学代理或替身帮助学习者更积极地看待他们的经验。社会代理效应同样描述了当材料由虚拟说者呈现时所获得的更高参与度和更深层次的学习。实际上，任何效果都可能取决于学习者从虚拟说者那里获取的社会线索，因此不难理解，当虚拟说者表现出栩栩如生的外表和行为时，这种情况更有可能发生。进一步，可以想象，逼真的虚拟说者可能更具破坏性，构成了相对于真实说者来说不熟悉的刺激。具有争议性的神秘谷假说指出，人工形象接近但不完全达到人类自然主义的水平，将会创造出一种怪异的感觉。Kätsyri、Förger、MäKäräinen和Takala（2015）分析了大量的研究证据，并为自己提出的感知不匹配假设提供了支持：这种消极的亲和力，产生于视觉外观、行为的不同方面和人类之间相似程度的不一致。[①]因此，创设一致的具有自然性和富有表现力的动画人物形象，可能是听者对虚拟说者反应的重要影响因素。

采用虚拟说者时并非所有的社会影响都是积极的，通过外表或声音表现出不

① Kätsyri J, Förger K, Mäkäräinen M, Takala T. *A review of empirical evidence on different uncanny valley hypotheses: Support for perceptual mismatch as one road to the valley of eeriness* [J]. Frontiers in Psychology, 2015, 6(6): 390-406.

讨人喜欢的社交暗示的虚拟说者对学习有负面影响。但是也有研究者指出，尽管虚拟说者的社会特征被认为是消极的，但是虚拟说者对听者的理解过程仍然表现出积极的影响。似乎视觉线索整合的积极影响效应可以相对不受听者对虚拟说者社会特征感知特点的影响。尽管虚拟说者可能看起来有些陌生，但面对面的交流是令人非常熟悉的。人类天生就是看脸的，实际上在真实的交流者之间，他们彼此间的面部和其他行为的表达，在现实交流中也是有很大差异的，而实验中对虚拟说者的感知可能只是将这种现实差异的宽容度向前推进了一步。

高质量的虚拟说者和虚拟环境——包括更自然的面部动画和声音，以及更详细的3D模型和纹理，会导致存在感的评定率（包括社交存在）较低，这可以通过交流实验后的问卷测得。例如，要求交流参与者从两张照片中选择更具吸引力的一个。①但是，这类任务与交流理解没有直接关系。也有研究在交流任务后评价听者的参与度，即将精力和注意力集中在一组连贯的刺激或有意义的相关活动、事件上所经历的一种心理状态。事实上，高质量和低质量的说者之间的差异最大。低质量虚拟说者条件下，听者被试者能更快地在选择性范式下选择出正确答案。一种可能的解释是，在质量较低的情况下，分散听者注意力的视觉刺激较少，听者也有可能降低了对一致性和信任的期望。其他证据表明，与社会代理或替身角色相关的学习效果并不依赖于视觉自然性特征或自然语言。所谓的“受保护效应”（学生在指导一个可教的代理人物时，比自己独自学习时更努力），已经通过使用极简动画和文本交流的代理形象，得到了充分证明。正如Gulz和Haake（2006）所强调的，最佳的呈现模式可能取决于所预期的虚拟说者的教学角色。②

五、交流中虚拟说者的设计和应用

当前的探讨有助于理解人类听者如何理解真实的说者，理解人类听者如何理解虚拟说者，以及理解如何更好地设计虚拟说者，来提高在实际应用中的语言理解水平。虽然前面的部分，关于视觉口语线索、手势、元认知和社会效应的探讨主要集中在了前两个方面，在此进一步做一总括：第一，视觉口语线索可以提高在不利于听者的条件下的语音理解，例如背景噪声或合成语音的情形下。第二，

---

① Johansson R, Johansson M. *Look here, eye movements play a functional role in memory retrieval* [J]. Psychological Science, 2014, 25(1): 236-242.

② Gulz A, Haake M. *Design of animated pedagogical agents—A look at their look* [J]. International Journal of Human-Computer Studies, 2016, 64(4): 322-339.

交流中听者不一定会采用最佳的听力策略，例如，他们可能会自发地选择忽略一些视觉信息，尽管这些视觉信息可能有助于听者的理解过程。第三，对一个不自然的说者的厌恶，可能会干扰研究人员从虚拟说者的可见存在中发现希望的实验效果，但是这种厌恶可能并不会损害听者语言理解中对视觉线索的整合。第四，从视觉线索中获益，可能需要听者首先熟悉虚拟说者。第五，虚拟说者可以被用来研究手势对听者理解的影响。第六，如果要确保手势的使用有助于听者的语言理解，那么在为虚拟说者设计语音和手势时，遵循自然产生的语言模式是很重要的。虚拟说者的手势自然地与语音相关（提前发生或同步发生），实现了强调关键语言信息，进而使口语信息更容易记忆，最终促进语言的理解。第七，与不太自然的视觉呈现相比，虚拟说者更自然地呈现，可能会分散听者的注意力，自然动画比非自然动画更好地支持语音和手势的整合。第八，在虚拟环境中使用实验者在背后操纵或充当虚拟说者进行实验有某些优点，这可以使说者行为的各个方面发生更加精确的变化。需要注意一点，虚拟说者的设计和演示可能会影响听者被试者的反应方式，例如影响他们的社交体验或对说者的信任程度。在实验中使用一种以上交流风格的虚拟说者，以确定潜在的影响听理解的因素是值得我们尝试的。

使用虚拟现实技术在虚拟环境中进行实验，被认为是一种提高研究结果可靠性和生态效度的方法，该方法能够重现既丰富又精确控制的场景。其中的一个重要方面是可以消除实验者的偏见——实验者的反馈。使用虚拟说者时，其言语和行为的细节可以被精确控制，实验条件也可以同样的方式进行，也可以跨应用领域研究。然而，首先要确定的是，交流参与者理解虚拟说者给出指令的方式，与他们理解真实说者给出指令的方式是否是一样的。此外，如果交流双方互动是实验过程本身的一部分，那么对了解被试者如何理解虚拟说者的社会特征，其对虚拟说者的感知和认知能力是如何改变他们行为的是很重要的。

当前分析了如何在交流视频中对自然性虚拟说者的自然手势进行时间操纵和再现的方法。另一个有趣的研究方法是操纵手势的空间特征，例如手势在会话空间中的位置。如果首先能够确定一种方法来产生现实自然交流的结果，那么拥有这样一种研究方法将有助于研究语言理解和记忆认知中空间特征的影响作用，目前眼动追踪技术已经被证明有助于研究手势空间位置在记忆检索中的作用。言语过程中所说的和手势表达的不匹配，或者从一个概念或物体到另一个概念或物体的手势不一致，可以帮助揭示语言和手势表达的整合效应。

在探讨虚拟说者的视觉线索效应时，我们分析了看到一个虚拟的说者可能分散听者的注意力。交流中视听刺激如何以及怎样分散听者注意力的是一个很少受到关注的话题。例如，在人们倾听和理解语言信息过程中，时间上的协调特征已经被证明是视觉口语线索和手势等联合表达中的重要影响因素。但不一致或不自然的时间节点上安排的手势和视觉口语线索更容易还是更难被听者抑制呢？利用虚拟说者对这一课题的探索有利于研究的不断推动，并揭示影响语言和视觉线索间整合过程中注意力的因素，以及相应产生的认知负荷。研究视听刺激分散听者语言理解注意力的另一个重要原因是，许多教育环境在视听形象的设计方面都相对"繁杂"。

总之，我们对交流手势认知研究的目的，一方面是为了洞察交流认知的一些基本认知过程，并推动基础理论的讨论和发展；另一方面是为了服务于现实应用领域，而当前随着交流科学技术手段的不断创新，虚拟交流已经不再是一个陌生的社会现象，因此对于交流手势认知的探讨，不应忽视虚拟交流的现实客观存在性。当前，关于真实交流互动和虚拟交流互动中的手势认知过程具有多大的相似性？对于真实交流互动中手势认知的研究发现，在多大程度上可以推广到虚拟交流互动情境中？对虚拟交流互动的研究，由于其研究情境具有更大的可控制性和可操纵性，是否可以考虑以之作为理解真实交流认知的一面镜子？如上这些问题，依然是不清楚的，有待于未来研究的进一步不断深入探查。